植物生态修复技术

［美］凯特·凯能　尼尔·科克伍德　著

刘晓明　叶森　毛祎月　骆畅　严雯琪　译

中国建筑工业出版社

著作权合同登记图号：01-2016-8958号

图书在版编目（CIP）数据

植物生态修复技术／（美）凯特·凯能，（美）尼克·科克伍
德著；刘晓明等译. —北京：中国建筑工业出版社，2018.3
ISBN 978-7-112-21552-2

Ⅰ.①植… Ⅱ.①凯… ②尼… ③刘… Ⅲ.①植物–作用–土壤污
染–污染防治 Ⅳ.①X53

中国版本图书馆CIP数据核字（2017）第288926号

Phyto: Principles and Resources for Site Remediation and Landscape Design / Kate Kennen and Niall
Kirkwood, **ISBN** 9780415814157

责任编辑：杜 洁 李 杰 董苏华
责任校对：姜小莲

植物生态修复技术
［美］凯特·凯能 尼尔·科克伍德 著
刘晓明 叶森 毛袆月 骆畅 严雯琪 译
*
中国建筑工业出版社出版、发行（北京海淀三里河路9号）
各地新华书店、建筑书店经销
北京锋尚制版有限公司制版
北京中科印刷有限公司印刷
*
开本：787×1092毫米 1/16 印张：22¾ 字数：549千字
2019年1月第一版 2019年1月第一次印刷
定价：**100.00**元
ISBN 978-7-112-21552-2
（31199）

版权所有 翻印必究
如有印装质量问题，可寄本社退换
（邮政编码100037）

内容简介

本书是一本介绍植物治理污染和植物生态修复技术概念的综合指南，论述了植物在何种情况下可以用来摄取、移除和减少污染物。书中包含了现有的科学研究案例，强调了以植物为基础的清洁技术的优势和缺点，阐释了人工环境中发现的典型污染物群组，列出了可用来减少特殊污染物的植物清单。

这是第一本从设计角度来论述植物生态修复技术优势的书，本书采用了复杂的科学术语，并尝试将有关植物治理方法的研究转化成通俗易懂的参考书。具有典型意义的是，由于植物具有对毒素和有害化学药品产生积极影响的优势，植物生态修复技术已经在治理已污染的土壤中获得实际应用。本书介绍了一个新理念：用具有预防性的植物修复能力来创造投射性的种植设计。在治理特定场地污染的项目实践中采用"植物缓冲区"指日可待。

通过运用表格、照片和细致的绘图，凯能和科克伍德引导读者了解选择植物的过程，其中兼有美学和环境质量的考量，同时展示了移除污染物的益处。

凯特·凯能（Kate Kennen） 是一位风景园林师，也是波士顿Offshoots公司的创始人和总经理。Offshoots公司侧重于植物生产技术和植物生态修复技术的咨询。该公司因致力于用植物清理污染场地的项目而多次获奖。凯特在马萨诸塞州的家庭花园里度过了童年，因此熟知美国东南部的植物。她在康奈尔大学读完风景园林学本科，又以优异成绩获得了哈佛风景园林学硕士学位，现执教于该学院。在开办公司以前，她曾在Aspen，Colorado的设计工作室做助理工作。

尼尔·科克伍德（Niall Kirkwood） 也是一位风景园林师，哈佛大学设计学院的技术专家和教授，自1992年起一直执教于哈佛大学。他教学、研究和出版的领域包括风景园林设计、人工环境和土地的可持续再利用，包括城市更新、垃圾填埋利用、场地环境技术和国际场地开发。他的著作包括：《生产场地：反思后工业时代景观》（Routledge出版社），

《棕地再生原则：废弃地的清理·设计·再利用》（Island出版社）（除英文版外还译成韩文和中文出版），《风景园林的耐候性和耐久性》（Wiley出版社），《景观细节的艺术》（Wiley出版社）。科克伍德教授是美国风景园林师协会的资深会员，兼任位于北爱尔兰贝尔法斯特的阿尔斯特大学Gerard O'Hare客座教授，位于韩国首尔的高丽大学杰出客座教授、中国清华大学客座教授。

本书可用两个字"全面超越"来描述。本书是迄今为止最全面的植物生态修复技术汇总。通过必要的形式和功能，本书将植物生态修复技术和风景园林设计结合起来，并用于环境治理，从而取得了真正的超越。作为植物生态修复技术的倡导者和培训师，我特别欣赏本书富于说明性的图形、易于理解的描述，它清晰地向技术和施工人员传达了科学、工程、设计和规划的意图。

——David Tsao博士，英国石油公司北美股份有限公司

本书不仅对风景园林师而且对工程师和科学家而言都是极好的资源。由于植物生态修复技术的发展，前沿研究集中在生物化学的工艺流程，而这一领域的"附带利益"的价值并没有被认识到，这主要是因为缺乏知识和资源。本书将社会科学和物理科学交融在一起，讨论了急需解决的问题。本书将基于植物的生态修复技术以奇妙的视觉效果和跨文化的形式呈现出来，这一切都纳入到我们的城市空间，服务于城市公共卫生和我们的生活质量本身。

——Joel G. Burken，密苏里科技大学

本书弥补了植物生态修复技术与实践之间的鸿沟。通过创意设计，作者成功地将一项综合性的课题转译成容易理解的信息。本书还有一个特殊的优点就是预测了针对未来的潜在污染，植物策略将成为风景园林师手中的可预期工具，来防止人类受到土壤、水和空气的污染。

——Jaco Vangronsveld，比利时哈瑟尔特大学环境科学中心

目 录

致谢   viii

贡献者   x

序 史蒂夫·洛克   xiv

前言   xviii

译者前言   xxiii

图例   xxv

缩写对照表   xxvi

第1章   植物生态修复技术与当代环境：概述   001

1.1 什么是植物生态修复技术?   003

1.2 植物生态修复技术与植物修复的不同   004

1.3 为什么需要植物生态修复技术?   004

1.4 机遇和限制   006

1.5 植物生态修复技术的现状   008

1.6 法律法规框架   012

1.7 设计师实施植物生态修复技术的清单   014

1.8 创新应用   016

1.9 结论   020

第2章   基本原理   021

2.1 植物机能的简介   023

2.2 污染物的位置：土壤内部、水（地下水、雨水或污水）还是大气?   025

2.3 污染物类型：有机物与无机物   026

2.4 植物生态修复技术机制：植物如何有助于污染物的修复   029

2.5 植物生态修复植物特性和配植考量   035

2.6 有机和无机污染物的植物生态修复技术原理   042

2.7　田间应用与挑战　　　　　　　　　　　　　　049

第3章　污染物分类与植物选择　　　　　　　　051

3.1　有机污染物分类　　　　　　　　　056
3.2　无机污染物分类　　　　　　　　　117
3.3　空气污染　　　　　　　　　　　179
3.4　总结　　　　　　　　　　　　　188

第4章　植物生态修复技术：植物生态修复技术的种植类型　　　189

4.1　种植类型　　　　　　　　　　　191
4.2　降解类型　　　　　　　　　　　202

第5章　场地处理方法与土地利用　　　　　　　　225

5.1　公路与停车场用地　　　　　　　　228
5.2　公园，开放空间，草坪与高尔夫球场　　232
5.3　河道与绿道　　　　　　　　　　233
5.4　铁路廊道　　　　　　　　　　　238
5.5　轻工业和制造业用地　　　　　　　241
5.6　加油站与汽车维修店　　　　　　　241
5.7　干洗店　　　　　　　　　　　　250
5.8　殡仪馆与墓地　　　　　　　　　250
5.9　城市住宅　　　　　　　　　　　258
5.10　闲置地　　　　　　　　　　　258
5.11　社区花园　　　　　　　　　　264
5.12　农业用地　　　　　　　　　　268
5.13　郊区住宅　　　　　　　　　　268
5.14　垃圾填埋场　　　　　　　　　276
5.15　前工业燃气厂　　　　　　　　277
5.16　军事用地　　　　　　　　　　282
5.17　本章小结　　　　　　　　　　286

6.1　组织机构　　　　　　　　　　　　　　　　　289

6.2　文献记录　　　　　　　　　　　　　　　　　290

6.3　植物名录　　　　　　　　　　　　　　　　　291

后记　　　　　　　　　　　　　　　　　　　　　293

词汇表　　　　　　　　　　　　　　　　　　　　295

参考文献　　　　　　　　　　　　　　　　　　　300

索引　　　　　　　　　　　　　　　　　　　　　328

致 谢

哈佛大学设计学院和艺术与科学学院的John Stilgoe教授最早提议编写本书，作为风景园林、风景园林技术和种植设计这三个领域急需的著作。笔者感谢Stilgoe教授的号召，经历数年此书才得以完成。在这些年间，植物生态修复技术领域自身进一步发展并完善，同时纳入了全新的科学研究和新出现的与生态进程有关的风景园林设计理念，以及一些更加开放的、具有时效性的项目。

因此，如果没有来自众多的设计、规划、工程领域及科学界的同事、朋友和专家的建议、知识帮助以及鼓励，这本书是不可能完成的。这是作者与各位植物生态修复技术专家、风景园林师、生态学家、环境工程师和联邦监管人士，以及在读和已毕业的风景园林和城市设计研究生多年来积极合作的成果。以下诸位在本书修订过程中发挥了十分重要的作用，我们深表感谢：国际植物生态修复技术协会（International Phytotechnology Society）会长、《植物修复国际期刊》（International Journal of Phytoremediation）主编、康涅狄格州农业试验站的Jason White博士；美国环境保护署［US Environmental Protection Agency（EPA）］的Steven Rock；纽约州立大学环境科学与林业学院的Lee Newman博士，他是国际植物生态修复技术协会前任会长和《植物修复国际期刊》联合总编辑；密苏里科技大学，环境研究中心Joel G. Burken博士；英国石油公司北美股份有限公司的David Tsao博士，以及比利时哈瑟尔特大学环境科学中心的Jaco Vangronsveld博士。此外，其他许多科学家和顾问在文本、案例研究、专题研究、审稿和编辑等方面也作出了巨大贡献，这些人的名字和地址已被列入贡献者名单。

特别感谢我们的同事Michael Lindquist和Andrew Hartness，他们不知疲倦地编辑本书的图表；Eammon Coughlin，Jennifer Kaplan，Michael Easler和Jennifer Haskell提供了植物名录的研究，以及Jenny Hill，Renee Stoops和Stevie Falmulari，感谢他们提出的审稿和编辑建议。

笔者也得到了许多本地学界同仁的支持：哈佛大学设计学院的教师们，包括风景园林系主任Charles Waldheim，还有Peter Del Tredici、Gary Hilderbrand、Laura Solano和Alistair Mclntosh。还有哈佛大学的健康和全球环境中心的教师Jack Spengler和Eric Chivian也为本书的编写提供了支持。

我们还要感谢哈佛大学设计学院参加GSD9108和6335植物修复研讨会的研究生，他们于2011年、2012年春季和2013年秋季在哈佛大学设计学院参与了植物生态修复技术的课程，并进行了案例研究和实习。这本书的某些部分产生于这些课程的课堂讨论和案例研究。参与者包括：Julia Africa，Rebecca Bartlett，Alexis Delvecchio，Kenya Endo，Christina Harris，Nancy Kim，lnju Lee，Amy Linne，Pilsoo Maing，Lauren McClure，Kathryn Michael，Alpa Nawre，Alissa Priebe，Soomin Shin，Patchara Wongboonsin（2011级），Christine Abbott，Naz Beykan，John Duffryn Burns，Amna Chaundhry，Michael Easler，Melissa How，Michael Luegering，Eva Ying，Hatzav Yoffe，Shanji Li（2012级），Kunkook Bae，Edwin Baimpw，Vivian Chong，Karina Contreras，Jennifer Corlett，Omar Davis，Stephanie Hsia，Takuya lwamura，Jungsoo Kim，Ronald Lim，Leo Miller，Gabriella Rodriguez，Miree Song，Patrick Sunbury，Kyle Trulen（2013级）和Megan Jones（助教，2013年）。

此外，我们要感谢在2013年夏季至2014年春季期间对研究和图表工作作出贡献的助手团队。他们是哈佛大学设计学院的教师Zaneta Hong和他的实习生们，其中包括Shuai Hao，Megan Jones，Geunhwan Jeong，Kara Lam，Ronald Lin，Cali Pfaff，Michele Richmond，Thomas Rogalski，Kyle Trulen和Arta Yazdanseta。

本书的两位笔者都要感谢在本书开发和制作全过程中予以指导与支持的编辑Louise Fox，Landscape of Routledge的副主编/Taylor & Francis，编辑助理Sade Lee，制作编辑Ed Gibbons和Routledge出版社的工作人员。

最后，笔者们要感谢我们的家人在本书写作与草稿修订过程中给予的持续不断的支持。尼尔（Niall）要感谢妻子Louise和女儿Chloe各自以自己的方式不断的支持。凯特（Kate）特别要感谢她的丈夫Chris Mian多年来关于植物生态修复技术的耐心聆听，以及在撰写本书时的无尽帮助。

剑桥，马萨诸塞州
2015年春

贡献者

科学内容、案例研究和评论

Alan Baker, Ph.D.
The University of Melbourne Australia
9 Victoria Road
Felixstowe, SFK IP11 7P, United Kingdom

Michael Blaylock, Ph.D.
Edenspace Systems Corporation
210 N 21st Street, Suite B
Purcellville, VA 20132 USA
www.edenspace.com

Sally Brown, Ph.D.
University of Washington
School of Environmental and Forest Sciences
Box 352100
Seattle, WA 98105, USA

Joel Burken, Ph.D.
Missouri University of Science and Technology
1401 N Pine Street
224 Butler Carlton Hall
Rolla, MO 65409-0030, USA

Rufus Chaney, Ph.D.
US Department of Agriculture
Environmental Management and Byproducts
Utilization Laboratory
10300 Baltimore Blvd., Bldg. 007
Beltsville, MD 20705, USA

Andy Cundy, Ph.D.
University of Brighton
School of Environment and Technology
Lewes Road
Brighton BN2 4GJ, United Kingdom

Alan Darlington, Ph.D.
Nedlaw Living Walls
250 Woolwich St. S Breslau,
ON NOB 1MO, Canada
www.naturaire.com

Mark Dawson, M.S.
Sand Creek Consultants, Inc.
151 Mill St.
Amherst, WI 54406, USA
www.sand-creek.com

Bill Doucette, Ph.D.
Utah State University
Utah Water Research Laboratory
8200 Old Main Hill
Logan, UT 84322·8200, USA

Stephen Ebbs, Ph.D.
Southern Illinois University
Department of Plant Biology, Center for Ecology
420 Life Science II, Mailcode 6509
1125 Lincoln Drive
Carbondale, IL 62901, USA

Walter Eifert
ELM Site Solutions, Inc.
209 Hunters Woods Lane
Martinsburg, WV 25404, USA

Stephanie Eisner
City of Salem, Willow Lake Water Pollution
Control Facility
5915 Windsor Is. Rd. N.
Salem, OR 97303, USA
www.cityofsalem .net

Stevie Famulari
North Dakota State University
Landscape Architecture Department
620 10th Avenue North
Fargo, ND 58102, USA

John Freeman, Ph.D.
Phytoremediation and Phytomining Consultants
United
1101 Mariposa St. Gilroy, CA 95020, USA
www.phytoconsultants.com

Wolfgang Friesi–Hanl
AIT Austrian Institute of Technology
Health & Environment Department
Environmental Resources & Technologies
Konrad–Lorenz–Stra8e 24 3430 Tulln, Austria

Edward G. Gatliff, Ph.D.
Applied Natural Sciences, Inc.
7355 Dixon Dr
Hamilton, Ohio 45011, USA
www. treemediation .com

Stanislaw Gawronski, Ph.D.
Warsaw University of Life Science
Laboratory of Basic Research in Horticulture
Faculty of Horticulture, Biotechnology and
Landscape
Architecture
Nowoursynowska 159
Warsaw 02–787, Poland

Ganga M. Hettiarachchi, Ph.D.
Kansas State University
Department of Agronomy
2107 Throckmorton Plant Sciences Center
Manhattan, KS 66506, USA

Jenny Hill
University of Toronto
35 St George Street, Room 415A
Toronto, ON M5S 1A4, Canada

Jim Jordahl
CH2M HILL
709 SE 9th St.
Ankeny, lA 50021, USA
www.CH2M.com

Mary–Cathrine Leewis, M.S.
Ph.D. Candidate
University of Alaska – Fairbanks
2111rving I, PO Box 756100
Fairbanks, AK 99775, USA

Mary Beth Leigh, Ph.D.
University of Alaska Fairbanks
Institute of Arctic Biology
Department of Biology and Wildlife

902 N. Koyukuk Dr.
Fairbanks, AK 99775, USA

Lou Licht, Ph.D.
Ecolotree Inc.
3017 Valley view Ln NE
North Liberty lA 52317, USA
www.ecolotree .com

Matt Limmer, Ph.D.
Missouri University of Science and Technology
1401 N. Pine
Rolla, MO 65409, USA

Amanda Ludlow
Roux Associates, Inc.
209 Shafter Street
Islandia NY 11749, USA
www.rouxinc.com

Michel Mench, Ph.D.
INRA (UMR BIOGECO)
University Bordeaux 1, ave. des Facultes
Talence 33170, France

Jaconette Mirek, Ph.D.
Brandenburg University of Technology
Soil Protection and Recultivation
Konrad–Wachsmann–AIIee 6
D–03046 Cottbus, Germany

Donald Moses
US Army Corps of Engineers,
Omaha District
1616 Capitol Avenue
Omaha, NE 68102–4901, USA

Lee Newman, Ph.D.
State University of New York
College of Environmental Science and Forestry
248 lllick Hall, 1 Forestry Drive
Syracuse NY 13210, USA

Elizabeth Guthrie Nichols, Ph.D.
North Carolina State University
College of Natural Resources
2721 Sullivan Drive
Raleigh, NC 27695, USA

David J. Nowak, Ph.D.
USDA Forest Service
Northern Research Station
5 Moon Library, SUNY–ESF
Syracuse, NY 13215, USA

Genna Olson, P.G.
CARDNO ATC
2725 East Millbrook Road, Suite 121
Raleigh, NC 27604, USA
www.cardnoatc.com – www.cardno.com

Charles M. Reynolds, Ph.D.
US Army Soil Science–Soil Microbiology
ERDC–Cold Regions Research and Engineering
Laboratory
72 Lyme Road
Hanover, NH 03755, USA

Steven Rock
US Environmental Protection Agency (US EPA)
5995 Center Hill Ave.
Cincinnati, OH 45224, USA

Christopher J. Rog, P.G. CPG
Sand Creek Consultants, Inc.
108 E. Davenport St.
Rhinelander, WI 54501, USA
www.sand–creek.com

Liz Rylott, Ph.D.
University of York
CNAP, Department of Biology
Wentworth Way
York Y010 5DD, United Kingdom

Jerald L. Schnoor, Ph.D.
The University of Iowa
Department of Civil and Environmental Engineering
Iowa City, Iowa 52242, USA

Julian Singer, Ph.D.
Formerly of University of Georgia
Savannah River Ecology Laboratory
Currently with CH2MHill
540 – 12 Avenue SW
Calgary, AB T2R OH4, Canada
www.CH2M.com

Jason Smesrud, PE
CH2M HILL
Water Business Group
2020 SW 4th Ave., Suite 300
Portland, OR 97201, USA
www.CH2M.com

Renee Stoops
Plant Allies
1117 NE 155th Ave.
Portland, OR 97230, USA

David Tsao, Ph.D.
BP Corporation North America, Inc.
150 W Warrenville Rd.
Naperville, IL 60563, USA

Antony Van der Ent, Ph.D.
Centre for Mined Land Rehabilitation
Sustainable Minerals Institute
The University of Queensland
Brisbane, QLD, 4072, Australia

Jaco Vangronsveld, Ph.D.
Hasselt University
Centre for Environmental Sciences

Agoralaan, building D
Diepenbeek BE–VLI B–3590, Belgium

Timothy Volk
State University of New York
College of Environmental Science and Forestry
346 lllick Hall
Syracuse, NY 13210, USA

Jason C. White, Ph.D.
Connecticut Agricultural Experiment Station
123 Huntington Street
New Haven, CT 06504, USA

Ronald S. Zalesny Jr., Research Plant Geneticist
US Forest Service–Phytotechnologies, Genetics and Energy Crop Production Unit
Northern Research Station, 5985 Highway K
Rhinelander, WI 54501, USA

Barbara Zeeb, Ph.D.
Royal Military College of Canada
Department of Chemistry & Chemical Engineering
13 General Crerar, Sawyer Building, Room 5517
Kingston, ON, Canada K7K 7B4

图表

特别感谢以下从业者，他们对本书的图表制作贡献巨大。

Andrew Hartness
HartnessVision LLC
Cambridge, MA, USA
hartnessvision.com

Michael G. Lindquist
38 Sewall St. Apt. 2
Somerville, MA 02145, USA

序

史蒂夫·洛克（Steve Rock）

近千年来，人们有意识地通过种植植物来改变他们周边的环境。罗马大道林立着的杨树不仅能够遮阳，还能吸收道路两旁的水分来保持路基的干燥，以此来延长道路的使用寿命。

广泛的植物生态修复技术定义包括地球上一切能实现改善环境的目标的植物。这个领域也从启蒙发展到广泛的应用，从很渺茫的期望发展为成熟的技术，最终这项技术成为环境修复工具箱的一部分，得以普遍接受。

在这一领域被命名之前，人们已经使用植物去推动他们的工作。早在20世纪30年代，植物勘探就已经是预测地下矿物存在的一种方式。特别是在西伯利亚新开发的土地上，淘金者们发现，通过找寻那些只在某些区域生长的植物，可以知道哪里富含某些矿物。值得注意的是，有些植物确实是可靠的矿物探测器，它们的枝和叶所包含的金属量要比那些相同类型但生长在其他地方的植物要多得多。

20世纪70年代，一些研究机构开始对金属和植物之间的关系进行系统的研究和分类，他们发现一些生长在矿物富集的土壤中的植物有着异乎寻常的性能。R. R. Brooks、R. D. Reeves和A. J. M. Baker三位博士与他们的研究团队通过对生长在矿物富集的土壤上和带有不寻常金属含量的植物进行搜寻和编目，发现有些植物的金属含量要比普通植物多，而这些植物最终被命名为富集植物和超富集植物。

在这一时期，社会对普通环境的关注持续加强，这也促使传统农业研究去思考农作物生产中环境污染物的影响，特别是那些潜在的能被吸收的重金属。一种将阴沟中的污泥用作农作物肥料的尝试，使农作物接触到了排放到城市下水道中的工业污染物。人们发现污染物确实移动到一些作物中。美国农业部研究员Rufus Chaney博士认为，种植一些"金属排除器"类的植物或许有助于保证食品安全，我们可以通过种植作物来积累和提取金属，这些作物会被收割用于土壤修复，而并非食品供应。

同样是在20世纪70年代，人们发现了一个植物生态修复的新领域——尝试利用微生物去修复环境中的可降解污染物。人们开始研究哪些植物能够加强微生物对杀虫剂和石油产品的降解。很快，研究结果清楚地表明，植物生态系统修复某些污染物的速度更快、程度更高；在一些案例中，植物生态修复技术比单一的微生物系统对污染的治理更彻底。

20世纪80年代人们仍在进行一些基础研究，这吸引了一些大学研究团队、政府机构和私人企业的关注。这一时期国内和国际的环境保护意识得以确立，拟定并通过了一系列环境基本法案，例如净水法案（Clean Water Act）和超级基金支持（CERCLA），引导政府向许多可能的修复项目增加预算。迫于压力，市政当局和企业减少了向空气、水和土壤中排放有毒物质。清洁历史遗存污染物成了一项新的、更大的产业，咨询和承包公司遍地开花，工业和商业公司开始在植物生态修复领域实现了内部分离，政府机构亦有新设或扩大。无怪乎80年代末有些人毫不犹豫地转变他们的想法，将植物生态修复这一新工艺商业化。

在20世纪90年代的出版物和报告中，最早的对植物生态修复技术的定义是，通过植物吸收金属来保护环境。当公司试图去对自己和污染治理的进程作区别和分类时，就产生出了很多术语和定义。"植物–×××"变成了一种不断增长的植物系统名词的创造方式。植物降解、植物提取、植物增强的生态修复等，被用来描述和区分场地的各个方面。另外一些术语，如根际过滤和水力控制也发明出来，并应用到特殊情况中。此时，植物生态修复技术已经成了用植物来达到环境目标的各种行动的保护伞。

20世纪90年代是公司、专利和术语迅速增生的时代。发明专利、技术专利、试验专利都被广泛使用但却并未受到保护。

Edd Gatliff为"树井系统"申请专利时，引出了一个成功的以植物生态修复为基础的专利，即用一个地下井套管和空气管去引导树的根系，使之比在自然状态下渗透得更深。这个系统使树木在地表层下达到一个特定的深度，可以绕过干净的地下水层而接近受污染的地下水。这项新发现结合了一些知名的、新奇的技术和设备，能够对那些达不到深度和位置就不能运行的情况进行矫正。

另一些专利并不具有针对性，而在项目实践中产生了消极影响。相当数量的现场应用和场地试验在这十年的最后阶段失败了，出现这种现象，一部分原因是由于缺少专利法律，一部分则是由于对现实期望过大。

大家都希望植物生态修复技术能够解决普遍存在的低级别土壤重金属污染的问题。涉及的一些重金属，特别是来自溢漏、泄流和大气沉积物的铅，已经存在土壤中达数十年之久。大范围土壤污染区域已经对居民和工人造成了威胁，但几乎没有什么解决工具是经济、无危害而又有效的。金属污染的植物生态修复（植物提取）被寄予了很高的期望，作为一项绿色技术而被纳入了财政预算。

在一些情况下，一部分植物能够自然地富集重金属。这种自然富集通常是少量的、缓慢的，很难脱离本体，并且通常吸收范围狭窄。我们希望一些植物生长得更快，更高，希望使用标准的农业设备和实践能够诱导植物吸收足够的金属来净化土壤。不幸的是，诱导植物提取金属还有一些缺陷，而这些缺陷迄今为止已证明是不可弥补的。这些现实情况包括：广泛应用的化学除污技术造成污染物比自然状态下可溶性高，这时可溶性金属更容易被种植的污染物提取作物吸收，而同时也更容易被冲刷到地表水和地下水中，这比将它们埋在地下的风险更大，而从道义上和法律上都无法被人接受。

总有一些高曝光率的示范项目，它们有乐观的新闻报道和引人入胜的配图。植物生态修复技术通过风行的文章进入公众视野，其通常以一片长满向日葵的花田的图片为特征。一些严谨的试验已经确认，植物确实可以吸收大量重金属，若干年后可以清理相当一部分污染，但同时，防止重金属转移的措施会降低这个项目的经济可行性。

早期的"工业助推器"带来了员工和资源的再利用，接下来，承包商和顾问带来了关注点的改变。时至今日，植物提取技术仍是一个受欢迎的学术主题，它研究能够自然吸收、累积足量污染物的植物以成为一个有效的修复工具，或是一种安全的（利用植物）诱导吸收污染物的方法。研究还对这些植物做了一些基因改良尝试。目前，植物提取重金属的效果并没有达到早先的预期，除了持续性的学术和公众关注以外，它并不是生态修复策略的主流。

然而与此同时，植物提取技术背负了很大的压力，历经争议和失败。相比植物提取，其他的植物生态修复技术，如减轻地下水羽流污染、治理石油和溶剂等有机污染物，已经悄然成熟并占据一定地位。运输水分是植物的自然过程，也是植物擅长的。它被有效地应用在垃圾填埋场覆盖层，用于防止降水渗透、控制已被污染的地下水羽流，也用在植物取证中，即用植物跟踪地下污染物。

垃圾填埋场的种植覆盖系统很快就显示出和美国境内很多地方所使用的传统覆盖手段一样的效力。同所有的以植物为基础的系统一样，它的实际效率将会是场所的一项功能。一个全美范围内从1999–2011年的场地研究显示了如何确定一个垃圾填埋场植物覆盖系统的等效性。现在，有数以百计的植物覆盖已付诸实施，还有更多已出现在工程公司的绘图板上而即将变成现实，这些覆盖技术不再被认为是某种实验或创新发明，而变为常规方法的常规运用。

种植树木不仅是为了控制水分，也是为了增强有机体的生物修复能力，普遍存在的轻溶剂污染被纳入很多清洁计划中。尽管大部分金属并不容易转移到植物中，一些其他有机污染物仍然具有足够的可溶性，能够渗透并移动到植物体内，最终被分解，而不需要再进行收割植物这一步骤。

一般的植物和特定种类的树木具有从地下水中带走可溶性污染物的能力，这种能力形成了"植物分析"这一有趣而又潜在用处的技术。从2000年开始，Don Vroblesky、James Landmeyer和Joel Burken三位博士首创并改良了这一技术，通过取出树心来分析其中树液的化学活力。对比研究显示，植物分析能够揭示地下水污染物的来源和走势，相较于传统测试和动力钻井，这种方法既节省成本又精确。

不包含湿地的植物生态修复技术是不完整的。为了治理污水，最晚从19世纪80年代开始，湿地技术开始不断地发展和改进。许多大型环境公司已经有能力分类、计划和建设人工湿地，以处理工业或城市污水。这是植物修复系统最强大和最常见的用途之一，这一系统可以同时实现多元化的环境目标，如有机物降解、金属螯合，以及野生生物栖息地营造。

自最初讨论这些问题的会议开始（例如堪萨斯州立大学1992年主办的"植物对受污染土壤的有益影响"研讨会），到现在每年一度的国际植物生态修复技术学会年会，研究人员、顾问、监管人员和承包商会聚一堂，共同探讨这项技术的得失。这一领域经历了从只有一个边缘概念，到成为被人们过度追捧的灵丹妙药，再到当前指向项目成功实施的合理预期（这种预期是建立在场地条件的基础上的）的巨大转变。

植物生态修复技术专家、风景园林师、场地设计师分享着共同号召起来创造的由植物层、土壤层和水层叠加建构而成的工具箱。通常建设一个场地会聘请两批专业人士——一批清洁"画布"，另一批则在场地竣工后做最后的润色工作。这本书提供了联通这两个任务范畴的桥梁，这样，修复土地终将成为场地设计的一部分。针对这一领域，每位专家都有自己独特而清晰的专业词汇，而这些词汇有着广泛而不同的来源，并且对应着各自的项目目标和最终期限。对于想了解该设计策略的风景园林师团体、科学家、工程师，这本书会帮助您克服言语障碍，实现专业互通。

种植既定的植物既不困难也不复杂，但是想通过种植得到一个特定结果可能需要几年甚至几十年，这就需要我们有足够的耐心和经验。两个领域的从业者都认识到，植物修复需要花费时间，尽管有时土地所有者和监管机构并不认同这一观点。

总之，在未来，植物生态修复技术及其应用前景广阔，将应对数量巨大的场地和宽泛的时间框架，而且这两者还在不断增长。设计师和科学家之间的协同合作有助于创建恰当的环境，从而扩大可用植物的范围和类型，同时，分阶段项目会随着时间的流逝开始证明植物生态修复技术的价值。

最后，植物生态修复技术是一项独特的技术，它使用精心挑选的植物、配植技术和创造性的设计方法来重新思考后工业时代的景观。它并不仅仅关注植物之美，也不关注毫无根据的场地规划设计和个人设计想法的创新，而是通过建立在植物特性之上的设计来隔绝、提取或降解土壤和地下水中的污染物。它致力于理解和涵盖科学研究的边缘领域，用创新方法去获取更广阔的科学边界。在这个奇妙的边界，基于植物的修复方法可以用于改良和更新，可以超越短期效应对当下的城市、乡镇和社区环境规划有一个更加长远的视野。

前 言

从20世纪50年代开始，B级片就开始生动地描绘怪异植物来吓唬观众："毒树"和"耐毒藤蔓"等来自外太空的植物以毒素为午餐，然后成为年轻人的小吃。在电影的结尾，人类用科学家英雄的智慧成功破坏了基因突变的绿色植物……但是最近，一些吸引人的标题出现了——"吃铅芥菜"、"一品脱大小的植物在强有力地对抗重金属"、"净化污染的杨属植物"，这些描述似乎把B级片带到了真实生活中，打破了我们对植物安全友好的印象。然而，这些看似反常的植物实际上是我们的好朋友。

（科克伍德，2002）

对B级电影"毒树"和"耐毒藤蔓"的兴奋和期待也为"植物生态修复技术"（或简称"phyto"）这一领域的发展带来了广泛的积极作用。在面对当代环境污染时，有关此类植物的更多耸人听闻的方面被科学基础和实践应用所缓冲。然而，我们仍可以继续为植物内部、根际、周围土壤中的生态修复进程以及植物能为我们带来的益处而欣喜。

在短期或长期的土地规划中，植物生态修复技术的应用完全有能力在迁移城市土地污染物方面扮演主要角色，并在修复方面提供更加可持续性的选择。在一些案例中，植物能够吸收、降解或将污染物固着在土地中。然而笔者发现，植物生态修复技术背后的科学对于那些缺乏基础理论知识的读者来说是很难理解的，该技术也因此难以实施。本书的目的就是在这个领域搭建桥梁，用植物生态修复技术的现场应用和创造性场地设计，将批判性科学和与之相关联的工程技术连接起来。

1. 写作背景

本书出版的首要目的是阐释植物生态修复技术的空间设计、形态、结构和美学，而非仅仅简单描述其背后的科学原理。笔者的意图是转译科学家们进行的实验和田野研究，将其转化为对设计实践人员有用的形式，方便他们应对场地污染问题。本书的第1~3章是探究植物生态修复技术的科学和监管问题，包括特定场地污染物的本质特征和田野案例研究。第4~6章的重点是这些富有成效的植物类型与场地项目和特定污染物匹配时，潜在的环境、空间、文化和美学品质。

本书用图表阐释了科学原理怎样应用到植物生态修复功能中，植物生态修复什么时候能在场地应用中奏效，什么时候不能。笔者从事这一领域研究和现场实践的个人、科研机构和公司那里收集到大量的背景资料，其中包括了用于修复场地内经常出现的潜在污染物的相关植物种类的详细资料。附加的图表阐释了不同种类的项目场地（如加油站、公路廊道、铁路廊道）中的典型污染物。包含了此类场地项目处理策略的创新性的植物组合能提供兼顾美学和社会功能的实践性设计理念。对某些场地项目进行预防性的种植，如铁路廊道、干洗店、公园和城市家庭，使风景园林设计能采用植物策略应对未来的潜在污染。这样，对于风景园林师和土地所有者而言，植物生态修复技术将成为一种突出的、预期的和创造性的工具，来为市民和有污染场地存在的社区创造属于风景园林的福利。

本书来源于两个领域。一方面，由于城市景观更新项目和环境工程实践，特别是棕地和污染地改造实践在持续不断增长，人们对于基于植物的生态修复在景观场地设计中应用越来越需要清晰的专业指导，而远期并非基于生态修复的植物配置也参与其中。另一方面，我们也希望以早期科学研究先驱的工作为基础的植物生态修复技术研究人员所做的工作能为人所理解，从而使这项技术在更广阔的范围内为利益相关者和参与者服务。本书是笔者过去15年的研究成果，这15年来我们围绕植物生态修复、植物选择实践、风景园林设计和监测的挑战、机遇和技术来改造后工业时代的土地和景观。

2. 本书结构

本书结构如下。

第1章是植物生态修复技术的概述，及其在环境中的现有应用和未来前景，包括其定义的覆盖范围、主题演变过程、对其在现行法律框架下应用的讨论、对其效力的评论以及潜在的创新应用的概述。

第2章回顾了包含植物生态修复技术的科学流程的基础，并对这些流程作了摘要式简介，本章还述及土壤改良实践和植物栽培相关知识。

第3章为读者提供一个惯常用植物生态修复途径和植物选择来进行处理的污染物群组的调查，这些内容与接下来一章关于种植类型和在受污染场地上的应用相互关联。

第4章概述特定污染物和特定种植类型的内在联系，图解了18种不同的植物生态修复种植类型。

第5章将第4章详述的植物生态修复技术种植类型应用到16类常见土地利用项目中，

如汽车加油站、公路廊道、军事用地和农业用地。

第6章列出了附加资源信息，供对植物生态修复技术领域的特定领域有兴趣深入研究的人士参考。

通过对与植物生态修复相关的植物及其实践上的潜在机遇、限制相关新兴研究的理解，读者能够理解与这项新兴技术有关联的一系列主题。这些主题合起来构成了植物生态修复技术的核心。笔者强烈支持这一观念：在风景园林师的实践和研究领域内，以及未来土地更新过程中，这些主题会逐步形成一个新的核心学科。

3. 为什么需要这本书

本书在植物生态修复技术领域的出版物中是独一无二的，它把有关这一课题的科学原理和规划设计中的实际应用结合起来。这涉及解读当代场地的实际情况、它们过去和现在的（利用）计划，以及可能遇到的污染物范围。用植物修复土壤和地下水中特定化学污染的需求与邻里和社区的健康和可持续性是相互关联的。笔者估计，这一领域的著作和刊载相关科学研究的期刊之间存在着鸿沟，这其中包括实验室试验、田野试验、总体理解以及随之而来的棕地治理中的应用。

在书后的参考文献中列出了一本名为《国际植物生态修复技术》（The International Journal of Phytoremediation）的期刊，还有几部基于研究的著作，它们都是已公开发表的以植物生态修复技术为主题的研究论文修编合集。然而，所有这些出版物都是实验室试验和田野试验的展示，所展示的信息太过科学化、数据化，很难被风景园林的从业者解读。本书不同于这些出版物。本书首次用简单的图表清晰地阐释这项科学技术，为读者提供以设计为基础的指导。本书还提供了可能应用到的植物品种列表。书中着重强调的是适宜美国东北部气候条件、具有较强抗性的植物，但所介绍的设计类型和场地整体策略是全球通用的。

此外，关于我们为什么需要这本书，有五个问题可以进一步确认。

（1）问题一：受到污染的环境

人口拥挤的都市中心继续压缩工业和制造业，支持它们的土地被废弃、空置，其中还包括污染物和从前的生产设施。这种模式在社区中创造出大量的、不同尺度的遭到废弃、闲置和污染的土地，其中有很多临近社区的基础设施，如操场、学校、娱乐场、托儿所和养老院。城市规划行动的重中之重是都市改造和内城土地的更新，这其中包括退化的河岸、铁路编组站、港口、海港和突堤的改造，它们是复兴一座城市的区域和街区的核心。面对清理分散在各个地方的场地内的土壤、地下水、沉积物和地表水中等残留的污染物的问题，人们对创新、可持续和低成本修复方式的需求不断增长。

（2）问题二：污染土地的生产性使用

当对于可持续规划和生活质量的关注进入公众话语时，城市中可供开发的用地却在不断减少，我们需要更新城市结构中的中型和小型场地。推动污染场地的清理工作是对土地更高和更好地使用的需求，也是为了经济发展的机遇和社区基础设施的建设。风景园林师更感兴趣的是如何用植物生态修复技术来指导更先进和更具创造性的规划设计工作，来实现富有成效的用途，以及反过来，通过植物生态修复技术，新的项目和用途能在多大程度上指导这些场地的更新。此外，植物生态修复技术在清理场地的同时用来生产经济产品的潜力，如生产生物质能源、纸或木制品等，也很重要。

（3）问题三：植物生态修复技术的可用资料

当前，关于植物生态修复技术的可用资料很多且很杂，它们分布在图书、杂志、网站、技术手册等一系列媒介中。已发表的研究成果可能相互矛盾，读者也很难分辨孰是孰非。此外，一些测试项目和现场应用项目也经常出现在一些难以接近和远离公众视线的地方，如国防部、大型工业区、资源开采场等（Stoops，2014）。这本简单易懂的手册主要针对设计和风景园林专业方面总结了近些年完成的大量研究和场地案例研究。它不仅包括已经实践过的成功案例，也描述了诸多误解，在这些场合下植物生态修复技术可能并不会非常有效。

（4）问题四：设计、绩效和风景园林学

风景园林场地的在演进过程中，氛围一直在变化，这其中对生态功能、社区、公共卫生、城市设计、可持续发展的关注是除美学因素之外的重要驱动力。近年来的项目设计都在考虑风景园林除了"人类层面"之上还能"做什么"。植物生态修复技术能够在绿色廊道、植被斑块、新林地、绿篱、城市农业和湿地等方面增强景观的功能。

（5）问题五：国内场地污染状况的未来预测

通过当地对城市垃圾填埋区、过去的农药使用、油罐泄露以及在土壤受到铅污染的花园和院子玩耍的儿童受到毒害的报道，业主们越来越明显地意识到花园、院子和房屋周边的污染问题。目前的研究已足以将植物修复的概念应用到社区尺度。这一策略是建立在让社区更加宜居和为所有市民（特别是对小孩和老人）提供更安全的园林设计的基础上的，它也为人们提供了通向操场、学校、口袋公园和家庭等社区资源的更加健康的通道。

4．本书的读者

本书是一部切实可行、简明实用的手册，它可供大学教学和继续教育项目使用，也可供设计专家、园艺及城市建设行业的从业人员参考。笔者希望本书能为推进规划设计领域在这方面的讨论有所贡献，使从业者能在不同的立地条件下构想和实施植物修复设计。本书的预期读者和阅读方式如下。

（1）风景园林及其他设计专业的学生

本书可作为风景园林、景观规划、城市设计、场地设计等专业的学生在学习种植设计和场地修复设计时的教材或指南，它可以在种植课或工程课上使用，也可以在规划和设计实习中使用。

（2）风景园林师、其他设计和工程技术人员

对于风景园林、场地工程、环境工程和生态工程咨询等专业工作室来说，本书可作为种植设计和城市场地修复的参考书。

（3）城市设计师和规划师

对于私企、专业公司和市政机关中的规划师、城市设计师和市政公务员，本书可在土壤和地下水污染的棕地项目的可持续治理的初期计划和研究中提供帮助。

（4）园艺产业

对于花农、苗木工人和园艺社区的成员，本书可提供一些植物种类，这些植物可以用于苗圃种植，并应用于植物生态修复产业。

（5）施工单位

本书可作为园林工程公司的参考指南，可为进行景观实施和维护的施工项目负责人和现场工人提供从园林方案、场地监督、采购管理到植物种植工程监工和现场工人等方面的参考。

（6）有机土地保护协会

本书还可作为城市和城市外一系列生产性种植技术的指导书，供该产业的专家、社区规划者、团体和教育工作者使用。

植物生态修复技术这一课题将学科、专业领域与风景园林设计知识、科学、工程、园艺、场地规划、文化和社会项目融合在一起，其通过土地再生、城市园林、能量创造、社区绿化、新的娱乐场所或当地雨洪管理行为实现，而且往往包括了当地社区浓厚的兴趣和积极的参与。尽管"看上去怪异的植物"在公开论述中表现得好像是在单独地、无依无靠地净化散布在现有社区环境中的受污染土地，实际上它们是多学科共同作用的结果，它们的背后是一个由科学家、工程师、政府机构、学术研究人员、独立研究团体、设计和规划专家组成的团队，其中既有独立实践者，也有社区志愿者。在这些技术的实施过程中，社区组织者、当地规划办公室、政府机构成员和非营利环保组织都扮演着重要的角色。

笔者撰写本书的首要目的是使之指引所有的实践者去理解基于植物生态修复设计的潜力和那些"怪异植物"的承诺，它们不仅致力于治理场地污染，更能为应对场地未来的变化提供预案。其次，笔者希望居民和社区成员能够接近和享受到一系列新的园林空间和户外种植空间，而这些户外空间中种植的植物是真正健康、低污染、充满自然修复进程能量的。通过植物生态修复技术的科学和艺术，以及场地设计数量的持续增长，风景园林将会实现一个转变，它必将触及一个更加神奇的世界，创造出更具生态可持续性、弹性和适应性的方式，并以这种方式来塑造未来的建成环境。

译者前言

2016年中央城市工作会议制定了尊重自然、顺应自然、保护自然，改善城市生态环境，着力提高城市发展持续性、宜居性等"新常态"下城市发展的新要求。值得关注的是，针对我国城市目前已面临的严重的土壤污染和破坏问题，中央提出"要大力开展生态修复，让城市再现绿水青山"，这将是未来数十年我国城市环境建设的重要内容之一。为响应中央的号召和住房和城乡建设部城市双修（生态修复、城市修补）的工作要求，我们积极引入《植物生态修复技术》这一探讨生态修复的核心技术——植物生态修复技术的名著，因为此书不仅对于生态环境的改善具有很强的现实指导意义，而且也填补了国内在这一领域的理论空白，具有重大的学术价值。

这部数次获奖著作的重要特色在于探讨了植物修复土壤污染的技术优势，纠正了以往相关研究对于植物修复的不少偏见和误解。此外，本书还提出了植物修复如何与其他相关现场整治技术相互结合、互相补充，以达到最佳的场地修复效果。以往的植物修复研究往往与现场整治实践相脱节，研究成果因成本、效率等多方面原因难以付诸实际，可行性不高，本书填补了二者之间的鸿沟。同时，本书首次从风景园林美学的角度对植物生态修复技术的实施细节、应用场合、植物选择等方面进行了阐释。尽管本书列举的是适宜北美气候、具有较强抗性的修复植物，相关污染物和对应的成功修复案例也多集中在美国境内和欧洲地区，但在诸多方面也同样适用于中国现状。

本书的作者之一是哈佛大学设计学院风景园林系前主任尼尔·科克伍德（Niall Kirkwood）教授，他也是我2006-2007年在哈佛大学访学时的导师。2015年本书刚一出版，他就签名将书赠予我，由此也引发了我带领博士研究生翻译这一著作的兴趣和热情。他本人不畜年事已高，亲自与我们翻译小组共同商议有关问题，还提供了相关图片、表格的英文原版文件，为翻译工作带来了极大便利，在此我们谨向本书的两位作者凯特·凯能和尼尔·科克伍德教授致以崇高的敬意！我的硕士研究生戈祎迎、马越、王一岚、严圆格、董嘉莹、何亮也参与了部分图表的整理工作，在此表示感谢！最后，真心感谢中国建筑工业出版社城市建设图书中心杜洁主任的鼎力支持和帮助！

在翻译本书的过程中，我们对书稿体例作了编排，对于插图、图例和表格也略有调整，对文字的翻译质量做到表达清晰、流畅。由于译者专业水平所限，书中错误、疏漏之处在所难免，部分植物生理生化、植物保护、环境污染防治等英文专业词汇的中文译法可能尚不准确，还望相关领域专家学者和广大读者不吝赐教，以便于本书再版时加以修正。

北京林业大学园林学院教授、博士生导师、
住房和城乡建设部风景园林专家委员会成员、
中国风景园林学会副秘书长、
国际风景园林师联合会（IFLA）中国代表

刘晓明博士
2017年4月于北京

图 例

污染物

○ 有机污染物

⊖ 石油

⊕ 氯化溶解剂

⊕ 爆炸物

⊙ 农药/杀虫剂

⊘ 持久性有机污染物

□ 无机污染物

⊟ 营养物质

⊞ 金属

⊞ 无机盐

⊠ 放射性物质

有机和无机机制体系

植物降解

根系降解

植物挥发

植物新陈代谢

植物提取

植物水力学、植物液压系统

植物固定/植物封存、植物隔离

根际过滤

缩写对照表

缩写	污染物的图标	名称	描述
Al	▢	铝	无机金属（准金属），与金属矿业、生产和冶炼相关
As	▢	砷	无机金属（准金属），常见于杀虫剂、加压处理的木材中，以高浓度天然存在于某些区域的土壤和地下水中
B	▢	硼	无机金属（准金属），通常与玻璃制造、农药使用和皮革鞣制有关
BOD		生化需氧量	生化需氧量BOD是需要在水体中分解有机物质的溶解氧的量。它用来衡量水体中有机物的质量
BTEX	⊖	苯，甲苯，乙苯和二甲苯	石油产品中发现的挥发性有机化合物
Cd	▢	镉	无机金属，通常污染农田，源自土壤改良、采矿和冶炼活动
Ce	⊠	铈	无机放射性核素，与核能生产和军事活动有关
CERCLA		综合环境反应、补偿及侵权责任法	通常被称为"超级基金"，这是1980年颁布的联邦美国法律，建立了一个信托基金，用于政府清理国家优先事项清单（NPL）上的污染场地
Co	▢	钴	无机金属，通常用作玻璃和陶瓷生产中的着色剂，以及用于合金和飞机制造
CO		一氧化碳	汽车和烃燃料的不完全燃烧产生的有毒气体，是空气污染的组成部分
CO_2		二氧化碳	空气污染，温室气体的成分
Cr	▢	铬	无机金属，通常与电镀、汽车和制革工业以及压力处理的木材生产相关
Cu	▢	铜	无机金属，通常用于金属、管道和电线生产以及农药和杀菌剂

缩写	污染物的图标	名称	描述
DDT, DDE	⊘	二氯二苯基三氯乙烷，二氯二苯基二氯乙烯	剧毒的持久性有机化合物，用作农药，自1972年以来在美国禁用。DDE是DDT的常见有毒分解产物
EDTA		乙二胺四乙酸	化学添加剂（螯合剂）使污染物对植物摄取更具生物药效应
EG		乙二醇	有机化合物，常用于除冰液
EPA		美国环境保护署	联邦政府在美国的监管机构，负责执行与自然环境有关的法律，并规范受污染场地的清理
Carbon tet Halon 104 Freono 1	⊙	四氯化碳	有机氯化溶剂化合物，密度比水大。用作制冷剂、灭火剂、工业脱脂剂和清洗行业
DNAPL		重质非水相液体	位于水下的油性类型污染
DRO	⊖	柴油范围有机物	有机化合物，通常存在于柴油燃料中
F	▯▯	氟	无机金属，与磷酸盐肥料生产以及冶炼、燃煤电厂和采矿有关
Fe	▯▯	铁	广泛存在的无机金属，通常不视为污染物，除非以高浓度存在于水中
GRO	⊖	汽油范围有机物	有机化合物，通常存在于汽油燃料中
Hg	▯▯	汞	无机金属，与燃煤发电厂、金属和油漆制造有关用途
HMX	⊕	1，3，5，7-四氮杂茂-1，3，5，7-四唑	爆炸性有机化合物，通常用于军事
LNAPL		轻质非水相液体	浮在水上的油性类型污染
log K_{ow}		辛醇-水分配系数	无量纲常数，提供有机化合物如何在有机相和水之间划分的量度
LSP		许可场地专家	由国家认证并授权，有资格评估污染并指导清理工作的工程师、环境科学家或地球科学家
LUST（s）		泄漏地下储罐	地下被发现的储罐通常泄漏燃料。常见于以前和现在的工业用地和旧加油站
Mn	▯▯	锰	广泛存在的无机金属，通常不视为污染物，除非以高浓度存在于水中
Mo	▯▯	钼	无机金属，最常与采矿作业有关
MTBE	⊖	甲基叔丁基醚	有机化合物，是汽油的添加剂。可以以液相和气相存在
N	▭	氮	植物生长所必需的无机养分，经过农业活动和废水成为环境污染物
NASA		国家航空航天局	美国政府机构，负责国家民用太空计划和航空航天研究
Ni	▯▯	镍	无机金属，通常由采矿和电池生产操作产生
NO_x/NO_2		氮氧化物	由化石燃料燃烧和汽车发动机产生的空气污染（烟雾和酸雨）的组成部分
NPL		国家优先列表	全美范围内已知释放或有释放危险的有害废物、工业废物或污染物中的国家优先处理列表。国家优先列表主要用于指导美国环保署确定哪些地点值得进一步调查（US EPA，2014）

缩写	污染物的图标	名称	描述
O_3		臭氧	由于暴露在阳光下的挥发性有机化合物（VOC）和氮氧化物之间反应而产生的空气污染成分
P		磷	植物生长所必需的无机养分，与农业活动和道路相关
PAHs		多环芳香烃	含有难以分解的苯环结构的石油有机烃类，与燃料泄漏、煤加工或石油制造有关
Pb		铅	持久性无机金属，在城市地区造成广泛的污染。以前一直添加到油漆和汽油中，直到20世纪70年代为止
PCE/Perc		氯乙烯，四氯乙烯	有机氯化溶剂化合物，密度比水大。通常与干洗或金属加工设备有关
PCBs		多氯联苯	一类持久性有机污染物，自1979年以来在美国禁止，不容易分解。与许多类型的制造或工业过程相关
PG		丙二醇	有机化合物，常用于除冰液中
Phyto		植物生态修复技术	植物生态修复技术的缩写
$PM_{2.5}$		颗粒物（小）	在空气中发现的小液体和固体颗粒。对人类呼吸系统非常有害
PM_{10}		颗粒物（大）	在空气中发现的较大液体和固体颗粒
POPs		持久性有机污染物	一组24种的有毒有机污染物，不会在环境中分解并存在很长时间
RAO		响应行动结果	对场地进行分类，指定重大风险或潜在威胁经过一系列修复措施已经得到缓和的级别
RDX		环-三亚甲基-三硝胺，1，3，5-三硝基全氢-1，3，5-三嗪	爆炸性有机化合物，通常与军事用途相关
Se		硒	无机金属（准金属），以高浓度天然存在于一些土壤和地下水中
SO_x/SO_2		硫氧化物	由化石燃料燃烧和汽车发动机产生的空气污染（烟雾和酸雨）的组成部分
Sr		锶	无机放射性核素，与核能生产和军事活动有关
$T/^3H$		氚	氢的无机放射性同位素，与军事活动相关
TCE		三氯乙烯	有机氯化溶剂化合物，比水密度大。通常与干洗或金属加工设备有关
TNT		三硝基甲苯	爆炸性有机化合物，通常与军事基地和一些采矿活动有关
TPH		总石油烃	在给定地点的石油样品中发现的所有有机烃化合物（可以是数百）的总和量度
TSS		总悬浮固体	悬浮在水中的颗粒量的量度。随着TSS增加，水体开始丧失其支持水生生物多样性的能力
U		铀	无机放射性核素，与核能生产和核能有关
VC		氯乙烯	有机氯化溶剂化合物，用于生产PVC（聚氯乙烯），是一种流行的塑料
VOC		挥发性有机化合物	合成类有机化合物，能在相对低的温度下变成蒸汽
Z		锌	无机金属，通常与采矿、冶炼和工业作业相关

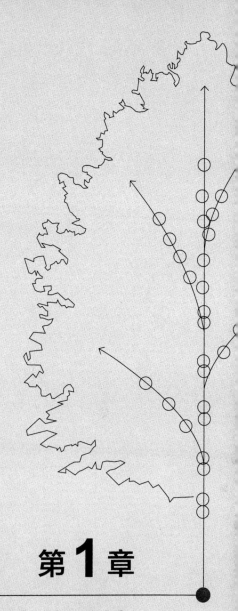

第**1**章

植物生态修复技术与当代环境：
概述

本章介绍了与植物修复相关的关键背景问题和设计主题，并概述了植物生态修复技术在场地设计工作中的潜在用途。第1章还包括"植物生态修复技术"这一术语的当前定义，概述了植被修复的机遇和限制条件，描述了该研究领域以往和当前的研究，并且提供了使用植物生态修复技术的法律框架的概要。最后，本章总结了潜在的创新应用以及未来科学研究和实地研究的投射领域。

1.1　什么是植物生态修复技术？

为了吸引和整合植物生态修复技术与现有的设计实践，笔者为植物生态修复技术提出了比现有说法更加广泛的定义：

植物生态修复技术是运用植物修复、容纳或阻止在土壤、沉积物、地下水中的污染物，并/或为之增加养分、孔隙度和有机物的技术。在现在和未来的针对独立场地、城市结构和区域景观的工作中，它是一项能够协助风景园林师、场地设计师、工程师和环境规划师的栽培技术，也是一套规划、设计和施工工具（图1.1）。

——科克伍德和凯能在以往定义的基础上作出的扩展定义（Rock，2000；ITRC，2009）

003

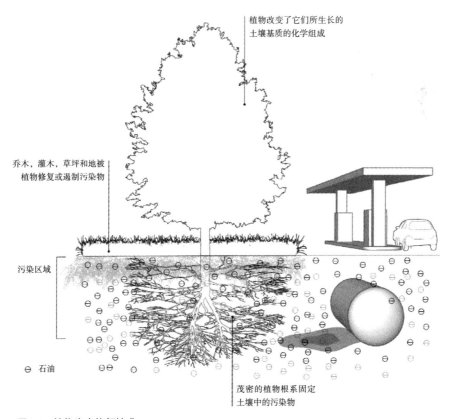

植物改变了它们所生长的
土壤基质的化学组成

乔木，灌木，草坪和地被
植物修复或遏制污染物

污染区域

⊖　石油

茂密的植物根系固定
土壤中的污染物

图1.1　植物生态修复技术

本书论述的植物生态修复技术主要聚焦于运用植物来进行土壤和地下水修复。由于针对雨洪和废水处理的种植系统已经整合到风景园林设计实践中，因此本书在这些方面将只是简要阐述。本书还将论及大气污染，因为这与植物在生物积累（bioaccumulate）或降解空气中污染物，或使其危害性减小等方面的自然能力有关。通过引进与场地设计整合的、可自我维持的植被，应用于现场科学和工程方案的植物生态修复技术将在土壤和地下水的污染治理方面具有优势。

按照上述定义，"植物生态修复技术"这个术语的背景，特别是其近年来的演变的确值得论述。需要指出容易导致混淆的一点，传统的科学论文中使用的"植物修复"（phytoremediation），与最近的文献中出现频率更高的"植物生态修复技术"（phytotechnology）略有区别。因这两个术语互换使用进而导致相关学科混乱的情况并不少见。

1.2　植物生态修复技术与植物修复的不同

术语"植物修复"（phytoremediation）或"运用植物的修复"，简单地说，就是运用一种特定的植物或植物群组去降解和/或清除受污染场地的特定污染物。然而，除了降解和/或清除污染物之外，"植物生态修复技术"（phytotechnology）还包括周围土壤或植物根系结构处的污染物的固定、基于植物方法的预先措施等技术，以便在污染发生前就能治理污染源、缓解生态问题。运用植物的污染物稳定化实际上并没有修复土壤或分解污染物，但这一措施将土壤中的污染物固定下来，从而避免了土地所有者与地下污染物的进一步接触。此外，"植物生态修复技术"还包括在场地上实施的预先种植措施，这些措施有助于阻止未来因为场地上活动而引起的污染。"植物修复"通常聚焦于净化土壤和地下水的山地种植，"植物生态修复技术"则包括所有的以植物为基础的污染修复和预防系统，包括人工湿地、生物沼泽、屋顶绿化、墙体绿化和垃圾填埋区种植。从更广泛的视角来看，公园、社区花园和绿道往往有植物生态修复技术的成分介入到风景园林设计之中，如保护性河岸缓冲带和植被过滤带，在其中引进了一系列可用于环境约束和控制污染的植被。

植物生态修复技术是基于生态原则，并将自然系统、人类和社会干预视为一个整体的技术。正是这一点使得利用植物生态修复技术的应用整合了不断变化的风景园林设计实践。在本书接下来的部分里，植物生态修复技术将用来描述针对污染土地的植物的综合应用，以及它与风景园林、场地设计领域的联系。

1.3　为什么需要植物生态修复技术？

近来，"绿地发展"以及在未开发土地或农业用地上的建设正日益掩盖对受污染的棕地的复垦、更新和再利用问题。特别是那些过去的工业用地现在已经受到污染、环境扰动和生态磨损，并显示出经济和社会功能上的失调，它们需要重新整治为宜居场地。

1.3.1　棕地问题和节约成本策略的需求

具有"棕地"属性的场地目前普遍存在并受到越来越多的关注。该术语不仅出现在全美范围内的每一个地方，还几乎扩展到每一个国家和每一个大洲。这些场地往往在政治、生态、文化、经济和美学上都是最具争议的类型。它们包括那些正在泄漏或已经废弃的地下储油罐，如加油站、旧工业用地和旧人造煤气工厂。它们还包括处在不同阶段的、从仍在使用到已经关闭的垃圾填埋场、铁路廊道、墓地和国防部（DOD）的军用土地。美国20%的不动产转让是棕地区域（Sattler等，2010），2010年这些土地的价值约2万亿美元。据美国环境保护署（US EPA）估计，目前全国范围内大约有45万~60万个认证场地属于棕地，而美国国家审计局则认为这个数字过低（US Accounting Office[①]，1992）。这占据了超过16%的全球陆地面积，相当于全世界约52万公顷的土地受到了土壤污染的影响（Anjum，2013）。所有这些场地，无论是大还是小，位于国内还是国外，都需要更广泛的具有成本效益的解决方案，以清除或减轻土壤、地下水、沉积物和现有的运河、池塘、湖泊以及建造在这些区域的建筑物等基础设施的风险。

　　然而，针对棕地的修复技术是很昂贵的，这就阻碍了棕地的污染治理。大多数传统的修复方法，因为想要快速纠正历经几十年造成的环境问题，因此价格昂贵而且能源消耗巨大。在这些正在接受监管部门审查的修复方法中，植物生态修复技术它既能单独使用，又可与其他工程/工业方法联合使用，如清除污染土壤、封盖污染土壤、机械抽水和处理地下水羽流。与传统修复工程方法相比，植物生态修复技术的成本效益是一个显著优点，它所需的长期能量较少，因为植物生态修复技术通常不需要机械泵送系统、公用电源以及许多基础设施和设备的支持。运用植物的清理费用仅为传统清理方法的3%。David Glass 在其报告（Glass，1999）中举出的例子表明，植物生态修复技术明显比污染整治行业的标准方法节省资金。例如，与植物修复方法相比，针对地下水的抽水治理方法或针对污染土壤的焚烧处理方法其成本增加了1~30倍；更加专业的方法如热脱附，成本增加了1~10倍；土壤清洗增加了1~4倍；生物修复方法增加了1~2倍。不过，这些数字没有考虑到各自的场地条件、地理位置、外界原因造成的污染类型和强度、气候和人为因素（如持续监测、养护和场地安防等方面的需求）造成的外部条件差异。

　　上述污染场地的讨论是建立在那些已经发现、登记，并在短期或长期内以某种方式处理过的场地的基础上的。目前仍有更大数量的景观或场地，或由私人拥有，或由工业和制造业占据，它们仍然能产生污染物，未来还将占据土地并造成更大的污染。工业活动的规模扩大和这种独立场地的数量增长可能永远不会终结，其不同程度的污染也会随之产生。基于植物的生态修复技术将在更大规模的清理工作上发挥其潜能，并将越来越多地涵盖相关设计专业（专家），为之提供场地更新的一系列新技术工具和新项目可持续发展的不竭源泉。

1.3.2　常规修复方法的局限

　　传统工业的修复策略，如"抽水治理法"（即通过提取、过滤和补给等方式清洁被污染的地下水）和"挖掘运输法"（顾名思义就是把污染土壤挖出并运到场地外），不仅价格昂贵，而且效果单一，限制了场地设计的潜力，而这种潜力应当是超越污染治理本身的。

---

① 美国审计局。——译者注

005

此外，这些传统的修复策略往往极具侵入性和破坏性，它们会破坏微环境，甚至使土壤变得贫瘠，无法适用于农业和园艺。

1.3.3 日常污染物的积聚

在我们身边无处不在的诸如道路、污水系统、草坪管理等日常环境和设施中的潜在污染已经成为备受关注的前沿问题。污染物的积聚不仅影响区域周边的自然资源，也给当地甚至区域的生态系统造成了巨大压力。其既可归因于因缺乏远见导致的对环境中污染物（环境污染）的持续性（长期）影响的先期忽视，也可归因于地方（部门）和市政府首先在立法上，其次在执行相关环境法律法规（整体）上的草率与疏忽（力度不够）。目前迫切需要阻止那些广泛存在的土地用途中少量污染物的每日泄漏。

1.4 机遇和限制

在植物生态修复技术中，活体植物的自然属性和机制可以用来实现既定的环境效果，尤其在减少土壤和地下水中的化学污染物方面。这项技术中，可用的植物具有多样性，这也在一系列景观位置和类型上赋予植物生态修复技术应用以通用性。然而，还有许多现场状况和污染情况使得植物生态修复技术"不可行"。下面综述这些技术的机遇和限制。

1.4.1 机遇

应用植物生态修复技术的优势如下：

• 以植物为基础的系统是天然的、被动的、太阳能驱动的方法，这种方法能够应对一些类型的受污染影响的景观的清理和更新。

• 该过程能够保持土壤的完好，甚至改良土壤，不同于工业上采用的其他更具侵入性的场地修复方法，如移除和清理、土壤洗涤和热脱附。

• 植物生态修复技术具有治理一系列土壤和地下水中有机污染的潜力，可以使污染水平降低到低度至中度。然而，很多情况下，植物生态修复技术也是不适用的。要考虑到非常具体的植物和土壤的相互作用，并监测其有效性，详见第2章与第3章。

• 植物生态修复技术在各种景观修复和环境设施中的应用对于科学家、工程师和设计师而言，都极具吸引力。这其中包括将以植物为基础的方法与化学、物理和其他生物学过程结合的复合技术联合起来。

• 实践已证明，与其他更加传统的、基于工业的技术和方法相比，基于植被的修复更加便宜。

• 由于植物生态修复技术是一种天然、低能耗、在视觉和审美上令人愉悦的修复技术，它的公众接纳度是较高的，当场地在居住区内或靠近居住区时更是如此。

• 植物生态修复技术的应用可以整合到场地的其他植被和地形设计的策略和方案中。在后工业时代，自然净化技术范围的扩展可以作为一种处理手段，在规划和设计过程中为风景园林师提供设计的出发点。

• 污染防治：植物可以防止污染物排放的进一步蔓延，防治城市土地和水环境的进一步恶化。

- 指标种类：生态系统健康的植物性指标可以整合到场地的监测和评估策略中。

应用植物生态修复技术还有一些附加的潜在益处，包括社区用途、教育用途和生境营造等：

- 社区用途：利益相关者和相邻社区的参与将为吸引当地社区参与植物生态修复技术的实施提供机会，还可以为绿色空间有限的地区提供额外的福利。这可能会促进该场地的非官方监督和管理，同时在规划和设计阶段吸引更多的社区前来参与。
- 教育用途：植物生态修复技术的实施与社区使用密切相关，这意味着它可以在本地各教育阶段学生的户外课堂体验中发挥潜在作用。此外，它是一个贴近生活的实验装置，可以影响学生或非学生，再由他们教导本地居民诸如后工业用地的危险、土壤和地下水污染等知识和可为污染提供修复的自然技术。
- 生境营造：引入植被作为自然修复技术为曾经遭到污染和遗弃的场地提供了数量更大、种类更多的栖息地。如果在设计过程中仔细考虑这一点，植物生态修复技术的应用就可以在避免动物接触有毒污染物的前提下为它们增加冠层覆盖、巢址和潜在的食物。
- 生物质生产：修复性种植可以在收割后将植物用于生物质生产和能源利用，这一过程中产生的经济效益可以抵消修复成本。
- 气候变化：长期进行植物修复的场地有助于创造小气候、减缓气候变化并可控制环境造成的疾病。
- 对农业系统的益处：在边缘化地段新种植的植物可以为当地的养分循环、作物授粉和土壤的长期改善提供支持。

1.4.2 限制

应用植物生态修复技术的不利因素如下。

- 许多污染物不能用植物生态修复技术进行修复，有时土壤或气候条件也不适合应用这项技术。此外，某些土壤可能毒性过大或过于贫瘠，这种土壤不适合植物生长。污染物和植物的相互作用将在第3章详述。
- 该过程在相对较浅的污染场地上应用受到限制，同时需要依赖可应用植物的适应性和所在的气候区划。
- 在某些情况下，植物可能需要收割和运走以除去污染物；这可能导致高成本、高能耗。
- 植物体内储存的污染物可能通过蒸腾作用或不受控制地焚烧收割的植物材料释放出来。此外，当植物的茎和叶都吸收了污染物，就会产生因暴露而带来的风险：人类、动物或昆虫可能吃到或接触已经存储了污染物的植物，尽管这个危险因素并不显著。
- 植物一旦种下，日常养护的操作成本可能比较昂贵，而且必须考虑为引种的植物提供足够的排水、灌溉、检验和保护。
- 这种技术需要监测土壤和地下水，这种监测可能昂贵而且不准确。
- 植物生态修复技术发挥作用需要的相对较长的时间可能会妨碍其在短期场地更新项目上的应用。许多植物生态修复技术需要至少5年或更长时间才能达到成熟阶段，有些需要

007

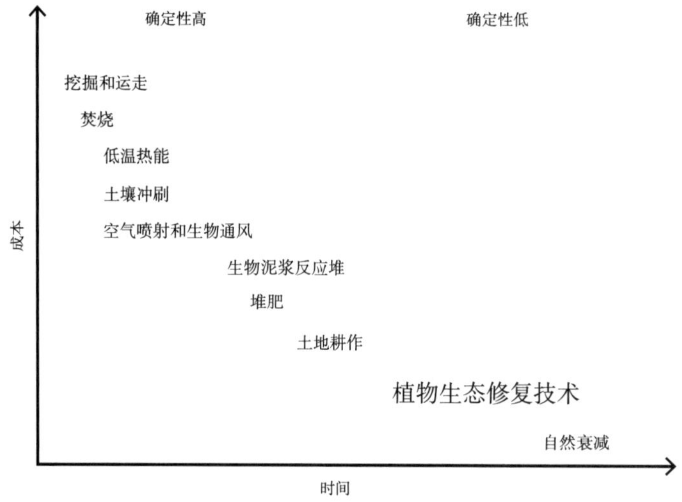

和其他修复手段相比，植物生态修复技术在其可运用的时候，能够节省相当大的费用成本，但是需要更长的修复时间。此外，在所有的以植物为基础的修复系统中，都存在着一定程度的结果不确定性。

（来源：图像重绘自Reynolds提供的图片，2011）

图1.2　植物生态修复技术：成本与修复时间的关系

008

50年以上甚至更长时间的项目可以申请遗产保护。它们需要场地所有者长期致力于管理和养护，因为这个过程需要依靠植物在并不理想的环境中茁壮成长的能力来实现（图1.2）。

• 自然系统是可变的，天气、动物的啃食、疾病和虫害可能是毁灭性的，或可能导致不可预知的结果。

• 当地种植者可能没有适用的植物存量，或者必须在一年的特定季节完成种植。

• 如果缺乏对科学的理解，缺乏有经验的研究人员、工程师和科学家的参与，植物生态修复技术的应用可能适得其反，甚至带来许多不恰当的设计和实施项目。

• 在温带气候条件下，这一系统在冬季的效率比其他季节要低得多。在极端环境下，这一系统也许无法起效，比如阿拉斯加和北极地区。

• 目前围绕基于植物的修复策略的法律、法规和经济条件可能很难正确应对困难局面，管理者可能没有意识到植物生态修复技术的潜在机遇，这就需要广泛的前期研究和阐述。

1.5　植物生态修复技术的现状

1.5.1　市场份额

在污染修复行业，植物生态修复技术所占目前应用的污染修复技术的份额尚不足1%（Pilon–Smits，2005），植物生态修复技术应用的滞后是由多个因素造成的，包括以下几个方面。

• 自2001年起美国的研究资金来源已经萎缩，研究资金的缺乏导致了核心研究、应用研究和田间试验的不足。

- 联邦、州和地方监管机构的支持正日益减少。
- 这项技术现在尚缺少可靠的追溯记录，因为田间试验具有不确定性，新技术缺乏证明它成功的指标，旧有技术的传统指标和监测手段又无法很好地评估新技术。
- 自然和生物系统固有的总体不确定性。
- 针对能够发挥作用的植物修复系统，可获得的信息往往不足，这阻碍了这项技术在施工和设计实践中的整合。
- 通常情况下，在负责设计修复系统的环境工程公司内，缺乏农学或植物学的专业人士，因此仍把重点放在传统治理技术上，因为基于植物的修复系统设计并不是他们的专业领域，不确定性更大。
- 通常情况下，植物修复需要更大的监测成本和更长的时间框架。

1.5.2　观念

目前无论是在科学领域还是在风景园林领域，都有人对植物生态修复技术存在异议，要么批评植物生态修复技术无效，不值得获取社会资源和社会各界的关注，要么走向另一个极端，炒作植物生态修复技术是清除污染物的"灵丹妙药"。真相介于两种观点之间，一些适合应用植物生态修复技术的好机会一定是存在的，但也有很多时候，植物生态修复技术并不可行并且应该避免。通常情况下，如果陈旧或过时的研究还在被不断摘引和应用，就容易产生误解，这种情况在基于网络的研究中很常见，这些研究成果被反复地引用，好几年也不更新。此外，许多从业者都没有意识到植物生态修复技术需要注意高度特异的植物和以土壤为基础的互动，适用性和成功率也会因场地和污染物的不同而相差异。环境条件、植物和毒素不匹配导致既定目标无法达成的田间研究可能损害植物修复在整个研究领域的声誉（US EPA，2002）。另外，短期项目、温室和实验室研究结果可能取得成功，却不能有效地转化为田野应用，其中气候模式、虫害、竞争和水平低下的项目管理是常见的失败原因，这些正是温室或实验室研究所缺乏的。为了达到既定的绩效指标和修复目的，植物修复通常需要比传统方法更长的时间，但因为学术计划安排和经费的限制，很难达到这个时间。鉴于以上这些原因，有关植物应用和场地修复能力的错误观点开始迅速传播，造成了一些有关植物生态修复技术的不合理偏见。

1.5.3　历史

正如本书前言所述，植物生态修复技术领域于20世纪80年代在美国命名并正式成立。20世纪90年代，大量关于植物生态修复技术的温室和实验室实验公开发表，使基于植物的清理策略对地下水、土壤和场地环境等更广范围内污染物的适用性受到人们的广泛信任。与此同时，人们发现了一些具有"超富集"金属能力的植物，这些植物可能用于金属污染场地治理的消息立即被炒作起来。不幸的是，在激起一阵兴奋之后，就上演了"繁荣之后是萧条"的戏剧，科学的鼓吹者高估和夸大了这项技术（White和Newman，2011）。它的实际表现不一，但总体来说失败多于成功，因为在实验室实验证实其科学之前，人们过早地开始了田间应用（White和Newman，2011）。例如向日葵，在其生物学特性和相关作用机制尚未得到完全理解之前，曾被誉为吸收和治理铅污染的典范，当它实际应用于现实场

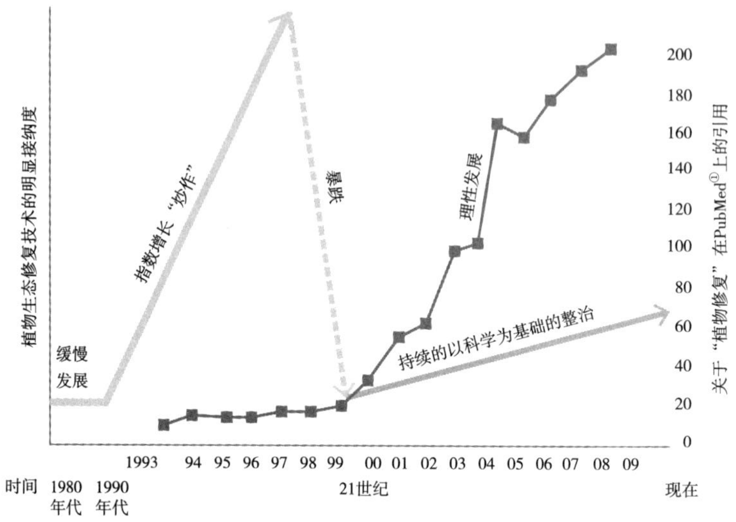

在1990年代初，植物生态修复技术领域刚刚开始发展，对该领域兴趣的激增导致过度投机和炒作，在该科学在实验室中被证实之前，该领域开始实施的现场项目失败率高于成功率（White和Newman，2011）。基于以科学而不是投机为根源的项目，植物生态修复技术领域开始重建它的信誉。（图片来源：重绘自Reynolds，2012和Baker，2013提供的图片）

图1.3 对植物生态修复技术的认知历史

010

地时，人们才发现这种炒作的技术用于田间是失败的。滑稽的是，在风景园林中使用向日葵治理铅污染的植物修复应用一直持续到2010年以后，尽管它在20世纪90年代末的田间试验中就已基本宣告失败。

Alan Baker博士和Charles Reynolds博士以及其他研究人员撰文指出，上述情况导致了20世纪90年代末的"大揭发"，植物生态修复技术遭到了不合理的声讨，并在信誉和经费方面遭受重创（Reynolds，2013）。"幻想破灭"之后，紧接着就是新技术的"期望高峰"（Burken，2014）。此后，植物修复的科研工作以极其缓慢但稳定的速度进行，又随着更加小心和审慎的修复行业和监管机构的出现而逐渐被大众所（重新）接受。虽然植物生态修复技术的概念很简单，但它的研究过程缓慢、复杂，而且不能很好地满足需要快速场地整治的需求。尽管如此，在许多情况下，相比粗暴的、破坏性的和昂贵的土壤移除和污染物物理萃取过程，植物修复可能仍是最合适的备选方案（图1.3）。

1.5.4 研究经费

植物生态修复技术领域的进步要有必需的研究经费，这样，学术机构才能申请用于开展实验室试验和田间试验的津贴。在20世纪90年代，环保科研经费十分普遍。美国环保署曾经积极资助和参与植物修复工程，一些大型政府部门如能源部、国防部、美国陆军和美国农业部（USDA）也发起了一些资助项目，以便进一步开展植物修复研究。然

---

① PubMed 是一个提供生物医学方面的论文搜寻以及摘要，并且免费搜寻的数据库。它的数据库来源为 MEDLINE。其核心主题为医学，但亦包括其他与医学相关的领域，像是护理学或者其他健康学科。——译者注

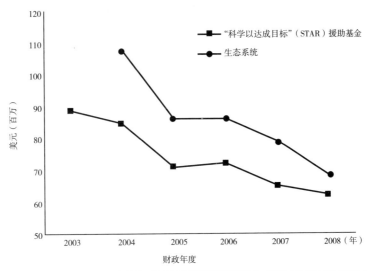

自从2004年，由美国环保署管理的两个重要的研究资助项目中，"科学以达成目标"（STAR）援助基金预算已经缩减了几百万美元（Schnoor，2007）。这给需要资金来资助项目研究的植物生态修复技术专家们造成了一个困难的经济局面。

图1.4　环境保护机构的研究支出预算

而，90年代末失败的田间试验损毁了植物修复领域的声誉，2001年布什政府上任后，政府污染土地的修复不再享有政策优先权，美国政府资助的环保科研经费开始减少。2005年起，布什政府开始以每年4%左右的比例削减美国环保署的预算（Schnoor，2007）。最近几年，环保署负责的两项重要研究资助计划［生态系统服务功能研究和"科学以达成目标"（STAR）援助基金］已经减少了数百万美元（Schnoor，2007）。美国环保署有害物质研究中心也完全解散（Burken，2014）。遗憾的是，即使在最近，由于经济衰退和国会呼吁削减开支，主管部门也还在继续削减环保署的预算（Davenport，2013）。2004年以来，美国环保署研究与发展办公室的经费下降了28.5%，生态系统服务研究项目的经费也已经下降了58%（AIBS，2013）。截至本书出版之时，用于植物生态修复技术的科研经费少得可怜。由于研究资金集中在以植物为基础的生物燃料和纳米粒子的研究上，所以许多原本专注于植物生态修复技术研究的机构都转移到这些领域或其他受到资助的热点领域。20世纪90年代后，许多以前活跃在植物生态修复研究领域的人员都不再积极开展研究。我们希望，随着风景园林师和其他专业人士的参与，研究人员能够重拾对该领域的兴趣，政府机构也能够重新为这一重要的科学领域进行优先资助（图1.4）。

1.5.5　研究现状

当前，植物生态修复技术研究和应用包括由若干美国和国际机构及行业开展的实验室试验、田间试验和小规模的现场试验。此外，美国的一些政府部门，如美国地质调查局（USGS），美国军方和国家航空航天局（NASA）也在持续开展现场试验。示范项目详见第3章。

植物生态修复技术的发展获得了各界的帮助，这些帮助来源于不同学科对这一领域日益增长的兴趣，包括那些专注于可持续发展、城市绿化、社区都市农业的规划师和工程师们。但是，仍有一些悬而未决的问题亟待解决。

随着污染场地再利用的日益普遍，及其颇具争议的再开发持续向前推进，利用植物净化场地土壤这种更为经济和环保的方法显示出了比移除污染土壤等传统做法更强大的吸引力。开发商、市政当局和场地规划师正在积极寻找能够替代传统方法的治理方案；然而，在了解何时可以选择植物生态修复技术时，他们缺乏足够的资源。为此，国际植物生态修复技术学会（IPS），一个会员遍布欧洲、非洲、亚洲和北美的国际非营利专业学会，正在美国环保署的指导下引领这项核心科学研究的发展。这样，我们就可避免1990年代末和"大揭发时期"的错误。

1.6 法律法规框架

1.6.1 修复项目

场地上存在污染物这一点，前人已经论述得很充分了，对污染物的特性和暴露情况也经过了透彻分析。在美国，相关法律和清理过程非常严苛，在棕地的再开发过程中，场地的修复工作必须遵守严格的法律框架。在监管框架内，关于如何应用植物生态修复技术，首先出现了一些关键问题：

- 场地设计师需要面对哪些监管程序？
- 这项工作会涉及哪些利益相关者和专业人士？
- 执行过程是怎样的？
- 产生的废物或生物质会排向哪里？
- 这项工作的整体风险和长期项目目标是什么？

如果不考虑联邦、州和当地覆盖项目场地的清理计划，那么（为解决问题而做出）努力的程度、官僚机构和管理部门的要求、场地修复的最终成果都应保持一致。项目的成效将会取决于是否允许排放或清理一个场地的污染物，以及土壤、沉积物和地下水中的污染物是单一的还是像鸡尾酒一样混合的。以下法案衍生出了一系列的清理项目：

- 《联邦综合环境反应，赔偿和责任法》（CERCLA）（1980年，通常被称为"超级基金法"）；
- 《联邦资源保护和回收法》（RCRA）（1976年）；
- 《联邦有毒物质控制法案》（1976年）；
- 《州资源保护和回收法》（RCRA）；
- 《州场地清理法》；
- 《州固体废物法》。

景观和再开发场地可能涉及单一实体，也可能涉及一系列重叠的此类项目。项目之间的主要区别是，联邦的项目通常较大、较复杂，所以根据现场条件，推进的速度也较慢。各州的项目较小、较简单，因此也较快，不过这需要半私人化的认证场地专家及时地推进项目清理工作。而联邦计划包含了一些特定（具体）项目，如泄漏的地下储油罐

（LUSTs）、棕地、垃圾填埋场和RCRA矫正行动，这从另一个层面带来了项目的复杂性和管理难题。

使用植物生态修复技术对场地污染物进行清理，通常要"以风险为基础"，即以场地的特殊性和化学物质的特殊性为基础，要运用以未来的场地最终用途为标准的风险管理技术。场地治理的目标是对健康、安全、公共福利和环境"没有危害的重大风险"。这样的清理只需满足通用治理标准就可以完成，还需要结合与场地最终用途相关的基本场地特殊性的风险评估策略，这通常称为"基于风险的矫正行动"。例如，治理后的场地要做公园还是用作居住抑或是保持为轻工业综合体，要根据场地治理后的用途来决定相应的清理级别。

这项工作的利益相关者包括：
- 管理者；
- 其他政府部门，如规划委员会；
- 污染的主要责任方；
- 场地的发展机构或开发者；
- 风景园林师、场地设计师和工程师；
- 未来的业主或居民（如果已知）；
- 毗邻的场地业主、利益相关者和居民。

应用植物生态修复技术的清理过程的五个工作阶段为：
- 第1阶段：场地初步评估（第1阶段场地评估）；
- 第2阶段：场地全面评估（第2阶段场地评估）；
- 第3阶段：评估和制定修复方案*；
- 第4阶段：植物生态修复技术整治的实施；
- 第5阶段：植物生态修复技术设施的运营和维护。

*注意：在这一阶段，要进行备选修复方法和技术的评估。假设植物生态修复技术被选为适合该场地的治理措施之一，并可能与其他治理方法一起形成一个序列。例如，在实施植物生态修复技术种植之前，热点地区（重污染地）宜先通过挖掘和移除或化学方法的介入促进污染物的降解。通常会发现，在这一阶段，植物生态修复技术并不适用于场地。

修复方法的选择由以下几点决定：
- 对人类健康和环境的全面保护；
- 长期的可靠性和有效性；
- 在场地上实施的能力；
- 成本；
- 实现以风险为基准的目标，如减少污染物的毒性、迁移性或污染物的体积；
- 遵守所有联邦或州政府适用、相关或合理的需求。

简而言之，植物生态修复技术能否达到治理目标，它在技术和成本上是否合理，是否符合再利用计划和时间表，这项工作是否能够生效且具有确定性？修复工程完成后，会公布"响应行动结果（Response Action Outcome）"或一封"不采取进一步行动的信件（letter of no further action）"，或者当一个场地从国家优先处理名单（NPL）上除名，而成为一个责任法（CERCLA）场地时，就表明清理目标已经达成。

阻碍植物生态修复技术在一系列场地内应用的原因包括：监管不力和延误；与公众有关的债务风险；污名；与接受植物生态修复策略或提案的场地有关的当地利益相关者和毗邻土地的所有者的风险意识。这些因植物生态修复技术应用而产生的问题包括：实施同属植物品种的单一化种植，（使用）转基因植物品种，所有权问题，储藏问题，配给问题和商业开发风险等。具体而言有如下问题：

• 生物体内积累：当场地出现特定污染物时，污染物就获得了在植物的生物质内积累的机会，同时可能产生毒性作用，并通过食物链转移。污染物的生物积累作用使相邻社区和利益相关者，特别是邻近社区的居民产生风险意识。这种意识不需要建立在目前能找到的科学数据基础之上，恰恰相反，它可能建立在与社区内部所持的信念紧密关联的价值观基础之上。

• 受污染的生物质收集：利益相关者往往很担心植物生物质中污染物的积累，以及受污染的生物质在场地中移除后的进一步掩埋或焚烧处理过程。这需要对场地运营进行严格管理，包括离地的生物质的收集（如树叶垃圾、掉落的树皮和树枝），以及在规定时间表内完全收割植物。

• 废弃物处置：植物修复过程中，譬如作为移除进程一部分的植物收割和运走过程中，会有三种类型的废弃物产生：固态废弃物、修复性废弃物和危险废弃物；其中修复性废弃物和危险废弃物这两种类型与植物生态修复技术有关。在许多情况下，植物可以完全降解污染物而不需要从场地中收割。然而，在某些情况下，植物材料吸收了一些无机污染物，比如植物的根、嫩芽和叶片吸收了金属，从废弃处理的角度考虑，这种植物材料就会被归类为危险废弃物。在植物生态修复技术设施中，涵盖上述材料的修复性废弃物不会产生危害，但仍然来自于优先处理列表中的场地，且有害物质浓度仍然会超过应申报的标准。

1.6.2　污染防治工程

植物生态修复技术一直被人们视为场地修复的工具，然而，我们已经看到，植物生态修复技术也可以用作预防措施，而不仅仅是修复或修复后的工具。植物缓冲的早期应用就是一个例子，植物缓冲即用植物生长来控制可能在未来某个时期发生的可预期的地下污染物溢出或羽流。这就使得植物生态修复技术的应用跳出了与修复活动和污染控制相关的法律法规框架，而转向园艺和规划相关的一系列关注焦点。

预防性的植物生态修复技术种植策略像其他景观设施类型一样，被纳入常规的一系列规划和针对场地内工作的当地工程的监管之下。这类似于在停车场内将生物浅沟作为景观要素引入并应用，以转移、吸附和净化雨水径流。植物生态修复技术缓冲装置的设计和施工，可以根据预期的污染事件来进行。

1.7　设计师实施植物生态修复技术的清单

David Tsao博士及州际技术和监管委员会已开发出详细的植物生态修复技术项目清单和决策树，并已免费发放于PHYTO 3（可下载：www.itrcweb.org）。该文件详细介绍了一项条理分明、循序渐进的过程，以及在确定植物生态修复技术是否适用于某个特定地产时的一系列问题。笔者将此作为一个详细的项目指导文件推荐给读者参考（ITRC，2009）。不过，为了增加风景园林师在建设植物生态修复技术设施时的成功率，从业者需要预先了解以下主要内容。

1.7.1 预先计划阶段

（1）定义"植物生态修复技术项目的前景"

为示范、实验或纯设施的场地确立项目前景，这个前景要包含与污染清理相关的短期问题和与土地及周边环境的永续利用有关的长期目标。

（2）选址

尽管场地是基于其先前或未来的用途来选择的，来自地方政府和社区的乡土知识还是可以帮助解决与合适的切入点、循环和邻接有关的优先问题。

（3）植物生态修复设计之前的数据采集

- 土壤采样和环境测试；
- 地基和地下水条件；
- 现有植被和野生动物；
- 微气候和天气状况；
- 现有公用设施及供水；
- 用作通道和安全保护的场地边界；
- 以维护和测试为目的的设备存储。

（4）经济价值

确定贷款和拨款项目（如果可用），以确保在测试和修复活动中都获得帮助。

（5）与当地的利益相关方建立伙伴关系

要考虑以教育强化、管理维护和公众接纳为目的的组织和外延服务。

（6）植物修复教育

要使客户和利益相关者在污染场地通过植物生态修复技术进行转化的过程中接触到大量技术、资本和劳动力的实际应用。这可能包括现场修复的记录和再开发过程；对参与污染清理的工程师进行采访并一起参观；个人和团体媒介以及艺术项目的发展；可供面临严峻环境威胁的其他社区使用的互动型技术课程的创设；建立项目网站，收集相关资源和基本该项目开展的相关研究，使它们也适用于国内和国际的其他社区、教育工作者、地方政府领导和环境专家。

1.7.2 植物修复设计和计划阶段

（1）现场修复

开发计划要考虑通达性、安全保护、环境工程场地实践、苗圃供给、灌溉/供水、安装技术、监测和结果制表，以及场地设施和持续维护的记录。应当与有经验的植物生态修复专家合作，还有可能有若干不同领域的工程师和科学顾问，包括农学家和水文学家、生物学家、化学家、微园艺家、林学家、生态学家和市政环境工程师参与其中。

（2）环境机遇

• 考虑生境的营造；

• 动物之家/小气候；

• 与其他生产性景观或生物质相关的机遇。

1.7.3　实施阶段——制定实施计划

一旦风景园林师在植物生态修复技术实践的某个治理策略上达成一致，就需要制定实施计划。这需要与土壤专家、农学家、林业从业人员和维护运营商密切合作。

1.7.4　实施后阶段

（1）维护和正在进行的运营

• 施工区域的安全；

• 施工区域的图示和警告标志；

• 对该区域定期除草、浇水和管理；

• 必需的持续监控和重复。

（2）成果公开发表

最佳实践工作簿或工作指南。

（3）植物材料的处理

如果需要的话，要进行植物材料的废弃处理。

（4）植物修复场地区域的重测

对植物修复场地区域的后期情况要进行重新测算，以验证修复效果。

1.8　创新应用

1.8.1　与日常设计实践的整合

正如上文所述，植物生态修复种植技术目前专注于"事后"场地的污染，清理并移除已受污染的土壤或地下水以达成某种形式的再利用或复垦。未来的污染可能会发生于某些特定类型的场地项目中，如加油站或工业生产场地，这些地方有可能用植物生态修复技术来治理，比如植被缓冲。当前植物生态修复技术通常只在现场应用中种植一个植物品种（单一栽培）。可以考虑植物组合以兼顾治理毒素、创造美感和充当功能性成分。总体目标是增强应用植物生态修复技术的意识，这不仅能用来治理已经存在的污染物，还能积极应用于日常风景中。植物生态修复技术的终极目标是创造生产性景观，其种植不仅有审美功能，还能改善环境和人类的健康状况。

1.8.2　生物质生产

20世纪70年代的石油危机之后，为了用新能源代替化石燃料，我们引种了矮旋柳和杨树萌生林。为识别速生树种，使之集中用于能源生产，相关领域开展了广泛研究，研究表明以萌生林形式栽培的柳树是最合适的。相较其他木本植物，柳树的养分利用率和林分管理更加节省成本。而且实验证实，矮旋柳萌生林能够以可持续方式生产二氧化碳中性的燃料，因为燃烧生物质会将植物从大气中吸收的二氧化碳再释放回大气。矮旋柳的萌生林系统主要依靠无性系和杂交来繁育。在初始阶段，大约每公顷种植1.5万株插条，双行种植，以便于未来的除草、施肥和收割。这种柳树每3~5年收获一次，冬季土壤冻结后仍可用专门设计的机器收割。收割后，次生林生长旺盛，不须再次种植。矮旋柳的经济寿命预期为20–25年（图1.5）。

近年来，其他速生种已用于生物质乙醇的生产，包括草本（如芒属）、黍属以及玉米。也可种植杨树用于能源生产，包括生产木屑颗粒燃料。杨树还有附加用途，如生产纸板和硬木等。

最近，许多植物生态修复技术的场地已在计划之列，这些场地上种植了柳树、杨树或其他生物质生产植物，它们能清洁土壤和地下水，同时生产经济产品。这通常是一个有吸引力的命题，因为这种技术使边际土地得以利用，因此解放了原本可能用作这些用途的高质量农业用地。

1.8.3 经济发展

植物生态修复技术设施为专业市场的劳动力发展提供了机遇。最近，建筑行业中的工人已针对和后工业场地相联系的修复的复垦工作

在上一个冬季收割之后，柳树（*Salix*）生物质作物在春季开始萌生，这种柳树有四年龄的根系和一月龄的地上株体（Volk, SUNY ESF, 2014）

在秋末收割之前的四年树龄的柳树生物质作物（Volk, SUNY ESF, 2014）

纽荷兰收割机和矮林修剪机正在进行四年树龄的柳树生物质收割，这种机器能够一次性伐除并切碎柳树生物质（Volk, SUNY ESF, 2014）

图1.5 柳树生物质/矮林的种植和收割

进行了重新训练。这项活动的经费是由美国环保署棕地计划提供的，今后的棕地项目还会给工人提供更多的机会和更高的酬金。

1.8.4 碳封存

杨树是北美地区的速生树种之一，也是植物生态修复技术的骨干树种。它们能够在一段相对较短的时间内累积大量的木材和生物质。只要选择合适的品种，加上项目现场的恰当养护，杨树就能在短时间内封存大量的二氧化碳。本课题的研究包括筛查和选择无性繁殖的杨树进行种植，以及理解地下碳移动和存储的过程。未来，我们希望建立一个将杨树和其他植物运用到植物生态修复技术项目中的基础，其效果可以用植物种植所累积的碳的量来评价；未来还希望能够将以杨树为原材料制造的各种产品的监测链记录下来。

1.8.5 植物监测器

在一些情况下，用于植物生态修复技术的植物可能具有用作环境污染探测器的潜力，可通过带遥感的空中影像和卫星影像监测环境污染物。当植物吸收了特定污染物，其化学结构就会发生变化，这种变化可以通过传感设备读出。

1.8.6 植物辨析法（Phytoforensics）

当植物从地下收集水和养分时，它们还收集污染物分子和原子。来自美国地质局的Don Vroblesky博士和密苏里科技大学的Joel Burken博士开发了一种植物分析法，即用现存的场地植物——最常见树木——来识别和描绘地下污染物。这种分析的基本取样方法是将细探针（增量钻孔器）水平插入树干中以收集树干组织（即木质部）的核心，以求在实验室中分析树木体内污染物的存在。树木体内污染物的量与根系接触的污染物的量相关。树心可以指示逐渐升高的污染，因而可以指向地面以下的热点，并提供原始污染源和当前污染扩散程度的线索。追踪疑似被污染的区域中的树木，可以帮助工程师更好和更快速地勾划地下污染物。传统地下水采样需要使用重型设备钻进地下，建设取样井来从场地内抽取水；这样，一口井可能就需要几天的时间安装、几个月的时间采样。相比之下，植物辨析法快捷、节约（与传统的钻井测试技术相比）并且可以迅速提供和立地条件相关的场地信息（Burken，2013）。

该过程既涉及树干取芯以收集小样本，也涉及在场地内将采样设备插入树中。名为"固相微萃取纤维"，或称SPME的细丝可以在树上检测到微量水平的化学物质，这种微量可以小到许多化合物的数万亿分之一（Sheeha等，2012）。现场便携式分析仪有助于为树木体内的污染水平提供实时结果。研究已证明气相色谱质谱仪（GC–MS）的现场应用是有效的（Limmer等，2014），但是仪器操作费用昂贵。现在研究人员正在开发以更低成本作类似分析的新方法（图1.6）。

例如，在密苏里州的Sedalia，在铁路废弃区附近的溶剂三氯乙烯（TCE）和全氯乙烯（PCE）的钻井和测试花了12年时间，为此安置了40个传统工程采样井。而与环境咨询公司"福斯工程"（Foth Engineering）合作，Burken和一个学生团队只在现场花了一天的时间，就采集了114棵树的样品。他们的工作更准确地确定了污染的程度和污染物的位

树木栽培家用一个标准的取芯仪器将一棵树的芯样本取出并装在瓶中带回实验室进行分析，对该样本分析能确定该棵树是否存在污染物（Burken，2014）。

图1.6　植物分析法采样工具

置，而且只花费了传统采样法成本的一小部分（Burken等，2009）。在密苏里州的罗拉市（Rolla），Burken的学生用植物分析法来确定一家名为"忙碌蜜蜂"的洗衣店造成的污染程度，该洗衣房与Schuman公园相邻，距离密苏里科技大学和开展植物分析研究的建筑只隔两个街区。通过测试Schuman公园的树木，密苏里科技大学团队确定，干洗操作的溶剂渗入了公园的地下水，但未达到危害人类健康的水平。在国家科学基金会的支持下，美国地质局（USGS）正与罗拉市开展合作，通过种植更多的树木，从地下水中提取污染物来修复该地区。该项目预期以不断提高的速率清除污染物，并减少向弗里斯科湖的潜在排放。通过部署一种新技术——将探针留在植物中并给树木装上小型测量装置，树木体内污染物的浓度能够很容易地获得长期评估。该项目通过新型植物抽样证实了植物生态修复技术监测的概念，并与传统的昂贵的地下水抽样形成鲜明对比。

最近，为了分析更多的水溶性和非挥发性化合物，美国陆军Leonard Wood研究资助开发了当前植物分析的新方法。目前的方法将污染物分子作为气体检测，但爆炸物是一种不同寻常的污染物类型，需要将其作为液体检测。研究开发了收集液体样品的方法，以帮助军队检测在军事基地内的爆炸物疑似泄漏或溢出的区域。而且，该方法业已用于高氯酸盐和以前未用植物分析方法测试的其他几种非挥发性化合物。通过这些新的努力和发现，现在研究人员可以检测到除氯化溶剂、石油和其他挥发性有机物之外的微量爆炸物。

该领域的最新突破包括：通过单个树木取芯对羽流进行定向分析（Limmer，2013），固相取样器开发的进展（Sherry，2014），实时/现场气相色谱质谱仪（GC-MS）分析和长期监测进展（Limmer，2014）。除了检测土壤和地下水中的单一污染物，还可以通过分析树木年轮中的一些元素的浓度差异来检测污染物释放到地下的时间，这称为木材化学（Balouet，2012）。植物分析被美国地质局认定为可靠的测试和监测技术，包含更多相关信息的技术转让文件将在第6章中列出。

未来，用场地上现存的树木来确定地表以下污染物羽流的位置，继而监测植物生态修复技术功效的方法可能会普及。对植物生态修复技术影响力的监测将有利于它被需要证明修复项目有效性以验证修复效率和污染物去除率的监管机构和场地所有者所接纳。植物

019

辨析和植物监测中的先进方法意味着，我们可以使用既能提供多种生态效益又能促进污染物衰减的方法，更快速地检测污染物，并以低得多的成本进行污染处理。

1.9　结论

　　总之，实地应用植物生态修复技术的主要障碍仍然是缺乏关于以下方面的完整知识：工艺流程；公认的监测和成功案例；分子遗传学；植物对有机和无机污染物的适应性耐受力的生化机制。这需要实验室和现场测试共同持续筛选与植物品种匹配的污染物类型，并且在长时间内修复处理。植物生态修复技术的研究增强了我们对植物和土壤科学领域的理解，然而，我们仍然需要更有效的和商业上可行的技术。

　　为了推动该领域的进步，我们还需要做以下努力：

　　• 明确区分那些已经做了充分研究的场地、植物修复工艺流程和技术，并确定它们当中哪些最有可能获得成功。

　　• 改进与负责实施、维护和监测这些技术的私营商业部门的交流和合作。

　　• 开发新的经济机会，例如生物能源和生物强化作物的生产；长期的污染修复活动也能带来经济效益。

　　• 为未来几年的植物生态修复技术研究争取更多的资金，吸引联邦政府和私人关注，以确保在前几年的工作基础上继续开展初级和应用研究。

　　大型修复操作通常与重要的商业或城市发展项目相关联。在某些情况下，应鼓励开发商、监管机构与规划、设计专业人员一起，将植物生态修复技术作为现场修复、更新和再利用的可行替代方案。商业土壤修复的发生与以下情况相关：必须达到低污染水平的城市区域或重要基础设施的增长；土壤利用方式的变化；需要紧急方案加以解决以维持社会政治认可度的有毒物质溢出。在这些情况下，常规补救办法往往是最好的，因为它们的速度很快，尽管它们的初始成本很高，而且往往对生态和财产造成不利影响。速度的需求是植物生态修复技术的竞争弱势。因此，植物生态修复技术常常被归入低经济价值的项目，并具有以下特点：①可以开展长期修复；②土壤的当前利用方式对人类或环境没有风险。这一类项目通常限于没有短期经济价值的边缘地区，如以前的矿区、垃圾填埋场、国防部土地或后工业场所。

　　风景园林师应该清楚地了解使用这些设施可以实现什么，不能实现什么，并认识到所有植物生态修复技术项目必须针对特定的污染物和特定的植物。基于科学的尝试应尽力避免"过度吹嘘"导致种植工程未能实现/完成具体环境整治目标/任务这一现象的反复出现。项目还必须进行适当监测，以准确地显示影响和结果。此外，风景园林师必须熟悉与此相关的当前研究和文献。事实上，每个项目场地在土壤、地下水和位置（气候和环境）上都是独一无二的，应基于现场类型学和对场址历史的理解实行标准设计和植被种植。在这方面，它们似乎与传统的景观项目场地相似，但是场地背后的真实条件——污染物及其类型、位置、强度和状态——使得这些当代景观在面对和解决这些污染问题时既具有独特性又至关重要。

　　本章介绍了植物生态修复技术和当前环境，顺着这个思路，在第2章我们将综述植物进行土壤和地下水修复的基本原理，以及它们与有机和无机污染物相互作用的确切性质。

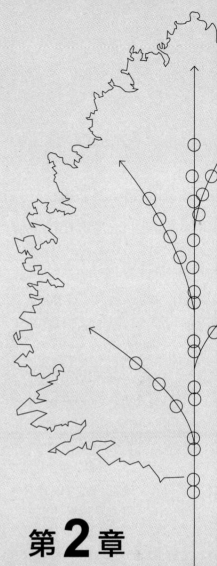

第 **2** 章

基本原理

植物生态修复技术系统要想取得成功，就必须让读者理解支持这些设施的基础科学。对于许多受污染的场地，植物生态修复技术并不适用，其他技术可能把握更大。本章将介绍植物生态修复技术系统背后的基础科学，为理解植物在哪里可以发挥修复作用提供帮助。对基本原理的清晰认识包括：机制、基本污染物的类型、一般种植的考虑因素，这些在生产性景观的构思、设计和应用中非常重要。

2.1 植物机能的简介

本节将回顾有助于植物修复机制的基本植物机能。一株植物要生长，需要几种基本的资源，包括能源（阳光）、养分和水分。在这些资源的处理进程中，污染物得以吸收、转化或降解。在植物的生长过程中，以下三个转化过程是必须考虑的因素。

2.1.1 能量转换

叶片通过光合作用从太阳转化能量并产生植物生物质。植物生产的总光合产物的20%–40%是糖分，这些糖分又被向下输送到根区域，并通过根浸出到土壤里（Campbell和Greaves，1990）。糖、氧气和根区周围释放的其他根系分泌物（仅举几例，如有机酸、氨基酸和酶），既可以帮助转化污染物，又可以吸引许多微生物生长（Lugtenberg和Dekkers，1999）。这些根系分泌物的存在使得植物根部周围的土壤中生存的活微生物的数量高达一般土壤的100–1000倍（Reynolds等，1999）。微生物创建了围绕根部区域的保护屏障，并在分解潜在的有害物质（例如病原体）过程中起到很大作用。这种与植物具有共生关系的高微生物聚集区域被称为"根际"（Lugtenberg和Kamilova，2009）。根际为污染物的改良创造了一个富庶的环境，这无论对植物本身还是微生物都是有利的（图2.1）。

023

2.1.2 养分转化

微生物从植物中无偿获取糖分和植物化学成分，同时帮助植物获取养分，以此作为交换。植物必需的营养元素有13种，其中很多是以不能被植物吸收的形式存在的，这就需要借助微生物将这些养分分解成能够吸收的形式。这类似于人体的消化过程，微生物在我们的胃里处理食物和养分；不过，对植物而言，这个过程更多地发生在植物体外的根际区域。与内消化不同，植物也有类似于"外部胃"的组件，能在植物体外处理它们需要的许多养分（Rog，2013）。一旦这些养分被土壤生物、酶、酸和其他植物分泌物处理为可吸收状态，植物内部的运输路径就可以吸收所需营养。土壤中的污染物有时具有与植物所需养分类似的化学结构，所以也可以在养分转化进程中不经意地被植物吸收（ITRC，2009）（图2.2）。

2.1.3 水的运输

植物像泵一样，从土壤中抽取水分，使水经过茎叶，在光合作用中发挥作用，并通过叶片将额外的水蒸腾到空气中。据估计，植物吸收的水中只有10%用于植物本身，其余的水分都蒸腾到空气中。植物移动了大量的水，这个数量大得难以置信；每年，北美地区的植物移动的水的量比北美所有的河流加起来都多（Burken，2011）。实际上，全世界

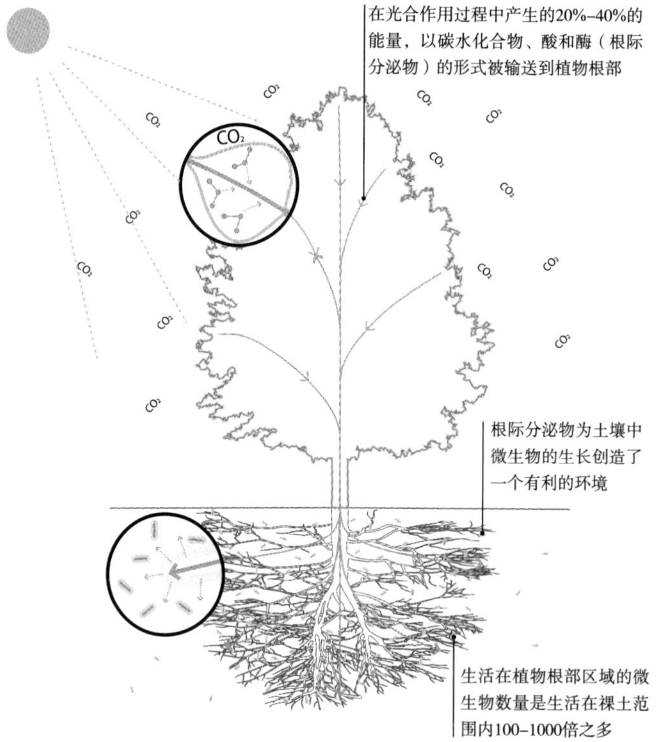

在光合作用过程中产生的20%-40%的能量,以碳水化合物、酸和酶(根际分泌物)的形式被输送到植物根部

CO_2

根际分泌物为土壤中微生物的生长创造了一个有利的环境

生活在植物根部区域的微生物数量是生活在裸土范围内100-1000倍之多

图2.1 植物功能:能量传输(向下)

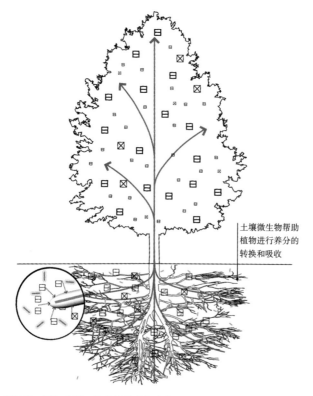

土壤微生物帮助植物进行养分的转换和吸收

图2.2 植物功能:养分传输(向上)

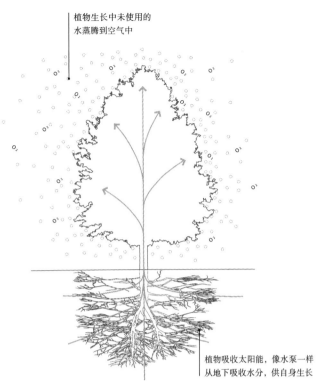

植物生长中未使用的
水蒸腾到空气中

植物吸收太阳能，像水泵一样
从地下吸收水分，供自身生长

图2.3 植物功能：水分运输（向上）

陆地上75%的水蒸气是通过植物的蒸腾作用产生的（Von Caemmerer和Baker，2007）。植物吸收水分，形成了对植物的液压拉力。在植物生态修复技术中，植物可以吸收被污染的水，可以在这个过程中降解、提取和储存污染物。水的拉动力也可以潜在地减缓地下水中污染物的迁移（图2.3）。

2.2 污染物的位置：土壤内部、水（地下水、雨水或污水）还是大气？

污染物可能在许多地方出现并以不同形式表现出来，例如出现在土壤里、溶解在水中、扩散到大气中。本书主要包含基于植物的修复以及土壤和地下水的污染防治的基本原理。因为污染物在水中和大气中的表现很不相同，所以，除非另有说明，本书假定清除的是以土壤为基础的污染物。

2.2.1 土壤

污染物在泄漏或经过少量多次释放的长期积累后会被发现于土壤中。要在土壤修复中考虑植物生态修复技术，污染物就必须位于一个植物可以达到的深度。大多数草本植物的最大根系深度为2英尺[①]，直根系乔木则可达10英尺（ITRC，2009）。土壤表层以下10英

———————

① 1英尺 ≈ 0.3 米。——译者注

尺范围内的土壤污染物是植物生态修复技术应该考虑的最大深度。深度范围3英尺之内的土壤污染对植物生态修复技术来说是最为有效的区域。

2.2.2　水

（1）地下水

位于土壤表面以下的连续土壤孔隙中的水被称为地下水。当地下水被污染时，污染物的羽流可能发生流内迁移。由于地下水是靠雨水自然补给的，降水过程可以使地下水和污染物羽流的流动加速。污染物应当受到特别重视，因为地下水往往会被开发为饮用水和农业井，并最终汇流入地表水体中。地下水的深度在不同地方区别很大，可以从浅到1英尺（0.30米）至表面以下数百英尺深。喜水植物也被称为湿生植物，研究已证实湿生植物会抽取受污染的地下水（Negri，2003）。若要使植物生态修复技术有效治理地下水，地下水的最大深度就不应超过地表以下20英尺。植物生态修复技术对深度10英尺以内的地下水最有效。在这些场地项目中，可以应用专门的深根种植法使植物根系更快扎入地下水层（图2.15，第38页），在某些情况下，也可以将水抽上来灌溉修复用的植物（图4.4，第196页）。

（2）雨水和污水

种植系统和湿地从雨水和污水中过滤污染物的能力是众所周知的，而且多有记载。污染物一旦从水中过滤出来，它们要么留在土壤介质中，要么再次被植物修复。发生在湿地中的修复和种植土系统中的修复存在显著差异，因为在饱和厌氧（没有氧气）环境中发生的反应，和植栽有氧（存在氧气）的基于土壤系统中非常不同。在大多数情况下，本书中将不会涵盖这些系统，因为它们已经在其他出版物中被详细阐述了。

2.2.3　大气

空气污染的植物修复本身就是一个话题，本书中将仅仅简要介绍这一问题，详见第3章（第179页）。

2.3　污染物类型：有机物与无机物

植物生态修复技术的处理手段是随污染物变化而变化的。在决定是否采用植物生态修复技术之前，首先要考虑目标污染物属于以下两类中的哪一类：是有机污染物还是无机污染物（图2.4）。

有机污染物通常情况下是包含碳键、氮和氧的化合物，相对于活的有机体而言是人造和外来的（Pilon-Smits，2005）（表2.1、表2.2）。由于这些污染物是化合物，如果植物生态修复技术是适用的解决方案，许多污染物可被降解，分解成分子较小、毒性较低的成分。在植物体以外的根际区域，有机污染物可被降解，被植物吸收，与植物组织相结合，降解形成无毒的代谢产物或释放到大气中（Ma和Burken，2003）。对有机污染物进行处理的植物生态修复技术系统会成为一种理想的手段，其处理的污染物会降解和消失，无须收割植物。

有机污染物　　　　　　　　　　　　　　　无机污染物

通常含有碳、氧、氮等元素化学键的　　　被释放到环境中的、存在于元素周期
污染化合物　　　　　　　　　　　　　表中的主要污染物

图2.4　有机污染物与无机污染物

运用植物生态修复技术在田野尺度成功分解或挥发的常见有机污染物列表

表2.1

污染物	主要来源
⊖ 石油碳氢化合物：石油、汽油、苯、甲苯、多环芳烃、气体添加剂--甲基叔丁基醚	燃料溢漏，位于地下或地上储油罐发生的泄漏
⊕ 氯化溶剂：如三氯乙烯（地下水中最常见的污染物）、全氯乙烯	工业和运输，干洗店
⊙ 农药/杀虫剂：例如阿特拉津、二嗪农、甲氧毒草安、涕灭威（只列出几种）	农业和园林中应用的除草剂、杀虫剂、杀菌剂
⊕ 爆炸物：三次甲基三硝基胺（RDX）	军事活动

运用植物生态修复技术在田野尺度不易分解或挥发的常见有机污染物列表

表2.2

污染物	主要来源
⊘ 永久性有机污染物：包括滴滴涕、氯丹、多氯联苯	过去曾经用作杀虫剂或者用于如隔热、防水等的产品
⊕ 爆炸物：三硝基甲苯（TNT）	军事活动

　　无机污染物是像铅和砷那样自然存在于元素周期表中的元素（图2.5）。诸如燃烧化石燃料、工业生产和采矿等人类活动制造出无机污染物释放到环境中，引起毒性反应（表2.3、表2.4）。它们是元素，因此不能被降解和破坏；然而，在一些情况下，它们可以被植物吸收和提取。如果可以提取，植物必须被砍倒并收割，以将污染物从场地上移除（Chaney等，2010）。此外，无机元素可以以多种形式存在：阴离子、阳离子、氧化状态，抑或是固体、液体或气体。如果提取或修复不可行（对于大多数无机污染物来说，这就是事实），植物及其关联的微生物有时也能稳定或改变无机污染物的状态，减少其暴露的风险，降低对人类和环境的危害。

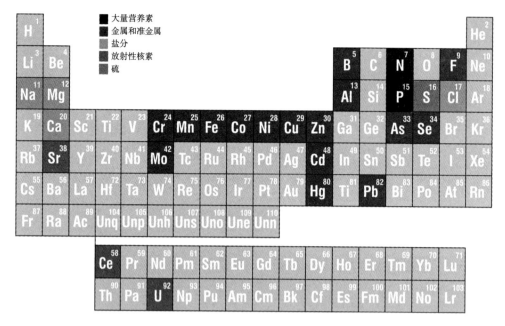

图2.5 元素周期表：典型的场地无机污染物

运用植物生态修复技术成功提取（并收割）或使其挥发的常见无机污染物列表 表2.3

污染物	主要来源
⊟植物大量营养元素：氮和磷	废水、垃圾填埋、农业和园林实践活动
⊡金属：砷、镍、硒（短期）；镉、锌（长期）	采矿、工业、排放、运输和农业

运用植物生态修复技术不易提取或使其挥发的常见无机污染物列表 表2.4

污染物	主要来源
⊡金属：硼（B）、钴（Co）、铜（Cu）、铬（Cr）、铁（Fe）、锰（Mn）、钼（Mo）、铅（Pb）、氟（F）、汞（Hg）、铝（Al）	采矿、工业、排放、运输、农业和铅涂料
⊞无机盐：氯化钠、氯化镁	道路除冰、气压压裂和石油钻探、化肥、除草剂
⊠放射性同位素：铯、锶、铀	军事和发电

对于在土壤中发现的污染物，以植物为基础的修复技术较适合应用于有机污染物和氮的治理（Dickinson等，2009）。针对场地中无机污染物的植物修复实践一直不太成功。这种适用法则主要针对土壤污染，并不适用于水体污染的修复，因为水中的无机物常被各种类型的湿地过滤，固着在土壤基质中（Kadlec和Wallace，2009）。

一个场地的污染类型可能是多种多样的，土壤中污染物的浓度也各自不同，每一种都必须单独作为一个处理系统予以考虑，因为每一种污染物都需要不同的修复技术按照特定的程序进行修复。该系统可能要求一种"处理序列"，针对污染混合物中每个组分按照特定的顺序依次进行处理。此外，要考虑污染物之间的反应，因为一些化学物质的存在可能极大地影响体系中其他物质间的化学反应。

2.4 植物生态修复技术机制：植物如何有助于污染物的修复

这里将参与有机和无机污染物转化的植物处理过程简化为七个植物生态修复技术机制，每种机制都阐述一种特定的植物改造污染物的方式。"phyto"在很多表达处理机制的词汇中作前缀，如植物降解（phytodegradation）、植物挥发（phytovolatilization）、植物提取（phytoextraction）。这些术语很容易导致混淆（White，2010）。下面一节将提供一种简化的方式来解释最常见的机制。每种机制用一个短句来描述以帮助辨析科学术语。在任意一个既定的植物生态修复技术设施中，都可能有多种机制同时起作用。

2.4.1 有机污染机制

以下植物生态修复技术机制只适用于有机污染物。

（1）植物降解（也称作植物转化）

提示：植物消灭污染物。

这种机制的过程是这样的：污染物被植物吸收后分解为较小的组分。大多数情况下，这些小的组分叫作代谢物，无毒。植物在生长过程中经常利用这些代谢副产物，所以几乎没有污染物残留。降解发生在光合作用过程中，或由植物体内的酶和（或）生活在植物体内的微生物完成（图2.6）。

029

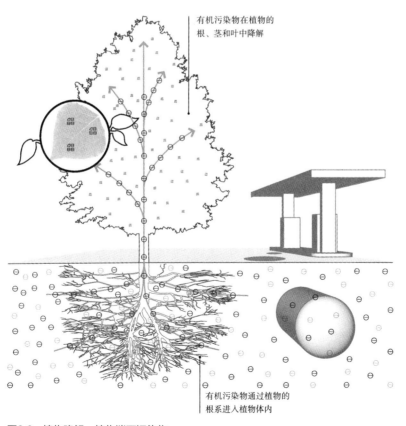

有机污染物在植物的根、茎和叶中降解

有机污染物通过植物的根系进入植物体内

图2.6 植物降解：植物消灭污染物

（2）根际降解（也称作植物刺激、根际生物降解或植物辅助生物修复／降解）

提示：土壤中的微生物消灭污染物。

当根际降解起作用时，植物体释放的根际分泌物和／或根周围的土壤微生物分解污染物（图2.7），当土壤微生物在进行降解时，植物在此过程中仍起关键作用，因为植物体释放的植物化学物质和糖，为微生物的繁殖创造了条件（Reynolds 等，1999）。植物实质上为污染物的降解提供了一个反应器，这是通过助力增加微生物的数量，以及有时刺激有特定降解作用的微生物群落生长来实现的（White和Newman，2011）。微生物很容易代谢许多简单的化合物（Reynolds等，1999）。"环境污染物是较为复杂的化合物，一般只能被少部分的土壤微生物所代谢，但是，如果土壤微生物大量增殖，简单的碳源就会被耗尽，土壤微生物群落可能就会适应并利用污染物作为碳源"（Reynolds等，1999，第167页）。

植物降解和根际降解机制都是植物生态修复技术中最好的例子，因为最初的污染物被降解，且无须收割植物。其他的植物生态修复技术机制将列举在下文中。

2.4.2　有机和无机污染兼有机制

以下为植物生态修复技术体系中有机和无机污染的兼有机制。

（1）植物挥发

提示：植物以气体的形式将污染物释出。

污染物可以多种形式存在，如固态、液态和气态。在这种机制中，植物以任意一种形式吸收污染物，然后以气体的形式挥发到大气中，从而将污染物从污染地移除。气体通

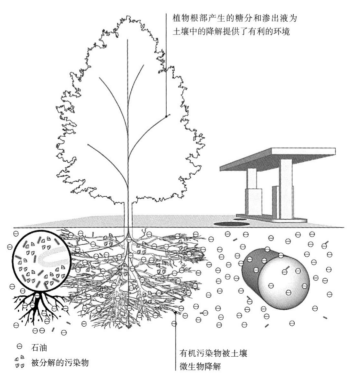

植物根部产生的糖分和渗出液为
土壤中的降解提供了有利的环境

⊖　石油
　　被分解的污染物

有机污染物被土壤
微生物降解

图2.7　根际降解：土壤微生物消灭污染物

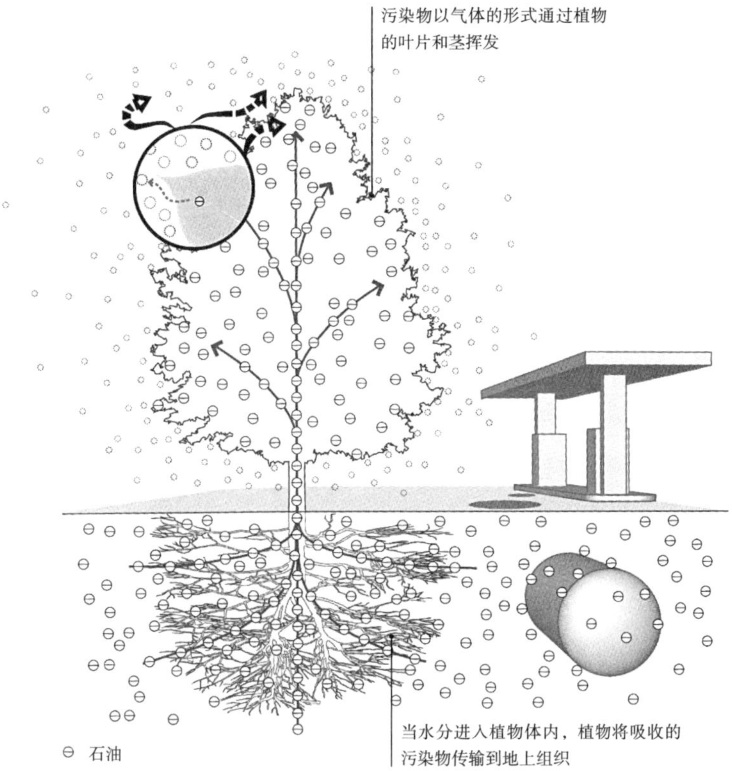

污染物以气体的形式通过植物的叶片和茎挥发

当水分进入植物体内，植物将吸收的污染物传输到地上组织

⊖ 石油

图2.8 植物挥发：植物吸收并以气体形式释放污染物

常以非常慢的速度释放，周围的空气质量不会受到太大的影响。从地面移走污染物的净效益通常情况下优于将污染物直接释放到大气中而产生的影响。在某些情况下，通过前述根际降解和植物降解产生的降解产物也可能挥发（ITRC，2009）（图2.8）。

（2）植物代谢（也称植物转化）

提示：植物将污染物转化为生物量用于自身生长。

植物生长需要养分作为基本构成要素来进行光合作用和生产生物量。植物代谢即是植物将所需的养分（无机元素如氮、磷、钾）进行处理，并转化为植物体的组分（图2.9）。而且，一旦有机污染物被植物分解（植物降解），该过程遗留下来的代谢物就会进行植物代谢从而转化为植物体的生物量。

（3）植物提取

提示：植物提取污染物且在体内储存无机污染物，必须收割植物以去除污染物。

植物提取是植物从土壤和水中吸收污染物并转移到植物其他部分的能力（图2.10）。当植物提取与植物降解相结合时，这些有机污染物基本上都能从土壤中消失。然而，因为无机污染物都是元素周期表中的元素，它们不能被降解并分解成更小的部分。但植物可以将这些提取的无机污染物存储在新芽和叶片中。要想将污染物从场地中清除出去，就必须在叶片掉落之前或植物体死亡之前收割植物。这些收割的植物材料会被燃烧，继而进行垃圾填埋处置，进行生物再利用（如燃料、硬木、纸浆等），或者焚烧并熔炼成矿石以提取有用的金属（称之为植物冶炼）（Chaney等，2007）。

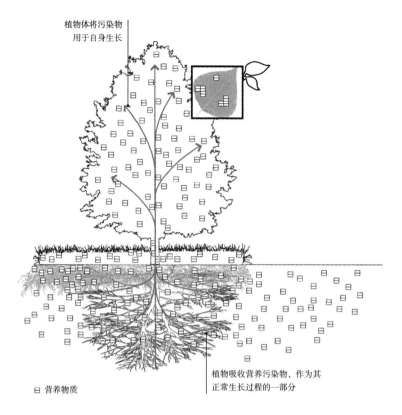

植物体将污染物
用于自身生长

植物吸收营养污染物，作为其
正常生长过程的一部分

☐ 营养物质

图2.9 植物新陈代谢：植物体将污染物用于自身新生物量的生长

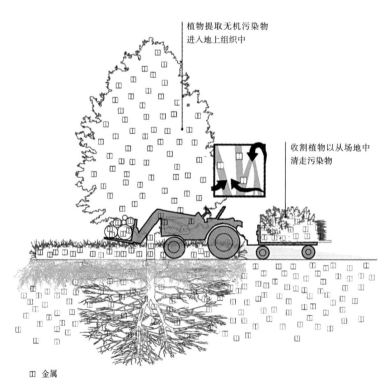

植物提取无机污染物
进入地上组织中

收割植物以从场地中
清走污染物

☐ 金属

图2.10 植物提取：植物提取并储藏污染物进入被收割以清走的组织中

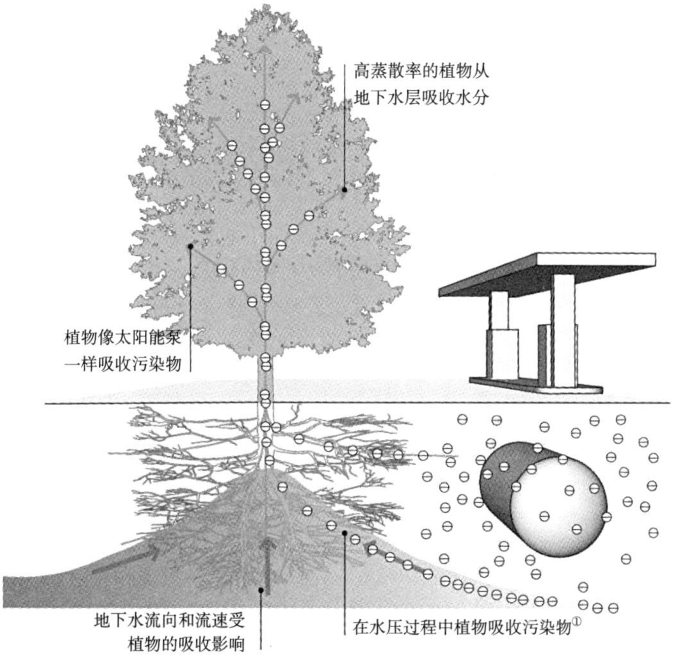

高蒸散率的植物从
地下水层吸收水分

植物像太阳能泵
一样吸收污染物

地下水流向和流速受
植物的吸收影响

在水压过程中植物吸收污染物①

图2.11 植物水力学：植物改变了地下水水文状况，吸收了水和（其中的）污染物

（4）植物水力学

033

提示：植物吸收水分的同时也会吸收污染物。

植物需要水分，根系吸收水分所产生的拉力即是植物水力学（图2.11）。这种拉力很大，能把地下水拉进植物体，而且大量的植物可以改变水流的方向或阻止地下水的流动。如果地下水遭受污染，植物水力学可能能够阻止污染迁移羽流。此外，植物通常会利用其他机制，如植物降解或植物挥发，以彻底根除污染。

（5）植物固定（也称植物封存、植物累积、根际过滤）

提示：植物将污染物固着在场地内。

植物将污染物固着在场地内，这样污染物就不会移出污染地（图2.12）。之所以出现这种现象是因为植被将污染物物理覆盖住，同时可以释放植物化学物质进入土壤来攫住污染物，使其生物可利用度降低。此外，植物累积作用指的是叶片表面富集空气中的污染物，通过物理作用将污染物从空气中过滤掉并将其固着在场地内。

（6）根系过滤

提示：根系和土壤过滤水分。

在人工湿地和雨水过滤装置中，植物的根系从水中将污染物过滤出来。植物将氧气和有机物质添加到土壤中，以维系污染物的过滤和贮存的结合位点。

2.4.3 机制的归纳

上述的8种基本机制可用图2.13和表2.5总结。

---

① 水压过程即：植物水力学过程，因植物吸收地下水而导致地下水环境、压力（含水层）发生变化。——译者注

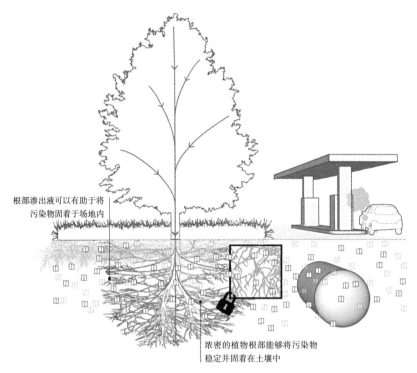

根部渗出液可以有助于将
污染物固着于场地内

浓密的植物根部能够将污染物
稳定并固着在土壤中

图2.12　植物固定：植物将污染物固着在原地，防止其转移

034

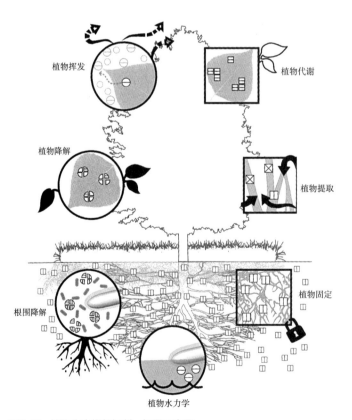

植物挥发

植物代谢

植物降解

植物提取

根围降解

植物固定

植物水力学

图2.13　植物生态修复机制：概要示意图

植物生态修复技术的机制总结表　　　　　　　　表2.5

图标	名称	描述	污染物类型标志：有机物○ 无机物□
	植物降解	植物分解污染物	○
	根际降解	土壤生物分解污染物	○
	植物挥发	植物将污染物转化为气体	○□
	植物新陈代谢	植物在生长中吸收污染物，将其合并入生物量中	○□
	植物提取	植物吸收、储存污染物后被收割	○□
	植物水力学	植物吸收水中的污染物	○□
	植物固定/植物封存	植物覆盖污染物并将其固着在原地	○□
	根际过滤	根部和土壤将污染物从水中过滤出来	○□

2.4.4　自然衰减

污染物浓度低的地方，无需人为干扰，自然植被就会利用这些机制将污染物清除，该过程称为自然衰减。自然衰减也包括在无植被覆盖的地方，由土壤中的微生物将污染物自行分解掉。

035

2.5　植物生态修复植物特性和配植考量

2.5.1　对污染和竞争的耐受力

选择能生活在污染土壤中的植物是第一位的选种标准。如果植物不能在场地中生长，植物生态修复技术体系就不可能成功。很多污染物都对植物有毒害作用，还会抑制植物生长。挑选植物时，首先要考虑的是植物是否能够忍受污染物的浓度。另外，最好选择多年生耐旱植物，因为其一旦适应了当地的气候，就会入侵式生长，长势会压过杂草和其他植物。一旦应用了这些选择标准，在考虑提取、降解或稳定（污染物）能力之前，可以对以下特性展开评估。

2.5.2　根长和结构

植物生态修复技术受根长度的限制，因为植物必须能够接触到污染物。大多数湿地植物的根长小于1英尺，草本植物最大根长为2英尺，直根系树木的最大根长可达10英尺（图2.14）。不过，耐旱植物种类和地下水湿生植物（喜湿深根植物，见下）的根系可以扎到更深的地方，可应用于植物生态修复技术。

（1）耐旱种类

原产于干旱气候条件下的植物种类往往有更长、发育更为完善的根区，因此，这些植物通常是用以植物生态修复的好试验材料（Negri，2003）。如：北美草原的草种往往有长的深根，在某些情况下可达10–15英尺。这些草原草品种已经成功地在植物生态修复中

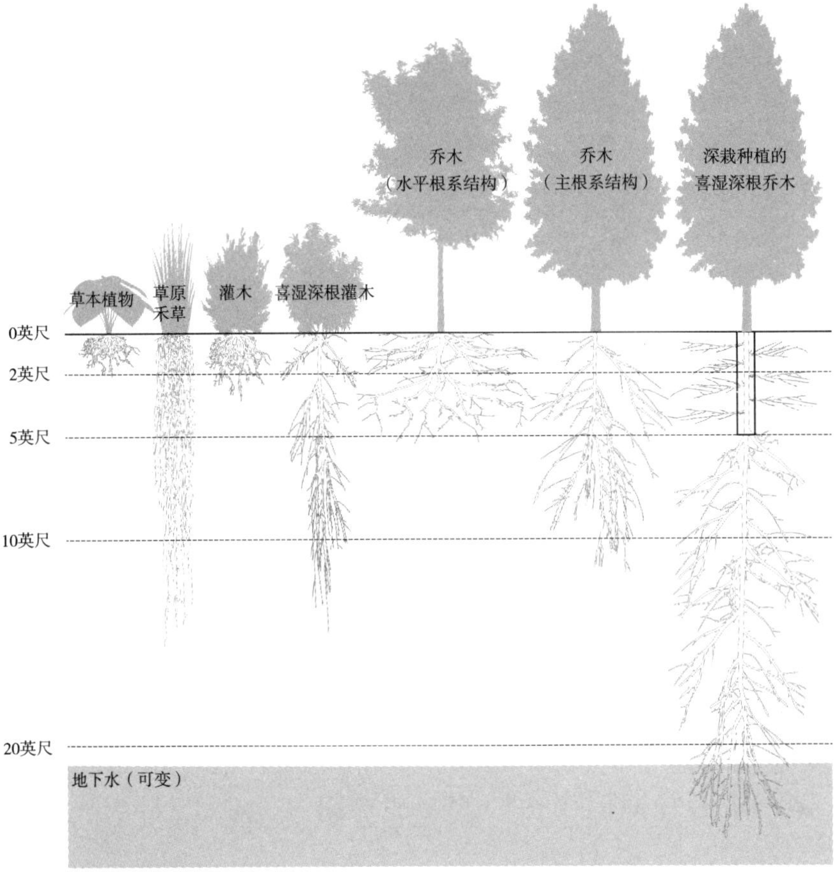

乔木
（水平根系结构）

乔木
（主根系结构）

深栽种植的
喜湿深根乔木

草本植物　草原
禾草

灌木　喜湿深根灌木

0英尺
2英尺
5英尺
10英尺
20英尺

地下水（可变）

图2.14　植物根系典型深度

得以应用。但是，根结构的70%-80%是在土壤的地面以下2英尺范围内，因此，这开头的2英尺通常是用于植物生态修复技术最有效的区域（ITRC，2009）。

（2）喜湿深根植物

喜湿深根植物（phreatophyte）具有很深的根系，通常条件下至少有部分根系持续与水接触（表2.6）。许多种类利用地下水作为水源，它们要么生活在干旱环境中，将根扎入地下水层中，要么生活在湿地和河床的边缘，直接挺立在水中。（在希腊语里phreatophyte的词根意为"水井植物"。）这些植物伸出长长的根系探寻水源，根系长度可达30多英尺（Negri，2003）。杨树和柳树都是喜湿深根植物，这也是它们能用于植物生态修复技术应用中的一个原因，尤其是当需要净化地下水的时候。

（3）深根种植

突破根系深度限制的另外一个办法就是钻很深的坑或壕，将植物种植在坑的底部，让根系扎到更深的地方（图2.15）。许多商业化的植物生态修复技术公司对这个细节已有标准化的操作规程。在种植的过程中，植物在坑和壕中的定植深度可达15英尺，典型的裸根植物或休眠的插条可扦插在坑中。要确保这项技术获得成功，所选植物品种必须能够承受深根种植。采取深根种植技术，植物根系下扎的最大深度通常可达25英尺（Tsao，2003）。当地的土壤条件最终决定了某种植物的根系能达到多深。

（4）纤维根区

当污染物靠近土壤表层而不在深层时，因为分散在土壤中的众多纤细、致密的根系的存在，具有纤维根区的植物品种比直根系品种更能与污染物密切接触。纤维根系可以为微生物的繁殖提供更大的表面积，使得污染物与和根系相关联的微生物之间进行密切的相互作用。正因如此，这些植物品种在修复土壤表面以下5英尺范围内的污染时更加可取（Kaimi等，2007）。

（5）高生物质产量的植物

生长速度快、能产生大量生物量的植物经常用于植物生态修复技术。如果以降解为最终目标，快速生长的植物往往会在根区释放更多的糖类和分泌物，创造一个有利于降解的环境（Robson，2003）。如果以吸收为最终目标，与一般的植物相比，快速生长的植物会更快、更多地吸收和储存污染物。表2.7列举了在植物修复种植中广泛应用的高生物量植物。柳属、杨属、香根草属和十字花科的植物因为生物质产量显著而得以广泛应用（Dickinson等，2009）。许多固氮的先锋植物品种目前正在进行植物修复能力的测试，因为它们生长速度快，能产生较多的生物量，而且是耐旱种类，适合生长在多种气候条件下的严酷环境中（Dutton和Humphreys，2005）。

代表性的喜湿深根植物种类（Robinson，1958；McCutcheon和Schnoor，2003） 表2.6

拉丁名	惯用名	植物类型	美国农业部抗寒区划	原产地
Acacia greggii	猫爪草	灌木	7-11	美国西南部和墨西哥
Acer negundo	梣叶槭	乔木/灌木	3-8	北美
Acer rubrum	美国红枫	乔木	3-9	北美洲东部
Alnus spp.	桤木属	乔木/灌木	根据情况变化	根据情况变化
Amelanchier canadensis	加拿大唐棣	乔木	4-8	北美洲东部
Atriplex canescens	四翅滨藜	灌木	7+	美国西部
Baccharis emoryi	埃默里酒神菊	灌木	5+	美国西南部和墨西哥
Baccharis glutinosa	地黄酒神菊	灌木	7-10	美国西南部和墨西哥
Baccharis sarothroides	沙漠异株菊树	灌木	9-10	美国西南部和墨西哥
Baccharis sergiloides	印第安水蕴草	灌木	7-10	美国西南部和墨西哥
Baccharis viminea	骡脂草	灌木	6-10	美国西南部和墨西哥
Celtis reticulata	紫蔷薇	乔木	5+	美国西部
Cercidium floridum	蓝花假紫荆	乔木	9-11	美国西南部和墨西哥
Chilopsis linearis	沙漠葳	灌木	7-11	美国西南部和墨西哥
Chrysothamnus pumilus	矮生橡胶草	灌木	4+	美国西部
Cornus amomum	丝山茱萸	灌木	5-8	北美洲东部
Eucalyptus spp.	桉属	乔木	根据情况变化	根据情况变化
Fraxinus velutina	绒毛白蜡	乔木	7+	美国西南部和墨西哥
Hymenoclea monogyra	布罗蓬	灌木		美国西南部和墨西哥
Juglans microcarpa	小果黑核桃	乔木	5+	美国西南部和墨西哥
Larrea tridentata	三齿拉瑞阿	灌木	7+	美国西南部和墨西哥

续表

拉丁名	惯用名	植物类型	美国农业部抗寒区划	原产地
Magnolia virgiana	蒙古月桂	乔木	5–10	美国东部
Platanus wrightii	亚利桑那梧桐	乔木	7+	美国西南部和墨西哥
Populus spp.	杨属	乔木	根据情况变化	根据情况变化
Populus deltoides	美洲黑杨	乔木	2–9	北美
Populus tremuloides	颤杨	乔木	1+	北美
Prosopis juliflora 和 *Prosopis pubescens*	牧豆树	灌木/乔木	6+	美国西南部，中美和南美
Prosopis velutina	绒毛牧豆树	灌木/乔木	7+	美国西南部和墨西哥
Purshia stansburiana	矾木	灌木	4–9	美国西南部和墨西哥
Quercus alba	白橡木	乔木	3–8	美国东部
Quercus agrifolia	海岸栎	乔木	7–10	加利福尼亚州
Quercus lobata	栓皮栎	乔木	5–9	加利福尼亚州
Salix spp.	柳属	乔木/灌木	根据情况变化	根据情况变化
Sambucus spp.	接骨木属	乔木/灌木	根据情况变化	根据情况变化
Sambucus vermiculatus	黑肉叶刺茎藜	灌木	3+	美国西南部和墨西哥
Tamarix spp.	柽柳	乔木/灌木	8–11	非洲，亚洲
Taxodium spp.	落羽杉属	乔木/灌木	根据情况变化	根据情况变化

038

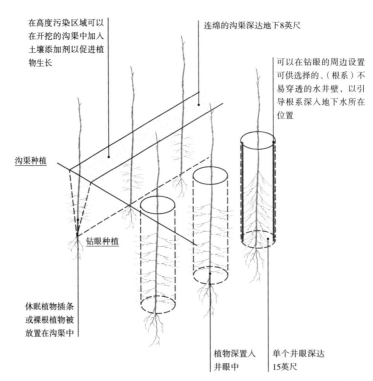

裸根植物和休眠植物插条可被深栽种植在沟渠或井眼中，以诱导植物根部伸入地下水层

图2.15 深根种植技术

植物生态修复技术应用中常用的高生物量植物品种　　　　表2.7

拉丁名	惯用名	植物类型	美国农业部抗寒区划	原产地
Bambuseae	竹族	草木	根据情况变化	亚洲
Brassica juncea	印度芥菜	草本	9–11	俄罗斯至中亚
Brassica napus	油菜	草本	7+	地中海
Cannabis sativa	大麻	草本	4+	亚洲
Chrysopogon zizanioides	香根草	草本	9–11	印度
Helianthus annuus	向日葵	草本	作多年生	北美和南美
Linum usitatissimum	栽培亚麻	草本	4+	亚洲
Miscabthus guganteus	奇岗草	草本	5–9	中国，日本
Panicum virgatum	柳枝稷	草本	2–9	北美
Populus spp.	杨属	乔木	根据情况变化	根据情况变化
Salix spp.	柳属	乔木/灌木	根据情况变化	根据情况变化
Sorghum bicolor	高粱	草本	8+	非洲
Zea mays	玉米	草本	作多年生	北美和南美

注：不是一个完整的名录，而是一个具有代表性的常用高生物量植物品种名录。

（6）蒸腾效率高的植物

蒸腾效率高的植物与其他种类相比，能从土壤中转移更多的水分到大气中，因此能更好地捕获水中的污染物。当污染物在水体中（如雨水或地下水中）移动时，这显得尤为重要。蒸腾速率高的植物可以吸收更多的水分，因此大量种植这些植物可以阻止污染物在地下水羽流中迁移。但是，这些植物的生存确实需要很多水，而且通常不耐旱，在干旱期间需要进行补充灌溉。这些植物常具有用以蒸腾的大叶片和大表面积，不像那些耐旱的植物品种如多肉植物，这些蒸腾效率高的植物已经进化为需要大量的水分来完成生活史。

在遭受污染的地下水区域，蒸腾效率高的植物可以用在植物水力学机制〇中，以改变地下水的水位、流动方向和速度（Landmeyer，2001）。水利工程师通过水平衡计算可以估算植物的潜在影响力。涉及植物生态修复的水平衡分析包括计算树木所耗的水分和分析吸收了多少地下水，并将预测降水、天气、灌溉、生长季节的长短等方面作为考虑因素。

树木消耗的水分可以直接从地下水中汲取，也可以在降水发生后从渗透到土层的水中吸收，抑或二者兼有之。很多针对地下水污染的植物生态修复设施将树木可利用的降雨量和树木从土壤中获取的水量降至最低，因此促进了植物探寻地下水。这些树木也可以种植在不透水的管道中，帮助引导根系的下扎方向（Gatliff，2012）。在这些场地上对流经土壤降雨量过滤的限制可以阻止新增土壤污染物垂直迁移到地下水中，也降低了水源补给速率和地下水的迁移速率。

通常用于修复种植的高蒸腾效率的植物见表2.8和图2.16。

（7）杂交种

植物品类和各种各样的栽培种必须经过仔细挑选，因为杂交种和类似品种的杂交可能会产生不同于父本或亲本的结果。例如，柳属植物广泛应用于有机物的修复、地下水羽流调控、降水过滤调控、某些无机物的吸收以及某些无机物的稳定和排除等方面，但

039

高蒸发率的木本植物种类 表2.8

拉丁名	惯用名	植物类型	美国农业部抗寒区划	原产地
Alnus spp.	桤木属	乔木/灌木	根据情况变化	根据情况变化
Betula nigra	黑桦	乔木	4~9	美国东部
Eucalyptus spp.	桉属	乔木	根据情况变化	根据情况变化
Fraxinus spp.	白蜡属	乔木	根据情况变化	根据情况变化
Populus spp.	杂交杨	乔木	根据情况变化	根据情况变化
Populus deltoides	美洲黑杨	乔木	2~9	北美
Populus tremuloides	颤杨	乔木	1+	北美
Prosopis glandulosa	腺牧豆树	乔木/灌木	6~9	北美
Salix spp.	柳属	乔木/灌木	根据情况变化	根据情况变化
Sarcobatus vermiculatus	黑油脂木	灌木	5+	北美
Tamarisk gallica	法国柽柳	乔木	5~9	欧洲东南部和中亚
Taxodium distichum	落羽杉	乔木	6~10	北美

注：不是一个完整的清单，而是植物生态修复技术中常用的高蒸发率的代表植物品种名录（ITRC，2009）。

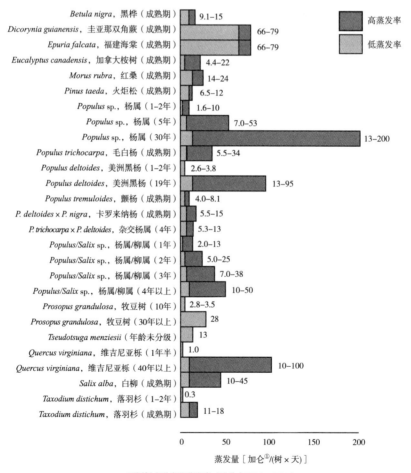

不同树木种类的蒸发率（重绘自ITRC，2009）

图2.16 高蒸发率的植物种类

① 1加仑（美制）≈ 3.8升。——译者注

是，几种柳属植物的杂交克隆体在对许多金属种类的吸收、转移到新芽及耐受性等方面存在很大的差异。这使得柳属植物独一无二，因为可以针对某个特定的植物修复目标选择特定的克隆体，如有的用于植物稳定🔲，有的用于植物提取🔲。例如有些蒿柳（*Salix viminalis* L.）的杂交种往往是重金属排除器（有助于污染的稳定），而不是金属的提取器和富集器，这在柳属中较为常见（Gawronski等，2011）。

杂交杨在植物修复研究和田间应用中也很常见，原因有很多。首先，上文已述及杂交杨具有很好的植物学特性。它们生长速度快、产生的生物量多，蒸腾速率最快，并且属于拥有长的、深主根系统的喜湿深根植物。此外，杂交杨很耐旱，没有足够的水分供应也不容易干死。不同的气候条件下杂交杨有不同的栽培种可供选择。

植物修复中常用的种类是杂交杨（两品种间的杂交）而不是原始种的直系种。两个亲本进行杂交，杂交种的优势会超过亲本中的任何一个。如通常用美洲黑杨和三角杨进行杂交，因为其后代的叶片更大（Landmeyer，2012）。成百上千种杨树的无性系品种被开发出来，最初用于木材生产和生物质产业。由美国林业局运营的俄勒冈州太平洋西北研究试验站已在美国境内开发和测试了很多克隆种。

杨属植物在科学研究中的另外一个优势是，这些品种的基因组可以绘成图谱，使得科学家在实验室环境中很容易研究植物功能和机制。此外，杨树和植物界的"小白鼠"——拟南芥（一种很容易繁殖、生命周期很短的植物）之间有高度相似性，这使得杨树比其他植物种类更具研究开发优势。

041

（8）污染物浓度和土壤改良

植物生态修复技术系统经常适用于低浓度到中等浓度的污染区，其中的污染物的毒性不足以抑制植物生长。如果浓度更高，则需要选择能耐受这些环境的植物种类。从事植物修复的专家应当被召做顾问，以决定某个特定场地污染物的浓度是否降低到基于植物的生态修复系统可以处理的范围内。

在植物修复项目的规划阶段，应当经常检测农业土壤。可添加土壤改良剂，为植物生长创造更好的条件，通常情况下，污染物也不是植物难以生存的唯一原因。过低的土壤孔隙度（土壤板结）、营养元素的缺乏以及不适合的pH值也不利于植物生长。然而，确定土壤改良添加剂没有迁移既存的污染物也是十分重要的。例如：通过添加改良剂，污染物可能更易溶于水，可以渗透到地下水中进行迁移；另外，由于增加了土壤改良剂，土壤周围进行了翻动，增加了风蚀的可能，污染物颗粒会随之移动，这就造成了额外的风险。

（9）冬眠和气候

在冬季，蒸腾作用和光合作用基本停止，一些植物生态修复技术系统将会休眠。然而，如果根际降解🔲是主要的作用机制，那么土壤生物仍会起作用，但由于土壤温度降低，降解的速率可能降低。任何一种植物生态修复技术设施都必须考虑植物的休眠状况和时间。

（10）植物间距

植物生态修复系统中，有关植物间距的问题有如下基本建议（ITRC，2009）。

• 树木：一般而言，每棵树至少占有75平方英尺的空间。喜湿深根植物杨树一般有10或12英尺的中央间距，行与行之间也有同样的距离（图2.17）。

• 生物量植物：如果生物量是一种经济产品，那么杨树可以种植得密集一些，可采用

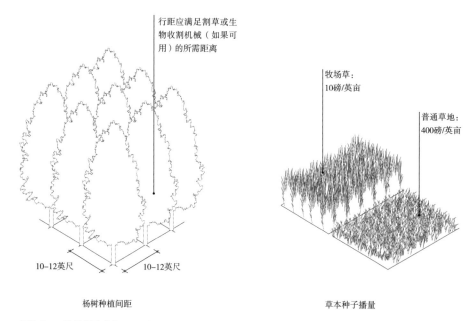

行距应满足割草或生物收割机械（如果可用）的所需距离

牧场草：10磅/英亩

普通草地：400磅/英亩

10-12英尺　10-12英尺

杨树种植间距　　　　　　草本种子播量

图2.17　常见的植物间距和种子播量

中心距6英尺、行间距12英尺。任何用于生物量的植物被收割时，要考虑收割设备所占的空间，从而决定植物的株距。

- 一般的草种（黑麦草、高羊茅等）：通常每英亩约400磅[①]。
- 美国草原草种子：这些暖季型土生草种通常以每英亩约10磅播种。
- 灌木和多年生植物：按照特定种类的标准操作规程种植。

2.6　有机和无机污染物的植物生态修复技术原理

2.6.1　有机污染物：基本的植物生态修复技术原理

很多有机污染物能被植物和相关的根际微生物降解为无毒成分。降解污染物的可以是生活在土壤中的相关细菌，也可由植物自身，甚至生活在植物体内的微生物完成降解过程（包括植物内生细菌）。此外，植物亦有助于将有机污染物从固态转化为气态，释放到大气中。"有机污染物对植物的毒性相对较弱，因为它们不反应而且不会累积"（Cherian和Oliveira，2005，第3978页）。以下植物生态修复原理仅适用于有机污染物，并不针对无机污染物。

（1）log K_{OW}[②]

一种决定某种有机污染物是否能由植物从土壤中移除的预测方法是看log K_{OW}（正辛

① 1英亩 ≈ 0.4公顷；1磅 ≈ 0.45千克。——译者注
② log K_{OW} 即正辛醇－水分配系数，是某一有机物在某一温度下，在正辛醇相和水相达到分配平衡之后，两相间浓度的比值。log K_{OW}= 有机物在正辛醇相中的浓度／药品在水相中的浓度。——译者注

醇-水分配系数）的值。由于有机污染物一般都是人工制造的，对植物而言是陌生的，也就没有转运蛋白吸收，一般的吸收机制便是通过被动扩散的方式进入植物体（Cherian和Oliveira，2005）。一般而言，$\log K_{OW}$值越大，基于植物的修复系统越不可能吸收污染物。$\log K_{OW}$值可以衡量污染物的疏水性（Trapp和McFarlane，1995）。$\log K_{OW}$值越大，污染物越有可能与土壤颗粒结合，并且不溶于土壤颗粒间孔隙内的水。这就意味着污染物被土壤颗粒紧密吸附，以至于不能被植物吸收。$\log K_{OW}$值越小，污染物越会经常溶解在土壤颗粒间孔隙内的水中，植物系统就能够获取污染物从而对其进行降解（Pilon-Smits，2005）。

每一种有机化合物的$\log K_{OW}$值均可以查到（表2.9）。$\log K_{OW}$在0.5-3.5的污染物很可能被植物吸收并转运到植物体内（图2.18），并有很好的机会进行降解，进而释放到大气中或转化为植物体内的某些组分（Briggs等，1982；Burken和Schnoor，1998；ITRC，2009）。对于$\log K_{OW}$在3.5以上的疏水性化合物，植物则极少能吸收此类污染物。鉴于此，如果在某场地内存在有机污染物，首先要做的第一步是看其$\log K_{OW}$值是否在0.5-3.5，以决定植物修复是否有效。

有机污染物如PCB和DDT有很高的$\log K_{OW}$值，被归为具有"抗性"，往往与土壤颗粒紧密结合，在土壤中能存在几十年（Pilon-Smits，2005）。如果高$\log K_{OW}$的污染物能够用任何基于植物的修复系统予以修复，那么有可能是由土壤中的微生物降解促成的，而不是由植物体本身吸收和降解的。

常见的有机污染物$\log K_{OW}$列表　　　　　　　表2.9

图标	污染物	$\log K_{OW}$
⊘	多氯联苯（McCutcheon和Schnoor，2003）	5.02-7.44
⊖	多环芳烃（McCutcheon和Schnoor，2003）	3.37-7.23
⊘	持久性有机污染物（White和Newman，2011）	3.0-8.3
⊖	甲苯	2.73
⊖	二甲苯	3.12-3.20
⊖	乙苯	3.15
⊖	甲基叔丁基乙醚	0.94
⊖	苯	2.13
⦶	全氯乙烯（PCE）	3.4
⦶	三氯乙烯（TCE）	2.42
⊕	RDX	0.87-0.90
⊕	HMX	0.17
⊕	三硝基甲苯	1.73
⊘	滴滴涕	6.36
⊘	氯丹	6.22
⊙	林丹	3.55
⊙	莠去津	2.61

亲水性   log Kow在0.5和3.5之间的有机污染物   疏水性

（牢固地被水吸附）   通常能被吸收到植物体内   （在水中不会溶解）

图2.18 log K_{OW}：正辛醇-水分配系数

用log K_{OW}预测污染物的吸收也会存在一些例外。有时log K_{OW}值可能在可适用的范围之外，但植物仍可以吸收这种化合物。在这些情况下，其他因素如分子量或氢键数量可能会影响吸收（Limmer和Burken，2014）。然而，在一般情况下，用log K_{OW}预测有机污染物的吸收对于设计者而言是一种最基本的工具，可以决定一种有机污染物是否能被植物吸收并进行降解。

（2）高生物量植物

对于在预期的log K_{OW}范围内的有机污染物，选择能在污染土壤中成活、快速生长而且产生大量的生物量的植物种类，通常会产生最好的修复效果。大部分植物种类可以吸收在预期log K_{OW}范围内的有机污染物，因此，植物的生长速度比选择特定的科、属、种的植物更重要。一些研究显示，与其他种类相比，生长速度越快的植物对污染物的处理和降解速度越快（Robson，2003）。此外，速生植物会在根区释放更多的糖类物质，在根区创造一个更利于降解的环境（见表2.7植物名录）。

（3）高水平的氧化降解酶和特定的分泌物

有机物降解的另一个条件就是选择能释放高水平的氧化降解酶或特定的根际分泌物的植物种类。据报道，桑树可以释放一些特殊的、能够促进微生物生长的化合物，达到降解持续性有机污染物的目的（Fletcher和Hegde，1995）。另外，一些植物酶能影响污染物的水溶性、氧化状态或其他有助于降解的化学因素（Volkering等，1998）。

当污染物具有较高的log K_{OW}值（3.5以上）而且比较顽固（具有持久性且难以降解）时，根际分泌物就显得非常重要。（分子）较大的有机化合物与土壤结合紧密，不能转移到植物体内。许多化合物具有复杂的环式结构，也无法进入植物体内，但这些污染物有可能在根区通过微生物来降解。土壤微生物的活动不仅受植物的影响，而且也受温度、肥力和土壤水分的影响（Reynolds等，1999）。

（4）喜湿深根植物

植物修复有机污染物的另一个因素就是看根系是否能同时在孔隙度高土壤营造的有氧环境中，和水淹与隔绝氧气的地下水层这样的无氧环境中生存。如果根系在这两种条件下都能生存，那么在有氧和无氧环境下的根区会有更多样化的微生物和生化反应，因此降解有机污染物的几率就更大（Licht，2012）。喜湿深根植物至少有部分根系与水直接接触，而且往往是直根系种类。其根系在水淹（无氧）和干旱（有氧）条件下均能繁茂生长，因此是降解有机污染物的先锋物种。造成地下水污染的常见有机物有两个，分别为石油产品和有机氯化溶剂，所以在有水存在的前提下，在处理土壤和地下水污染时喜湿深根植物是好的选择（见表2.6植物名录）。

（5）污染物会蒸发吗？

有些污染物被植物从土壤和水中吸收后，会以气体的形式由植物蒸发到大气中。要看一种污染物是否会以挥发物的形式释放到大气中，可以查阅无量纲亨利定律常数（H_i）（译者注：在一定温度的密封容器内，气体的分压与该气体溶在溶液内的摩尔浓度成正比，称为亨利定律。亨利定律中的比例系数称为亨利常数）。H_i可以衡量某种化合物相对于水而言在气体中的溶解性的大小（图2.19）（Davis等，2003）。当某种污染物的$H_i > 10^{-3}$时，该污染物就可以通过植物的蒸发进入大气中（Pilon-Smits，2005；Tsao，2014）。植物如同灯芯，从土壤中汲取挥发性的污染物，然后扩散到大气中。当某种污染物的$H_i < 10^{-3}$时，这些化合物会与水掺杂在一起，这时就要考虑其他的植物生态修复机制，如植物降解或植物隔离（Pilon-Smits，2005；Tsao，2014）。

（6）土壤改良：有机化合物

有机物往往相互吸引。当土壤中有机物含量较多时，有机污染物就会吸附那些土壤有机颗粒，植物就很难吸收和降解有机污染物。此外，当应用根际降解机制时，有机土壤改良剂"可能会提供微生物喜欢利用的易于消化的碳源，此时不会利用有机污染物"（Pilon-Smits，2005，第23页）。一般而言，对有机污染物进行修复时，应避免添加有机质含量高的土壤改良剂。然而，在某些情况下，也需要添加有机质，以促使微生物耗尽所有的氧气，制造厌氧环境，这对于某些降解途径而言是非常有利的。

（7）总结：有机污染物的植物修复特点

植物修复用来处理有机物的前景是乐观的。正如该领域的一位专家所言：

045

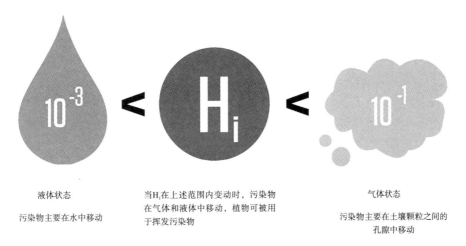

液体状态	当H_i在上述范围内变动时，污染物在气体和液体中移动，植物可被用于挥发污染物	气体状态
污染物主要在水中移动		污染物主要在土壤颗粒之间的孔隙中移动

图2.19　亨利定律常数（无量纲）：污染物的植物挥发潜力

"起初，我们将植物吸收和转运有机污染化合物如除草剂、杀虫剂、其他石油烃和氯化溶剂视为一种潜在的风险，因为野生动植物和人接触到这些物质的风险加大。这种风险的程度不得而知，因为这些污染物在植物体内尤其是在粮食作物中有多大的生物富集潜力并不为人知晓。但如今，越来越多的植物种植在全国范围内的很多污染场地，以降低环境风险，因为我们发现，某些植物可以吸收、隔绝、转化某些有机化合物，使之成为无害的最终产品。"（Landmeyer，2011）

可以降解某些种类有机污染物的特定植物品种已在第3章按照污染物分类列出。现将选择植物修复有机污染物的一般规则总结概括如下。

• 如果修复对象是地下水，应当考虑使用深根系、高蒸腾效率的喜湿深根植物。

• 如果修复对象为土壤，且$\log K_{ow}$值在0.5–3.5，污染物很容易被植物吸收和降解。在这个范围内，所有的植物可能都有一定的效果，重要的是选择生长迅速并能产生大量生物量的植物。设计者可以考虑一些以前没有在植物生态修复研究中应用过的高生物量植物，作为用于修复的候选种类。

• 如果修复对象为土壤，且$\log K_{ow}$值大于3.5，污染物可能因疏水性太大以至于不能进入植物体内，这时就不要考虑植物生态修复技术，而应当考虑其他修复工具。

2.6.2 无机污染物

046

无机污染物不能在植物体内或根区降解，实际上，它们完全不能降解。在这种情况下的目标植物修复机制，要么通过提取机制进入植物体进行收集、贮存和收割；抑或转化为气体释放到大气中；要么通过稳定机制，让植物将无机污染物固定在原地。目前在田间实践中，植物修复提取无机物可行性不佳（Dickenson，2009），但在第3章中也述及少数特殊的例子。正因为如此，土壤无机物污染的修复中，大多数植物生态修复技术涉及稳定（作用）——借助植被将污染物固定在原地，阻止暴露的风险。但是，在湿地系统中，无机物可能从水中过滤出来，与湿地的土壤进行结合。

在少数情况下，提取机制可能是可行的，有两种方法已经得到应用：①种植超富集植物；②种植快速生长、高生物量、高累积的植物。

（1）超富集植物

有些植物品种吸收特定元素的能力比一般的植物大10–100倍。这些植物称作超富集植物。土壤中元素浓度异常高的情况下，这些植物可将这些元素从土壤中转运到地上植物组织（Van der Ent等，2013）。

超富集植物的植物体内一定存在一种特殊的路径，允许无机污染物进入植物体。这种路径存在于所有的植物体内，用来运输所有植物必需的养分，这些养分全部都是无机元素，它们包括如下种类：

• 主要大量元素：氮（N）、磷（P）、钾（K）；

• 次要大量元素：钙（Ca）、镁（Mg）、硫（S）；

• 微量元素，只需要痕量：硼（B）、氯（Cl）、铜（Cu）、铁（Fe）、锰（Mn）、钼（Mo）、镍（Ni）、锌（Zn）。

除必需痕量元素以外，还有一些促进多种植物生长但并不是植物生长所必需的有用元素，如硅（Si）、钠（Na）、钴（Co）、硒（Se）。

植物有时还会吸收一些上面没有列举的无机元素，以上每一种养分的吸收都有一个专门的路径，有些污染物在化学结构上与这些必需元素类似，污染物就以同样的方式被植物吸收了。另外，许多超富集植物发展出一种独特的吸收途径，专门用于某种特殊元素的吸收。通常情况下，植物的这些特征可能已经作为一种自然防御机制存在很久了，它的目的是毒害侵食植物的昆虫和其他捕食者（Hanson等，2004）。

文献中约有500种植物被列为超富集植物，这仅是30万种登录植物种类中的一小部分（Van der Ent等，2013）。植物的选择比较复杂，因为同种植物对元素的吸收速率会因种群大小和不同的栽培种存在广泛差别（Van der Ent等，2013）。此外，富集作用也具有相对性，与其他植物相比，超富集植物品种会吸收更多的金属元素，但这个吸收量实际上仍是微小的（Rock，2014）。因此，超累积植物品种用于植物提取时必须谨慎对待，在应用于大尺度提取修复项目（之前），首先要详细研究植物种类的特征从而决定其对金属的清除速率。

"在一系列植物品种中，对镍、锌、钙、砷、硒等元素具有超富集作用的植物种类已经确认无疑。而对铅、铜、钴、铬及其他金属元素进行超富集的种类目前还未有确凿论证"（Van der Ent等，2013）。人们发现很多早期的研究列举了一些可以被称之为污染物"超富集植物"的植物品种，但并不是这里列举的五种。然而，这些研究中的多数随即遭到了反驳或质疑，因此，需要慎重处理这些问题。

（2）高生物量植物

另外，与大部分已发现的种类相比，一些高产量但不具有超富集性的植物种类（有时被称作"收集器"）因为生长迅速，所以能比其他植物吸收更大浓度范围的污染物。除超富集植物外，高生物量、高产出的植物也被用于植物提取中。当需要栽培生物量作物时（例如收割它们用于制造生物燃料、硬木产品或纸浆），或超富集植物品种的生物量产出很低时，可以考虑这些替代植物品种（Dickinson等，2009）。表2.7列举了典型的应用于植物生态修复工程中的高生物量植物。

（3）生物有效性

"生物有效率"通常指能够被生物体吸收的污染物的量（Alexander，2000）。一种无机污染物存在于土壤中，即便其貌似能被某种植物吸收，它对该植物而言也可能并不具有生物利用性。污染物能够通过化学的和物理的形式被其他黏土或有机土壤颗粒吸附（吸着作用）（Alexander，1994），或者以相反的电荷吸附并固着在土壤中。无机物通常以带电荷的阳离子（+正电荷）和阴离子（-负电荷）形式存在，它们可以吸附在带相反电荷的土壤中。pH值低的酸性土壤中有许多氢离子（H^+），带正电荷，在这种环境下，带负电荷的无机离子往往没有生物有效性。相反，在pH值高的碱性土壤中，有较多的OH离子，带有负电荷，可以吸引带正电荷的阳离子。无机物的生物有效性也受系统中氧含量的影响。在土壤中，通常情况下存在氧气，元素是以氧化态的形式存在的（硒酸盐、砷酸盐等）；在淹水的土壤或湿地中，几乎没有氧气存在，元素以还原态的形式存在（亚硒酸盐、亚砷酸盐等）。元素的存在形式在很大程度上影响着它对植物的生物有效性（Pilon-Smits，2005）。一些土壤测试并非不能获取该样本中污染物的总量，而是不能有效地测定某种污染物的生物有效率。

总之，无机污染物有效性的不同取决于以下因素（Van der Ent等，2013）：

- 污染物的形态、不同的状态或不同的化学形式；
- 土壤的电荷和pH值；
- 其他土壤成分/元素的存在与浓度；
- 物理因素如当地气候、土壤孔隙度、有机物质或其他土地改良剂的增减；
- 土壤中污染物的总含量。

无机污染物的提取过程比较复杂，以上几种因素可能在任何给定的场地内同时作用。因此，多数情况下无机物的提取往往难以成功。

（4）螯合剂

过去，很多研究报道了因土壤中添加了某种化学物质而促使植物对污染物进行提取甚至超富集的现象。研究显示这些螯合剂如EDTA（乙二胺四乙酸）、草酸、柠檬酸，可以加速植物对污染物的积累（Evangelou等，2007）。当我们应用这些化学提取方法时，所使用的植物不应当视为超富集植物（Van der Ent等，2013）。因本书的需要，书中只把在不添加化学添加剂的自然条件下具有超富集性的植物种类列举出来。

在植物生态修复应用中使用螯合剂也有很多潜在的风险，因此并不推荐。众所周知，同样的螯合剂不可避免地会从土壤中浸出更多的金属，因此也极有可能把金属从土壤向地下水中移动。这可能带来成本、泄露（浸出）风险、螯合剂对土壤中生物和相关的功能过程不可预知的影响等问题，从而使此类治理的总体功效大打折扣。最新的螯合剂使用的综述中也提到这个问题，即还没有找到有效的解决办法来阻止金属的浸出。针对是否应该将植物提取和有螯合剂辅助的植物提取区别对待，尚在争论中（Chaney等，2007；Evangelou等，2007；Dickinson等，2009，第101页）。

（5）收割

不同于用植物修复处理有机污染物，对大部分无机污染物提取项目而言，植物地上部分的生物量要求按常规模式进行年度收割。寿命长、高生物量的种类（它们可以积累但不能超富集无机物）可以减少收割次数。收割是一个劳动力密集、费用较高的过程。如果预计移除的污染物的浓度较高，收割的材料就需要进行测试，从而决定该材料需要在危险废物处理设施进行处理还是在城市垃圾填埋场处理。

（6）排除和稳定

由于污染物具有植物毒性，很多植物在死亡前只能忍受土壤中低浓度的生物可利用无机物质。一些植物则可以无视这些金属，即使不能吸收它们，也能生长在各类有毒的土壤中（Van der Ent等，2013）。这些植物称为排除器（图2.20），常被用在植物稳定机制中，即用植物将金属固定在原地以减少金属暴露的风险。用植物进行稳定处理是考虑采用植物生态修复技术对无机污染进行处理时建议的最佳方式。第3章列举了一些对污染物起排除和稳定作用的植物种类。

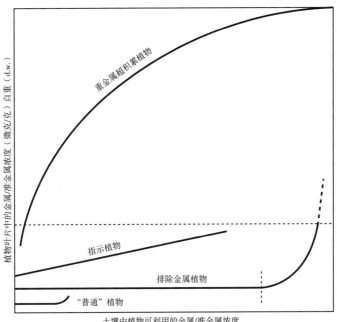

重金属超积累植物比普通植物可多转移100～1000倍的特定金属到植物的地上部分。随着土壤中金属浓度的增加，排除金属植物（"排除器"）可能会比普通植物吸收更少金属

直接改绘自Van der Ent等，2013，针对金属和准金属痕量元素的超积累植物：事实和设想，植物和土壤，362（1-2），第319-334页

图2.20　重金属超积累植物与排除金属植物的对比：种类特征

2.7　田间应用与挑战

　　与只是简单的种植植被相比，植物修复需要付出更多努力；但假如污染物会消失，这些植物也不需要较多的维护。这要求我们理解污染治理的发生过程、所选择的植物以及人在其中需要做些什么来确保植物生长；需要以下方面的研究：鉴定合适的植物种类，它们要能够在污染区进行种植，从而移除、降解或固定住这些目标污染物（US EPA，2001）。

　　尽管我们理解了修复机制，在温室和实验室中也有研究成功的范例，但将植物修复研究转向田间应用仍然面临许多挑战。虽然在过去几十年我们取得了许多可喜的成果，但在田间进行植物修复的过程中，仍会有很多不确定和不成功的情况发生。在这项前景光明的修复策略取得的成绩被人们的负面印象逐渐盖过之前，我们需要严格地评估为什么田间修复试验没有取得令人满意的效果。文献中提到两个基本问题：①某些让植物遭受胁迫的因素在实验室和温室研究中不存在，但在田间应用中可能使植物面临严峻的挑战。②目前对植物修复进行评价的方法可能不足以显示污染物浓度的降低，尽管在很多情况下活跃的修复过程可能正在发生。如要将植物修复变成一种有效且可行的修复策略，就需要在受污染的土壤中减缓植物逆境。此外还需要在田间建立可信的植物修复监测方法和评价标准（Gerhardt等，2009，第20页）。

　　鉴于以上，在实施某项工程时，建议风景园林师和设计师与经验丰富的植物生态修复技术专家团队开展紧密合作。有很多场合可以应用植物生态修复技术，而有些场合并不非常适合。风景园林师可以将设计过的试验和研究结合到风景园林项目中去，助力推动这一领域向前发展。

　　植物生态修复技术最佳应用之一可能是作为一种保守策略用于那些保持空置、等待挪作他用的场地内。这些场地并没有监管法规要求，可以自由考虑植物生态修复体系，实施标准也不做要求。在这一保持阶段进行植物生态修复技术的部署，可以极大地降低或消除在将来可能出现的复杂的"挖掘和搬运"工序。这些情况下，如果低成本的植物生态修复设施不起作用，就要考虑"安全失败"策略，将可能的风险降到最小。当我们开始应用植物生态修复技术时，在进行大规模的田间应用/建设前，要考虑用较小规模的试点工程测试其可行性。第3章将探究特定污染物和案例研究，并提供具体研究应用中的植物名录。

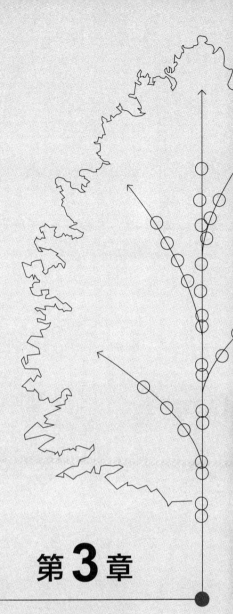

第 **3** 章

污染物分类与植物选择

本章提供了对按污染物类型分类的植物技术研究现状的综述，提示风景园林师思考如何将这些系统集成到现场设计项目中去。为了确定作用于特定场地的潜在的、以植物为基础的系统，必须首先研究化学成分和现存以及潜在的现场污染物浓度。在自然景观中探明的污染物类型均在本章中逐一呈现，风景园林师可以很容易地根据污染物名称查阅相关资料。本章提供的案例研究用来说明改造成果和实施技术。针对每种污染物均提供了潜在适用的植物名录。其目标是促进植物修复的概念整合到日常的风景园林设计实践中去，并推进在场地被污染之前、污染物释放过程中典型土地利用缓冲区的实践。这样，随着时间的推移，植物技术可以成为风景园林和可持续性景观实践的一种突出方法。对于现有的已被污染、需要修复的场地，本章展示的研究只应作为一个起点。风景园林师只有在这一领域富有经验的专业人员的帮助下，才可以应用以植物为基础的修复系统。特定的项目现场条件，如污染物的浓度和组成、水文条件、土壤性质和气候因素，将极大地影响潜在植物修复系统的选择。关键在于要在项目的一开始就请植物技术专家介入，确定采用植物修复是否是一种有效的选择，并参与植物种类选择，以改善土壤和水文条件。来自农业的挑战和自然系统的多变性本质是解决场地污染的显著障碍。一个失败的项目不仅可能对当地造成危险，甚至可能损害整个专业领域的声誉和监管条款的受众认可。我们必须反复强调：擅长于相关技术领域的专业人士，特别是了解场地内污染物的技术人员必须参与进来以创造成功的植物修复策略。满足监管条款受众认可的过程也必须同时仔细考虑。不间断监测系统和风险评估系统——如相关决策机构所要求的——必须与种植措施同时设计，以便跟踪成效。

（1）说明

在本书中列出的植物品种是在现场调查研究工作中最常遇见的物种。植物修复技术领域在不断发展，可供应用的植物种类名录也将随着更新的研究进展而不断变化。我们并没有打算将本书中的植物名录覆盖所有可能的应用范畴，而是作为一个在现场调研过的系统中所应用的植物品种的初步汇编。本书中列出的大部分植物更适于在温带气候下生长。这并不是因为热带植物不具备环境修复作用，而是由于本书的研究领域在美国东北部，并且主要研究方向专注于当地的温带气候系统。在这一章中讲到的原理可以应用在其他气候条件下，我们鼓励对同行评审的文献进行评议，以选择适用的植物种类。

有巨额资金赞助的农业机构催生了这一领域很多同行评审的文献，这些文献关注粮食和农作物的安全性问题；因此，包含在本书植物名录内的许多植物品种属于农作物。这并不意味着园林观赏植物针对特定问题的应用是无效的。在许多情况下，我们能够测试对照植物，并将其添加到植物名录中去。我们建议从业者着重考虑将他们的项目作为测试场所，当机会出现时对潜在的新物种进行评估。

（2）如何使用本章

在景观中发现的污染物群组将在本章逐一呈现，首先提到的是有机污染物，然后是无机污染物。当你在使用本章节参考某个特定相关污染物之前，建议首先对第2章进行回顾。了解有机污染物和无机污染物之间的差异，如第2章中所言，以及本章所涉及的特定污染物组群，将有助于洞悉相对应的合适植物品种的选择和应用。

本章内容包括针对每个污染物组群的基本信息和科学案例的研究，以及已在研究中

053

054

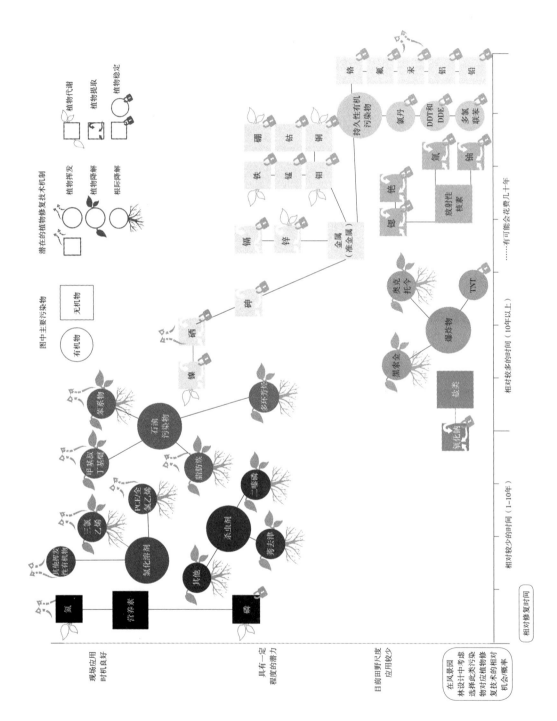

图3.1 场地污染物

被证明针对特定污染物有作用的植物品种的初步列表。该植物品种列表可以同第4章所述的种植类型与第5章图示说明的现场项目案例配合使用，应用到风景园林设计中去。

（3）污染物总表

图3.1所示为现场污染物概要图，我们绘制了这样一张图以提供一个清晰的、形象的理解。

• 在景观中发现的最重要的污染物种类。污染物大体上是按照化学成分分组的。我们给在图表中的每个组都赋予了一个图案，图案（第5章则用颜色表示）作为图例在整书中是一个关键要素。有机污染物在图表中表示为圆形，而无机污染物则表示为正方形。每个污染物组群均在本章中作为一个独立模块加以论述（图3.1，表3.1）。

污染物群组与典型污染物来源　　　　　　　　　　　　　　　表3.1

有机污染物	
污染物群组	此类污染物的典型来源
⊖ 石油产品：石油、汽油、苯、甲苯、多环芳烃（PAHs）和添加剂，如甲基叔丁基醚（MTBE）	燃料泄漏，石油开采，泄漏的储罐，工业用途，铁路沿线
⏀ 氯化溶剂：三氯乙烯、四氯乙烯、含有氯成分的有机物	干洗店，军事活动，工业用途
⊕ 爆炸物：TNT、RDX、HMX	军事活动，军火制造和储存
⊙ 农药：除草剂、杀虫剂和杀菌剂	农业和园林中的应用，铁路沿线和运输廊道，住宅喷洒的杀灭白蚁和害虫的药剂
⊘ 持久性有机污染物（POPs）：滴滴涕，多氯联苯，艾氏剂、氯丹	旧款农药在农业与园林中的应用，工业遗迹，大气沉积
◯ 其他值得关注的有机污染物：乙二醇和丙二醇、甲醛、医药品	飞机除冰液、防腐液，污水
无机污染物	
污染物群组	此类污染物的典型来源
⊟ 植物营养素：氮和磷	污水，雨水，农业和园林应用，垃圾渗滤液
⊞ 金属：砷、镉、硒、镍（仅列举几个）	采矿业，工业用途，农业应用，道路沿线，垃圾渗滤液，染料，含铅涂料，污染物排放
⊞ 盐：钠、氯、镁、钙	农业活动，道路沿线，采矿业，工业用途
⊠ 放射性同位素：铯127和锶90	军事活动，能源生产

• 图3.1中各污染物群组的垂直位置表示去除残存于土壤和地下水中污染物的原位植物技术系统的相对可行性。如田间尺度的测试所示，靠近图表顶部的群组在实际设计项目中更易于实施污染物的去除。这张概要图特别适用于从现场移除污染物，而并非针对应用植物技术保持现场稳定的可行性（将污染物留在场地内并消除因其暴露在外而引发的风险）。此外，该图具体阐述了基于植物的土壤修复及地下水净化的可行性，其中并不包括清洁废气、污水或雨洪中的污染物的过程。在对各污染物群组分别进行论述时，也讨论了利用植物修复技术净化空气和水中对应污染物的可行性，但本书的重点是利用植物修复技术吸收土壤和地下水中的污染物。

• 概要图上每种污染物群组的水平位置显示了利用基于植物的修复系统从土壤中去除污染物的估计相对期限。基于不同污染物浓度和不同场地的特定地理因素，在现场的实际去除时间将有很大不同。所列出的时限仅为估计从场地内土壤中移除污染物可能需要花费年数的相关认识，由此，可对植物修复技术的应用潜力做初步评价。

概要图说明了基于植物的系统从土壤中去除污染物适用性的三个主要方面：

• 基于植物的系统去除残留在土壤和地下水中污染物最有前途的应用是：氮▢，挥发性有机化合物（VOCs），包括氯化溶剂▢，石油产品▢和一些农药▢。

• 有研究支持植物系统可应用于从中度至低度污染的土壤中萃取砷▢、镍▢和硒▢。此外，镉▢和锌▢的去除可能要经历相当长的时限。

• 相关研究仍在评估植物从土壤中去除爆炸物▢、金属▢（除了上面列出以外的其他）、持久性（宿存）有机污染物▢和放射性核素▢的潜力。这一次，利用原位植物修复技术来从土壤中清除这些污染物组群的适用性有限，但在某些地区是很有发展前途的。然而，也有例外情况存在，同时植物技术通过保持场地稳定性和水力控制来降低风险的应用策略往往是很有效的。此外，如果这些污染物存在于水中而不是土壤中，有可能通过人工湿地的技术手段从水体中过滤掉它们，分离土壤基质中的污染物。本章节在论述每个污染物群组的同时，会具体讨论这些方法。

056　3.1　有机污染物分类

3.1.1　▢石油化合物（也称为石化产品）（图3.2）

在这一类别下的特定污染物：石油产品包含数百种烃化合物，均包括在这一类中。一些比较典型的石油污染物包括：原油、汽油、TPH（石油烃——场地内多种类型碳氢化合物的计量单位）、煤焦油、木馏油（矿物杂酚油）（黏稠的黑色物质，通常在煤炭工业

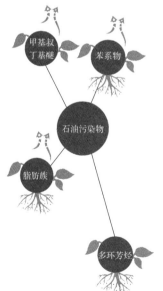

图3.2　石油化合物

加工过程中产生）；石油副产品包括：PAHs（多环芳香烃）、GRO（汽油类有机物）、DRO（柴油类有机物）、苯系物（苯、甲苯、乙苯、二甲苯：汽油中含有的挥发性有机化合物）、MOH（机油烃），以及特定的石油化合物如MTBE（甲基叔丁基醚——汽油中常用的添加剂，防止爆震）和乙醇。

石油污染的典型来源：石油产品的排放包括：含燃料或油的地下储油罐泄漏（LUSTs）；汽油和燃料洒落；机动车辆、机器和火车排出的废气；煤炭加工和燃烧过程产生的副产品和经杂酚油处理的木材，如铁路枕木。

存在石油污染潜在风险的典型土地利用方式：加油站和机械维修店，维护装置，道路沿线，铁路站场和轨道，工业设施，石油、天然气精炼厂，水力压裂和钻井设备，石油和天然气传输设施，人造天然气厂或任何使用燃料储存罐的工厂旧址，包括当前或过去使用燃料储罐用于家庭供暖的住宅。

为什么这些污染物存在风险：石油烃是世界范围内最常见存在于土壤和沉积物中的污染物（Stroud等，2007）。1984–2011年，在美国境内有超过5万例LUSTs燃油泄露的报道（OUST，2011）。许多碳氢化合物被认定为潜在的致癌物，苯和苯并芘就是其中两种已知的致癌物质（Mueller等，1996）。

总结

石油碳氢化合物（石油烃）一般可分为两类。

①易降解：辛醇-水分配系数（log K_{ow}）在0.5–3.5*。

这些烃包括一般为单链式分子的"轻质"石油馏分，其中一些易挥发，如BTEX和MTBE［这些化合物的亨利定律常数（H_i）值超过10^{-3}——见第2章，第45页］。我们常常把易挥发的烃称为VOCs（挥发性有机化合物）。这些分子往往形成汽油和原油特有的气味。

②持久（宿存）作用，难降解：辛醇-水分配系数（log K_{ow}）大于3.5*。

这些烃包括分子结构一般为很难分离的多个环状结构的"重质"石油馏分，如多环芳烃、煤焦油、原油、民用燃油和杂酚油。

以上两类石油烃已经被植物系统成功地从土壤、地下水、污水和雨洪中吸收降解。这些有机污染物可以被特定植物和与之关联的微生物完全降解，且不需要定期伐除这些植物。被石油污染的场地的修复在整个植物修复领域已有很多成功的先例。

石油烃——轻质馏分，处理手段最简单：甲基叔丁基醚，单环芳烃类，汽油，柴油和其他脂（肪）族（直链分子，没有环）碳氢化合物。

应用机制：根系降解🐾、植物水文◯、植物挥发♂、植物降解✿◯。

这种污染物类别是最有希望被植物系统修复的。通常情况下，如果这类碳氢化合物在场地内释放，自然稀释作用（自然界土壤微生物活动以及暴露于阳光、风和水汽中）会使它们挥发或降解。然而，如果引入植物，就可以协助促进这个过程，也有助于接近、包裹和处理已渗透到地下水中的石油馏分。植物有两种应用方式。

①加快自然稀释过程。

---

* 注：log K_{ow}（辛醇-水分配系数）是衡量有机物疏水性的指标，其数值越高，意味着有机化合物的水溶性越低（Pilon-Smits，2005）。特定污染物的该项数值可以在图表中查阅——见第2章，第47页的更多信息。

　　植物在土壤中引入氧、糖、酶和其他根系分泌物（渗出液），增进了植物根际土壤的生物学特性。在这种情况下，土壤本身的生物学特性将比没有种植植物的土壤提供更多的降解能力（Reynolds等，1997）。我们把这个过程称为根际（根系）降解作用🧍，其能够提高自然稀释过程的速度。此外，植物可以通过改善周围环境中的氧气状况提高降解效率。而根系呼吸和使用氧气的过程中，可以吸收水分并允许更多大气中的氧气渗透到土壤中去。植物亦可通过根生长时冲破土壤的物理途径制造氧气通道（Doucette，2014）。一般情况下，对污染物耐受性强、生长迅速、能在短时间大量抽枝散叶的植物，是实际应用中最好的选择。由于这些化合物很容易分解，最重要的考虑因素是引进可以耐受特定环境下受污染的土壤，并能够在其中快速生长、短时间产生高生物量积累的植物（Robson，2003）。

　　②控制、降解和挥发存在于地下水中的碳氢化合物（烃）。

　　烃的轻质馏分在水中很容易溶解，并能很快地渗入地下水中。紧接着，随着地下水的流动，污染物会扩散到某个地幔柱中，这可能会导致场地内污染物外渗。通过种植能汲取地下水的特定树种，就可以将地下水"泵出"并通过蒸腾作用将水以水汽的方式蒸散入大气。在这个过程中，烃的轻质馏分被泵入植物体内，为植物所降解，或变成气体挥发而进入空气中（Hong等，2001）。

　　科学家们使用放置在树冠层上的气体采集设备收集和测量了叶片排出的气体，以确定它们对人体健康没有不利影响。许多挥发性有机化合物一旦进入空气，便可以很快分解（Atkinson，1989）。植物释放的挥发性有机化合物能与空气中的其他分子结合产生臭氧和其他化合物，因此我们需要考虑其潜在影响（US EPA，2013b）。

　　石油烃——重质馏分，更难处理：多环芳烃，煤焦油，原油，民用燃料油。

　　应用机制：根际降解机制🧍。

　　辛醇-水分配系数（$\log K_{ow}$）超过3.5的石油碳氢化合物可以被植物系统降解，但其过程更具挑战性（Lee等，2008）。降解需要的时限较长，植物生根（驯化）也可能会很困难。这些化合物的分子往往是环状结构，由三个或多个碳和氢构成的苯并环组成。通常，石油化合物分子中存在越多的环，它们就越难降解（White和Newman，2011；Shuttleworth和Cerniglia，1995）。这些复杂的分子更易于黏着在土壤颗粒上，特别是有机物质，它们通常无法被转运到植物体内（Wattiau，2002）。它们的水溶性很差（Reynolds等，1997），在场地中更加稳定，不会渗透到地下水中去。污染物并不仅仅通过一般情况下在土壤中发生的自然稀释作用而降解。由于植物根系提供的氧含量的增加，以及植物自身释放的根系分泌物（渗出液）的作用，使得降解过程在特定植物品种的根际发生，这促进了土壤微生物对污染物的降解作用。用植物技术处理这些"重质"石油产品的目的不是增加植物摄取量，而是增加土壤中的微生物活性（Reynolds等，1999），并增加地下环境中的氧气和根系分泌物（渗出液）水平（Doucette，2014）。当微生物在起作用时，石油可以作为碳源和能源，污染物在此过程中亦可被分解（Mueller等，1996）。研究已经表明，通过在沉积层引入抗性植物品种，可以给地下带来氧气和根系分泌物（渗出液），并促进其中微生物的生长，随着时间缓慢地推进，这些微生物能够逐步降解一些顽固（难降解）的碳氢化合物（Schwab和Banks，1994）。

　　植物可能通过两种方式助益于根际降解。

　　①通过创造一个有利于微生物滋生的环境。

植物运输氧气和糖分，以提高碳氢化合物沉积层内的微生物活性（Reynolds等，1999）。此外，种植的过程，包括土壤改剂的添加，也有助于微生物的生长。采用传统生物修复技术时，微生物介入土壤和引入场地的过程可能需要经常进行，与此不同，基于植物的修复系统需要利用太阳能来保持系统的活性。植物能够不断向土壤中释放根系分泌物（渗出液），因此，不必频繁重复引入（微生物）的过程。植物体是被动的太阳能驱动系统，这一点相较传统生物修复技术实践而言，是一个优势（Huang等，2004）。必须种植能够耐受高污染水平的植物品种。许多植物种类会在此类环境中死亡，但研究表明，某些植物在高毒害土壤中能更好地生长。一般来说，植物体更高的生长率和须根萌发量与在土壤中更高的降解率相互关联（Robson，2003）。

②通过创造一个有利于降解的环境。

不同品种的植物释放不同的根系分泌物（渗出液）。这些根系分泌物（渗出液）的存在可以吸引特定种类的、可针对特定化合物类型进行降解的微生物（Pilon-Smits，2005）。一些植物甚至能够释放有助于降解过程的弱酸性根系分泌物（渗出液）和特定种类的酶（White和Newman，2011）。例如，"*Robinia pseudoaccacia*"即刺槐，能够向土壤中释放出大量的黄酮类化合物，其为具有六个碳环的化学物质，和多环芳烃（PAHs）的结构极为相似。它刺激特定的根瘤菌微生物群生长，此类微生物可利用黄酮类化合物或多环芳烃的碳碳双键作为能量来源，从而降低污染物水平（Gawronski等，2011）。过去的研究发现，植物体生物质产量和植物产生整治效益的能力之间存在直接相关性（Robson，2003）。然而对于有机化合物的重质馏分而言，现在可以一目了然地看到，（降解）效率可能会与土壤环境、根系分泌物（渗出液）量的变化与植物群落间相互作用更为密切相关。因此，特定植物品种的选择就显得更加重要。本领域的研究仍在推进中，目前应在实践中应用对多环芳香烃（PAHs）的降解能力已被证实，并经过同行评议的植物品种，直到我们更加明确地定义其作用机制。

典型的被石油污染的场地往往同时存在碳氢化合物的重质和轻质馏分。碳氢化合物的轻质馏分可以随着地下水流动，这往往发生在其释出后的最初几年。随着时间的流逝，场地内轻质馏分（例如：脂肪烃）可能会在自然稀释的作用下从系统中去除，只留下较大的、较顽固（难降解）的碳氢化合物分子（例如：多环芳烃）吸附于场地内经年累月的土壤颗粒中（Schwab和Banks，1994）。

被石油污染的土壤往往需要测试石油烃总量（TPH）。这是一种检测某个给定（土壤）样品中发现的数百种石油烃的联合测定指标。对石油中的轻质和重质馏分而言，TPH削减率在植物技术系统作用下，往往一开始很高，随后一段时间缓慢降低（Schwab和Banks，1994）。最初的降低可能是由于化学和物理过程，如种植植物时与空气的新鲜接触，以及挥发作用（Loehr和Webster，1996）。TPH降解率往往在被汽油和柴油产品污染的场地内更高，而在重质石油污染场地内更低（Hall等，2011；Reynolds等，1999）。

种植细节

草本vs树木和灌木

由于轻烃的快速流动能力，可以直达地下水层的深根性乔木通常被选来用于轻烃馏分的修复，而草本植物则更经常应用于修复一般固着于土壤中的多环芳烃（PAHs）和石油烃（TPH）馏分（Cook和Hesterberg，2013）。迄今为止，大多数文献都支持应用深根性草本来降解重质多环芳烃类化合物（Kaimi等，2007）。应用乔木和灌木树种降解多环芳烃的实践成败参半，一些研究表明，体形较大的植物可能会与速效氮微生物竞争，而导致降解率下降（Hall等，2011）。最近的一项研究将52个应用草本植物的研究与那些应用乔木和灌木的研究作比较，发现相对于碳氢化合物的平均减少量而言，应用草本与乔木效果差别不大（Cook和Hesterberg，2013）。直至进一步的研究成果公开及清除机制已明确定义之前，应当在实践中应用那些对多环芳烃的降解效果已被若干研究证明了的植物品种。表3.2就是修复效果至少在一个以上的研究中已被证实的降解植物品种列表。

肥料

一些研究发现，肥料的应用可能会加速碳氢化合物的降解。这可能是因为在被碳氢化合物污染的土壤中，过多的碳含量打破了植物和微生物正常生长所必需的氮和磷的比例（Hall等，2011；Reynolds等，1997）。

不过，从长远来看，肥料的施用也会影响植物物种的演替，这可能会影响修复效果。一项最初由美国陆军寒冷地区研究和工程实验室开始（Reynolds等，1997），并在阿拉斯加州费尔班克斯大学继续推进的研究，观察了阿拉斯加州的石油污染降解达15年以上，包括播种了易于购买的商业草种的更容易降解、被柴油污染的土壤和更难以降解、被原油污染的土壤。一些实验种植区进行了施肥，其他不施肥。在一年之内，采取施肥种植与无肥种植的实验地块内柴油污染清除量为31%–76%。然而，更难降解的原油污染只有26%–36%被无肥植物清除，36%–40%被施肥植物清除。总之，在这种情况下，肥料确实加快了难以降解的碳氢化合物的降解过程。紧接着，该实验地块被闲置15年。期间没有对该区域增加额外的人工干预，自然演替过程随即开始。当15年后该实验地块被重新审视时，在所有的场地内污染已达到清洁水平，这意味着石油污染水平已经下降到低于阿拉斯加环境保护部门所规定的清洁阈值，地块内原本种植的草本植物已不存在。然而，新的植物品种已经迁移进来，人们发现在未施肥的实验地块内出现了更多的原生植物和木本植物。此外，石油烃类物质（TPH）含量水平最低的实验地块内存在较多的木本植物。研究结果表明，植物和肥料的添加将实验地块送上了不同的演替轨道，进而产生了不同的植物群落组团和与之相关联的微生物群落（Leigh，2014；Leewis等，2013）。这对风景园林师而言，有一个显著的意义，其表明不仅仅是植物，最初的土壤和肥料的精准投入也可以极大地影响长期演替过程（图3.3）。

豆科植物

研究者认为，豆科植物介入植物修复系统亦可有助于碳氢化合物的降解。许多品种的草本植物修复石油污染的功效已被广泛证实，大多数研究将它们作为候选种，因为其具有快速生长的能力和密集的须根系（Kaimi等，2007）。然而最近的研究已经指出，豆科植物可能会向土壤中释放一种促进更顽固（宿存）的多环芳烃类（PAH）化合物降解过程的重要组分。豆科植物可以向缺氮的土壤中释放氮素，研究也证明了它们的直根系统能够增加土壤结构中的孔隙空间，允许更多的氧气渗入，这对于碳氢化合物的降解是至关重要的（Hall等，2011）。

种植类型

对于石油污染而言，以下种植类型（详细描述见第4章）可以与植物品种列表（表3.2）一起考虑。

在最初种植了草本植物、随即闲置以进行了为期15年的自然演替过程的石油污染植物修复场地，最初未施肥的地块（后右）有更高的物种多样性，与最初（15年之前）施肥的地块（前左）相比，存在更多的原生木本植物和更多样化的微生物群落。

图3.3　案例研究：阿拉斯加州费尔班克斯，美国陆军寒冷天气研究场地

061

在土壤中：只要土壤中存在足够的氧气和碳，自然降解过程往往可以依靠自身力量降解碳氢化合物的轻质馏分。然而，植物的介入可以加快这个过程。研究已证明，对于这些轻质馏分而言，任何引入的植物均会对其降解产生有益的影响。植物品种的影响并不像生长率和生物质产量那样大——后两个指标越高，修复速度越快（Robson，2003）。然而，对于重质馏分而言，污染物往往会固着在土壤中。随着植物的引入，它们往往会随着时间的推移慢慢降解。最具挑战性的关键是找到既能够耐受高浓度污染，也能够降解污染物的植物品种。若干研究表明，某些特定种类的植物可以在非常高浓度的石油污染物中生存，同时植物的根系将从清洁的土壤穿透到被污染的土壤中，即便植物一开始种植在未受污染的土壤介质中也是如此（Rogers等，1996；Reynolds等，1999）。下面的种植类型可以与表3.2中列出的植物品种结合起来应用。

　　土壤中石油污染的降解类型：轻质馏分时限为0~5年，重质馏分为5~20+年。

- 降解地被：第4章，见第207页。
- 降解矮篱：第4章，见第206页。
- 降解高篱：第4章，见第206页。
- 降解灌木丛：第4章，见第204页。

在地下水中：由于石油产品的轻质馏分能溶解于水中，它们可以迅速进入地下水并随其流动从场地内迁移出去。为了阻止污染物的转移，并促进其降解或挥发，以下种植类型可以与表3.2中列出的植物品种结合使用。

　　降解地下水中石油的类型：时限为3~10年或更长（很大程度取决于地下水的污染类型、流量、深度和浮力射流的体积）。

- 拦截排篱：第4章，见第203页。
- 地下水迁移树丛：第4章，见第200页。
- 植物灌溉作用：第4章，见第196页。

在雨洪和废水中：碳氢化合物是在路面和不透水表面的径流中十分常见的污染物，在工业废水中也是如此。若碳氢化合物的辛醇–水分配系数值在0.5–3.5，这个指标意味着它们可以很容易地在雨洪过滤系统和人工湿地系统中被降解。只要系统中有植物在苗壮生长，就应该存在降解过程。不过，生长速度更快、能产生更多生物量的植物通常会创造更好的降解系统（Robson，2003）。辛醇–水分配系数值>3.5的碳氢化合物一般不随水流动。它们倾向于滞留在现场，附着在土壤中。然而，在雨洪系统中，当颗粒物从公路路面脱落（也可以是石油产品）、雨水冲走颗粒物时，多环芳烃可从中捕获。应对其最好的处理方式是首先通过工程作法——如沉淀池和贮水池——将颗粒物与水分离，然后用以顽固（难降解）类碳氢化合物降解为目标的特定植物品种处理沉淀。此外，具有较丰富的植物物种多样性的生物滤池和湿地系统往往表现得比单一化种植更好，究其原因可能是由于相关微生物的多样性增加造成的（Coleman等，2001）。

下面列出的种植类型已得到有效利用。本书中并没有包含构成这些系统的植物品种，因为它们已被广泛记录在其他文献中。

〇 ⚭ ♂ 🐝 雨洪和废水类型：从污染物进入系统时起算，针对轻质馏分的处理可能会花费0–5年，而重质馏分则需要5–20年甚至更久。

- 雨洪过滤器：第4章，见第217页。
- 表面流人工湿地：第4章，见第219页。

062

- 地下砾石湿地：第4章，见第221页。

表3.2是一个植物品种的初步清单，其中列出的植物种类对于降解碳氢化合物的效用已经在一个以上的研究中得到了证实。

具有最大油气泄露耐受度的植物品种

2003年，英国石油公司（BP）完成了一项前瞻性的研究，该研究聚焦于探索哪种植物可以种植在加油站周围，以耐受油气泄漏和提供潜在的整治效益 [Tsao和Tsao，2003；Fiorenza（BP）和Thomas（Phytofarms），2004]。研究者进行了一系列实验，测试了可能对于直接汽油剂量具有最好耐受性的典型美国本土园艺植物品种。虽然科学研究记录了许多可以进行汽油污染修复的植物种类（见表3.2中列出的植物），但是笔者发现其中许多植物可能出于审美和养护的原因，不适合作为园林植物。此外，有记载的污染修复植物往往是草本和乔木，而占主导地位的零售类园林植物类型是灌木。在由设计了美国境内BP零售站的当地风景园林师开发的计划中，确定了经过测试的园林植物。盆栽植物被灌注了一定剂量的汽油，其表现出的耐受性作为植物潜在污染修复能力的一个指标。在这项研究中，研究者只进行了有限次的尝试以确定降解机制、描述结果和灌注汽油的流向。然而，这一由David Tsao博士提供的重要研究，得出了一份针对植修景（phytoscaping）（植物修复景观/造景）的乡土植物的初步清单（"植修景"一词为Tsao博士独创），清单中的植物对于烃类污染有强耐受性，它们也可能在未来被证明是成功的污染降解品种。在113个被试种中，53种表现出一定的耐受性（表3.3）。非耐受性植物（表3.4）也可以被视为指示植物，即它们可以种植在高危地区，并有助于早在油气泄露发生之前迅速识别之。由于汽油污染会导致这些植物品种发生毒性反应，植物的萎蔫和死亡就可能意味着泄漏的发生。

表3.2

石油污染物降解植物列表

[译者注：美国农业部抗寒区划（USDA Hardiness Zone）是由美国农业部（USDA）结合北美地形图绘制，并定期更新的园艺植物及农作物抗寒性热力图，以10℉（约6℃）为一标准划分单元，基于冬季年平均最低温度，将整个北美地区划分为11个抗寒性区域，1区最寒冷（低于-46℃，即低于-50℉），11区最温暖（40℉以上），同它专家和农业专家可以根据此图很方便地确定某种植物能够在北美哪些区域种植。现在已有基于交互式GIS系统的电子地图可供查询下载。最近更新为2012年，网站为：http://www.planthardiness.ars.usda.gov/；也有打印印版地图在美国境内提供。]

拉丁名	惯用名	针对的石油污染物类别	污染物种类	植被类型	美国农业部抗寒区划	原产地	参考文献
Acer platanoides	挪威槭	易降解类	苯系物（BTEX）	乔木	3~7	欧洲	Cook和Hesterberg, 2012; Fagiolo和Ferro, 2004
Agropyron cristatum	冰草	均可	总石油烃（TPH）	草本	3+	亚洲	Cook和Hesterberg, 2012; Muratova等, 2008
Alnus glutinosa	欧洲桤木（黑桤木）	均可	氢氧化物（MOH）	乔木/灌木	3~7	欧洲、非洲	Tischer和Hubner, 2002
Andropogon gerardii	大须芒草	难降解类	多环芳烃（PAH）	草本	4~9	北美洲	April和Sims, 1990; Balcom和Crowley, 2009; Cook和Hesterberg, 2012; Euliss, 2004; Olson等, 2007; Rugh, 2006
Avena sativa	燕麦	均可	总石油烃（TPH）	草本	5~10	欧洲	Cook和Hesterberg, 2012; Muratova等, 2008
Axonopus compressus	地毯草	均可	总石油烃（TPH）	草本	7~10	北美洲、南美洲	Efe和Okpali, 2012
Betula pendula	欧洲白桦	难降解类	多环芳烃（PAH）	乔木	3~6	欧洲	Cook和Hesterberg, 2012; Rezek等, 2009
Bouteloua curtipendula	垂穗草	均可	总石油烃（TPH）多环芳烃（PAH）	草本	3~9	北美洲、南美洲	April和Sims, 1990; Cook和Hesterberg, 2012
Bouteloua dactyloides	野牛草	均可	多环芳烃（PAH）总石油烃（TPH）	草本	3~9	北美洲	McCutcheon和Schnoor, 2003; Qiu等, 1997
Bouteloua gracilis	格兰马草	难降解类	多环芳烃（PAH）	草本	3~9	北美洲	April和Sims, 1990; Cook和Hesterberg, 2012
Brachiaria decumbens	俯仰臂形草	均可	总石油烃（TPH）	草本	暂无	非洲	Cook和Hesterberg, 2012; Gaskin和Bentham, 2010
Brachiaria serrata	刺毛臂形草	均可	总石油烃（TPH）	草本	暂无	非洲	Maila和Randima, 2005
Brassica juncea	印度芥菜	均可	多环芳烃（PAH）	草本	一年生植物	亚洲、欧洲、非洲	Roy等, 2005

063

续表

拉丁名	惯用名	针对的石油污染物类别	污染物种类	植被类型	美国农业部抗寒区划	原产地	参考文献
Bromus inermis	无芒雀麦	均可	总石油烃（TPH）	草本	3-9	欧洲、亚洲	Cook和Hesterberg，2012 Muratova等，2008
Canna × generalis	大花美人蕉	易降解类	苯系物（BTEX）	草本	8-12	中南美洲、美国南部地区	Boonsaner等，2011
Carex cephalophora	卵穗苔草	难降解类	多环芳烃（PAH）	草本	3-8	美国东部地区	Cook和Hesterberg，2012 Euliss，2004
Carex stricta	莎草	均可	总石油烃（TPH）	草本	5-8	北美洲	Euliss，2008
Celtis occidentalis	美洲朴	均可	苯系物（BTEX） 总石油烃（TPH） 多环芳烃（PAH）	乔木	2-9	北美洲	Cook和Hesterberg，2012 Fagiolo和Ferro，2004 Kulakow，2006b
Cercis canadansis	加拿大紫荆	难降解类	多环芳烃（PAH）	草本	4-9	北美洲	Ferro等，1999
Chrysopogon zizanioides	香根草	难降解类	多环芳烃（PAH）	乔木/草本	9-11	印度	Cook和Hesterberg，2012 Paquin等，2002
Conocarpus lancifolius	阔叶榄绿木	均可	总石油烃（TPH）	乔木	暂无	非洲	Cook和Hesterberg，2012 Yateem等，2008
Cordia subcordata	橙花破布木	均可	总石油烃（TPH） 多环芳烃（PAH）	乔木	暂无	夏威夷、太平洋地区、非洲	Tang等，2004
Cymbopogon citratus	柠檬草（香茅属）	均可	总石油烃（TPH）	草本	10-11	印度	Cook和Hesterberg，2012 Gaskin和Bentham，2010
Cynodon dactyfon	狗牙根（爬根草）	均可	荧蒽 菲 芘 总石油烃（TPH） 多环芳烃（PAH）	草本	7-10	非洲	Banks，2006 Banks和Schwab，1998 Cook和Hesterberg，2012 Flathman和Lanza，1999 Hutchinson等，2001 Kulakow，2006e Olson和Fletcher，2000 White等，2006

续表

拉丁名	惯用名	针对的石油污染物类别	污染物种类	植被类型	美国农业部抗寒区划	原产地	参考文献
Cyperus brevifolius	小叶莎草	均可	总石油烃（TPH）	草本	8+	澳大利亚	Basumatary等，2013
Cyperus rotundus	香附子	均可	总石油烃（TPH）	草本	8+	印度	Basumatary等，2013; Efe和Okpali，2012
Dactylis glomerata	鸭茅	均可	总石油烃（TPH）多环芳烃（PAH）	草本	3+	欧洲	Cook和Hesterberg，2012; Kulakow，2006b
Eleusine coracana	龙爪稷（非洲稷）	均可	总石油烃（TPH）	草本	一年生植物	非洲	Maila和Randima，2005
Elymus canadensis	加拿大披碱草	难降解类	总石油烃（TPH）多环芳烃（PAH）	草本	3-9	北美洲	April和Sims，1990; Cook和Hesterberg，2012
Elymus hystrix	问荆草	难降解类	多环芳烃（PAH）	草本	4-9	北美洲	Cook和Hesterberg，2012; Rugh，2006
Elytrigia repens	偃麦草	均可	总石油烃（TPH）	草本	3-9	欧洲、亚洲	Cook和Hesterberg，2012; Muratova等，2008
Eucalyptus spp.	桉树	易降解类	苯系物（BTEX）	多种	多个	澳大利亚	Coltrain，2004; Cook和Hesterberg，2012
Fabaceae	豆科	均可	总石油烃（TPH）多环芳烃（PAH）	多种	多个	世界范围内	Cook和Hesterberg，2012; Kulakow，2006a; Kulakow，2006b; Kulakow，2006e; Liu等，2010; Tsao，2006a; Tsao，2006b
Festuca spp.	羊茅属	均可	总石油烃（TPH）多环芳烃（PAH）苯系物（BTEX）	草本	多个	世界范围内	Banks，2006; Cook和Hesterberg，2012; Kulakow，2006a; Kulakow，2006e; Tsao，2006a; Tsao，2006b; White等，2006

066

拉丁名	惯用名	针对的石油污染物类别	污染物种类	植被类型	美国农业部抗寒区划	原产地	参考文献
Festuca arundinacea	高羊茅	均可	蒽 乙二醇（甘醇） 荧蒽 菲 芘 总石油烃（TPH） 多环芳烃（PAH） 苯二甲酸酯（PAE）	草本	3-8	欧洲	Banks和Schwab, 1998 Batty和Anslow, 2008 Chen和Banks, 2004 Cook和Hesterberg, 2012 Flathman和Lanza, 1998 Hutchinson等, 2001 ITRC PHYTO 3 Karthikeyen等, 2012 Kulakow, 2006d Liu等, 2010 Ma等, 2013 Olson等, 2007 Parrish等, 2004 Reilley等, 1996 Reilley等, 1993 Rice等, 1996a Robinson等, 2003 Roy等, 2005 Schwab和Banks, 1994 Siciliano等, 2003 Sun等, 2011
Festuca pratensis	草地早熟禾	均可	总石油烃（TPH）	草本	3-9	欧洲、亚洲	Cook和Hesterberg, 2012 Muratova等, 2008
Festuca rubra	紫羊茅	均可	总石油烃（TPH） 多环芳烃（PAH）	草本	4-10	北美洲、欧洲	Cook和Hesterberg, 2012 Kulakow, 2006c Palmroth等, 2006
Ficus infectoria	波叶榕	均可	总石油烃（TPH）	乔木	暂无	印度	Cook和Hesterberg, 2012 Yateem等, 2008
Fraxinus pennsylvanica	洋白蜡	难降解类	多环芳烃（PAH）	乔木	2-9	美国东部地区	Cook和Hesterberg, 2012 Spriggs等, 2005

拉丁名	惯用名	针对的石油污染物类别	污染物种类	植被类型	美国农业部抗寒区划	原产地	参考文献
Geranium viscosissimum	紫花老鹳草	难降解类	多环芳烃（PAH）	草本	2+	西北美洲	Olson等，2007
Gleditsia triacanthos	美国皂荚（三刺皂荚）	易降解类	苯系物（BTEX）	乔木	3~9	北美洲	Cook和Hesterberg，2012 Fagiolo和Ferro，2004
Helianthus annuus	向日葵	难降解类	多环芳烃（PAH）	草本	一年生植物	北美洲、南美洲	Cook和Hesterberg，2012 Euliss，2004
Hibiscus tiliaceus	黄槿	难降解类	多环芳烃（PAH）	乔木/草本	10~12	澳大利亚	Cook和Hesterberg，2012 Paquin等，2002
Hordeum vulgare	大麦	均可	总石油烃（TPH） 芘	草本	一年生植物	亚洲、北非	Cook和Hesterberg，2012 Muratova等，2008 White和Newman，2011
Juncus effusus	灯心草	难降解类	多环芳烃（PAH）	湿生植物	2~9	世界范围内	Cook和Hesterberg，2012 Euliss，2004
Juniperus virginiana	铅笔柏	易降解类	苯系物（BTEX）	乔木	2~9	美国东部地区	Cook和Hesterberg，2012 Fagiolo和Ferro，2004
Kochia scoparia	地肤	均可	总石油烃（TPH）	草本	9~11	欧洲、亚洲	Zand等，2010
Leymus angustus	窄颖赖草	均可	总石油烃（TPH）	草本	2~8	欧洲、亚洲	Cook和Hesterberg，2012 Phillips等，2009
Linum usitatissumum L.	亚麻	均可	总石油烃（TPH）	草本	4~11	欧洲、亚洲	Zand等，2010
Lolium multiflorum	多花黑麦草	均可	总石油烃（TPH） 多环芳烃（PAH）	草本	5+	欧洲	Cook和Hesterberg，2012 Flathman和Lanza，1998 ITRC PHYTO 3 Lalande等，2003 Parrish等，2004

续表

068

拉丁名	惯用名	针对的石油污染物类别	污染物种类	植被类型	美国农业部抗寒区划	原产地	参考文献
Lolium perenne	多年生黑麦草	均可	苊、苯并（a）蒽、苯并（a）芘、苯并（b）荧蒽、苯并（ghi）苝、苯并（k）荧蒽、二苯并（ah）蒽、荧蒽、茚并（1，2，3-cd）芘、萘、芘、总石油烃（TPH）、多环芳烃（PAH）、苯系物（BTEX）、苯二甲酸酯（PAE）	草本	3-9	欧洲、亚洲	Binet等，2000; Cook和Hesterberg，2012; Ferro等，1999; Ferro等，1997; Fu等，2012; Gunther等，1996; ITRC PHYTO 3; Johnson等，2005; Kulakow，2006a; Kulakow，2006c; Ma等，2013; Olson等，2007; Palmroth等，2006; Reynolds，2006a; Reynolds，2006b; Reynolds，2006c; Reynolds，2006d; Reynolds，2006e; Rezek等，2009; Yateem，2013
Lolium spp.	黑麦草属	均可	总石油烃（TPH）、多环芳烃（PAH）	草本	多个	欧洲、亚洲、北非	Banks，2006; Kulakow，2006e; Muratova等，2008; Nedunuri等，2000; Tsao，2006a; Tsao，2006b; White等，2006
Lotus corniculatus	百脉根	均可	总石油烃（TPH）、多环芳烃（PAH）	草本	5+	欧洲	Karthikeyen等，2012（5）; Smith等，2006

续表

拉丁名	惯用名	针对的石油污染物类别	污染物种类	植被类型	美国农业部抗寒区划	原产地	参考文献
Medicago sativa / Medicago sativa Mesa var. Cimarron VR	紫花苜蓿	均可	蒽 乙二醇 甲基叔丁基醚（MTBE） 苯酚 多环芳烃（PAH，总量优先） 芘 甲苯 总石油烃（TPH） 多环芳烃（PAH） 苯 苯二甲酸酯（PAE）	草本	3-11	中东	Cook和Hesterberg, 2012 Davis等, 1994 Ferro等, 1997 ITRC PHYTO 3 Komisar和Park, 1997 Liu等, 2010 Ma等, 2013 Muralidharan等, 1993 Muratova等, 2008 Phillips等, 2009 Pradhan等, 1998 Reilley, Banks和Schwab, 1993 Rice等, 1996a Schwab和Banks, 1994 Sun等, 2011 Tassell, 2006 Tsao, 2006a Tsao, 2006b Yateem, 2013
Melilotus officinalis	黄香草木樨	均可	总石油烃（TPH） 多环芳烃（PAH）	草本	4-8	欧洲、亚洲	Cook和Hesterberg, 2012 Karthikeyen等, 2012 Kulakow, 2006d
Microlaena stipoides	哭泣草	均可	总石油烃（TPH）	草本	9-11	澳大利亚	Cook和Hesterberg, 2012 Gaskin和Bentham, 2010
Miscanthus × giganteus	大杯五节芒	难降解类	多环芳烃（PAH）	草本	4-9	日本	Techer等, 2012
Morus alba	白皮桑	难降解类	多环芳烃（PAH）	乔木	3-9	中国	Cook和Hesterberg, 2012 Euliss, 2004
Morus rubra	红桑	难降解类	多环芳烃（PAH）	乔木	5-10	美国东部地区	Cook和Hesterberg, 2012 Euliss, 2004 Rezek等, 2009

069

续表

拉丁名	惯用名	针对的石油污染物类别	污染物种类	植被类型	美国农业部抗寒区划	原产地	参考文献
Myoporum sandwicense	檀香苦槛兰	均可	总石油烃（TPH） 多环芳烃（PAH）	乔木	10-11	夏威夷	Tang等，2004
Onobrychis viciifolia	红豆草	均可	总石油烃（TPH）	草本	3-10	欧洲	Cook和Hesterberg，2012 Muratova等，2008
Panicum coloratum	紫茎小芹	难降解类	多环芳烃（PAH）	草本	10-12	非洲	Balcom和Crowley，2009 Olson等，2007 Qiu等，1994，1997
Panicum virgatum	柳枝稷	均可	蒽 多环芳烃（PAH，总量优先） 芘 总石油烃（TPH） 多环芳烃（PAH）	草本	2-9	北美洲	Aprill和Sims，1990 Cook和Hesterberg，2012 Euliss等，2008 Kulakow，2006d Pradhan等，1998 Reilley等，1996 Reilley等，1993 Schwab和Banks，1994 Wilste等，1998
Pascopyrum smithii（syn. *Agropyron smithii*）	蓝冰草	均可	总石油烃（TPH） 多环芳烃（PAH）	草本	4-9	北美洲	Aprill和Sims，1990 Cook和Hesterberg，2012 Karthikeyen等，2012 Kulakow，2006d Olson等，2007
Paulownia tomentosa	毛泡桐	均可	多环芳烃（PAH）	乔木	7-10	中国	Macci等，2012
Pennisetum glaucum	珍珠狼尾草	均可	总石油烃（TPH）	草本	一年生植物	非洲，亚洲	Cook和Hesterberg，2012 Muratova等，2008
Phalaris arundinacea	虉草	难降解类	多环芳烃（PAH）	草本	4-9	欧洲	McCutcheon和Schnoor，2003

续表

拉丁名	惯用名	针对的石油污染物类别	污染物种类	植被类型	美国农业部抗寒区划	原产地	参考文献
Phragmites australis	芦苇	均可	苯 联苯 乙基苯 甲苯 对二甲苯 总石油烃（TPH） 甲基叔丁基醚（MTBE）	湿生植物	4-10	欧洲、亚洲	Anderson等，1993 Reiche和Borsdorf，2010 Ribeiro等，2013 Unterbrunner等，2007
Picea glauca var. densata	高山云杉	易降解类	苯系物（BTEX）	乔木	2-6	美国北达科他州	Cook和Hesterberg，2012 Fagiolo和Ferro，2004
Pinus banksiana	北美短叶松（班克松）	易降解类	苯系物（BTEX）	乔木	3-8	北美洲	Cook和Hesterberg，2012 Fagiolo和Ferro，2004
Pinus spp.	松属	均可	甲基叔丁基醚（MTBE） 叔丁醇（TBA）	乔木	多个	世界范围内	Arnold等，2007
Pinus sylvestris	樟子松	均可	总石油烃（TPH）	乔木	3-8	欧洲、亚洲	Cook和Hesterberg，2012 Palmroth等，2006
Pinus taeda	火炬松	均可	1，4-二噁烯、苯系物（BTEX）、总石油烃（TPH）	乔木	6-9	北美洲	Ferro等，2013 Guthrie Nichols等，2014
Pinus thunburgii	日本黑松	均可	1，4-二噁烯	乔木	5-10	日本	Ferro等，2013
Pinus virginiana	矮松（弗吉尼亚松）	均可	1，4-二噁烯	乔木	5-8	北美洲	Ferro等，2013
Poa pratensis	草地早熟禾	均可	总石油烃（TPH） 多环芳烃（PAH）	草本	3-8	欧洲	Kulakow，2006c Palmroth等，2006
Poaceae	禾本科	均可	总石油烃（TPH） 多环芳烃（PAH） 苯系物（BTEX）	草本	多个	世界范围内	Luce，2006 Tossell，2006
Populus nigra var. italica	钻天杨	均可	多环芳烃（PAH）	乔木	4-9	意大利	Macci等，2012

071

072

续表

拉丁名	惯用名	针对的石油污染物类别	污染物种类	植被类型	美国农业部抗寒区划	原产地	参考文献
Populus spp. *Populus deltoids* *Populus deltoides* × *Populus nigra* *Populus deltoides* × *nigra* DN34 *Populus trichocarpa* × *deltoides* 'Hoogvorst' *Populus trichocarpa* × *deltoides* 'Hazendans'	杨树品种和杂交种	均可	苯胺 苯 乙苯 苯酚 甲苯 间二甲苯 多环芳烃（PAH） 苯系物（BTEX） 甲基叔丁基醚（MTBE） 微波介质腔振荡器（DRO） 总石油烃（TPH）	乔木	多个	多个	Applied Natural Sciences, Inc., 1997 Barac等, 2009 Burken和Schnoor, 1997a Coltrain, 2004 Cook等, 2010 Cook和Hesterberg, 2012 El-Gendy等, 2009 Euliss等, 2008 Euliss, 2004 Fagiolo和Ferro, 2004 Ferro等, 2013 Ferro, 2006 ITRC PHYTO 3 Kulakow, 2006b Kulakow, 2006 Luce, 2006 Ma等, 2004 Olderbak和Erickson, 2004 Palmroth等, 2006 Spriggs等, 2005 Tossell, 2006 Unterbrunner等, 2007 Weishaar等, 2009 Widdowson等, 2005
Quercus macrocarpa	大果栎	易降解类	苯系物（BTEX）	乔木	3~8	北美洲	Cook和Hesterberg, 2012 Fagiolo和Ferro, 2004
Quercus phellos	柳叶栎	易降解类	二噁英	乔木	6~9	北美洲	Ferro等, 2013
Robinia pseudoacacia	刺槐	均可	多环芳烃（PAH） 氢氧化物（MOH）	乔木	4~9	北美洲	Gawronski等, 2011 Tischer和Hubner, 2002

续表

拉丁名	惯用名	针对的石油污染物类别	污染物种类	植被类型	美国农业部抗寒区划	原产地	参考文献
Sagittaria latifolia	宽叶慈姑	均可	总石油烃（TPH）	草本	5~10	北美洲、南美洲	Cook和Hesterberg, 2012; Euliss等, 2008
Salix alaxensis	毡叶柳	均可	总石油烃（TPH）	乔木灌木	2~8	美国阿拉斯加州，加拿大	Cook和Hesterberg, 2012; Soderlund, 2006
Salix alba	白柳	易降解类	苯系物（BTEX）	乔木	2~8	欧洲、亚洲	Cook和Hesterberg, 2012; Fagiolo和Ferro, 2004; Ferro等, 2013
Salix babylonica L.	垂柳	均可	甲基叔丁基醚（MTBE）叔丁醇（TBA）	乔木	6~9	中国	Yu和Gu, 2006
Salix nigra	黑柳	均可	多环芳烃（PAH）、苯系物（BTEX）、总石油烃（TPH）	乔木/灌木	2~8	美国东部地区	Spriggs等, 2005; Guthrie Nichols等, 2014
Salix spp. *Salix interior* *Salix exigua*	柳属	均可	微波介质监振荡器（DRO）总石油烃（TPH）苯系物（BTEX）多环芳烃（PAH）	乔木灌木	多个	世界范围内	Applied Natural Sciences, Inc., 1997; Carman等, 1997, 1998; Coltrain, 2004; Cook等, 2010; Cook和Hesterberg, 2012; Euliss等, 2008; ITRC PHYTO 3; Kulakow, 2006b; Kulakow, 2006c
Salix viminalis	青刚柳	难降解类	多环芳烃（PAH）	灌木	4~10	欧洲、亚洲	Cook和Hesterberg, 2012; Hultgren等, 2010; Hultgren等, 2009; Roy等, 2005
Schizachyrium scoparium	裂稃草	难降解类	多环芳烃（PAH）	草本	2~7	美国东部地区	Aprill和Sims, 1990; Cook和Hesterberg, 2012; Pradhan等, 1998; Rugh等, 2006

073

074

拉丁名	惯用名	针对的石油污染物类别	污染物种类	植被类型	美国农业部抗寒区划	原产地	参考文献
Schoenoplectus lacustris	芦苇	均可	苯酚	湿生植物	5~10	北美洲	ITRC PHYTO 3 Kadlec和Knight, 1996
Scirpus atrovirens	墨绿藨草	难降解类	多环芳烃（PAH）	湿生植物	4~8	北美洲	Thomas等, 2012
Scirpus maritimus	三棱草	均可	总石油烃（TPH）	湿生植物		北美洲	Couto等, 2012
Scirpus spp.	藨草属	均可	苯酚 生物需氧量 化学需氧量 石油和汽油 酚类 总悬浮颗粒物	湿生植物	多个	世界范围内	ITRC PHYTO 3 Kadlec和Knight, 1996
Secale cereale	黑麦	均可	芘 总石油烃（TPH） 多环芳烃（PAH）	草本	3+	亚洲	Cook和Hesterberg, 2012 ITRC PHYTO 3 Kulakow, 2006a Kulakow, 2006b Muratova等, 2008 Reynolds等, 1998
Senna obtusifolia	决明	难降解类	多环芳烃（PAH）	草本	7+	北美洲，南美洲	Cook和Hesterberg, 2012 Euliss, 2004
Solidago spp.	一枝黄花属	均可	总石油烃（TPH） 多环芳烃（PAH）	草本	多个	北美洲和南美洲，欧洲，亚洲	Cook和Hesterberg, 2012 Kulakow, 2006b
Sorghastrum nutans	印第安草	均可	总石油烃（TPH） 多环芳烃（PAH）	草本	2~9	北美洲	Aprill和Sims, 1990 Cook和Hesterberg, 2012
Sorghum bicolor Sorghum bicolor subsp. Drummondii	两色蜀黍	均可	总石油烃（TPH） 蒽 芘	草本	8+	非洲	Cook和Hesterberg, 2012 Flathman和Lanza, 1998 ITRC PHYTO 3 Liu等, 2010 Muratova等, 2008 Nedunuri等, 2000 Reilley等, 1996 Reilley等, 1993 Schwab和Banks, 1994

续表

拉丁名	惯用名	针对的石油污染物类别	污染物种类	植被类型	美国农业部抗寒区划	原产地	参考文献
Sorghum vulgare	高粱	难降解类	多环芳烃（PAH）	草本	8+	非洲	Reilley等，1996
Spartina pectinata	草原网茅	难降解类	多环芳烃（PAH）	草本	5+	北美洲	Cook和Hesterberg，2012 Rugh，2006
Stenotaphrum secundatum	圣奥古斯丁草	均可	总石油烃（TPH） 多环芳烃（PAH）	草本	8–10	北美洲、南美洲	Cook和Hesterberg，2012 Rathman和Lanza，1998 ITRC PHYTO 3 Nedunuri等，2000
Thespesia populnea	杨叶肖槿	均可	总石油烃（TPH） 多环芳烃（PAH）	乔木	8–10	夏威夷	Tang等，2004
Thinopyrum ponticum	长穗薄冰草	均可	总石油烃（TPH）	草本	3–8	地中海地区、亚洲	Cook和Hesterberg，2012 Phillips等，2009
Trifolium hirtum	玫瑰三叶	均可	总石油烃（TPH）	草本	8–11	欧洲、亚洲	Cook和Hesterberg，2012 Siciliano等，2003
Trifolium pratense	红车轴草（红三叶）	均可	总石油烃（TPH）	草本	3+	欧洲	Cook和Hesterberg，2012 Karthikeyen等，2012 Muratova等，2008
Trifolium repens	白车轴草（白三叶）	均可	荧蒽 菲 芘 总石油烃（TPH） 多环芳烃（PAH）	草本	3+	欧洲	Banks和Schwab，1998 Cook和Hesterberg，2012 Flathman和Lanza，1998 ITRC PHYTO 3 Johnson等，2005 Kulakow，2006c
Trifolium spp.	三叶草属	均可	总石油烃（TPH） 多环芳烃（PAH） 苯系物（BTEX）	草本	多个	世界范围内	Banks，2006 Cook和Hesterberg，2012 Parrish等，2004 Reynolds，2006a Reynolds，2006b Reynolds，2006c Reynolds，2006d Reynolds，2006e

076

续表

拉丁名	惯用名	针对的石油污染物类别	污染物种类	植被类型	美国农业部抗寒区划	原产地	参考文献
Triglochin striata	三脚白芨	均可	总石油烃（TPH）	湿生植物	5~9	北美洲、欧洲	Ribeiro等, 2013
Tripsacum dactyloides	鸭茅状摩擦禾	均可	总石油烃（TPH）、多环芳烃（PAH）	草本	4~9	美国东部地区	Cook和Hesterberg, 2012; Euliss, 2004; Euliss等, 2008
Triticum spp.	小麦属	均可	总石油烃（TPH）	草本	多个	亚洲	Muratova等, 2008
Typha spp.	香蒲属	均可	微波介质胝振荡器（DRO）、石油和汽油、苯酚、总悬浮颗粒物、生物需氧量、化学需氧量	湿生植物	3~10	北美洲、欧洲、亚洲	ITRC PHYTO 3; Kadlec和Knight, 1996; Kadlec和Knight, 1998
Ulmus parvifolia	榔榆	均可	1,4-二噁烯	乔木	5~9	亚洲	Ferro等, 2013
Vetiveria zizanioides	香根草	均可	总石油烃（TPH）	草本	8b~10	印度	Danh等, 2009
Vicia faba	蚕豆	均可	总石油烃（TPH）	草本	一年生植物	非洲、亚洲	Radwan等, 2005; Yateem, 2013
Vulpia microstachys（Nutt.）Munro	沙漠羊茅	均可	总石油烃（TPH）、多环芳烃（PAH）	草本	暂无	美国西部地区	Cook和Hesterberg, 2012; Kulakow, 2006a
Zea mays	玉米	均可	总石油烃（TPH）	草本	一年生植物	北美洲、中美洲	Cook和Hesterberg, 2012; Muratova等, 2008

英国石油公司研究得出的耐石油污染植物 表3.3

拉丁名	惯用名	已测定的品种	植被类型	美国农业部抗寒区划
Agapanthus africanus	百子莲		多年生植物	8–11
Arbutus unedo 'compacta'	密生垂花树莓		灌木	7–9
Bulbine frutescens	蛇花	橘黄色	地被植物	8–11
Bulbine frutescens	蛇花	黄色	地被植物	8–11
Cassia corymbosa	伞房决明		灌木	8–11
Cercis canadensis	红叶紫荆	俄克拉何马	乔木	4–9
Cistus × purpureus	紫花岩蔷薇/紫花沙漠坐莲	焰状花萼植物	灌木	8–11
Clytostoma callistegioides	连理藤		藤本植物	8–11
Dietes irioides	两周百合	（肖鸢尾属）双色	灌木	8–11
Euonymus coloratus	紫叶扶芳藤		地被植物	4–9
Ficus pumila	薜荔		藤本植物	9–11
Fraxinus pennsylvanica	洋白蜡	帕特莫尔	乔木	2–9
Hedera helix	常春藤		地被植物	5–9
Hemerocallis hybrid	黄花菜、矮化黄色品种	生日快乐	多年生植物	3–10
Hemerocallis hybrid	杂交萱草/黄花菜	红色轨道	多年生植物	3–10
Ilex cornuta	枸骨	矮化伯福德冬青	灌木	7–9
Ilex cornuta	枸骨	卡利萨冬青/父子冬青	灌木	7–9
Ilex vomitoria	代茶冬青	娜娜	灌木	7–9
Juniperus procumbens	铺地柏	绿色丘陵	灌木	4–9
Lagerstroemia indica	矮生紫薇	吝啬红	灌木	7–9
Lantana montevidensis	铺地臭金凤	新金	地被植物	8–10
Ligustrum japonicum	日本女贞	得克桑纳	灌木	7–10
Liriope muscari	阔叶山麦冬/阿兹台克草	沿阶草	地被植物	6–10
Liriope muscari	百合草	巨人	地被植物	6–10
Macfadyena unguis-cati	猫爪藤		藤本植物	9–11
Millettia reticulata	昆明鸡血藤		藤本植物	8+
Moraea bicolor	双色肖鸢尾		灌木	8–11
Moraea iridioides (*D.iridioides*)	肖鸢尾/非洲鸢尾		灌木	8–11
Nandina domestica	南天竹	港湾美女 "Jaytee"	灌木	6–10
Nerium oleander	夹竹桃		灌木	9–11
Phormium tenax	新西兰麻	黄金之翼	灌木	8–11
Photinia fraseri	红叶石楠		灌木	7–9
Picea pungens	矮生蓝云杉		灌木	2–8
Pinus mugo pumilo	矮生中欧山松		灌木	2–8
Pistacia chinensis	黄连木		乔木	6–9
Pittosporum tobira	海桐	杂色种	灌木	8–10
Podranea riscasoliana	粉花非洲凌霄	斯普雷格	藤本植物	9+
Pyrus calleryana	豆梨	霍福德	乔木	5–9
Raphiolepis indica	细枝石斑木	斯诺/雪花	灌木	8–11
Rumohra adiantiformis	丽莎蕨		多年生植物	9–11
Sabel minor	灌状棕榈		灌木	7–11

续表

拉丁名	惯用名	已测定的品种	植被类型	美国农业部抗寒区划
Sedum mexicana	墨西哥景天		地被植物	7-10
Spiraea spp.	绣线菊属		灌木	4-9
Strelitzia reginae	鹤望兰/天堂鸟		灌木	9+
Tecomaria capensis	硬骨凌霄	橘红	灌木	9-11
Thuja occidentalis	北美香柏		灌木	2-7
Trachelospermum asiaticum	亚洲茉莉（络石）		地被植物	7-11
Tulbaghia violacea	紫娇花		多年生植物	7-10
Veronica spicata	穗花婆婆纳	明媚镶蓝	多年生植物	4-9
Viburnum obovatum dentata	聚花沃尔特荚蒾		灌木	6-9
Viburnum odoratissimum	珊瑚树	春之气息	灌木	8-10
Washingtonia filifera	华盛顿棕		乔木	8+
Yucca hesperaloe parvifolia	红丝兰		灌木	5-11
Yucca recurvifolia	丝兰	软叶丝兰	灌木	7-9

来源：Tsao和Tsao，2003。

078

英国石油公司研究得出的不耐石油污染植物　　　表3.4

拉丁名	惯用名	已测定的品种	植被类型	美国农业部抗寒区划
Abelia × grandiflora	大花六道木		灌木	5-9
Abelia mosanensis	聚花六道木	莫妮亚	灌木	5-9
Abutilon hybridum	美丽苘麻	长春花	灌木	9-10
Acer rubrum	美国红枫	弗兰克红	乔木	3-9
Arecastrum romanzoffianum	槟榔树		乔木	9-11
Artemisia spp.	蒿草属	波伊斯城堡	灌木	4+
Asparagus densiflorus	非洲天门冬	换锦花	多年生植物	9-11
Aspidistra elatior	蜘蛛抱蛋		多年生植物	7-11
Berberis thunbergii	紫叶小檗	深红矮化种	灌木	4-9
Bougainvillea cvs.	叶子花属		藤本植物	9+
Buxus microphylla	小叶黄杨	冬日宝石	灌木	6-10
Carissa macrocarpa	大花假虎刺	幻想	灌木	9-11
Cassia splendida	美丽决明	金色奇迹	乔木	9-11
Cedrus deodara	雪松	黄花/黄化	乔木	7-9
Chamaecyparis pisifera filifera	日本花柏/云松/矮化金丝柏		灌木	4-8

续表

拉丁名	惯用名	已测定的品种	植被类型	美国农业部抗寒区划
Comus kousa chinensis	山茱萸/四照花		乔木	5–8
Cotoneaster apiculatus	细尖枸子		灌木	4–7
Cuphea hyssophyla	墨西哥石南		多年生植物	8–11
Cycas revoluta	苏铁		乔木	8–11
Delosperma cooperi	黄花露子花	黄花	地被植物	5–11
Distictis buccinatoria	红花喇叭藤		藤本植物	9–11
Eleagnus × ebbingei	Ebbinge沙枣/胡颓子		灌木	7–9
Escallonia × exomiensis	粉红公主鼠刺	弗拉德斯	灌木	7–9
Euryops pectinatus	南非菊	翠绿	灌木	8–11
Gardenia jasminoides	栀子花	8月美人	灌木	7–10
Gelsemium sempervirens	常绿钩吻藤		藤本植物	6–9
Grevillea × Noell	诺尔银桦		灌木	8–11
Hemerocallis hybrid	杂交萱草	斯特拉·多罗	多年生植物	3–10
Jacaranda mimosifolia	蓝花楹		乔木	9–11
Juniperus chinensis	桧柏	斯巴达	灌木	5–11
Juniperus chinensis	桧柏	海绿	灌木	5–11
Juniperus communis	欧洲杜松	Mondap[1]	灌木	2–6
Juniperus horizontalis	紫杜松	扬斯敦	灌木	3–9
Juniperus scopulorum	山刺柏	灰色微光	灌木	4–9
Lagerstroemia indica	紫薇	覆盆子圣代	乔木	7–10
Lavendula dentata	齿叶薰衣草	古德温河灰	灌木	5–9
Leucophyllum frutescens	红花玉芙蓉	密穗	灌木	7–10
Limonium perezii	勿忘我		多年生植物	10–11
Loropetalum chinensis	檵木	红心'紫色庄严'	灌木	7–9
Macfadyena unguis-cati	猫爪藤		藤本植物	9–11
Magnolia grandiflora	荷花玉兰	小宝石	乔木	6–10
Mahonia aquifolium	'亮叶'十大功劳	致密	灌木	5–9
Mahonia bealei	'阔叶'十大功劳		灌木	7–9
Nandina domestica	南天竹	火力	灌木	6–10
Olea europaea 'Mowber'	油橄榄	庄严的美	乔木	8+
Osmanthus fragrans	木樨		灌木	7–9
Perovskia atriplicifolia	俄罗斯鼠尾草		灌木	4–9
Picea abies	挪威云杉	Nidiformis[2]	灌木	2–7
Plumbago auriculata	蓝雪花	帝王蓝	灌木	9–11
Prunus cerasifera	紫叶李		乔木	4–9
Rosa banksiae	木香花	满白	藤本植物	6–9

079

①、② 原书此处为英文，未查到具体品种名。——译者注

续表

拉丁名	惯用名	已测定的品种	植被类型	美国农业部抗寒区划
Rosmarinus officinalis	迷迭香	本尼登蓝	灌木	8–11
Rosmarinus officinalis	亨廷顿地毯迷迭香		灌木	8–11
Salvia leucantha	墨西哥鼠尾草	圣芭芭拉	灌木	9–11
Spiraea cantoniensis	麻叶绣球	杜布勒笑靥花	灌木	5–9
Syringa meyeri	蓝丁香	帕利宾	灌木	3–7
Taxus × Media	曼地亚红豆杉		灌木	4–7
Thuja occidentalis	北美香柏		灌木	2–7
Trachelospermum jasminoides	络石		藤本植物	8–11
Viburnum rhytidophylloides	阿勒格尼荚莲		灌木	5–8
Washingtonia robusta	大丝葵		乔木	8+

来源：Tsao和Tsao，2003。

接下来，将展示两个案例研究，以此说明施用于受石油污染影响的场地上的成功的植物修复技术措施。

案例研究：石油污染-1

项目名称：原美国海岸警卫队燃料储存设施（Guthrie Nichols等，2014；Cook等，2010）（图3.4）

位置：伊丽莎白市，北卡罗来纳州

科学家：Elizabeth Guthrie Nichols（a）；Rachel L. Cook（a）；James E. Landmeyer（b）；Brad Atkinson（c）；Jean Pierre Messier（d）

相关机构：（a）林业和环境资源学院，北卡罗来纳州立大学，罗利市，北卡罗来纳州

（b）美国地质调查局，南卡罗来纳水科学中心，哥伦比亚市，南卡罗来纳州

（c）北卡罗来纳自然资源与环境部——废弃物管理司，罗利市，北卡罗来纳州

（d）美国海岸警卫队，伊丽莎白市，北卡罗来纳州

竣工时间：2006-2007年

种植的乔木/植物数量

• 杂交杨树——美洲黑杨（*Populus deltoides* Bartram ex Marsh.）与欧洲黑杨（*Populus nigra* L.）杂交克隆种OP-367，DN-34，15-29和49-177

• 杨柳——黑柳"沼泽"（*Salix nigra* 'Marsh'）、杞柳"罗尔"（*Salix interior* 'Rowle's'）和黄线柳"修女"（*Salix exigua* 'Nutt'）

• 火炬松——火炬松（*Pinus taeda*）

2010年，经历了3个生长季之后　现场标识牌向公众普及植树意图
的杨树

2007年，在新种植了杨树的场地内进行的学　在种植区内安装的土壤
员培训，种植区域没有围栏，向公众开放　气体监测仪

图3.4　案例研究：美国海岸警卫队，伊丽莎白市，北卡罗来纳州（实景照片）

081

　　2006年：种植了112棵裸根杨树，高度1.2米，同时种植了403棵扦插杨树和柳树。植株被定植在直径8厘米、1.2米深的钻孔内，并用未经处理的场地内原有土壤回填。树木用护根覆盖。所有植株间距均为3米。在某些地区污染物浓度过高，不利于植物生存，植株死亡率平均为28%。

　　2007年：在直径23厘米，1.2米深的钻孔内定植了总计2176棵新树苗（2123棵杨树、43棵柳树、10棵试验种火炬松）。用干净的场地外表土回填钻孔。树木用护根覆盖。所有植株间距均为2米。由于钻孔直径增加，而清洁的土壤回填钻孔有助于植物生长，死亡率下降至平均13%。

　　2007年：种植了65棵杨树、208棵柳树，用挖洞工具钻15-30厘米深的定植坑，刚好能容纳单棵树苗。没有应用回填。所有植株的间距为2米。由于土壤污染十分严重，威胁到植物生存，死亡率平均为89%。

　　污染物：石油类化合物⊖：总石油烃（TPH）、苯系物（BTEX）、甲基叔丁基醚（MTBE）、多环芳烃（PAH）。监测井估值显示，在场地内的地下水中有高达56.7万-75.6万升（15万-20万加仑）的汽油、柴油和航空喷气燃料。厚达85厘米的石油产品漂浮在场地内地下水层（地下水位）的上方。

　　目标媒体和深度：在地面以下，深度在0.9-1.2米不等的土壤和地下水。除了发生主要降水事件，地面以下的地下水位在1.2-2.7米之间波动。

　　一处占地面积约5英亩的前美国海岸警卫队油库自二战以来，已经持续泄露大量燃油，且污染正在向距离现场150米的帕斯阔坦克河转移。建立了一个可行的乔木群落（2984棵树），以防止地下水中的燃料进一步排放到附近的河流。由于地下水位较浅，土壤疏松多孔，以及泄露的地下燃料储罐（LUST）过于接近地表自然水体，沿海平原地表水特别容易受到LUST的污染。

从2006–2008年（Cook等，2010），研究者应用柳树、火炬松和四种杂交杨树克隆种（*Populus*）建立了一套植物修复系统。在乔木种植过程中（2006年4月–2008年4月），用地下水样本和土壤气体分析对烃类污染物进行了监测。乔木种植始于2006年，但现场的高浓度污染造成了26%的树木死亡。现场的燃料污染特征明确、记录翔尽，但在开始乔木种植时，地下水数据并没有表明高浓度污染的存在。在2007年开展的下一轮种植中，乔木定植用洁净的土壤回填，存活率较高。土壤气体分析显示，在两年时间内，土壤中总石油烃（TPH）和苯系物（BTEX）含量分别减少了95%和99%。截至2013年，只有一个监测井数据显示地下水污染物含量仍高于NCAC 2L苯含量标准，而由于场地内地下液压控制，有三个监测井数据高于NCAC 2L的甲基叔丁基醚（MTBE）含量标准。根据2008年、2010年和2012年的土壤断面分析（Guthrie Nichols，2013），修复系统不仅去除了轻质的、容易降解的石油馏分，对重质的多环芳烃（PAHs）去除效果也很显著（图3.5、图3.6）。

附加的经验总结

如2010年的测量所示，乔木的高度和生长率与下层土壤中的总石油烃（TPH）水平显著相关。污染程度越低，乔木高度越高，而污染程度越高的区域树木高度越低。植物充当了地表以下污染物浓度的视觉指示器。

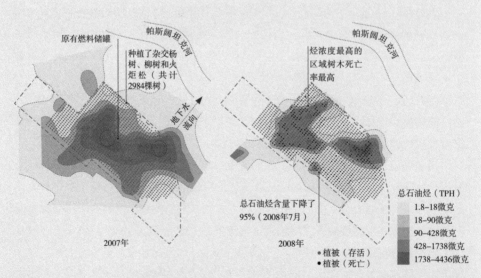

图3.5　案例研究：美国海岸警卫队，伊丽莎白市，北卡罗来纳州：土壤气体中总石油烃（TPH）的降解

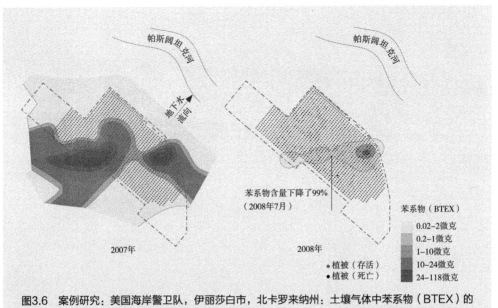

图3.6 案例研究：美国海岸警卫队，伊丽莎白市，北卡罗来纳州：土壤气体中苯系物（BTEX）的降解

083

案例研究：石油污染-2

　　项目名称：福特汽车公司工厂（Barac等，1999）（图3.7、图3.8）

　　位置：亨克，比利时

　　科学家：Tanja Barac（a）；Nele Weyens（a）；Licy Oeyen（a）；Safiyh Taghavi（b）；Daniel van der Lelie（b）；Dirk Dubin（c）；Marco Spliet（d）；Jaco Vangronsveld（a）

　　相关机构：（a）环境生物系，哈瑟尔特大学，迪彭贝克，比利时

　　（b）生物系，布鲁克海文国家实验室，厄普顿，纽约州，美国

　　（c）福特汽车公司，亨克，比利时

　　（d）Dr.-Ing. W. PützBrühl工程实验室，德国

　　竣工时间：1999年

　　种植的乔木/植物数量：275棵三角叶杨（毛果杨）和美洲黑杨杂交变种（*Populus trichocarpa × deltoides*）'福斯特高地'（'Hoogvorst'）和'哈森之舞'（'Hazen dans'）

　　改良：以堆肥混合土壤回填种植穴。

　　污染物：碳氢化合物⊖：苯系物（BTEX）、总石油烃（TPH）

　　目标媒介和深度：深度在4-5米的地下水。

　　人们发现在比利时亨克的一处福特汽车工厂内的地下储油罐，自20世纪80年代以来持续向地下泄漏溶剂和燃料。污染导致4-5米深的地下水层中充满了苯系物（BTEX）和燃料油以及镍和锌。泄漏的储罐被拆除，改为在地上建造的替代设施。

工厂建筑

地下水流向

苯系物（BTEX）浓度
100-500微克/升
500-1000微克/升
1000-5000微克/升
10,000-100,000微克/升
100,000-500,000微克/升
> 500,000微克/升

杂交杨树种植（共计275棵）

从植物修复区域内清除的
（地下水）羽流

2000年5月——种植后13个月

2003年11月——种植后55个月

图3.7　案例研究：福特汽车工厂，亨克，比利时（平面）

间距7m，垂直于地柱种植的杨树

一些钻孔直接打进了沥青铺区，
杨树扦插苗未受其影响

场地内现存贫瘠的沙质壤土在回填至钻
孔前加以改良，以促进生长。

停车场区域之间种植的杨树缓冲区，在生长了9年之后

在2006年，地上储油罐周围种植了新的杨树和柳树缓冲
区，以为将来可能发生的泄露建立一个预防缓冲机制

图3.8　案例研究：福特汽车工厂，亨克，比利时（照片摄于2008年）

一个常规的泵处理系统被安装在地柱的核心，每天运行23个小时。然而，（带有污染的）地柱仍在（向四周）渗透。因此实施了一套植物修复计划，通过提供液压控制，阻止污染地柱的进一步渗透。○

植物修复系统于1999年4月开始实施，包括275棵杂交杨树（毛果杨×美洲黑杨变种'福斯特高地'和'哈森之舞'）。选择杨树为目标媒介控制地下水渗透，是基于它们的高蒸发（蒸散）量；选择特定的栽培品种，是基于它们抵抗真菌疾病的能力。杨树被种植在面积2公顷的区域（75米×270米见方），垂直于受污染地下水的流动方向。4米高的扦插苗定植在80厘米深的钻孔内。钻孔中回填的土壤进行了改良，混合了堆肥以供给树苗充足的养分（营养素）。中心位置的扦插苗以7米间距种植了9排30棵树。

到2000年5月，（修复系统）种植后第13个月，扦插苗的根没有伸到地下水层和污染地柱。然而，42个月后，在2002年10月，含有苯系物（BTEX）的地柱已经被植物修复系统"切断"，而此前该地柱渗透范围已经超出了厂区，进入了邻近的高速公路地下。2003年6月，在种植了55个月后，种植区内的地柱污染浓度下降了50%~90%。2003年的测量结果表明，在经过五个生长季后，种植区域内的污染地柱已被完全清除。

085

附加的经验总结

• 由于植物修复策略取得了成功，由杨树和柳树组成的预防性植物修复缓冲区随后被种植在工厂内的地面储油罐周围和停车场附近，以应对未来任何可能的潜在泄露情况。

• 这项研究还包括对植物修复处理区内的内生细菌（生活在植物根、茎和叶等部位）和根际细菌（生活在植物根部区域）的监测。因为含有苯系物（BTEX）地柱的存在，在杨树种植区周围，可降解甲苯的细菌数量增加了。实验室培养表明，这类细菌使用甲苯作为其唯一的碳源。处理区外的测试发现这类细菌数量较少。在2006年的测试中发现，在污染地柱已完全降解后，在处理区内部和外部均没有甲苯降解菌（细菌）存在，这表明作为碳源的甲苯一旦消失，其被降解的能力也会一并灭失。测试还显示了横向基因转移的存在，这表明降解甲苯的能力可以通过DNA编码在微生物种群内部共享，还可以随着时间的推移建立和增长。

3.1.2 ①氯化溶剂（图3.9）

在这一类别中的特定污染物：三氯乙烯（TCE）和全氯乙烯（Perc或PCE）、氯乙烯（VCM）、四氯化碳（氟利昂）。

氯化溶剂和乙醇污染的典型来源：除油剂、有机溶剂、火箭推进剂、清洁剂、制冷剂和阻燃剂。

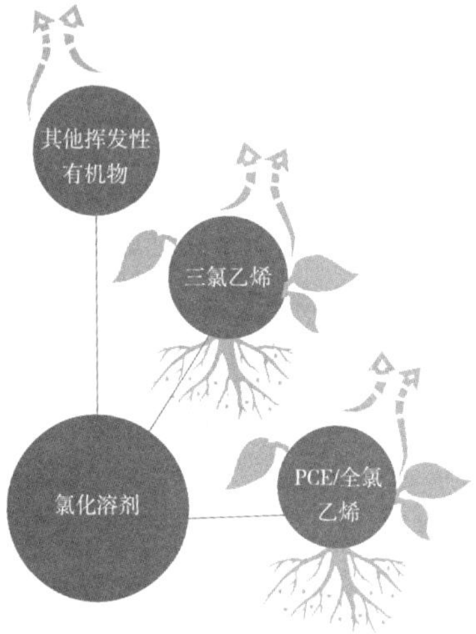

图3.9　氯化溶剂

具有被含氯溶剂污染的潜在风险的典型土地用途：国防用地、干洗店、工业用地、铁路维修场站、老旧汽车修理店。

为什么这些污染物存在危险：长期暴露于氯化溶剂可能导致罹患几类癌症（US EPA，2014a）。由于含氯溶剂的广泛应用，它们导致的污染在美国非常普遍。三氯乙烯（TCE）是在美国境内地下水中最常见的污染物之一（Newman等，1997b）。氯化溶剂都是清澈透明的、有芳香气味的液体，与空气接触后易挥发为气体。当受三氯乙烯（TCE）污染的地柱位于建筑物下方时，它们常常从地下水中蒸发，进入土壤颗粒间的孔隙，并经由建筑物地基渗透入建筑物室内的空气中去。这种蒸气对人类具有很高的毒性，被称为"土壤蒸气入侵"。除了因地柱产生的空气质量问题外，另一个严峻的问题是：这类污染物深埋在地表以下，而不是暴露在空气中，并极易渗入作为饮用水源的地下水中。当它们以一种分离的、纯化的产品（重质非水相液体：DNAPL）状态存在时，由于重质非水相液体（DNAPL）的密度比水大，它们会向下沉积，进而污染大面积的地下饮用水含水层。氯乙烯（VCM）被用来制造PVC（聚氯乙烯），PVC是一种常见的塑料，也是世界上最大量生产的20种化学物质之一。四氯化碳，俗称氟利昂，常被用作制冷剂、灭火剂、工业脱脂剂和应用于清洁业中。

总结

许多氯化溶剂，尤其是TCE（三氯乙烯）和Perc或PCE（也称为全氯乙烯/四氯乙烯）可以在一个相对较短的时间内被特定种类的植物有效去除、降解和挥发。这些污染物极具流动性，亦十分稠密，可以迅速渗入深层地下水中。一旦它们渗入地下水，就会迅速扩散，这意味着我们利用传统的泵处理系统可能需要几十年甚至几个世纪才能去除它们（Newman等，1997）。传统的就地（原位）处理方法通常需要能源密集型地下水抽水装置（Newman等，1997）。植物修复技术提供了一种对土壤和地下水中污染的控制和降解均可能有效的替代措施［当污染物没有像重质非水相液体（DNAPL）那样沉积在太深的地方时］，也是目前美国环保署所采用的、普遍为人所接受的整治策略（US EPA，2005a；US EPA 2005b）。由于其广泛的应用和许多成功案例，可以考虑用基于植物的系统去除氯化溶剂污染。

应用的机制：植物水力学◯、植物挥发作用♂、植物降解作用✍◯✿、根际降解作用♀。

治理氯化溶剂污染最成功的植物修复项目，常常使用深根型、直根类、高蒸散率树种，植物根系扎入地下水层，通过植物将水"泵出"。在地下水"泵出"过程中，水中的污染物在植物的根、茎、叶等处降解，或随着植物的蒸腾作用挥发到大气中。

研究表明，被树木"泵出"的氯化溶剂中，一定比例的溶剂会挥发，不会降解，会以气体的形式通过树木释放到大气中。这种机制被称为植物挥发作用♂。然而研究结果并不完全一致，一些研究测得微量的甚至没有在地上挥发（蒸腾）的氯化溶剂，而另一些研究测到了一定量溶剂的挥发（Ma和Burken，2003）。然而，大众普遍认为，人类暴露在地下水污染中造成的健康风险，往往比暴露于挥发的气态污染物中的风险更高，即使在低剂量时也是如此。此外，当TCE（三氯乙烯）释放到空气中后，它能迅速分解。

最近的研究发现，当污染物被降解而不是被挥发时，发生在植物体内的降解工作可能是由生活在植物根、茎和叶中的内生细菌辅助完成的（Weyens等，2009）。研究人员正在进行实验，以观察这些特定种类的细菌能否被分离并接种到其他植物中，以提供最大限度的降解，这样氯化溶剂便不再挥发到大气中了。最初的实验结果是令人鼓舞的：在接种有益细菌到植物体内后，通过植物叶片挥发的气态TCE（三氯乙烯）减少了90%（Weyens等，2009）。

087

种植细节

由于高浓度的氯化溶剂可能会迅速经由地下水流到地下水位底层，通常选择根系长度长的树种进行修复。往往应用深栽技术进行定植（见第2章）。这些污染物亦存在于表层土壤和浅层地下水中，故也使用了几种草本和一些灌木。为了阻止污染物迁移，同时使污染物降解或挥发，以下种植类型与在本节的植物名录表中列出的植物品种配合，得到了有效应用。

◯✍◯✿♂♀针对氯化溶剂污染的地下水整治类型：水力控制时限2-10年或更久〔很大程度上取决于地下水污染程度、羽流速度和体积、当地气候和选定植物的蒸腾（蒸散）速率〕。

• 灌木拦截篱：第4章，见第203页。
• 地下水运移林分：第4章，见第200页。
• 植物灌溉作用：第4章，见第196页。

✍◯✿♂♀针对氯化溶剂污染的土壤降解类型：降解时限1-10年或更久。

• 降解覆盖：第4章，见第207页。
• 降解树篱：第4章，见第206页。
• 降解栅篱：第4章，见第206页。
• 降解灌木丛：第4章，见第204页。

在雨水和废水中：挥发性氯化溶剂通常不能在雨水和废水中存留，原因在于这些媒介经常暴露在大气中，其中的氯化溶剂会自由地挥发到空气中去。

表3.5所示的植物名录是一个初步的植物品种列表，研究已证明这些植物用于控制和/或降解氯化溶剂污染是有效的。

氯化溶剂污染——用于降解和水力控制植物技术的植物名录

表3.5

拉丁名	俗用名	污染物种类	植被类型	美国农业部抗寒区划	原产地	参考文献
Agropyron desertorum 'Hycrest'	杂种诺丹冰草	五氯苯酚	草本	3+	亚洲	Ferro等，1994 ITRC PHYTO 3
Betula pendula	欧洲白桦	三氯乙烯（TCE）	乔木	3-6	欧洲	Lewis等，2013
Eucalyptus sideroxylon 'rosea'	澳洲红铁	三氯乙烯（TCE）	乔木	10-11	澳大利亚	Doucette等，2011 Klein，2011 Parsons，2010
Glycine max	大豆	乙氧基十二烷基醇 磺酸基十二烷基苯 氯化十六烷基三甲基铵 三氯乙烯（TCE）	草本	一年生植物	东亚地区	Anderson和Walton，1991，1992 Anderson等，1993 ITRC PHYTO 3
Lespedeza cuneata	截叶胡枝子	三氯乙烯（TCE）	草本	5-11	东亚地区	Anderson和Walton，1991，1992 ITRC PHYTO 3
Liquidambar styraciflua	北美枫香	三氯乙烯（TCE）	乔木	5-10	美国东部/东南地区	Stanhope等，2008 Strycharz和Newman，2009b
Lolium perenne	多年生黑麦草	五氯苯酚	草本	3-9	欧洲	Ferro等，1997 ITRC PHYTO 3
Paspalum notatum	雀稗/百喜草	三氯乙烯（TCE）	草本	7-10	中南美洲	Anderson和Walton，1992 ITRC PHYTO 3
Phragmites australis	芦苇	三溴甲烷 氯苯 氯仿 二氯乙烷 四氯乙烯（PCE） 三氯乙烯（TCE）	草本	4-10	欧洲，亚洲	Anderson等，1993 ITRC PHYTO 3
Pinus palustris	长叶松	三氯乙烯（TCE）	乔木	7-10	美国东南地区	Strycharz和Newman，2009a
Pinus taeda	火炬松	三氯乙烯（TCE） 1，4-二噁烷	乔木	6-9	美国东南地区	Anderson和Walton，1991，1992，1995 ITRC PHYTO 3 Stanhope等，2008 Strycharz和Newman，2009a

续表

拉丁名	惯用名	污染物种类	植被类型	美国农业部抗寒区划	原产地	参考文献
Plantanus occidentalis	二球悬铃木	三氯乙烯（TCE）	乔木	4~9	美国东部地区	Strycharz和Newman，2009b，2010
Populus spp. *Populus deltoides* *Populus deltoides × nigra DN34* *Populus trichocarpa × P. deltoides 50-189* *Populus trichocarpa × P. maximowiczii 289-19*	杨树品种和杂交种	四氯乙烯（PCE） 三氯乙烯（TCE） 五氯苯酚 1，2，4-三氯苯 四氯化碳 1，4-二噁烷	乔木	多个	多个	Burken和Schnoor，1997 Gordon等，1997 Harvey，1998 ITRC PHYTO 3 Jones等，1999 Miller等，2011 Newman等，1997a，1997b Ferro等，2013 Orchard等，1998 Strycharz和Newman，2009b，2010 Wang等，1999
Quercus palustris	沼生栎	三氯乙烯（TCE）、四氯乙烯（PCE）、氯乙烯	乔木	4~8	美国东部地区	Ferro等，2000
Quercus virginiana	弗吉尼亚栎	三氯乙烯（TCE）	乔木	7~10	美国东南地区	Hayhurst等，1998 ITRC PHYTO 3
Ricinus communis	蓖麻	三氯乙烯（TCE）	草本	9~11	中东地区	Hayhurst等，1998 ITRC PHYTO 3
Salix spp.	柳属	四氯乙烯（PCE）、三氯乙烯（TCE）	灌木/乔木	4~10	美国西南地区	Stanhope等，2008 Landmeyer，2012
Serenoa repens	锯叶棕	三氯乙烯（TCE）	乔木	8~11	美国东南地区	Hayhurst等，1998 ITRC PHYTO 3
Solidago spp.	一枝黄花属	四氯乙烯（PCE）、三氯乙烯（TCE）	草本	4~9	北美洲	Anderson等，1991，1992 ITRC PHYTO 3
Typha spp.	香蒲属	烷基醇聚氧乙烯醚、磺酸钠和氯化物	草本	3~10	北美洲、欧洲、亚洲	Anderson等，1993 ITRC PHYTO 3
Zea mays	玉米	烷基醇聚氧乙烯醚、磺酸钠和氯化物	草本	一年生植物	美国	Anderson，Guthrie和Walton，1993 ITRC PHYTO 3

案例研究：氯化溶剂-1

　　项目名称：特拉维斯空军基地（Klein，2011；Doucetle等，2013；Parsons，2010）（图3.10、图3.11）

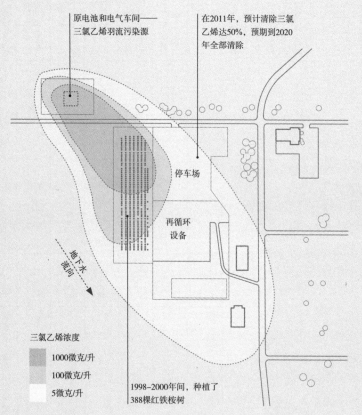

原电池和电气车间——
三氯乙烯羽流污染源

在2011年，预计清除三氯
乙烯达50%，预期到2020
年全部清除

停车场

再循环
设备

地下水流向

三氯乙烯浓度
1000微克/升
100微克/升
5微克/升

1998-2000年间，种植了
388棵红铁桉树

图3.10　案例研究：特拉维斯空军基地，费尔菲尔德，加利福尼亚州（平面）

　　位置：费尔菲尔德，加利福尼亚州
　　相关机构：（a）犹他州水研究实验室，犹他州立大学，8200旧主山，洛根，犹他州84322-8200，美国
　　（b）帕森斯，1700百老汇，套房900号，丹佛，科罗拉多州80290，美国
　　竣工时间：1998-2000年
　　种植的乔木/植物数量：480棵*Eucalyptus sideroxylon* ‘Rosea’（澳洲红铁桉树）
　　污染物：三氯乙烯（TCE）①
　　目标媒介和深度：6-12米深的地下水。地下水中的三氯乙烯（TCE）浓度在500微克/升-9000微克/升。
　　特拉维斯空军基地位于加利福尼亚州费尔菲尔德市附近。基地内有几个污染区域，包括755号大楼，其曾经用于测试液体燃料火箭发动机，后来被用作蓄电池和电气车间。直到1978年，此车间会定期将蓄电池酸液和氯化溶剂排入地下水中。自那时以来，建筑物结构即被拆除，含氯化溶剂的羽流污染源亦被掘走。自1998年起，100棵澳洲红铁桉树（*Eucalyptus sideroxylon* 'Rosea'）被陆续种植在一块2.24英亩的土地上，其位置在原楼房地基的东南方，用水力控制溶剂羽流。两年后，在2000年时，另外380棵桉树也被定植。到2009年为止，其中将近100棵树死亡，剩余388棵树存活，然而，这些树木仍然足以建立一个有效的修复系统。

因其在减少地下水中三氯乙烯（TCE）的过程中可能的有效性和低成本，一种基于植物修复技术的修复系统被选来整治这块场地。此外，污染区当地干燥的气候与夏季稀少的降水有助于确保树木完全依赖所针对的受污染的地下水来满足它们对水的需求。特拉维斯空军基地内应用植物技术的场地，是遍布全国的一系列示范项目组成的更大网络的一部分，其分布在六个美国空军基地内，陆续竣工于20世纪90年代末。国防部对于植物修复技术很感兴趣，是因为三氯乙烯（TCE）在过去的飞机维修中被频繁用作脱脂溶剂，进而在全世界的空军基地内造成了普遍的地下水污染。

除了在污染源植树直达地底以外，在2008年，一个由黄铁矿、碎石、木屑与植物油混合组成的生物反应器亦被安装在靠近污染源的区域。由于生物反应器的安装，在污染源周围的三氯乙烯（TCE）污染减少了94%。使TCE从树木和土壤表面进入大气的植物挥发作用♂，以及植物降解作用♂，是这个研究进行评价的从地下水中去除TCE污染的两种主要机制。使用2004和2009年采集的地下水数据，根据实地测量计算表明，从叶片和土壤中挥发的TCE几乎占了植物修复场地内每年移除的约3.75磅TCE中的一半。转移到大气中的TCE不是该场地的关注重点，这是由于TCE在大气中的半衰期较短（Atkinson，1989），同时空气质量采样结果证实，工人的健康没有受到影响（Parsons，2010）。树木整治策略已大获成功，环境工程师们建议将其应用范围扩大到受TCE地下水羽流影响的基地内其他区域。

091

在特拉维斯空军基地用于植物修复种植的12岁桉树丛，是20世纪90年代末在美国国防部隶属场地陆续竣工的六个植物修复工程之一，预期其能够在2020年之前完全清理场地内的污染。

图3.11　案例研究：特拉维斯空军基地，费尔菲尔德，加利福尼亚州——2012（实景照片）

案例研究：氯化溶剂-2

　　项目名称：平赫斯特酒店干洗店（ATC，2013；Sand Creek，2013）（图3.12、图3.13）

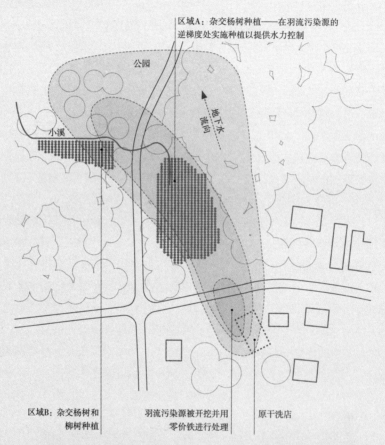

图3.12　案例研究：平赫斯特酒店干洗店，平赫斯特，北卡罗来纳州（平面图）

　　位置：平赫斯特市，纽约州

　　项目顾问/科学家：Sand Creek顾问机构，威斯康星州；ATC协会，北卡罗来纳州

　　竣工时间：2010年

　　种植的植物：杂交杨树（*Populus* spp.）和柳树（*Salix* spp.）用深根法种植在污染源区域，直达地底，以防止污染羽流的运移。

　　A区域——杂交杨树种植在以3.2米×2.4米（8×6英尺）见方网格划分的空地上。

　　B区域——杂交杨树和柳树种植在场地内原有的玉兰树之间。

改良：铁元素（零价）被注入污染源区域以促进污染最严重区域的污染物分解。在污染源区域不使用植物修复技术；只在其周围利用植物控制污染物的运移。在植物修复种植区内采用松针和草坪草进行杂草防除。

污染物：四氯乙烯（PCE）①，三氯乙烯（TCE）①，苯⊖，二甲苯⊖

目标媒体和深度：深度为4米（13.5英尺）的地下水

平赫斯特酒店干洗店从20世纪30年代经营至70年代，为原平赫斯特酒店的干洗和洗衣部门。其污染是在相邻物业的尽职调查评估过程中发现的。业主在2001年将其场地注册为北卡罗来纳州干洗溶剂清理行动（DSCA）计划。

从2008年开始，羽流污染源处总计达750吨的受污染土壤被挖出，并使用一个移动式蒸汽蒸馏装置进行现场处理。此外，加入零价铁元素在羽流污染源附近，以促进污染物的分解。在2010年，一个由杂交杨树和柳树组成的植物修复装置被种植在两个场地内的羽流污染源周围：地下水在18英尺深处的区域为深根种植区，而地下水在小于3英尺深处的区域为浅根种植区。

这些植物修复技术的实施，提供了羽流水力控制，同时防止干洗溶剂排放到附近的地表水流中。深栽品种为杂交杨树，种植在污染源区与地表水流之间，并要求将20英尺高的树苗种植在深钻孔内，以到达地下水层。浅根种植的品种为杂交柳，作为缓冲区种植在地表水流流经的水岸两侧。在此应用植物修复技术手段，是由于其所费成本较低，亦与利益相关方渴望的绿色和环保整治方案相契合。如今羽流已趋稳定，污染对地表水的影响亦已得到成功缓解。

植物修复区域A：种植之前

植物修复区域A：2008年种植——杨属植物

植物修复区域A：2010年——生长2.5年后

植物修复区域B：原有种植——栽种了杨树和柳树，以保护地表水汇聚的注地（见图中右侧）不被地下水所污染。

植物修复区域B：2010年——生长2.5年后

图3.13 案例研究：平赫斯特干洗店，平赫斯特，北卡罗来纳州（实景照片）

3.1.3 ⊕爆炸物（图3.14）

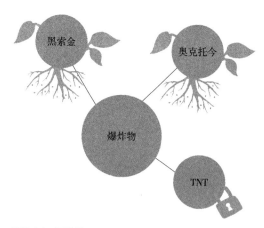

图3.14 爆炸物

在这一类别下的特定污染物有：

* 1，3，5-三硝基六氢-1，3，5-三嗪（RDX：环三亚甲基三硝胺；黑索金）；
* 1，3，5，7-四硝基-1，3，5，7-四氮杂环辛烷（高熔点炸药或HMX：奥托今）；
* 三硝基甲苯（TNT）。

爆炸物污染的典型来源：军火。

存在爆炸物污染的典型土地利用方式：防御设施、炸药生产工厂、炸药储存设施、武器拆解设施、有军事活动发生的其他场地、工矿用地、采石场。

为什么这些污染物存在风险：三种最常见的炸药污染物是RDX、TNT和HMX。RDX是使用最广泛的军用炸药，TNT常常与RDX混合使用（Rylott等，2011）。在近年来的许多军事应用中，RDX和TNT已被HMX取代（Yoon等，2002）。美国环保署已将这些炸药种类均归为优先控制污染物和可能的人类致癌物质，RDX对人类尤其具有威胁，因为它很容易污染饮用水源。RDX对人类和哺乳动物具有毒性；它入侵中枢神经系统，引起惊厥（Burdette等，1988）。不同于因毒性作用已被禁止使用的其他危险污染物，制造军用炸药的持续需求，意味着人们可能会继续合成这种爆炸物，进而造成显著的环境风险（Rylott等，2011）。

总结

RDX、TNT和HMX为各自非常不同的化合物，在土壤中的理化表现亦明显不同。

①RDX

应用的机制：植物水力学◯、根际降解作用🧍、植物降解作用🌱○、植物代谢作用⬜。

RDX很容易被过滤，在土壤和地下水中均能发现。一些根际微生物和一些植物地上部分中存在的细菌（常被称为内生菌）可以降解RDX（Rylott等，2011；Just和Schnoor，

2004）。然而，RDX也可以对植物生长产生毒害作用，必须选择特定植物，这些植物或者其自身进化，或者经过了基因改良，能够耐受土壤中的RDX。一旦选择了深主根和高蒸发（蒸散）率的耐性植物，便可以应用其触及地下水中的RDX，并主动"泵出"RDX供相关细菌进行降解。当处在适用范围内的$\log K_{ow}$的值为0.87时，RDX可以运移到植物体内。植物和微生物通过根际降解机制🐛和植物降解机制🔬进行辅助，使得RDX降解成为可能。扰动过的土壤往往缺乏氮元素，被爆炸物污染的场地内的细菌已经进化出发掘RDX作为氮源的能力，可以降解爆炸物，利用其中的氮素（Rylott等，2011）。

人们对降解途径是如何起作用的完整机制并不完全了解，在植物降解过程中产生的代谢副产物可能是有毒的。降解可以在有氧或无氧的环境中进行，从而释放有毒或无毒的代谢产物（Rylott等，2011）。由于这些原因，基于植物的RDX修复系统现场应用的时机并未成熟，在现阶段只应考虑科学实验环境下使用。此外，RDX污染往往掺杂了TNT或其他污染，导致其他复杂情况的出现（见下文）。RDX降解领域的最新科研成果是由科学家和美国陆军合作完成的，该成果研究了转基因草本的应用，其可在有毒场地内存活，也能将RDX降解为毒性较低的代谢产物（Rylott，2012）。这些草本为矮生种，可以种植在武器射程范围内和军事基地内，在这些尚有军事活动进行的场地内，通透无遮挡的视线是必要的。

②TNT

应用的机制：植物稳定技术🔍。

TNT通常与土壤紧密结合，对植物有毒害作用，并常残留在土壤中长达几个世纪，因此确定能够处理被TNT污染土壤的植物是非常困难的（Rylott等，2010；Thompson等，1999）。在TNT污染地区，一些植物已进化出在这种毒素中生长的耐性。目前正在研究存在于这些植物中的TNT耐受基因，以尝试培育能够耐受TNT环境并在其中正常生长的转基因植物（Rylott等，2011）。这非常重要，不仅因为能够降解TNT，还因为其作为修复措施，使得在其他军事基地内降解混合了TNT污染物的土壤污染成为可能。例如，植物品种可能会降解RDX或石油泄漏污染，但首先植物必须能够耐受TNT。TNT对于人类而言风险并不大，因为它不会渗入地下水，但它会长期残留在土壤中，当其他有机物降解时，它却长期在场地内保持稳定。在某些情况下，未与土壤颗粒结合的TNT可被植物提取并吸收（Thompson等，1999），但这在实际应用中几乎不可能出现。

③HMX

应用的机制：植物水力学🔍、植物代谢作用🔬、植物稳定技术🔍。

HMX并非植物毒素，所以植物往往可以种植在被HMX污染的土壤中（Yoon等，2004）。它的$\log K_{ow}$为0.19，可以被吸收并储存在植物的地上部分中。然而，植物自身不能降解HMX（Yoon等，2004）。有毒污染物在叶片处积累，而HMX极易浸入落叶，这就成为污染物流动的途径。随着污染物在植物体内的累积（生物体内积累），就存在被昆虫或动物摄入的风险，因此，在现阶段不建议将植物应用于HMX修复现场（Yoon等，2004）。如果要考虑提取，就必须收集植物叶片和其他部分，以防止污染物的扩散。

其他非爆炸物的军事污染物包括：石油产品——这在军事场所相当普遍（见上一节的石油部分）、高氯酸（见本章随后介绍的无机盐部分）、全氯乙烯（Perc）和三氯乙烯

（TCE）（见之前的氯化溶剂部分）、金属——如铅、锌、铜和放射性核素（见下面重金属和放射性核素部分）。

由于TNT对植物的生长具有极强的（植物）毒害作用，爆炸物污染在现场又往往是混合存在的，使用植物修复系统处理土壤，现场级别的成功应用十分有限。除了植物毒害问题，当爆炸物被分解时，它们经代谢作用可变成和其原始成分一样有毒的新成分。出于这个原因，目前植物只用作该类污染物的流动控制，而不是分解或提取。然而，在这一领域有重要研究即将完成，成果显示在未来，植物修复技术降解污染潜力可观。在美国，能源密集型的挖掘和焚烧是最常用的修复被爆炸物污染土壤的做法（Subramanian和Shanks，2003）。如果研究继续，植物修复策略进一步发展成为可行手段，其对于那些处于偏僻地区的、面积广阔的场地具有广泛适用性。此外，其适宜整治现存生态系统较为脆弱的环境，在这些环境中，最小干扰是首要原则（Reynolds等，1999）。

当爆炸物污染在水中存在而不是如上所述存在于土壤中时，利用人工湿地清除和降解污染已呈现出可喜的成果（Kiker等，2001）。

种植细节

目前，下列种植类型可以考虑与下面列出的植物种类配合使用。

在土壤中

096

辅助将污染物截留在现场，不使其流动。

种植稳定垫：第4章，见第191页。

在水中

辅助控制被污染的地下水：水力控制的时限为2–10+年，取决于地下水污染程度、羽流速度和体积。

地下水运移林分：第4章，见第200页。

在水中降解：用人工湿地技术成功地清除了水中的一些爆炸污染物。

- 表面流人工湿地：第4章，见第219页。
- 地下砾石湿地：第4章，见第221页。

表3.6所示的植物名录是一个初步的植物品种列表，实验室研究已证明这些植物用于降解土壤中的爆炸物污染是有效的。在现阶段，除湿生植物以外的任何植物种类均不建议现场应用，因为这些植物修复系统付诸实施之前需要完成进一步的科学研究。可以考虑种植深根型、高蒸发（蒸散）率的树种以防止地下水运移，但同时必须仔细考虑可能被转运到叶片的爆炸污染代谢产物的处理。

表3.6

爆炸物污染治理植物技术的植物名录

拉丁名	惯用名	污染物种类	植被类型	美国农业部抗寒区划	原产地	参考文献
Abutilon avicennae	苘麻	三硝基甲苯（TNT）	草本	8~11	印度	Chang等，2003 Lee等，2007
Acorus calamus	菖蒲	三硝基甲苯（TNT）	草本	3+	亚洲	Best等，1999
Aeschynomene indica	田皂角	三硝基甲苯（TNT）	草本		亚洲、非洲	Lee等，2007
Alisma subcordatum	心形泽泻	黑索今（RDX）	湿生植物	3~8	北美洲	Kiker和Larson，2001
Arabidopsis thaliana	拟南芥	黑索今（RDX）	草本	1+	欧洲、亚洲	Rylott等，2011 Strand等，2009
Carex gracilis	薄苔草	三硝基甲苯（TNT）	草本	3~7	北美洲	Nepovim等，2005 Vanek等，2006.
Catharanthus roseus	长春花	奥克托今（HMX） 黑索今（RDX） 三硝基甲苯（TNT）	草本	10~11	马达加斯加	Bhadra等，2001 Hughes等，1997 Thompson等，1999
Ceratophyllum demersum	金鱼藻	黑索今（RDX）	湿生植物	5~11	世界范围内	Kiker和Larson，2001
Chara	轮藻	黑索今（RDX）	湿生植物	多个	多个	Kiker和Larson，2001
Cicer arietinum	鹰嘴豆	三硝基甲苯（TNT）	草本	一年生植物	中东地区	Adamia等，2006
Cyperus esculentus	油莎草	三硝基甲苯（TNT）	草本	3~9	北美洲、欧洲、亚洲	Leggett和Palazzo，1986 Thompson等，1999
Dactylis glomerata	鸭茅	三硝基甲苯（TNT）	草本	3+	欧洲	Duringer等，2010
Echinochloa crus-galli	稗草	三硝基甲苯（TNT）	草本	4~8	欧洲、亚洲	Lee等，2007
Festuca arundinacea	高羊茅	三硝基甲苯（TNT）	草本	4~8	欧洲	Duringer等，2010
Glycine max	大豆	黑索今（RDX） 三硝基甲苯（TNT）	草本	一年生植物	东亚地区	Adamia等，2006 Chen等，2011 Vila等，2007
Helianthus annuus	向日葵	三硝基甲苯（TNT）	草本	一年生植物	北美洲	Lee等，2007

098

拉丁名	惯用名	污染物种类	植被类型	美国农业部抗寒区划	原产地	参考文献
Heteranthera dubia	水鳖	黑索今（RDX）三硝基甲苯（TNT）	湿生植物	6-11	北美洲、中美洲	Best等, 1997
Juncus glaucus	灯芯草	三硝基甲苯（TNT）	草本	4-9	欧洲	Nepovim等, 2005; Vanek等, 2006
Lersia oryzoides	李氏禾稻	黑索今（RDX）	湿生植物	3-8	北美洲、欧洲、亚洲	Kiker和Larson, 2001
Lolium multiflorum	多花黑麦草	奥克托今（HMX）三硝基甲苯（TNT）	草本	5+	欧洲	Adamia等, 2006
Lolium perenne	多年生黑麦草	奥克托今（HMX）	草本	3-9	欧洲、亚洲	Duringer等, 2010
Myriophyllum aquatica	穗花空心莲	黑索今（RDX）三硝基甲苯（TNT）	湿生植物	6-10	南美洲	Bhadra等, 2001; Hughes等, 1997; Just和Schnoor, 2000; Just和Schnoor, 2004; Thompson等, 1999; Wang等, 2003
Myriophyllum spicaticum	欧亚水薯草	三硝基甲苯（TNT）	湿生植物	6-10	欧洲、亚洲	Hughes等, 1997; Thompson等, 1999
Nicotiana tabacum	（转基因）烟草	黑索今（RDX）三硝基甲苯（TNT）	草本	一年生植物	北美洲	French等, 1999; Hannink等, 2001; Pieper和Reineke, 2000; Rosser等, 2001; Van Aken等, 2004
Oryza sativa	水稻	三硝基甲苯（TNT）	草本	一年生植物	东亚地区	Vila等, 2007a; Vila等, 2007b; Vila等, 2008
Panicum virgatum	柳枝稷	黑索今（RDX）	草本	2-9	北美洲	Brentner等, 2010
Phalaris arundinacea	虉草	黑索今（RDX）三硝基甲苯（TNT）	草本	4-9	欧洲	Best等, 1997; Best等, 1999; Kiker和Larson, 2001; Thompson等, 1999; Just和Schnoor, 2004

续表

拉丁名	惯用名	污染物种类	植被类型	美国农业部防寒区划	原产地	参考文献
Phaseolus vulgaris	菜豆	三硝基甲苯（TNT）	草本	一年生植物	中美洲	Cataldo等, 1989; Thompson等, 1999
Phragmites australis	芦苇	三硝基甲苯（TNT）	草本	4~10	欧洲、亚洲	Nepovim等, 2005; Vanek等, 2006
Polygonum punctatum	等麻	黑索今（RDX）	草本	3+	北美洲	Kiker和Larson, 2001
Populus deltoides × nigra DN34（24, 25）; Populus tremula × tremuloides var. Etropole（26）	杨属植物和杂交种	黑索今（RDX）; 三硝基甲苯（TNT）	乔木	多个	多个	Brentner等, 2010; Thompson, 1997; Van Dillewijin等, 2008; Van Aken等, 2004
Potemogeton spp.	眼子菜	黑索今（RDX）	湿生植物			Kiker和Larson, 2001
Sagittaria spp.	慈姑属	黑索今（RDX）	湿生植物	5~10	北美洲、南美洲	Kiker和Larson, 2001
Scirpus cyperinus	蔺草	黑索今（RDX）; 三硝基甲苯（TNT）	湿生植物	4~8	北美洲	Best等, 1997; Best等, 1999
Sorghum sundase	高粱	黑索今（RDX）	草本	8+	非洲	Chen等, 2011
Triticum aestivum	小麦	黑索今（RDX）	草本	一年生植物	亚洲	Chen等, 2011; Vila等, 2007a
Typha latifolia	宽叶香蒲	三硝基甲苯（TNT）	草本	3~10	北美洲、欧洲、亚洲	Nepovim等, 2005; Vanek等, 2006
Vetiveria zizanioides	香根草	三硝基甲苯（TNT）	草本	9~11	印度	Das等, 2010; Markis等, 2007a; Markis等, 2007b
Zea mays	玉米	黑索今（RDX）; 三硝基甲苯（TNT）	草本	一年生植物	美国	Chen等, 2011; Vila等, 2007

注：科学研究显示，一些植物具有部分萃取和/或降解的潜力。在现阶段只应考虑用湿生植物进行爆炸物污染的植物修复。

099

案例研究：爆炸物污染

项目名称：艾奥瓦州陆军弹药厂人工湿地（Kiker等，2001；Thompson等，1997，2003）（图3.15、图3.16）

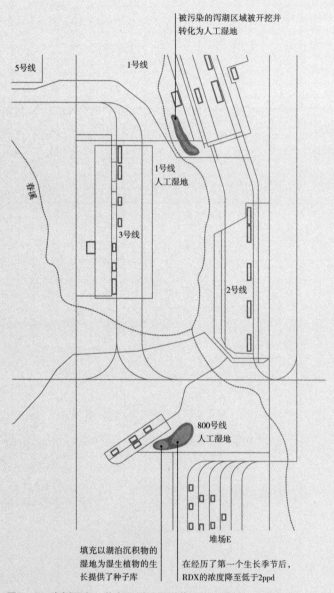

被污染的泻湖区域被开挖并转化为人工湿地

5号线

1号线

1号线人工湿地

3号线

2号线

春溪

800号线人工湿地

填充以湖泊沉积物的湿地为湿生植物的生长提供了种子库

在经历了第一个生长季节后，RDX的浓度降至低于2ppd

堆场E

图3.15　案例研究：艾奥瓦州陆军弹药厂人工湿地，米德尔敦，艾奥瓦州（平面）

位置：米德尔敦，艾奥瓦州

科学家：Steve Larson博士，美国陆军工兵部队电子研究和发展指挥部（ERDC）化学研究员；Randy Sellers，驻奥马哈美国陆军工兵部队生物学家；Jackson Kiker，曾为驻奥马哈美国陆军工兵部队化学家；Don Moses，美国陆军工兵部队土木工程师

竣工时间：1997年

种植说明：建立了一个人工湿地，新的洼地内填充着从当地湖泊中收集来的土壤。这就为将来湿地植被的生长提供了一个种子库：李氏禾稻（*Lersia oryzoides*）、荨麻（*Polygonum punctatum*）、虉草（*Phalaris arundinacea*）、淡水藻类（*Spirogyra* spp.）、稗草（*Echinochloa crusgalli* Michx.）、池塘杂草（*Potemogeton* sp.）、泽泻（*Alisma subcordatum*）、慈姑（*Sagittaria* sp.）、金鱼藻（*Ceratophylum demersum*）、轮藻（*Chara*）。

污染物：在土壤中的TNT 2，4，6-三硝基甲苯⊕和在地表水与地下水中的RDX 六氢-1，3，5-三嗪⊕

目标媒介和深度：地表水和地下水的RDX含量从1998年1月的778微克/升降低至7月的2微克/升，此后持续下降直至2013年，达到了规定的污染物排放限值。存在于土壤中的TNT则尚未整治。

艾奥瓦州陆军弹药厂位于艾奥瓦州东南部，面积1.9万英亩，自1940年起为美国国防部生产军械和导弹弹头。场地内的隔离区被废弃弹药泄漏的爆炸物广泛污染，产生了大量含有TNT和RDX的污水。由于爆炸物污染引起的水体颜色变化，场地内受污染的地表水通常被称为"粉水"。1990年，该工厂被列入美国环保署有毒废物堆场污染清除基金资助名单。

1997年，艾奥瓦州陆军弹药厂内两个污染最严重的区域——1号线"水库"（Impoundment）和800号线"潟湖"（Lagoon）——被大面积开挖以去除大部分受污染土壤。随后场地被翻建成人工湿地，而不是被回填，以处理受污染的地表水和地下水。这是已知第一个全面运用植物修复技术设计的爆炸物污染水体整治系统。其目标是将污染水平降至低于美国环保署制定的2ppb[①]健康生活建议水平。作为众多可选修复措施之一，选择植物修复技术是由于其成本较低。开挖区内满铺从附近湖泊中掘出的沉积物，这些沉积物作为种子源，可以刺激超过50种不同湿生植物的生长。1号线目前变成了一个3.6英亩[②]的人工湿地，而800号线变成了5英亩的湿地。湿地内爆炸污染物已成功减少，达到了规定的排放限值，而在冬季，种植的植被处于休眠状态，污染物不会减少。在一年中的这个时候，场地内必须保水，并在生长季节再次来临时将水排出。

101

---

① 表达溶液浓度时，1ppm 为 1 微克/毫升，1ppb 为 1ppm 的千分之一。——译者注
② 1 英亩 ≈ 0.4 公顷。——译者注

1号线爆炸物人工湿地：2000年——在原爆炸场地基础上开挖
形成　　　　　　800号线爆炸物人工湿地：2000年——在原爆炸污染地开挖
　　　　　　　　而成

图3.16　案例研究：艾奥瓦州陆军弹药厂人工湿地，米德尔敦，艾奥瓦州（实景照片）

3.1.4　⊙农药（图3.17）

102

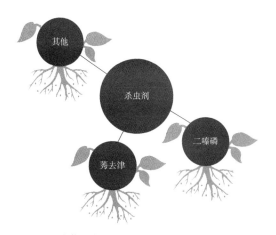

图3.17　农药污染物

　　在这一类别中的特定污染物：分解半衰期（breakdown half-life）不到一年的各种农药，例如莠去津（除草剂）、毒莠定（除草剂）、氯草啶（除草剂）和胺甲萘（杀虫剂）。许多农药也是含氯溶剂。常把在环境中持续存在超过一年的农药列入持久性（宿存）有机污染物（POPs）类别（见下一节），其中包括DDT、DDE、氯丹和奥尔德林。

　　农药污染的典型来源：杀虫剂、除草剂、杀菌剂。

　　存在农药污染的典型土地利用方式：现有和以前的农业或果园用地、住宅（喷洒过驱除白蚁或其他昆虫的药剂）、铁路廊道、道路廊道、公用事业廊道。

为什么这些污染物存在风险：许多农药是已知的内分泌干扰物，可能导致人类罹患癌症。在美国，莠去津等除草剂仍在广泛使用，但自2003年起，其在欧盟已被禁止使用，这是因为有证据表明它们会污染饮用地下水（Sass和Colangelo，2006）。

应用的机制：植物水力学◯、根际降解作用☸、植物降解作用◢◔。

农药如除草剂莠去津、毒莠定、氯草啶和杀虫剂西维因至今仍在使用，其易溶于水，很容易渗入地表水和地下水。它们一旦进入水中，便会产生严重危害，因为当处在缺氧（厌氧）水环境中时，其分解过程会更加缓慢。它们会污染饮用水，并被人体吸收，而它们中的许多种类是已知的致癌物质。

种植系统通常可通过根际降解作用☸促进这些农药污染的降解。由于这些污染物常常会进入水体、河岸缓冲区、雨洪过滤区，故而常常应用人工湿地截留水体，降解（其中的）农药污染。尽管这些污染物大多是在过去50年内逐渐产生的，但微生物学已经发展到能够使用这些新的氮源和碳源，以促进它们的降解。

种植细节

农药，尤其是除草剂，半衰期不到一年，可能存在于阻碍植物生长的富集物中。然而，当进入水中后，它们往往会被稀释，进而有可能被人工湿地或不含植物的生物修复系统降解。

在土壤中

103

许多农药被配制成随着时间推移会自行分解的类型。然而，通过引种能够刺激土壤中微生物降解的植物，可以加快这个分解过程。对于这些易降解农药而言，可以考虑以下种植类型。

◢◔☸土壤降解种植类型：降解时限：0—3年。

- 降解覆盖：第4章，见第207页。
- 降解树篱：第4章，见第206页。
- 降解栅篱：第4章，见第206页。
- 降解灌木丛：第4章，见第204页。

在水中

◯地下水控制种植类型：时限取决于地下水污染程度、羽流速度和体积。

地下水运移林分：第4章，见第200页。

◯◢◔☸雨水或地下水降解：污染物会持续不断地进入系统。从污染物进入系统时起算，降解的时限可能是0—3年。

- 雨洪过滤器：第4章，见第217页。
- 多机制缓冲区：第4章，见第216页。
- 表面流人工湿地：第4章，见第219页。
- 地下砾石湿地：第4章，见第221页。

表3.7所示的植物名录是一个初步的植物品种列表，研究已证明这些植物用于降解土壤和水体中易于降解的农药污染是有效的。

104

农药污染治理植物降解技术和/或水力控制植物名录 表3.7

拉丁名	惯用名	污染物种类	植被类型	美国农业部抗寒区划	原产地	参考文献
Acorus calamus	菖蒲	莠去津	湿生植物	3+	亚洲	Marecik等, 2011 Wang等, 2012
Andropogon geradi *Andropogon geradii* var. *Pawne*	大须芒草	毒死蜱 百菌清 二甲戊灵 丙环唑 莠去津 除草通	草本	4-9	北美洲	Henderson等, 2006 Smith等, 2008
Brassica campestris	油菜	硫丹	草本	7+	欧洲	Mukherjee和Kumar, 2012
Brassica napus	甘蓝型油菜	毒死蜱	草本	7+	地中海地区	White和Newman, 2007
Cabomba aquatica	黄菊花草	硫酸铜 烯酰吗啉 啶酰菌隆（莠百宫）	湿生植物	9+	南美洲	Olette等, 2008
Ceratophyllum demersum	金鱼藻	异丙甲草胺	草本	4-10	北美洲	ITRC PHYTO 3 Rice等, 1996b
Elodea candensis	眼子菜	硫酸铜 烯酰吗啉 啶酰菌隆（莠百宫）	湿生植物	4+	北美洲	Olette等, 2008
Gossypium spp.	棉属植物	涕灭威	草本	8-11	亚洲	Anderson等, 1993 ITRC PHYTO 3
Iris pseudacorus	黄菖蒲	莠去津	湿生植物	4-9	欧洲、亚洲、非洲	Wang等, 2012
Iris spp.	鸢尾属	莠去津	草本	多个	多个	Burken和Schnoor, 1997
Iris versicolor	蓝旗鸢尾	毒死蜱 百菌清 二甲戊灵 丙环唑	草本	4-7	北美洲北部地区	Smith等, 2008

续表

拉丁名	惯用名	污染物种类	植被类型	美国农业部抗寒区划	原产地	参考文献
Kochia spp.	地肤属	莠去津 异丙甲草胺 氟乐灵	草本	多个	欧洲、亚洲	Anderson等，1994 ITRC PHYTO 3
Lemna minor	浮萍	八甲基丙吸磷 马拉硫磷 异丙甲草胺 硫酸铜 烯酰吗啉 啶嘧磺隆（秀百宫） 异丙隆 草甘膦	湿生植物	3+	世界范围内	Dosnon-Oiette等，2011 Gao等，1998 ITRC PHYTO 3 Olette等，2008 Rice等，1996b
Linum spp.	亚麻属	2，4-D	草本	5-9	多个	Anderson等，1993 ITRC PHYTO 3
Lythrum salicaria	千屈菜	莠去津	湿生植物	3+	欧洲、亚洲	Wang等，2012
Myriophyllum aquaticum	粉绿狐尾藻	八甲基丙吸磷 马拉硫磷 育畜磷 莠去津 氟乐灵 特丁净原药 塞克洛西丁（Cycloxidin）	湿生植物	6-10	南美洲	Gao等，1998 ITRC PHYTO 3 Turgut，2005
Oryza sativa	水稻	禾草丹 对硫磷 敌稗 莠去津 氯氟氰菊酯 二嗪磷（地亚农） 氟虫腈	湿生植物	一年生植物	东亚地区	Anderson等，1993 Hoagland等，1994 ITRC PHYTO 3 Moore和Kroeger，2010 Reddy和Sethunathan，1983

106

拉丁名	惯用名	污染物种类	植被类型	美国农业部抗寒区划	原产地	参考文献
Panicum virgatum（9） Panicum virgatum var. Pathfinder（10）	柳枝稷	莠去津 二甲戊灵	草本	2-9	北美洲	Albright和Coats，2014 Burken和Schnoor，1997 Henderson等，2006 Murphy和Coats，2011
Phaseolus vulgaris	菜豆	二嗪磷 对硫磷 涕灭威	草本	一年生植物	中美洲	Anderson等，1993 Hsu和Bartha，1979 ITRC PHYTO 3
Pinus ponderosa	黄松	莠去津	乔木	3-7	北美洲	Burken和Schnoor，1997
Pisum sativum	豌豆	二嗪磷（地亚农）	草本	一年生植物	欧洲、亚洲	Anderson, Guthrie和Walton，1993 ITRC PHYTO 3
Plantago major	车前草	吡虫啉	草本	3+	欧洲、亚洲	Romeh，2009
Populus spp. Populus deltoides × nigra DN34 Populus spp. 'Imperial Carolina' Populus deltoides I-69/55	杨属植物和杂交种	甲草胺 地乐酚 莠去津 二恶烷 异丙甲草胺 嗪草酮 毒死蜱	乔木	多个	多个	Applied Natural Sciences, Inc.，1997 Bin等，2009 Black，1995 Burken和Schnoor，1997b ITRC PHYTO 3 Lee等，2012 Nair等，1992 Paterson和Schnoor，1992 Sand Creek，2013 Schnoor等，1997 Schnoor，1997
Saccharum spp.	甘蔗属	2, 4-D	草本	9+	中、南美洲	Anderson等，1993 ITRC PHYTO 3
Salix alba L. 'Britzensis'	科勒尔白柳	氟乐灵 甲霜灵	灌木	2+	欧洲、亚洲	Warsaw等，2012
Salix nigra	黑柳	灭草松	乔木/灌木	2-8	美国东部地区	Conger，2003 Conger和Portier，2006
Salix spp.	柳属植物	毒死蜱	乔木/灌木	多个	多个	Lee等，2012

续表

拉丁名	惯用名	污染物种类	植被类型	美国农业部抗寒区划	原产地	参考文献
Sambucus nigra L. 'Aurea'	金叶接骨木	氟乐灵 甲霜灵	灌木	4+	欧洲、亚洲、非洲	Warsaw等，2012
Sorghastrum nutans var. Holt	印第安草	莠去津 二甲戊灵	草本	2-9	北美洲	Henderson等，2006
Trifolium spp.	三叶草属	2，4-D	草本	多个	多个	Anderson等，1993 ITRC PHYTO 3
Tripsacum dactyloides	鸭茅状摩擦禾	莠死啤 百菌清 二甲戊灵 丙环唑	草本	4-9	美国东部地区	Smith等 2008
Triticum aestivum	小麦	2，4-D 三嗪磷 2-甲-4-氯苯氧基乙酸（MCPA） 丙酸	草本	3-8	亚洲	Anderson，Guthrie和Walton，1993 ITRC PHYTO 3
Typha spp.	香蒲属	莠去津	湿生植物	3-10	北美洲、欧洲、亚洲	ITRC PHYTO 3 Kadlec和Knight，1996
Veiveria zizanioides, (syn. Chrysopogon zizanioides)	香根草	硫丹、莠去津	草本	9-11	印度	Abaga等，2012 Marcacci和Schwitzguebel，2007
Zea mays	玉米	甲草胺 莠去津 三嗪磷 涕灭威	草本	4-11	美国	Anderson等，1993 ITRC PHYTO 3 Paterson和Schnoor，1992

案例研究：农药污染

项目名称： 农民飞行喷药服务公司（Sand Creek，2013）（图3.18、图3.19）

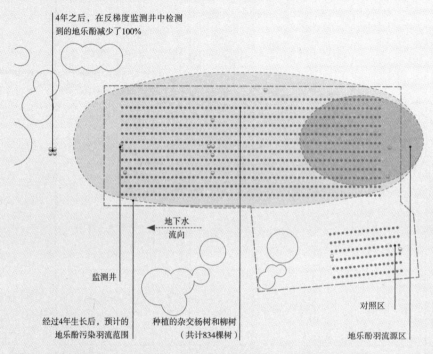

4年之后，在反梯度监测井中检测
到的地乐酚减少了100%

地下水
流向

监测井

经过4年生长后，预计的
地乐酚污染羽流范围

种植的杂交杨树和柳树
（共计834棵树）

对照区

地乐酚羽流源区

图3.18　案例研究：农民飞行喷药服务公司，班克罗夫特，威斯康星州（平面）

位置： 班克罗夫特，威斯康星州

项目顾问/科学家： 桑德克里克（Sand Creek）顾问机构，威斯康星州；威斯康星州立大学，Stevens Point-Mark Dawson，William DeVita和Christopher Rog

竣工时间： 2000年

植物种类： 834棵杂交杨树（*Populus* NM-6、DN-34和DN-17）、美洲黑杨（D-105）和杂交柳树（*Salix* SX-61和SV-1）

污染物： 浓度为6600 ppb的地乐酚⊙（一种专除阔叶杂草的除草剂）

农民飞行喷药服务公司是总部设在威斯康星州班克罗夫特市。场地内多年的农药储存和处理造成了地下水和土壤的广泛污染。随着一个包含杨树和柳树的植物修复系统的竣工，该场地内接近地底监测位置的地下水中的地乐酚的浓度降低了将近100%，从修复系统竣工两年后的2000年测得的1549 ppb，减少到2004和2005年的未检出（<5ppb），而此时树木已经全面定植生长。相比之下，污染源区的浓度仍然在不断升高。

　　植物水力学○是研究者主要观测的植物修复机制，由于在缺氧（厌氧）环境中降解地乐酚存在已知的挑战，植物降解作用 ,○⚷ 只是该反应的一小部分。尽管如此，农民飞行喷药服务公司场地内的种植技术仍然是迄今为止最成功的农药污染植物修复技术。今天，该场地被关闭，但植物修复工程仍在继续保持水力控制的功能。需要更多的研究来评估杂交杨树对于地乐酚的潜在降解率，这一过程可通过搜集存在于植物根际和林木生物量中的地乐酚代谢产物来实现。

从场地内挖出的成桶农药（地乐酚）。农药已经渗入地下　20厘米长的杨树枝被扦插成行
水，污染了当地的饮用水源

种植两周后　　　　　　　　　　　　种植四周后　　　　　　　　种植一年后（高度增长了5–6
　　　　　　　　　　　　　　　　　　　　　　　　　　　　　　英尺）

种植两年后。位于（源区）中　　种植七年后，该场地已被有条件地关闭和修　种植七年后。图中高一些的树木表明最初
心位置的树木正在枯死，因为　复，但树木仍保持水力控制功能　　　　　　地下水污染较轻，而左侧较矮的树木划定
它的根系已进入被污染的地下　　　　　　　　　　　　　　　　　　了最初农药污染浓度较大的区域。图中右
水，被污染的水毒性很强，以　　　　　　　　　　　　　　　　　　侧较矮的树木是杨树和柳树的杂交试验
至于植物无法在此生长。在植　　　　　　　　　　　　　　　　　　种，其和植于保留树架内的杂交种相比，
物修复系统中，毒性最强区域　　　　　　　　　　　　　　　　　　耐性更差
内的植物无法生存，是很正常
的现象

图3.19　案例研究：农民飞行喷药服务公司，班克罗夫特，威斯康星州（实景照片）

3.1.5 ⊘ 持久性（宿存）有机污染物（POPs）（图3.20）

图3.20 持久性有机污染物

在这一类别中的特定污染物： 人们将24种人造来源的有毒化学物质分类为持久性有机污染物（POPs）（US EPA，2013c）。最常见的持久性有机污染物，包括一组名为"12大危害物"的、会在土壤中进行生物累积的有毒化学物质，其中包括以下几类。

• 曾经广泛使用的农药：DDT（双对氯苯基三氯乙烷）、DDE（DDT的代谢产物）、氯丹、灭蚁灵、艾氏剂、毒杀芬、六氯苯、狄氏剂、异狄氏剂、七氯。

• 曾经广泛使用的工业化学品：PCBs（多氯联苯）——主要用作工业冷却剂。

• 其他化学过程中产生的副产品：二噁英（二氧杂芑）、呋喃（多氯二苯并–p–呋喃）（White和Newman，2011）。

持久性有机污染物的典型来源： 农药、电机用工业冷却剂、阻燃剂、变压器、空调和窗户周围的填嵌材料中。大气沉降使得持久性有机污染物从原初污染源或污染点扩散出来。

存在持久性有机物污染的典型土地利用方式： 工业场所、变压器、铁路货场、采用旧式嵌缝材料（尤其在门窗等处）的建筑。DDT、DDE和其他农药喷洒的地点。

为什么这些污染物存在风险： 持久性有机污染物能和土壤更紧密地结合，进而在食物链中产生生物蓄积和生物放大作用（White和Newman，2011）。多氯联苯（PCBs）是持久性有机污染物中的一种，由于研究表明其与癌症相关，1979年起禁止在美国境内使用，2001年起在世界范围内禁用（Porta和Zumeta，2002）。杀虫剂DDT（及其代谢产物DDE）自1972年起在美国境内禁止使用，2001年起世界范围内禁用，因其对野生动物具有毒性作用，尤其是鸟类（Moyers，2007）。氯丹是一种杀虫剂，在20世纪80年代，其不仅广泛应用于农业领域，而且还用在住区草坪防虫和白蚁防治等方面（Metcalf，2002）。

应用的机制：植物稳定技术🔍；在植物提取机制▢和根际降解作用🕷方面取得了一些局部的成功。

持久性有机污染物（POPs）与土壤颗粒紧密结合，如果其能够进入地下水，分解进程也会十分缓慢。DDT、氯丹和工业用多氯联苯污染了土壤，甚至在100年后仍有污染物存在。目前，还没有一个被人广泛接受的、田野尺度的植物修复系统可以实际应用于降解或提取这些污染物（White和Newman，2011）。一些研究表明，用植物和相关微生物降解DDT、多氯联苯和其他污染物质是可能的，但尚不清楚其降解途径和产生的代谢产物，针对田野应用的研究结果亦不一致。这类污染物的分子结构使得它们非常顽固（难以降解）。相反，植物可以用来协助稳定现场的污染物。

一些研究发现某些特定种类的植物可以用比其他物种更快的速率提取或降解持久性有机污染物（POPs）。例如，最近的研究已经确定：一个西葫芦/南瓜杂交产生的新品种可以积累二噁英（White和Newman，2011）。然而，对存在于受污染土壤中的污染物浓度而言，萃取潜力可能只占其中的一小部分，因此该技术的现场应用环节仍然存在问题（White，2010）。即便场地内的植物在年复一年的生长季节中被收割和义除，在污染物中，只有生物可利用的组分可以被清除，和土壤紧密结合的污染物可能会保持下去。科学家们正在进行相关机理研究，以了解为什么某些种类的植物比其他物种更能吸收某些持久性有机污染物。在未来，可能会发现并应用潜在植物种类以降解或萃取、收割这些污染物，但在当前阶段，这些方法均不适用。

111

种植细节

在土壤中

🔍稳定作用。

种植稳定垫：第4章。

这些化合物之所以在环境中如此持久（宿存）的原因之一是它们在水中的溶解度很低，所以在此处没有考虑水作为载体的情况。植物用于持久性有机污染物的萃取只在实验室中或中试规模上表现出一定程度的成功，但在现阶段不应认为其能够进行田间规模的应用。在这些研究中测试过的植物名录列于此处（表3.8）；但是对于现阶段的田野应用而言，植物应仅作为稳定覆盖物。任何能有效地生长形成厚盖并防止侵蚀或灰尘渗入的植物种类均可被认为有助于减少污染物与土壤接触的风险。

112

表3.8

持久性有机污染物——植物修复技术的植物名录

拉丁名	俗用名	污染物种类	植被类型	美国农业部抗寒区划	原产地	参考文献
Carex aquatica	苔草	多氯联苯（PCB）	草本	3+	北美洲	Smith等，2007
Chrysanthemum leucanthemum	滨菊	多氯联苯（PCB）	草本	5-6	欧洲	Ficko等，2010 Ficko等，2011
Cucumis sativus L. 'Diikatess'	黄瓜	二噁英（PCDD）、呋喃（PCDF）	草本	一年生植物	印度	Hulster等，1994
Cucurbita pepo *Cucurbita pepo* L. 'Black Beauty' *Cucurbita pepo* L. convar. *Giromontiina* 'Diamant F1' *Cucurbita pepo* L. 'Raven' *Cucurbita pepo* L. 'Senator hybrid'	西葫芦	p, p'-DDE（DDT风化物） 滴滴涕（DDT） 六六六（HCH） 2, 2-双（对氯苯基）-1, 1-二氯乙烯（p, p'-DDE） 氯丹 二噁英（PCDD） 呋喃（PCDF）	草本		北美洲、中美洲	Bogdevich和Cadocinicov，2009 Hulster等，1994 Lsleyen等，2013 Lunney等，2004 Mattina等，2004 Wang等，2004 White，2001 Zeeb等，2006
Cucurbita pepo *Cucurbita pepo* L. 'Howden'	南瓜	DDT风化物 多氯联苯（PCB）	草本	一年生植物	北美洲、中美洲	Kelsey等，2006 Lunney等，2004 Wang等，2004 Whitfield-Aslund等，2007 Whitfield-Aslund等，2008
Daucus carota	胡萝卜	多氯联苯（PCB）	草本	3-11	北美洲	Ficko等，2010
Festuca arundinacea	高羊茅	多氯联苯（德洛尔103和106）	草本	3-8	欧洲	Pavlikova等，2007
Glycine max	大豆	多氯联苯（PCB）	草本	一年生植物	亚洲	McCutcheon和Schnoor，2003
Lagenaria siceraria	瓠瓜	七氯 环氧七氯	草本	一年生植物	亚洲、非洲	Campbell等，2009
Lolium multiflorum	多花黑麦草	p, p'-DDE（DDT风化物）	草本	5+	欧洲	White，2000
Maclura panifera	桑橙	多氯联苯（PCB）	乔木	4-9	北美洲	Olson等，2003

续表

拉丁名	惯用名	污染物种类	植被类型	美国农业部抗寒区划	原产地	参考文献
Medicago sativa	紫花苜蓿	p, p'-DDE（DDT风化物）	草本	3-11	中东地区	White, 2000
Mentha spicata	留兰香	多氯联苯（PCB）	草本	3-11	欧洲、中东地区	Gilbert和Crowley, 1997
Morus rubra	红桑	多氯联苯（PCB）	乔木	4-9	北美洲	Olson等, 2003
Phaseolaris vulgaris	豌豆	p, p'-DDE（DDT风化物）	草本	一年生植物	中美洲	White, 2000
Pinus nigra	欧洲黑松	多氯联苯（PCB）	乔木	5+	欧亚洲	Leigh等, 2006
Polygonum persicaria	春蓼	多氯联苯（PCB）	草本	4-8	欧亚大陆	Ficko等, 2010
Rumex crispus	皱叶酸模	多氯联苯（PCB）	草本	5+	欧亚大陆	Ficko等, 2011
Salix caprea	黄花柳	多氯联苯（PCB）	灌木	4-8	欧洲、亚洲	Leigh等, 2006
Sesamum indicum	芝麻	林丹（γ-六氯环己烷）	草本	9-11	非洲	Abhilash和Singh, 2010
Solanum torvum L.	水茄	林丹，六六六（HCH）	草本	9+	北美洲、中美洲	Abhilash等, 2008
Solidago canadensis	加拿大一枝黄花	多氯联苯（PCB）	草本	3+	北美洲东北部	Ficko等, 2010 Ficko等, 2011
Spartina pectinata	草原网茅	多氯联苯（PCB）	草本	4-9	北美洲	Smith等, 2007
Trifolium repens	白三叶	多氯联苯（PCB）	草本	3+	欧洲	McCutcheon和Spoor, 2003
Vicia cracca	广布野豌豆	多氯联苯（PCB）	草本	5+	欧亚大陆	Ficko等, 2010
Wilthania somnifera L.（Dunal）	印度人参	林丹 六六六（HCH）	草本	9+	印度	Abhilash等, 2008

注：科学研究显示植物具有一定的萃取潜力，但这些潜力不代表其可以应用于田野尺度的整治。

案例研究：多氯联苯

项目名称：怡陶碧谷现场（Ficko等，2010；Ficko等，2011；Whitfield等，2007；Whitfield等，2008）（图3.21、图3.22）

位置：怡陶碧谷，加拿大（多伦多郊外）

相关机构/科学家：加拿大皇家军事学院，加拿大皇后大学——Barbara A. Zeeb，Sarah A. Ficko，Allison Rutter

114

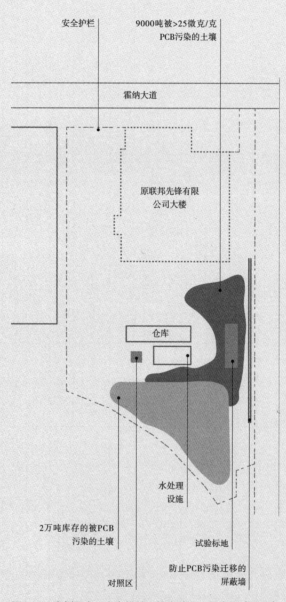

图3.21　案例研究：电力场地，怡陶碧谷，加拿大（平面）

竣工时间：研究自2004年起一直持续进行

植物种类：*Cucurbita pepo* ssp. *pepo* 'Howden'（南瓜）、*Carex normalis*（莎草）和*Festuca arundinacea*（高羊茅）

改良：氮、磷、钾肥料，旋耕

污染物：多氯联苯（PCBs）⊘（芳氯物1254/1260）@37微克/克

目标媒介和深度：土壤，表层60厘米

该现场位于加拿大多伦多市郊外的怡陶碧谷镇，是原电力变压器制造厂厂区所在地。现场有约9000吨被多氯联苯（PCB）污染的土壤，已用沥青覆盖固定。流经被污染土壤的地下水在经过现场污水处理设施净化后，排入城市下水道系统。一块沥青覆盖的区域被开挖并转换成了植物研究试验田。

现场研究从观测各种多氯联苯（PCB）积累植物品种的现场试验开始，观测那些温室研究中确定的植物品种在野外条件下有可能积累多氯联苯的能力，品种包括*Cucurbita pepo* ssp. *pepo* 'Howden'（南瓜）、*Carex normalis*（莎草）和*Festuca arundinacea*（高羊茅）（Whitfield等，2007）。进一步研究集中在不同的南瓜种植方法上，包括格架系统的使用和在盆栽土壤中种植（Whitfield等，2008）。这项研究表明了南瓜根结构（不定根系统）对于多氯联苯（PCB）吸收的重要性，还表明若增加种植密度，对于PCB吸收整体上可能会适得其反。然而，这项研究仍然显示，虽然该特定亚种的南瓜能够比其他植物吸收更多的多氯联苯（PCB），但对于污染现场的修复而言，这可能还不够多。

115

黄瓜、高羊茅和莎草被栽种在被多氯联苯（PCB）污染的旧有变电站场地内，以测试其提取潜力。地块边缘地带出现了自然萌发的植被，其中的植物品种也进行了提取试验。发现在27种引种植物中，有17种当地入侵"杂草"品种能够比最初测试的品种提取更大量的多氯联苯（PCB）。目前这些品种正在其他场地内进行测试。多氯联苯的植物修复潜力尚未经验证，故而目前应用植物进行现场提取的方法并不可行。

图3.22　案例研究：电力场地，怡陶碧谷，加拿大（实景照片）

进阶研究应用了一套独特方法以确定其他种类的PCB萃取植物，其通过分析之前研究中使用过的河床边缘地块内自然入侵的杂草类物种来实现。2010年Sarah Ficko等人的研究发现了被PCB污染的土壤中的27种自然外来种植物。在分析其组织内的PCB浓度时，人们发现，其中17种植物积累多氯联苯（PCB）的水平类似或大于先前确定的PCB蓄积植物——南瓜。有三种植物，*Solidago canadensis*（加拿大一枝黄花）、*Chyrsanthemum leucanthemum*（牛眼雏菊）和*Rumex crispus*（皱叶酸模）在现场进行了进一步的测试（Ficko等，2011）。人们发现，这三类植物的污染提取能力比南瓜更大。然而，需要做进一步研究以确定这些特定杂草种类萃取PCB的具体机制，以及优化种植密度和收割的方法。这些研究揭示了确定污染场地的自然入侵物种以增进对于污染物提取植物的了解的重要性，以及确定可商业化种植的污染萃取植物品种的重要性。多氯联苯（PCB）的植物提取技术仍在田野科研试验中进行研究，随着时间进展，研究会显示其在未来田野规模的整治中是否可行。在未来，低PCB浓度土壤的田野尺度整治有可能可行，前提是整治时限要有很强的伸缩性（譬如：可能需要很多很多年来完成修复）。

3.1.6　其他值得关注的有机污染物

在这一类别中的特定污染物：该类别是对尚未包括在前述分类中的其他值得关注的有机污染物的一个总括。其中包括以下污染物。

- 飞机除冰液和冷却液：乙二醇（EG）和丙二醇（PG），两种醇类碳氢化合物。
- 防腐液：甲醛和甲醇，两类属于挥发性有机化合物（VOCs）的碳氢化合物。
- 药品和个人护理产品：各种人造药物和洗剂，包括抗生素、激素、抗抑郁药、化妆品和许多其他药品。

其他值得关注的有机污染物的典型来源如下。

- 环境中的乙二醇主要来源于机场的地表径流，在那里它被用作跑道和飞机的除冰剂。它也被用作制动液和冷却加热系统的防冻液。丙二醇作为除冰液中的额外添加剂，被公认为是安全物质，此外，它也用于制造聚酯和食品加工（NHDES[①]，2006）。
- 甲醇和甲醛常用于防腐和贮存过程，也广泛应用于工业生产和制造过程。它们亦存在于汽车尾气中。
- 药品污染主要来自人类和动物产生的废水。大多数市政水处理设施不处理药品污染，它们往往随着被市政设施处理过的水的排出而逸散。对于独立的净化系统也是如此，因其不具有处理药品污染的针对措施。畜牧业生产产生的废水也含有这些污染物。

存在其他值得关注的有机污染物的典型土地利用方式：除冰——机场、军事用途；防腐——殡仪馆、教堂墓地和公墓；医药——郊区住宅、污水处理设施、畜牧业生产和饲养场。

---

① 新罕布什尔州环境监测站——译者注

为什么这些污染物存在风险：甲醛是已知的致癌物质。然而当暴露在空气和水中时，甲醛通常会在一天之内很快分解（ATSDR[1]，2013），而暴露在自然环境中的乙二醇通常10天左右就会分解。这些污染物质在露天条件下通常不会对人体造成危险，除非大量摄入。然而，它们很容易溶解在水中并运移。很多药品也极易溶解于水中，进而污染饮用水源和地表水体。许多药品低级别重复暴露于环境中的影响未知，但正在引发人们越来越多的关注。

应用的机制：根际降解作用⚘、植物水力学◯、植物挥发作用♂、植物降解作用🐾♂、植物稳定作用◯。

在这个"其他"类别中所涉及的有机污染物是值得重点关注的，因为它们可以迅速溶解在水中，并可能污染饮用水和地表水体。人工湿地可轻松降解除冰液。甲醛在自然环境中也能迅速降解。基于植物修复技术的净化废水中药品污染的研究刚刚开始，但在人工湿地中利用种植系统降解多种药品化合物已取得可喜成果。预计未来会不断涌现研究成果和建议。

种植细节如下所述。

在水中

◯地下水控制种植类型：时限取决于地下水污染程度、羽流速度和体积。

• 地下水迁移树丛：第4章，见第200页。

◯🐾♂⚘♂雨洪或地下水的降解：研究已证实除冰剂和防腐液在人工湿地系统的水体中能够很快成功降解。此外，针对人工湿地降解药品污染的有前景的研究成果也已公开。受污染的地下水或废水通过植物自然"泵出"的过程得到净化。此处内容不包括相关植物品种和人工湿地案例研究，因为它们已被广泛记录在其他研究者的出版物中。

• 雨洪过滤器：第4章，见第217页。

• 多机制缓冲区：第4章，见第216页。

• 表面流人工湿地：第4章，见第219页。

• 地下砾石湿地：第4章，见第221页。

• 漂浮湿地：第4章，见第222页。

3.2 无机污染物分类

无机污染物不能被植物修复系统降解。因为无机污染物是元素周期表上发现的元素，所以它们不能分解成更小的部分。然而，无机污染物的构成是可以改变的，可以固化在场地中，或进入并储存在植物组织中（Pilon-Smits，2005）。植物可以帮助改变元素的构成方式，例如从固体变成气体或从氧化状态变成其他不同状态，以减轻环境风险。此外，在有限的情况下，一些植物可以提取无机污染物。之后这些植物可以被砍伐和收割，以将污染物从场地内去除。想要了解无机物通则的更多信息，参见第2章，第46页。

---

[1] 美国有毒物质和疾病登记代理处。——译者注

图3.23　营养素

3.2.1　⊟植物营养元素：氮、磷、钾

在这一类别中的特定污染物：氮［包括各种形式的氮素：铵（NH_4^+）、硝态氮（NO_3^-）、亚硝酸盐（NO_2^-）］、磷（包括磷酸盐）、钾（K）。

营养素污染的典型来源：化肥应用、粪肥、人类排泄物和化粪池系统/净化系统、大气沉降、垃圾填埋场的渗滤液、汽车尾气和工业废气造成的空气污染。

存在营养素污染的典型土地利用方式：农业用地、畜牧业生产和牲畜饲养场、住宅草坪、公园和开放空间（包括高尔夫球场）、道路、垃圾填埋场，以及所有与化粪池系统/净化系统相关的应用。

为什么这些污染物存在风险：过量营养素渗入河渠造成藻类大量繁殖，进而消耗河渠水体中生命赖以维持的氧气（富营养化）。通常情况下，氮对海水系统的危害作用最大，而磷则对淡水系统有危害。由此产生的缺氧"死区"（dead zone）使水生生物死亡。此外，饮用水中过量的氮会导致"蓝婴综合症"（婴儿青紫综合症），饮用此类水的新生儿血液中的氧含量会降低，导致重病（US EPA，2013a）。氮可以迅速污染饮用水源，这源于农业用途，同时含有过量营养素的化粪池系统排出的水常常渗入地下饮用水含水层中。目前还不清楚过量的钾是否会造成重大健康或生态风险。

（1）氮⊟

氮可以以多种形式存在，从大气中的氮气（N_2、N_2O和NO_x）到可在土壤和水中发现的各种化学价的氮离子（NH_4^+，NO_2^-和NO_3^-），再到可被固着在土壤和植物体中的固体有机物形式。在氮循环中，氮很容易在这些不同形式之间传递，细菌和植物在这些转变中扮演着重要角色。当氮的离子化形态渗入地表水或地下水时，环境中过量的氮通常会成为一个难题，而当氮以气体形式存在、固着在土壤中或与有机体结合形成有机氮素时，则不会产生前述问题。在植物根系和土壤中的反硝化细菌可以将这些污染物形式的氮变回氮气，将其造成的污染从土壤和水中去除。由于大气中的氮气几乎占去地球大气总量的80%，所以将多余的氮排放到大气中被认为是最好的修复方法。

种植系统可以加快土壤中反硝化细菌将氮转化为气体的过程。通过为反硝化细菌提供其繁衍所必需的糖、氧气和根系分泌物（渗出液），植物可以创造一个土壤区域，氮能够在其中迅速转化和返回大气。此外，植物还可以利用氮的污染物形式供自己生长所需，将氮转化为植物生物量和其他形式的有机氮素，从而将其从水中的流动状态下去除，避免对人类健康和环境造成风险。

将氮从土壤、地下水和废水中清除，是植物修复技术的最佳应用方式之一，几十年来田野尺度的实践项目均取得了巨大成功。三个最典型的氮污染修复方案分别为整治受污染的地下水、废水或地表。对于地下水修复而言，高蒸散率的植物被当作"太阳能泵"来抽水，与此同时，相关细菌将氮转化成气体，或植物本身将氮变成有机氮素的形式。对于污水处理而言，污水通常被灌溉到植物上，其中的氮要么被植物本身吸收，要么被植物根部的细菌转化成气体。人工湿地也可以用于处理污水。最后，对于地表水修复而言，可以应用人工湿地去除氮，雨洪过滤器也可以解决氮源中过多的氮素。

种植细节

119

下列种植类型可以考虑与下面列出的植物种类配合使用。

在土壤中

从土壤中清除的种植类型：可能的清除时限为0–5年。

• 降解覆盖*：第4章，见第207页。

• 降解矮篱*：第4章，见第206页。

• 降解高篱*：第4章，见第206页。

• 降解灌木丛*：第4章，见第204页。

*注：氮实际上并未在这个系统中降解，而是挥发到了大气中，或发生新陈代谢作用并转化为植物组织中的有机氮素。然而，降解种植类型仍然要特别注释，因为氮已经被"耗尽"，没有产生副产品，也就没有收割的必要。

在水中

控制被污染的地下水、雨水或污水，并将氮变回气体的种植类型：清除时限通常在0–10年。

• 地下水迁移树丛：第4章，见第200页。

• 植物灌溉作用：第4章，见第196页。

• 雨洪过滤器：第4章，见第217页。

• 蒸散覆盖：第4章，见第193页。

• 表面流人工湿地：第4章，见第219页。

• 地下砾石湿地：第4章，见第221页。

因为所有的植物都利用氮素，且支持反硝化细菌，故任何一种植物均可以提供某种形式的土壤和水体中氮的修复。然而，能够提供最快修复的方法往往是一个系统，其中包括的植物品种具有极高的生长率和蒸散率。氮很快被耗尽，而植物就像一个巨大的反应器，激活了土壤中的细菌，使氮迅速转化为气体。短期能够产生大量生物量的植物品种已成为去除土壤和地下水中高浓度氮的研究中应用最成功的部分。

要考虑应用短期产生高生物量的植物品种。对于此类品种的植物名录见表2.7，第2章，第38页。

案例研究：氮素污染

　　项目名称：伍德本废水处理设施处的白杨树农场（Stultz和CHZMHill，2011；Smesrud，2012；Woodburn，2013）（图3.24、图3.25）

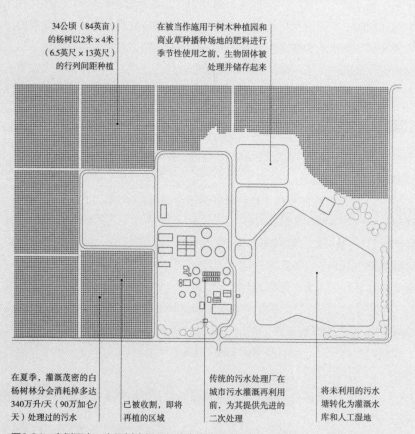

34公顷（84英亩）的杨树以2米×4米（6.5英尺×13英尺）的行列间距种植

在被当作施用于树木种植园和商业草种播种场地的肥料进行季节性使用之前，生物固体被处理并储存起来

在夏季，灌溉茂密的白杨树林分会消耗掉多达340万升/天（90万加仑/天）处理过的污水

已被收割，即将再植的区域

传统的污水处理厂在城市污水灌溉再利用前，为其提供先进的二次处理

将未利用的污水塘转化为灌溉水库和人工湿地

图3.24　案例研究：白杨树农场，伍德本废水处理设施，伍德本市，俄勒冈州（平面）

　　位置：伍德本市，俄勒冈州

　　项目顾问/科学家：Mark Madison、Jason Smesrud、Jim Jordahl、Henriette Emond和Quitterie Cotten：西图公司（CHZMHill），波特兰，俄勒冈州；俄勒冈州立大学生物与生态工程学院；Ecolotree；绿色木材资源集团；水文工程集团

夏季在树木基部利用富营养化的污水进行雾微喷灌,为杨树灌溉和施肥

11岁杨树的树冠创造了高达75英尺的壮观户外空间,(林下)形成了戏剧性、教堂般的效果。该照片中的树木已满足采伐条件,将被制成造纸/纸板的木片,或将整个树干削成实木产品

前景所示的污水蓄水池将转化为用于临时储存的灌溉调节池,以及用于污水冷却的人工湿地。杨树树架,如照片背景所示,与周边村庄的农业景观很好地融合在一起

移动式树木采伐和处理工作正在伍德本杨树农场进行,杨树木屑将被用于制造纸板

图3.25 案例研究:白杨树农场,伍德本废水处理设施,伍德本市,俄勒冈州(实景照片)

竣工时间:1995-1997年,开发了2.8公顷的杨树人工林试点项目,以完善大规模苗木生产的设计标准,包括杨树灌溉需水量的研究;1999年,全面种植了34公顷的杨树人工林,以达到布丁河水体夏季时间氮(氨)负荷极限的污水处理厂标准;2008-2009年,实施了新增试点项目,以测试高效率灌溉、矮林作业管理和利用人工湿地进行定温处理。

植物种类:以2米×4米(6.5英尺×13英尺)间距种植的杂交树种(*Populus*)。

改良：使用先进的经二次处理的废水进行树木雾微喷灌，以及B类生物固体（从处理过的废水中取得的固体或半固体材料，常用作肥料）在生长季节中的表面应用。

污染物：富营养化、含高浓度氮（氨）□、温度较高的污水对邻近河流具有毒性。

位于伍德本市的俄勒冈州杨树农场是第一个已知的在美国境内建成的植物修复种植工程，其设计为有益地复用脱氮处理后的城市污水的同时，创造一种商品木材的产出。布丁河流域严格的氮（以氨的形式存在）排放限制鼓励设计师"从盒子外面思考问题"（比喻跳出常规），开发一个全新的自然处理系统以净化这座城市约2.3万名居民产生的污水。

常规污水处理厂为城市污水提供了先进的二次处理。部分处理后的污水用于灌溉厂区周围土地上的杨树农场，以帮助减少在夏季枯水期排放到附近布丁河中的氨氮量。该有益的复用养分（营养素）和水的方式促进了树木生长，也为城市创造了一个商品木材产出途径，白杨木材每7-12年可以采伐一次。采伐后的杨树被加工成实木产品和用于造纸或纸板的木屑，其创造了收入来源，有助于抵消一些都市管理的成本。

在1995年，种植了2.8公顷杨树作为一个试点项目，以完善发展该系统所需的设计标准。其中包括了杨树灌溉需水量的研究。试点项目取得了成功，并于1997年建立了一套依靠运输和监测设施驱动的、包括灌溉和生物固体的全面系统，同时种植了额外的31公顷的树木。每年速生杨树的高度增加约2.4米。经过4年生长，它们便会达到水和氮的最大吸收率，每隔7-12年可作为农业产出采伐一次。处理后的废水和污泥（生物固体）施氮量保持在标准农业水平下，这确保了污水不会渗入深层地下水。和其他现有可供采用的污水处理技术相比，该杨树系统已被证明在减少地表水的营养（素）负荷/养分载荷方面是符合成本效益的。该系统还具有比其他传统处理方法更低的能源需求，并获得了公众广泛的支持和认可。

在未来，新推行的温度限值预计会减轻潜在废水排放对当地冷水渔业（鲑鱼，鳟鱼和虹鳟）的影响。现有的杨树灌溉系统有助于减少夏季排入地表水的热负荷量。然而，在河流排污之前用于被动排水冷却的附加人工湿地也在计划之中，以处理未被树木种植区净化的那一部分污水。

该项目的要点包括：

• 84英亩的杨树以7-12年为采伐周期轮作管理，以有益地复用处理后的城市污水中的氮素，同时创造一个商业木材产出途径。

• 在生长季节，多达340万升/天（90万加仑/天）的污水通过雾微喷灌技术用来灌溉树木。

• 多达269千克/（公顷·年）的氮以污水灌溉和生物固体的形式施用于成熟的杨树。

（2）磷 ⊟

与氮不同，磷不能从陆地系统中去除并转化为气体。作为无机矿物，它通常以磷酸盐的形式存在于环境中，即磷的氧化形式。磷污染通常发生于地表水中，当土壤中以小颗粒形式存在的磷被风或水流带走并被冲刷入水体时就会形成污染。这经常发生在雨洪过程中，道路或农业用地的地表径流进入淡水水体，造成藻类数量的爆炸性增长，导致氧气枯竭，严重影响了水生生态系统。

最好的修复磷污染方法是将其截留和稳定在场地内。由于植物需要磷作为一种必不可少的营养素，它们可以从土壤中提取一些磷并代谢形成植物的生物量。研究显示，应用植物修复技术处理被磷污染的土壤，能够每年为每英亩地有效提取平均多达30磅（13.6千克）的磷（Muir，2004）。在温带气候条件下，如果任由叶片掉落下来并腐烂，磷就会回到土壤中，因此植物必须经常收割并运出场地以清除磷。一般来说，磷污染植物修复技术并未广泛应用，因为30磅/英亩的清除率一般都没有高到足以使植物提取和收割成为一个有用的修复途径。只有种植了高生物量植物品种的情况下，才可以考虑（应用植物）从土壤中提取磷。

相反，大多数处理磷污染的植物修复系统，均以从水中滤除磷并将其稳定在周围的土壤中为目标。水中的磷污染通常有两种形式：①沉积物形式，即磷与土壤颗粒结合，沉积在水中；②溶解形式，即溶解在水中的可溶性磷。当受污染的水流经植物修复系统时，沉积物形式的磷可以被沉积塘和前池通过沉淀作用物理清除。之后必须将沉淀物挖出并从现场运走。当溶解形式的磷接触到土壤并被其吸收时，就可以从水中清除。磷与土壤结合并固着在场地中，流出的便是清洁的水。当土壤中种植了植物后，它们可以帮助建立沉积物形式和溶解形式的磷颗粒均能够固着的有机结合位点。土壤接触是通过土壤、有机物和沉淀吸附作用固定磷污染最重要的机制，这个过程会形成磷酸盐化合物（例如与钙、铁和/或铝化合）。对于每1000立方英尺①的土壤，约40磅（18公斤）的磷可以被固定，显然超过植物吸收的量（Sand Creek，2013）。正因如此，为清理磷污染建立的雨洪过滤器和人工湿地通常有精心设计的沉淀区和可渗透工程岩土介质，为磷污染清除提供最大数量的结合位点和沉淀化合物，而不是通过植物自身提取。这些土壤可能会在某一时刻达到磷的"承载极限"。然而，添加到系统中的植物有助于持续更新土壤，创造新的结合位点，使土壤始终具有稳定的磷承载能力。

种植细节

下列种植类型可以考虑使用。

在土壤中

⊟提取：以30磅/（英亩·年）的最高速率。

萃取区：第4章，见第208页。

⊟稳定：防止土壤中磷的风蚀和水蚀。

种植稳定垫：第4章，见第191页。

在水中

⊟控制被污染的地下水。

123

---

① 1立方英尺 ≈ 0.03 立方米。——译者注

- 地下水运移林分：第4章，见第200页。

- 植物灌溉作用：第4章，见第196页。

从地表水和地下水中去除：主要是通过物理截留沉积物和将磷与种植介质结合两种方式。

- 雨洪过滤器：第4章，见第217页。

- 多机制缓冲区：第4章，见第216页。

- 表面流人工湿地：第4章，见第219页。

- 地下砾石湿地：第4章，见第221页。

因为所有植物均利用磷作为常量营养素，所以任意植物品种均可进行一定程度的土壤和水体中磷的提取。然而，这通常不足以修复被污染的土壤和水体。提供最高效修复的系统往往是为土壤中磷的固定创造最多结合位点的系统。任何活着的植物品种都需要磷，都可以帮助创造和维持土壤中的有机结合位点。有助于保持土壤除磷性能的最佳植物品种，往往有密集、庞大的根系，会迅速生长，直到完全覆盖所有裸露的土壤。

案例研究：磷污染

项目名称：柳叶湖水体污染防治部门（Eisner和CH2MHill，2011；Salem，2013）（图3.26、图3.27）

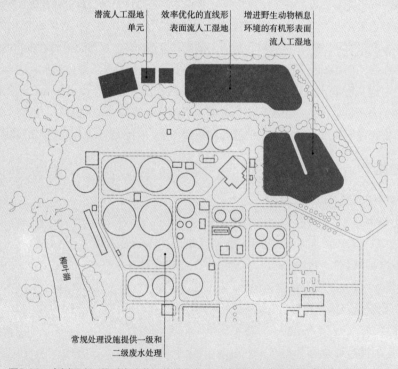

图3.26 案例研究：柳叶湖水体污染防治部门，塞勒姆，俄勒冈州（平面图）

表面径流野生生物湿地既能去除废水中的氮和磷，也能提供较深的池塘和有机边界，以使野生生物利益最大化

混合灌木层和较高的香蒲生长在休闲步道和湿地之间，使娱乐活动与水处理表面的直接接触最小化

休闲步道穿插于湿地区域之间，并向公众开放

地下砾石湿地单元在垂直化处理废水。位于中心的一根管道把污水输送到表层，当污水缓慢下渗，穿过砾石层流到湿地单元的底部过程中被净化

安装的鸟舍不仅有利于野生鸟类，也在种植有本地牧草的起伏田野间提供了有吸引力的视觉焦点。地形是用从湿地中清淤得来的泥土堆成的

草地中经由管道排出的水，其中的营养物质在该地上处理实验系统中被去除

图3.27 案例研究：柳叶湖水体污染防治部门，塞勒姆，俄勒冈州（实景照片）

位置：塞勒姆，俄勒冈州

项目顾问/科学家：Mark Madison、Henriette Emond、Dave Whitaker和Jason Smesrud，西图公司（CH2MHill），波特兰市，俄勒冈州；Bob Knight，绿色工程公司；Stephanie Eisner，塞勒姆市，俄勒冈州

竣工时间：2002年，4公顷人工清污湿地

植物种类：最初在人工湿地内种植了10种植物，随着时间的推移，物种多样性下降至5种植物品种。香蒲（*Typha* spp.）、水葱（*Scirpus validus*）、灯心草（*Juncus effusus*）、浮萍（*Lemna minor*）和伞花天胡荽（*Hydrocotyle umbellata*）是目前（存活）的优势种。

污染物：先进的城市污水排放二级处理包括痕量氮□、磷□、重金属□□、细菌和病原体，并且和在某些情况下接纳的水相比温度升高了。

柳叶湖水体污染防治部门服务了俄勒冈州塞勒姆、凯萨和特纳三地共计229000位居民的污水处理需求。在2002年，该部门在之前的农业用地上建造了4公顷的人工湿地，以测试自然清污系统提供的附加的进一步废水处理的潜在用途。这些人工湿地包括两个约1.6公顷的表面径流湿地、两个0.4公顷的潜流湿地和一个0.4公顷的露地排水区域。

由于该系统建造的目的在于研究和示范，每一个表面径流湿地都为一个不同的目标而构建。其中一个通过其有机的形状和深度开放水域优化野生生物生存环境，而另一个通过其直线形状和连续较浅的深度，优化了最大水体遮荫和温度处理效率。这两个表面径流人工湿地和地下砾石湿地系统均提供了有价值的信息，它们显示了这些系统提供显著脱氮除磷和被动降温的能力。

最初种植了十种湿地植被品种，然而，今天只剩下五种占主导地位的植物。水禽对湿地植物的摄食和田鼠对陆生幼苗的破坏是原有种植管控过程中的一个挑战，而入侵物种也会造成问题。

该场地对公众开放并被许多当地居民很好地加以利用，进行娱乐和野生动物观赏。该修复设施亦作为一个教育工具，鼓励学生和当地居民参与到水质控制和野生动物栖息地改良的活动中来。

（3）钾□

钾离子在所有生物体中较大量存在，钾是生命的必需元素。目前，人们并未想到土壤和地下水中过量的钾会对人体健康造成风险，其也并未纳入美国环保署的相关规范，因此这里不包括植物修复技术选项的内容。由于钾是植物生长必需的大量营养元素，故所有植物均能一定程度上吸收并提取它。

3.2.2　□金属（以及准金属，今后一般将其分类为金属）（图3.28）

在这一类别中的特定污染物有以下几类。

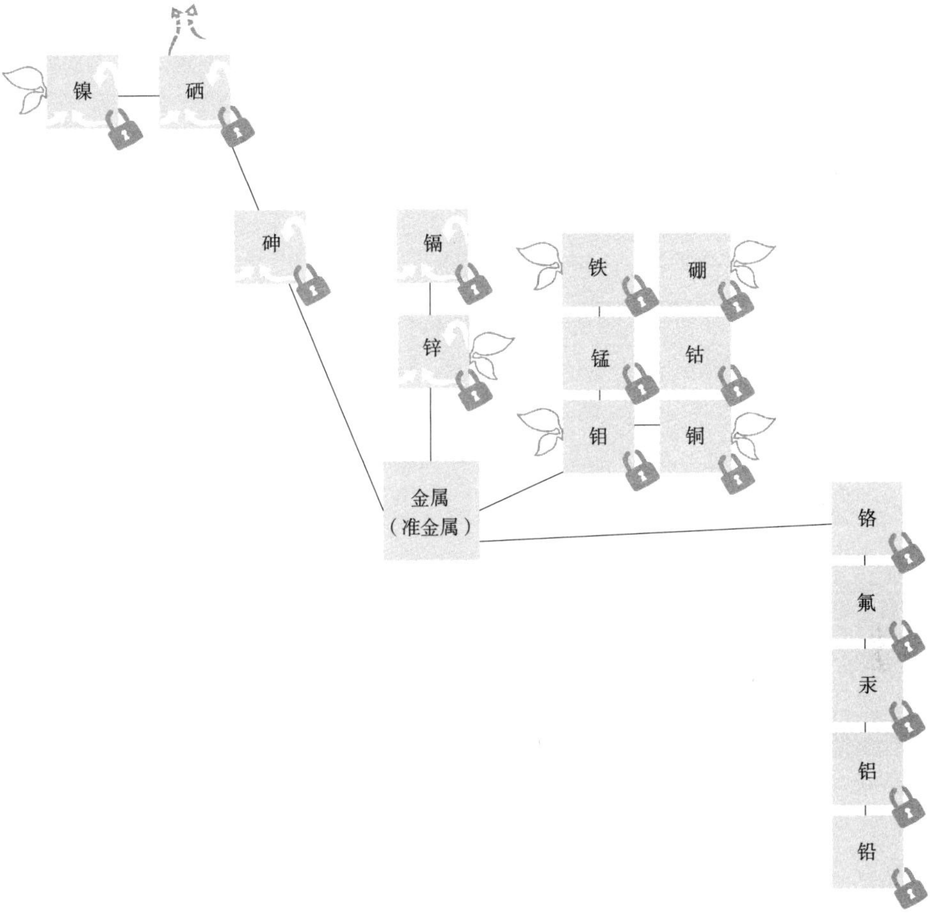

图3.28　金属

- 更容易提取（对于植物而言往往更具生物可利用性）：砷（As）、镉（Cd）、镍（Ni）、硒（Se）、锌（Zn）。
- 难以提取：硼（B）、钴（Co）、铜（Cu）、铁（Fe）、锰（Mn）、钼（Mo）。
- 非常难以提取：铬（Cr）、氟（F）、铅（Pb）、汞（Hg）、铝（Al）。

金属污染的典型来源：矿山尾矿、冶炼、农药应用、肥料和人类排泄物、道路表面/雨洪、垃圾填埋场渗滤液、工业应用，以及汽车与工业废气导致的大气沉降/空气污染。

存在金属污染的典型土地利用方式：采矿区及邻近地区、工业用途、农业用地、畜牧业生产和饲养场、堆填区（垃圾填埋场）、历史上曾经喷洒过农药的道路和区域，包括铁路廊道、公用事业和输电线路。

为什么这些污染物存在风险：金属（以及准金属）自然存在于生态系统中，其中很多是植物生长所必需的（见第2章，第46页）。然而，高浓度的金属如果被人类和其他动物摄入，则很可能是有毒的。金属可存在于土壤和水中，并且会污染饮用水源和空气，而且大部分高浓度的此类污染均是由人类活动造成的。

金属的毒性可能会导致一系列损伤，但只有当它们以特定浓度和形式存在于土壤条件下时才会发生。如表3.9所示，对金属污染的来源和对人体健康的危害做了一个总结。不过，该总结只是一个概述，不应直接应用到任何场地。许多土壤自然富含金属，且不会给人类带来任何风险。环境专家应评估特定地点，以确定是否存在真正的人类健康或环境风险。

金属毒性表　　　　　　　　　　　　　　　表3.9

污染物	备注
铝（Al）	铝是一种应用广泛的金属，污染往往集中在原金属生产、冶炼和采矿领域。过量接触铝可导致骨骼和脑部疾病。吸入被铝污染的灰尘会引发肺部疾病（ASTDR[①]，2013）
砷（As）	土壤和地下水中砷污染是普遍存在的，特别是在中国、孟加拉、南美洲和美国西部地区，在这些地方高浓度砷含量的基岩十分常见。此外，旧型农药和高压处理过的木材导致的污染亦可能与它有关（http://water.epa.gov/lawsregs/rulesregs/sdwa/arsenic/Basiclnformation.cfm）。由于它对人体内许多酶反应的影响，其毒性会影响心脏、肺脏和肾脏等多种器官。此外，它还可能会影响到神经系统和皮肤，引起头痛和神志迷乱，以及皮肤损伤、脱发（ASTDR，2013）
硼（B）	硼污染可能与玻璃制造业、农药应用和制革业有关。高剂量的硼会影响心血管系统，亦可导致新生儿缺陷（ASTDR，2013）
镉（Cd）	镉污染常常与金属冶炼、电池和颜料/色素生产及原采矿场有关。它也可以影响农业用地。镉在体内累积通常需要数年，但可能会严重损害肺部和肾脏，当其剂量达到毒性水平时，亦会使骨骼软化。急性/剧烈暴露可引起寒战、疼痛和发热（ASTDR，2013）
铬（Cr）	铬污染与电镀、汽车工业和制革业以及高压板材生产有关。它往往会出现在工业副产品被用作城市回填土的城市环境中。铬是一种强大的致癌物质，也可以引起呼吸道和皮肤问题（ASTDR，2013）
钴（Co）	钴已被用作玻璃和陶瓷制品的着色剂，以及飞机制造中的合金。钴也有几种用于医疗和商业领域的放射性同位素（http://www.epa.gov/ttnatw01/hlthef/cobalt.html）。对人体健康的影响包括对心脏、肺和肾脏的损伤，以及新生儿缺陷（ASTDR，2013）
铜（Cu）	铜污染常常与金属、管道和电缆生产，以及农药和杀真菌剂的使用有关。一些自然资源可能会污染水和土壤。铜中毒会导致肾脏和肝脏的损害、呕吐和昏迷（ASTDR，2013）
氟（F）	少量的氟是健康的牙齿和骨骼的重要组成部分，其被添加到大多数城市的饮用水和牙膏中。氟污染与磷肥生产、冶炼、燃煤电厂和采矿均有关。自然富含氟的地下水可能会发生污染。氟中毒可引起恶心、呕吐和四肢刺痛（ASTDR，2013）
铁（Fe）	铁及其化合物广泛存在且对于植物和动物生存是必需的。它是一种在土壤中普遍存在的结构性矿物，通常只有当其在水中被大量发现时才认定其为污染物。铁是金属和合金生产的关键元素，一些含铁化合物曾被用于旧型杀虫剂。土壤和地下水中的铁含量往往很高。许多从井里汲取饮用水的家庭可能会安装一个软水装置来帮助清除铁元素。而一般来说，铁对人体健康的影响很小，它在非常高的剂量下是有毒的，特别是对年幼的孩子而言（http://www.nlm.nih.gov/medlineplus/ency/article/002659.htm）
铅（Pb）	铅曾经是一种常见的建筑用漆和汽油添加剂，自20世纪70年代以来已禁止在美国国内使用。就此而言，铅污染可能存在于老旧住宅区、加油站和公路旁。铅是一种不易流动的持久性（宿存）元素，主要污染土壤。剧烈暴露于含铅环境可引起严重的器官损伤、脑损伤和发育迟缓。暴露于旧型油漆屑/斑和被铅污染的土壤环境下，会使孩子们存在神经损伤的风险（ASTDR，2013）
锰（Mn）	锰广泛存在于土壤中，通常只有当其渗入水中时，才被认定为污染物。它用于钢铁、电池的生产以及汽油添加剂。大多数污染与原工业应用有关，然而，一些自然产生的富锰基岩可能会污染地下水。少量锰对人体健康很重要，且在许多食物中都存在。但是，在极高的剂量下，其可能导致破坏性的神经系统影响和新生儿缺陷（ASTDR，2013）

---

① 有毒物质和疾病登记处。——译者注

续表

污染物	备注
汞（Hg）	汞被用作杀真菌剂和一些漆料的组分。同时，它与燃煤电厂密切相关，燃煤电厂排放的汞会从大气中沉降到土壤和河道中。汞及其化合物均有剧毒。汞中毒常常因食用被污染的食物引发，而汞很容易累积在动物组织中。长期接触汞会使得癌症、新生儿缺陷和神经功能缺损的风险大大增加（ASTDR, 2013）
钼（Mo）	钼用于金属、颜料和医药工业。污染往往与原矿区相关。少量的钼对人体健康至关重要。有证据表明高剂量的钼会致癌。慢性长期暴露会损害肝脏和肾脏。钼中毒往往因接触被污染的土壤引发（ASTDR, 2013）
镍（Ni）	镍是一种广泛存在的元素，在金属合金和电池的生产中有许多应用，它可能会在此过程中污染土壤和地下水。镍也可以通过石油、煤炭或垃圾的燃烧进入大气，之后便会沉降到地面和河道中。在非常高的剂量下，镍是致癌物质。然而，大多数剧烈暴露会导致皮炎、呼吸道和胃肠道疾病（ASTDR, 2013）
硒（Se）	硒污染通常与石油化工、农业和电子工业产出的废品有关。另外，农耕和采矿等活动可能会干扰自然存在的硒矿物，导致它们进入地下水（http://www.epa.gov/ ttnatw01/hlthef/selenium.html）。像许多其他微量元素一样，硒是机体维持正常功能所必需的，缺硒则可能导致健康问题。然而，大剂量的硒是有毒的，会导致脱发、指甲缺损、呼吸困难或神经系统症状，如麻痹等（ASTDR, 2013）
锌（Zn）	锌污染集中于矿山和冶炼场周围，以及城市的轮胎粉碎区。锌会累积在土壤中，而其化合物易溶于水。过度锌暴露往往是由于呼吸了被污染的粉尘造成的。锌的毒性作用可引起发热、寒战和神经功能缺损（http://www. nlm.nih.gov/medlineplus/ency/article/002570.htm）

总结

　　金属是无机污染物；有些可以由植物提取、收割并从现场清除，但它们不能被降解。（见第2章第46页所述的基本原理和对无机污染物无法降解的解释）另外，元素的结构形式可以改变，例如可从液体变成气体或某种氧化状态，在此过程中可能会一定程度上减小健康和环境风险。为了从污染场地内除去金属，常栽植能够累积高浓度金属的植物（称之为超富集植物，见第2章，第46页）或短期产生大量生物量的速生植物（如柳树和杨树）以吸收污染物。随后它们被收割、移走并填埋处置，或焚烧以清除场地内的金属。然而，目前利用植物提取金属相当困难，只对对少数金属而言有潜在的可行性。植物提取技术可能只是作为一个"改进策略"，在修复被几种已证实具有高度生物可利用性的金属轻微污染的场地时有效（Dickinson, 2009）。实际现场应用的植物提取修复项目很难找到，但在某些特定情况下，该技术可以得到有效应用。在接下来的一节中总结了可考虑采用植物提取技术清理的一小部分金属。

　　通常情况下，金属与土壤紧密结合，也没有足够的生物可利用性以被植物吸收。当低生物利用度存在时，唯一适用的修复技术是稳定场地内的金属（利用或不用植物）或采用传统的挖掘–运输整治技术清除它们。降低金属暴露风险最适用的植物修复技术，是覆盖（密封）和稳定现场的金属，并通过种植植物来辅助这一过程。几乎所有基于植物的金属稳定修复项目都采用改良手段，以进一步将金属固着在场地上，以防止其运移。许多最常用来稳定金属的植物种类能够耐受并生长在富含金属的土壤中。一些关于稳定金属的研究确定了能够释放根系分泌物固定污染的植物品种，它们能够修复环境，本质上是通过改变金属的植物毒性作用形式达成的，从而为其他植物创造了一个安全的生长环境（Gawronski等，2011）。有些植物品种不会让特定的金属进入其根部，因此不会将金属提取到其地上部分。这些封隔植物往往是再植场地的首选，因为动物食用植物或接触被污染的植物地上部分的危险最小化了。表3.10中列出的是充当特定金属封隔植物品种。其并不是一份完整的植物名录，而是代表性植物品种的汇编。

表3.10

封隔植物

拉丁名	惯用名	排除的污染物	植被类型	美国农业部抗寒区划	原产地	参考文献
Acacia mangium	马占相思树	铅	乔木	9+	澳大利亚	Meeinkuirt等，2012
Agrostis tenuis	细弱剪股颖	砷、铜、铅、锌	草本	3–10	亚洲	Alvarenga等，2013 Dahmani-Muller等，2000
Carduus pycnocephalus L. subsp. pycnocephalus	意大利蓟草	镉、铬、铜、镍、铅、锌	草本	7+	南欧地区	Perrino等，2012 Perrino等，2013
Chelidonium majus var. asiaticum	白屈菜	砷	草本	4–8	欧洲、西亚地区	Zhang等，2013
Erica andevalensis	欧石楠	铅、砷、铜、铁	草本	7+	欧洲	Monaci等，2012 Mingorance等，2011
Eschscholzia californica	花菱草（加州罂粟花）	铜	草本	9–11	美国西部地区	Ulrikson等，2012
Festuca rubra 'Merlin'	紫羊茅	锌、铜、镍	草本	3–8	美国北部地区	Lasat，2000
Ficus goldmanii	无花果	铜、锌、铅	乔木	10+	中美洲	Cortes-Jimenez等，2012
Fuchsia excorticate	树形倒挂金钟	砷	乔木	8–10	新西兰	Craw等，2007
Gentiana pennelliana	线叶龙胆	铅、铜、锌	草本	8+	佛罗里达州	Yoon等，2006
Griselinia littoralis	滨海山茱萸	砷	灌木	8–9	新西兰	Craw等，2007
Guardiola tulocarpus	瓜尔迪奥拉	铜、锌、铅	草本	暂缺	墨西哥、美国西南部地区	Cortes-Jimenez等，2012
Hibiscus cannabinus L.	红麻	砷、铁	草本	10+	南亚地区	Meera和Agamuthu，2011
Jarropha curcas L.	麻疯树	铝、铜、铅、锌、镉	乔木/灌木	11	中美洲	Wu等，2011

拉丁名	惯用名	排除的污染物	植被类型	美国农业部抗寒区划	原产地	参考文献
Juniperus flaccid	墨西哥刺柏	镉、铅	乔木	8+	墨西哥、美国西南部地区	Cortes-Jimenez等，2012
Leptospermum scoparium	麦卢卡树	砷	灌木	9~10	新西兰	Craw等，2007
Lolium spp.	黑麦草属	铜	草本	3+	欧洲	Ulrikson等，2012
Oenothera glazioviana	黄花月见草	铜	草本	3~8	北美洲	Guo等，2013
Quercus ilex subsp. *Ballota*	冬青栎（圣栎）	镉	乔木	7~11	地中海地区	Dominguez，2009
Silene paradoxa	麦瓶草（蝇子草）	砷、镉、钴、铬、铜、铁、锰、镍、铅、锌	草本	6+	南欧地区	Pignattelli等，2012
Silybum marianum	水飞蓟	镉、铜、镍、锌	草本	5~9	南欧地区	Perrino等，2012 Perrino等，2013
Sinapis arvensis L.	野芥菜（田芥菜）	锌、镉、铜	草本	6+	地中海地区	Perrino等，2012
Stipa austroitalica Martinovsky subsp. *Austroitalica*	针茅	锌、镉、铜	草本	暂缺	意大利	Perrino等，2012
Triticum aestivum L.	小麦	镍	草本	2~7	亚洲	Massoura等，2005
Ulex europaeus	乌乐树（荆豆）	砷	灌木	7~10	欧洲	Craw等，2007

注：并非一个完整的植物名录，而是一个代表性品种的名单。

131

在场地上应当考虑的提取与稳定的优劣对比的详细信息将在以下几页详述，按照金属类型、从最适用直到最不适用植物提取技术来划分。然而，在介绍每种金属各自处理细节之前，先在下面列出几条有关金属和植物修复技术适用性的一般性准则。

• 温室和短期研究：可以发现，许多科学研究声称植物从土壤中提取金属是有效的，他们从温室研究或使用土壤样品的研究中推断出该结论（Dickinson等，2009）。然而，这些植物品种中的多数尚未进行田野试验，或尚未证明其在经年土壤条件下、在田野规模下可行，因此，此类研究和植物提取品种的列表可能会发生误导。读者须注意判断应用温室研究的结果评估田野应用是否可行。这一次，此处的建议是基于同行评议和公开发表的田野规模试验做出的，而并非基于温室研究。

• 阳离子和阴离子：土壤的pH（电荷）值可极大地影响金属是否可被植物提取并利用。许多金属（特别是那些以阳离子形式存在的金属）不太可能与土壤颗粒形成复合物，因此其在酸性土壤中更易流动。此外，当土壤中含有较大量自由的、带负电荷的表面时，带正电荷的金属往往生物有效性更低，所以金属往往不能被植物吸收并利用。土壤中的电荷可以通过pH值测试确定。pH值是H^+和OH^-离子含量的一个度量。当土壤呈酸性（pH值低、含有更多H^+离子）时，矿物表面往往带正电荷，当其呈碱性［pH值和氢氧根离子（OH^-）含量高］时，矿物表面通常带负电荷（Hettiarachchi，2011）。污染物形式的金属往往以带正电荷或负电荷的离子形态存在于土壤中。土壤和污染物的电荷量均会影响金属最终被植物吸收之"生物可利用性"的大小。总之，可以通过改变土壤pH值，以及其他几个因素，譬如土壤中的氧气、水分或有机物质的含量来控制污染物的生物可利用度（生物利用度）。在发生金属污染的许多情况下，场地内会有好几种不同类型的污染物并存，污染物之间发生化学反应造成的问题也可能会出现。对于植物的生物可利用性（生物利用度）是一个棘手的问题。因此，不应在没有一位训练有素的植物提取修复专家的帮助下就去实施可能的植物提取修复金属污染项目。

• 螯合剂：除了控制矿物的pH值使金属更易被植物吸收并利用之外，一种被称为螯合剂的化学添加剂可以添加到土壤中，改变土壤的化学性质。通常的金属螯合剂包括EDTA（乙二胺四乙酸）和其他有机酸。在田间条件下，螯合剂会调动污染物，增加金属在植物根区浸出的风险，所以不推荐添加螯合剂以获取成效。在寻找新的可能的植物品种和植物提取技术时，相关研究必须仔细检验复查，因为螯合剂可能已在应用，或人为地在收割来的植物部分增加浓度，或金属可能已从现场被移走（Chaney等，2003）。本小节提供的植物名录中，不包括将金属螯合剂用作改良剂以获得成效的相关研究成果。

• 超富集植物vs高生物量"收集器"植物：当土壤的化学性质有利于植物吸收并利用金属污染时，有两种植物提取修复方法。

超富集植物： 已知的超富集植物品种具有吸收大量某种金属的能力。这些植物随后被收割并从现场移走。这种方法的优点是：超富集植物品种可能通过杂交产生杂交种，其可在特定场地条件下生存，并可吸收大量无机污染物。然而，超富集植物应用的缺点是：在某些情况下它们不能适应某地区，成为杂草或入侵物种，不耐寒，或很难栽种成活。此外，它们可能不会产生足够用于收割和提取的生物量。不同品种和生态型的植物彼此之间提取潜力可能存在较大差异。最后，超富集植物品种稀少，已知的植物种类可能不适合在特定污染场地的土壤和气候条件下生长。"已确认超富集植物可吸收镍、锌、镉、锰、砷和硒。然而，迄今为止，其吸收铅、铜、钴、铬和铊的能力仍然很大程度上未经证实"（Van der Ent等，2013）。

高生物量植物：有一种替代方法是使用被称为"收集器"的植物，而不用超富集植物。这些植物是可以吸收污染物的典型品种，但达不到超富集植物品种的水平。然而它们生长率很高，能在短期内产生大量的生物量。这就会形成较大的总体吸收量，即使污染物在此类植物组织中的浓度均低于超富集植物。通过这种方法，选种那些在特定的被污染土壤中能正常生长、产生大量生物量的植物品种，随着时间的推移，将其砍倒和收割，以提取和去除场地内的污染物。当种植这些高生物量的收集器品种时，通常将它们与其他改良剂配合以改变土壤的化学性质，提高金属吸收效率。在某些情况下，这些高生物量品种在田野条件下的应用可能比超富集植物品种更有效。它们可能更容易生长，更容易获得种子，亦可更好地适应土壤和气候条件。该方法已用于作物品种，如向日葵、芥菜、大豆和玉米，有时与化学螯合剂如EDTA配合以去除金属。然而，如前所述，不推荐使用螯合剂。关于"收集器"植物的困惑/混淆是常见的，设计师推定某种植物能累积某污染，然而除非土壤的化学性质被螯合剂大大改变，否则这个推定就不能成立。正因如此，在没有植物科学专家参与的情况下，不鼓励进行金属提取（即没有训练有素的专家指导的情况下，不宜尝试铅、砷、镍等问题的修复！）。

其他土壤添加剂：设置密根植物系统可以显著增加土壤有机质。增加土壤有机质是将金属污染固定在地下的一种确定方法，金属会和有机材料紧密结合，从而降低生物利用度和流动性。因此，此处金属污染的植物提取技术并不适用，植物的栽种应能促进污染物固着在场地内，并有助于减少金属的毒性和流动性。

采样、试验和监测：处理金属污染的另一项挑战是制定采样和试验方案，以确定场地内存在多少污染物。试验方案千差万别，但通常只测试"总体"金属污染浓度，以便在酸性消化（作用）过程中回收之。如果金属已被氧化，或变成影响其生物利用度或溶解度的形式，在测试中就可能不会被测出。此外，土壤中污染物的分布通常十分不均匀，甚至相隔几英寸远，浓度就可能会大大改变，所以用一小部分土壤进行测试得出的结果很可能不准确。当试验对象为污染物微粒（如铅基或镉基油漆残留物）时，或当监测之以确定修复措施是否真正起作用时，就成为一个挑战。在考虑应用植物进行金属提取时，采用复合测试法，将几个样品集中在一起，均质化和取平均值被证明可能是有用的。复合测试有助于使现有污染和长期监测获得更准确的数据（Blaylock，2013）。在适用时应研究和遵守相关管理方案。

粮食作物污染：对于农业土地利用而言，金属污染对粮食作物的影响应予以重视，植物吸收了过量的金属，并将其转移到它们的可食用部分中，造成了消费风险。例如，大米面临的砷污染、玉米和谷物面临的镉污染正在受到日益增多的关注。在镉污染情况下，随着时间的推移，人和动物消费这些产品可能会导致污染物在脂肪组织中的生物累积（生物体内积累），这使得反复摄入成为重大关键。对砷污染而言，即使是一次最初的有毒物接触，也可能会产生重大的健康风险。对植物修复技术有越来越多需求的一个新领域，便是替代农业商品作物中封隔植物的识别，即那些不吸收过多的土壤中的金属元素的植物品种。当农业土壤中的金属浓度高于规定阈值时，当植物地上部分暴露于污染物中的风险成为关键（见表3.10所列植物名录）时，可以考虑这些封隔植物。

133

植物药害作用：许多金属在高浓度下对植物生长都有毒性。这类场地要采用植物修复技术，就必须由专家指导完成全面的农艺土壤分析并提出建议，保证植物能够存活。

挥发作用：金属污染的植物挥发作用□清理法仅限于硒（Se）和汞（Hg）元素。由于大气中的硒含量不足，它的释放可以被视为一个主动过程；然而，植物挥发处理汞的过程只能由转基因植物完成，且仅仅只是将污染物以不同形式转运到别处（Gawronski等，2011）。

植物冶金技术：在某些情况下，无机污染物通过植物提取进入植物体，之后植物体可以被收割，变成金属冶炼用的矿砂（原料）。例如，利用植物已能成功冶炼镍，植物会从土壤中提取这些元素。之后其被收割、晒干、焚烧成灰并熔炼。这项技术是一个富有吸引力的提案，因为鉴于植物提取技术修复项目成本很高，植物冶金技术的目的就是通过从土壤中去除无机污染物来赚回成本。研究人员正在调查其他金属，如黄金如何能通过植物从土壤中开采出来，但是到目前为止，植物冶金的实践可能只适用于镍和硒的提取。

盐生植物：盐生植物（能够生长在含盐环境中的耐盐植物）因被确认为是金属污染累积的潜在植物品种而引起人们特别的关注，这些植物"通常生活在有毒离子过量的环境中，（这些有毒离子）主要是钠离子和氯离子。一些研究表明，这些植物也可以耐受其他环境压力，包括重金属超标。……（由于该过程）依靠常见的生理机制（发挥作用）"（Manousaki和Kalogerakis，2011）。一些盐生植物品种利用它们叶片处的存储或排泄机制来吸收盐分，在将来，可能也能利用这种机制将金属从土壤中清除（Lefevre等，2009）。目前，应用盐生植物进行金属提取仍处于试验研究阶段，但在未来可能会由此发现新的用于金属提取的植物品种。

现将最常见的金属污染物分别详述如下，以提供植物修复技术对金属污染适用性的概述。

□□生物利用度高的金属

砷（As）、镉（Cd）、镍（Ni）、硒（Se）、锌（Zn）（ITRC，2009，第16页；Van der Ent等，2013）。

（1）砷□□

背景：砷是一种广泛存在于城市和乡村的污染物。在一些地方，它在自然状态下以高浓度存在于土壤和地下水中。然而，大多数人类活动造成的砷污染，是其作为农药和高压处理板材中的一个组分来应用，及工业、矿业或军事活动产生的副产品作用的结果。高压板材制造商应用砷也出于同样的原因，它不能被食用：砷能够杀死如真菌、昆虫和细菌等可能会侵蚀木材的生物。在美国境内，低剂量的砷污染常见于住宅的地板下面，这些住宅往往是2004年之前建造的，建造过程中应用了铬砷酸铜（CCA）处理过的高压板材，或场地本身曾经被用作果园，在其中曾经施用过砷基农药。

适用范围：在一些场地内，低剂量的砷污染利用植物得到了有效的植物提取□，之后植物被收割并作为垃圾填埋在场地外。虽然一些研究确证了几种超富集植物，但是只有少数几种亚热带蕨类植物能够提取足够的砷，而能推广到田野应用。许多基于温室条件的研究表明，芸苔属植物、豆类、甜菜和莴苣等植物能够比其他作物品种提取更多的砷。然而，目前不建议研究人员将这些替代品种推广至田野应用，因为已发现它们无法提取到符合要求的污染物剂量，也就无法成为可用的环境修复替代品种。

在美国，Edenspace公司一直以来都是应用蜈蚣草，即*Pteris vittata*进行砷提取的主要生产者和项目实践者。Edenspace已与美国环保署和美国陆军工程兵团合作了数个项目，这些项目应用植物修复砷污染浓度升高的土壤，证明了这些植物品种的有效性和经济适用性。虽然蕨类植物常年在美国农业部抗寒区划8区或更温暖的地区生长，它已作为一年生植物应用于较冷气候条件下的环境整治项目中。田野应用效果有好有坏。在某些情况下，当已种植了超富集蕨类植物时，无法清除足量的砷，要么是因为生物量产量很低，要么是植物体内污染物浓度低，使其成为一个无效的策略。尚未确证一种用于提取砷的耐寒超富集植物品种在北方和温带气候条件下能进行有效的田野尺度修复。一些研究人员正致力于转基因蕨类植物和其他物种，以提取更大量的砷，但这些研究尚未得到确证，或截至本书出版时尚未得出结论。应用植物提取技术清除砷污染的适用范围应在经验丰富的专家指导下，在点对点基础（现场基础）上进行评估。

种植细节

目前，凤尾蕨属（*Pteris*）的蕨类植物和一些其他热带蕨类植物（如*Pityogramma calemelanos*）是推荐进行砷污染修复田野应用的唯一超富集植物（Van der Ent等，2013）。已证明蜈蚣草（*Pteris vittata*）每年有效地清除了多达20 ppm[①]的砷污染到其地上生物量中（Blaylock，2013）。利用蕨类植物进行砷污染的植物修复，通常在（污染物浓度）适度升高的场地内最有效（相对于欲修复的目标浓度而言），其整治目标预期可以在1–3年内达成。蕨类植物可以在很宽的砷污染浓度范围内生长，植物吸收通常与土壤污染浓度有关，例如，较高的土壤污染浓度下会产生更强的吸收和清除效果，而在非常低的土壤污染浓度下，可吸收的砷污染会很有限。当将凤尾蕨属植物作为一年生植物应用时，植株间距通常为每平方英尺1株植物，并且蕨类植物通常穴植在4英寸[②]直径的容器内。在蕨类植物可作为多年生植物生长的气候条件下，种植密度可以降低，使植物能够随着时间的推移填补空隙。Edenspace公司也建议为植物施肥以提供足够的常量/大量营养素，满足植物生长所需（Blaylock，2013）。其还建议含石灰场地提高其pH值，这可以有助于砷污染的植物提取（Blaylock，2013）和产出更高的生物产量。砷往往以阴离子的形式，如砷酸盐或亚砷酸盐（带负电荷）的形式存在于场地内（Hettiarachchi，2012）。因此，周围呈碱性的土壤和添加剂（如石灰）会使砷更易被植物萃取并利用（Blaylock，2013）。

即使对于蕨类植物提取来说似乎是理想状态的低浓度、广泛分布的砷污染也会存在很多问题。砷污染可以以不可被植物吸收利用的形式固定在土壤中。此外，土壤中的污染物分布可能相当不均匀，砷可能会阻止其他必需营养素的吸收。最后，无论采用任何整治措施，采样和试验的方式可能会影响观察到的浓度测量值。维持一致的、可重复的采样和分析技术，是长期监测过程和结果可靠的关键。砷可迅速改变其离子形式，使试验和监测过程多一层挑战。

可以考虑将下面的种植类型与表3.11中所列的植物名录配合应用于砷污染整治过程。

---

① 表达溶液浓度时，1ppm 即为 1微克／毫升。——译者注
② 1 英寸 ≈ 2.5 厘米。——译者注

135

在土壤中

▣ 潜在提取率：平均每年从土壤中去除10–20 ppm（Blaylock，2013）。

萃取区：第4章，见第208页。

▢ 稳定：防止土壤中砷污染经受风蚀和水蚀。

种植稳定垫：第4章，见第191页。

在水中

▦ 控制被污染的地下水。

地下水运移林分：第4章，见第200页。

▨ 从地表水和污水中去除：下述系统已被用于从水中除去砷污染，主要通过物理捕获和固着砷污染，或通过将其沉淀到栽培介质中实现。由于人工湿地已被广泛记载，用于人工湿地的植物未列入本书。

砷污染：超富集蕨类植物　　　　　　　　　　　　　　　表3.11

拉丁名	惯用名	植被类型	美国农业部抗寒区划	原产地	参考文献
Pityrogramma calemelanos	新奥尔良银背蕨金粉蕨	多年生植物	11	中美洲、南美洲	Francesconi等，2002 Niazi等，2011
Pteris creticam var. nervosa	克里特岛凤尾蕨	多年生植物	8–10	欧洲、亚洲、非洲	Wang等，2006 Zhao等，2002
Pteris longifolia	长叶凤尾蕨	多年生植物	10	美国东南部地区、中美洲	Zhao等，2002 Molla等，2010
Pteris multifida	井栏凤尾蕨	多年生植物	7–10	亚洲	Wang等，2006
Pteris oshimensis		多年生植物	8–10	亚洲	Wang等，2006
Pteris umbrosa	阴地蕨	多年生植物	10–12	澳大利亚	Zhao，2002
Pteris vittata	蜈蚣草	多年生植物	8–10	亚洲	Blaylock，2008 Ciurli等，2013 Danh等，2014 Hue，2013 Kertu lis–Tartar等，2006 Ma等，2001 Mandai等，2012 Niazi等，2011 Ouyang，2005 Salido等，2003

- 雨洪过滤器：第4章，见第217页。
- 多机制缓冲区：第4章，见第216页。
- 表面流人工湿地：第4章，见第219页。
- 地下砾石湿地：第4章，见第221页。

　　表3.11列出的超富集植物品种已被证明能够在无须使用砷螯合添加剂的情况下进行砷污染的有效提取，故可以考虑其在某些低浓度污染的情况下潜在的田间试验应用。

　　表3.12列出的植物品种已在其他研究中被证明能作为富集植物吸收砷污染，但目前不考虑将其像超富集植物那样进行田间试验的验证（Dickinson，2009）。不应考虑将这些植物推广到田野应用，除非与在这一领域的专家合作完成额外的科学研究，以验证其提取能力。

表3.12

潜在的砷污染"收集器"（并非超富集植物）植物名录

拉丁名	惯用名	植被类型	美国农业部防寒区划	原产地	参考文献
Agrostis delicatula	葡匐剪股颖	草本	4~9	欧洲西南部地区、北非地区	Gomes等，2014
Bassia scoparia	地肤	草本	一年生植物	西班牙	Gisbert等，2008
Beta vulgaris	甜菜	草本	一年生植物	地中海地区	ITRC PHYTO 3 Speir等，1992
Brassica juncea	印度芥菜	草本	一年生植物	中亚地区	Anjum等，2014
Chelidonium majus var. asiaticum	稻槎菜	草本	5~9	欧洲、亚洲	Zhang等，2013
Colocasia esculenta	芋头	草本	8~10	马来西亚	Molla等，2010
Cynodon dactylon	狗牙根/百慕大草	草本	7~10	中东地区	Molla等，2010
Cyperus rotundus	香附子	草本	3~10（入侵物种）	非洲	Molla等，2010
Dryopteris filix-mas	鳞毛蕨	草本	4~8	美洲、欧洲、亚洲	Mahmud等，2008
Echinochloa crus-galli	稗草 日本栗	草本	一年生植物	东南亚地区	Molla等，2010
Helianthus annus	向日葵	草本	一年生植物	北美洲、南美洲	McCutcheon和Schnoor，2003
Hirschfeldia incana	短柄芥 白芥	草本	6~9	西班牙、地中海地区	Gisbert等，2008
Inula viscosa (Dittrichia viscosa)	黏灯盏细辛 黄细辛	草本	9~11	西班牙、地中海地区	Gisbert等，2008
Isatis capadocica	卡帕多西亚松蓝①	草本	暂缺	伊朗	Karimi等，2009

① 此处为 Isatis capadocica 的音译——译者注。

续表

拉丁名	惯用名	植被类型	美国农业部抗寒区划	原产地	参考文献
Jussiaea repens	水龙（多年生草本植物）	草本	8–11	北美洲	Molla等，2010
Lactuca sativa 'Cos'	莴苣	草本	一年生植物	欧洲、亚洲	ITRC PHYTO 3 Speir等，1992
Leersia oryzoides	李氏禾	草本	3–9	北美洲	Ampiah-Bonney和Tyson，2007
Melastoma malabathricum	野牡丹	草本	10–13	印度尼西亚、亚洲	Selamat等，2013
Oryza sativa	水稻	草本	2–11	印度尼西亚、东南亚地区	Molla等，2010
Phaseolus vulgaris 'Buenos Aires'	菜豆	草本	一年生植物	中美洲	Carboneii-Barrachina等，1997 ITRC PHYTO 3
Populus alba *Populus* spp.	杨属植物和杂交种	乔木	2–9	多个	Ciurli等，2013 Madejon等，2012
Pteris cretica	大叶井口边草	草本	7–10	欧洲、亚洲、非洲	Ebbs等，2009
Solanum nigrum	龙葵	草本	9–11	欧洲、亚洲	Gisbert等，2008
Tagetes spp.	万寿菊属	草本	9–11	中美洲	Chintakovid等，2008
Thelypteris palustris	沼泽蕨	草本	3–7	欧洲、北美洲东部地区	Anderson等，2010
Trifolium repens 'Huia'	白三叶	草本	3+	欧洲	ITRC PHYTO 3 Speir等，1992
Viola allcharensis G. Beck *Viola arsenica* G. Beck *Viola macedonica* Boiss. & Heldr. (Balkan)	堇菜	草本	7–8	马其顿和巴尔干半岛	Baceva等，2013
Xanthum italicum	意大利苍耳	草本	暂缺	意大利、地中海地区	Molla等，2010

注：不推荐应用于现场提取修复项目。

案例研究：砷污染

项目名称：温泉谷原防御阵地（SVFUDS）（Blaylock，2008）（图3.29、图3.30）

位置：华盛顿特区西北部

相关机构/科学家：美国陆军工程兵部队（USACE）；美国环保署（US EPA）；地区环境部门；Edenspace Systems集团；Michael Blaylock博士，210 N第21街，B套房 珀塞尔维尔，弗吉尼亚州20132

竣工时间：2006年

种植的植物：蜈蚣草（*Pteris vittata*）'胜利'、*Pteris cretica mayii*'月光'、*Pteris cretica parkerii*、*Pteris cretica nervosa*、井栏凤尾蕨（*Pteris multifida*）。

改良：将折合25磅/英亩的氮、磷、钾肥料，以及石灰添加在pH值< 6.5的土壤中。所有植物用喷洒器进行灌溉（喷灌）。

污染物：砷污染□，浓度高达150 ppm。

目标媒介和深度：表层土壤，深度达到0.75米（30英寸）。

温泉谷（前美军防御阵地）位于华盛顿特区西北部。占地面积约668英亩，目前包括1600个私人住宅、外国大使馆、一所美国大学、一所神学院和各种商业地产。该场地曾在第一次世界大战期间被用于测试化学战材料。1993年，在现场出土了（化学）爆炸物，引发了一系列环境调查。邻近范围的土壤采样显示，在温泉谷当地的1600个地产中，约10%的砷污染水平升高。

在一个既定的历史街区内，又有大体量的现存乔木，传统的土壤清挖和回填处理方法就显得具有侵入性且成本极高。种植了砷污染超富集蕨类植物蜈蚣草

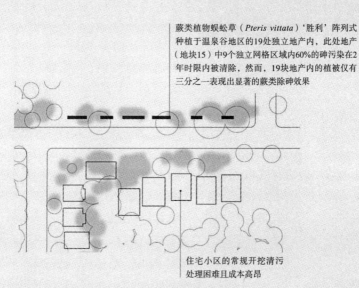

蕨类植物蜈蚣草（*Pteris vittata*）'胜利'阵列式种植于温泉谷地区的19处独立地产内，此处地产（地块15）中9个独立网格区域内60%的砷污染在2年时限内被清除，然而，19块地产内的植被仅有三分之一表现出显著的蕨类除砷效果

住宅小区的常规开挖清污处理困难且成本高昂

图3.29　案例研究：温泉谷，华盛顿特区（平面）

在某住宅地板下种植的提取蕨类。经历一个生长季后，植物被收割和测试。任何含砷浓度超过管制限量的蕨类植物均被送往危险物堆填区

地段15内沿围栏种植的提取用蕨类植物，如图3.29所示

吸收率高的蕨类植物喜欢荫凉的环境，并且耐寒程度只到美国农业部抗寒区划的8区，这使得它们在寒冷气候下只能作为一年生植物种植，在植物提取应用方面通常不够经济

图3.30　案例研究：温泉谷，华盛顿特区（实景照片）

140

（*Pteris vittata*）'胜利'，以减少对现有树木的破坏，同时降低住宅区内的污染修复费用。实施了植物修复技术，同时从2004年开始，在三个地块内用3000株植物做了现场验证研究。在2005年，实施力度加大，包括了11个地块内的33个采样网格和约1万株植物。2006年达到顶峰，13个地块内包含48个采样网格，其中种植了1.1万株植物。当土壤污染浓度达到20毫克/公斤（或达到其他特定标准规定的43毫克/公斤）的项目目标值时，采样网格即被清除。2007年在六个地块内的19个采样网格中实施了种植，2008年又在三个地块内的16个采样网格中实施种植后，项目完工。在必要时使用肥料和石灰对土壤进行改良，这先于种植改良进行，除了2008年在剩余的地块内用20厘米的间隙来增加根密度和砷污染吸收效率之外，蕨类植物一般种植在30厘米见方的区域中心。2004-2006年，对多种凤尾蕨属植物（*P. cretica mayii*、*P. cretica parkerii*、*P. multifida* 和 *P. nervosa*）进行了表现评估，并确定了蜈蚣草（*Pteris vittata*）是最适合这个区域地块的修复植物。在定植期和干燥季节，使用喷灌系统对种植的蕨类进行灌溉。

在从位于华盛顿特区的温泉谷原防御基地（SVFUDS）地区清除砷污染的、基于蕨类的植物提取修复技术超过5年的实施过程中，共研究了22个不同地块内的71个采样网格。虽然叶片和生物量产出中砷污染浓度在每一年的研究中均不同，在基于蕨类的植物提取修复措施处理后，土壤中砷含量呈不断下降的趋势。测量得到平均去除率从2004年的约9毫克/公斤，至2007年的只有1毫克/公斤多一点。在5年的项目周期中，71个采样网格中的61个达到了低于项目实施目标的

污染浓度，许多（网格）在1-2年内就达到了标准。然而，其中有六个采样网格（位于一处单独的地产内）没有在5年种植期内达到可衡量的减少量。其他四个采样网格在业主预期的2-3年时间内没有达到项目目标，随后被配套以其他补救措施。

（2）镉和锌☐☐

背景：镉污染和锌污染通常共存，锌污染常常比镉污染多100-200倍。几乎所有自然存在镉污染的土壤亦含有大量的锌，所以可以提取这两种元素之一的植物往往也可以提取或耐受另一种元素的高浓度（Van der Ent等，2013）。在过去的50年中，镉已被当作值得注意的环境污染物加以重视，并被列入最重要的20种毒素中（Yang等，2004）。

食用作物生产中对食物链的污染风险是镉污染最常造成的问题。随着大田作物的生长，植物提取了镉。这是因为植物吸收了锌，而且由于镉与锌的化学性质相似，镉亦通过植物根系中的锌转运机制被吸收。当土壤中镉含量过高时，作物会在其组织中积累过量的镉。长期食用含镉量高的粮食作物会导致牲畜和人类镉中毒。由于在欧盟、日本和新西兰，粮食作物污染有广泛的风险，许多田野研究已开始调查植物提取技术和植物收割的应用，以从土壤中清除镉污染。由于冶炼厂或矿山废物的扩散，农业用地可能会受到镉污染，已有研究关注化肥或粪肥的连续重复应用造成的污染积累。

锌污染可以在涉及金属处理的采矿和工业用地中发现，高浓度的锌污染往往通过烟囱和汽车尾气排放、树木残骸、漆料残渣和含磷化肥的应用进入城市土壤。在食用作物生产中，锌中毒并不经常受到关注。

适用范围：在特定的土壤条件下，镉和锌都具有很高的生物利用度，可以从土壤中缓慢提取。然而，即使是受到最小影响的场地，通过植物进行的镉和锌的提取过程可能也需要几十年甚至几百年，对于陈年的土壤而言，这个过程是相当困难的。此外，高浓度的锌和镉也会抑制植物生长，使植物提取成为一个困难的过程（Van der Ent等，2013）。由于这些挑战，没有采用植物提取和收割的方法，镉和锌往往留在场地内，并稳定在土壤中。这里要种植不吸收这些元素的封隔植物，而不是具有提取能力的任一种食用作物（见封隔植物名录，表3.10，第130页）。

然而，最近的研究已经开始考虑功能性植物如何缓慢积累镉，随着时间的推移，这可能会为去除对食物链造成危险的镉污染提供一种技术。当清除镉污染到预期的程度后，在土壤中撒石灰以防止锌的植物药害作用在现场的生产现状中复发。镉和锌的植物提取没有足够的价值进行植物冶金，所以加工生物量和收割植物后回收金属不产生经济效益。由于镉污染清除往往是整治的重点，故正在研究体量更大的、专注于生物量生产的"收集器"植物品种，如柳树、杨树和玉米。

种植细节

12种左右的锌污染超富集植物品种和两种镉污染品种已在本书出版之际得到了验证（Van der Ent等，2013）。超富集植物品种*T. caerulescens*（天蓝遏蓝菜）已被应用于潜在的

141

现场规模植物提取（Chaney等，2010）。然而，还未发现锌污染提取技术能够推广到田野应用。除了这些超富集植物以外，几种能够产生高生物量的"收集器"植物品种亦被应用于镉的提取。并不能认为这些高生物量的植物是超富集植物，但由于它们的高增长率，其提取这些元素比大多数植物更快（Dickinson等，2009）。

野外条件下的镉和锌都以带正电荷的阳离子形式存在，因此土壤和添加剂若酸性更强（即含有更多正电荷），往往会使它们被植物更有效地提取并利用。相反，添加更多碱性的、pH值较高的物质往往会使镉和锌更强烈地固着于土壤中（Hetliarachchi，2012；Wang等，2006；Yanai等，2006；Kothe和Varma，2012）。

以下种植类型可以与表3.13中列出的植物品种结合使用。

在土壤中

提取：如果植物长期生长的时间条件允许，并已仔细研究和控制了确保生物利用度的农艺条件，那么最好非常慎重地考虑是否利用植物提取镉和/或锌。植物必须被收割，以从场地内清除污染物。

萃取区：第4章，见第208页。

稳定：这是被镉和锌污染土壤的首选植物修复技术处理方式。稳定种植可以防止土壤中这些元素被风蚀和水蚀，最大限度地减少其暴露在外的风险。然而，稳定技术不适用于粮食作物生长的土壤，或锌污染浓度没有像通常那样比镉浓度高100倍以上的土壤。可以种植排除锌和镉的植物来确保这两种元素不转移到植物的地上部分中（见封隔植物名录，表3.10，第130页）。

种植稳定垫：第4章，见第191页。

在水中

控制被污染的地下水：

地下水运移林分：第4章，见第200页。

从地表水和污水中清除：去除水中污染的主要机制是通过固着或沉淀到种植介质等物理手段截留镉和锌。下述系统已被用于清除水中的镉和锌。由于用于人工湿地的植物品种已被广泛记载，此类植物未列入本书。

- 雨洪过滤器：第4章，见第217页。
- 多机制缓冲区：第4章，见第216页。
- 表面流人工湿地：第4章，见第219页。
- 地下砾石湿地：第4章，见第221页。

利用植物进行锌萃取还没有被证实可行。在没有从事植物提取金属研究的科学家详细指导的情况下，不推荐将植物提取修复镉推广至田野应用。镉提取技术可能不适用于田野推广，因为镉往往不能被植物有效利用。若提取技术适用，将这些金属清除到低于监管水平可能需要几十年甚至几个世纪的时间。表3.13中列出的植物品种已被研究证实属于锌和镉的超富集植物。

经研究证实，表3.14中列出的更高生物量的"收集器"植物品种在植物提取技术研究中存在一定程度的提取能力，但其修复镉和锌造成的污染需要更长的时限。

表3.13

镉和锌超富集植物

拉丁名	惯用名	污染物种类	植被类型	美国农业部抗寒区划	原产地	参考文献
Arabidopsis halleri（*Gardaminopsis halleri*）	鼠耳芥	镉、锌	草本	6+	欧洲	Baker，2000 Baker和Brooks，1989 Banasova和Horak，2008 Reeves，2006 Zhao等，2006
Dichapetalum gelonoides	西藏荸荠子	锌	草本	暂缺	菲律宾	Reeves，2006
Minuartia verna	春花米努草	锌	草本	6~11	欧洲	Reeves，2006
Polycarpaea synandra	白鼓钉	锌	草本	暂缺	澳大利亚西部地区	Reeves，2006
Rumex acetosa	酸模	锌	草本	3~7	欧洲	Reeves，2006
Thlaspi brachypetalum	菥蓂	锌	草本	暂缺	欧洲	Baker和Brooks，1989 Reeves，2006 Reeves和Brooks，1983
Thlaspi caerulescens（syn. *Noccaea caerulescens*和*Thlaspi tatrense*）	高山菥蓂	镉、锌	草本	6	欧洲	Baker等，2000 Broadhurst等，2013 Chaney等，2005，2010 ITRC PHYTO 3 Lasat等，2001 McGrath等，2000 Reeves，2006 Rouhi，1997 Saison等，2004 Salt等，1995 Schwartz等，2006 Simmons等，2013，2014
Thlaspi capaeifolium ssp. *Rotundifolium*	菥蓂	锌	草本	6~9	中欧地区	Baker和Brooks，1989 Rascio，1977 Reeves，2006
Thlaspi praecox	菥蓂	锌	草本	6	中欧地区	Baker和Brooks，1989 Reeves，2006 Reeves和Brooks，1983

143

144

续表

拉丁名	惯用名	污染物种类	植被类型	美国农业部防寒区划	原产地	参考文献
Thlaspi stenopterum	菥蓂	锌	草本	暂缺	中欧地区	Baker和Brooks, 1989; Reeves, 2006
Thlaspi tatrense	菥蓂	锌	草本	暂缺	欧洲	Baker和Brooks, 1989; Reeves, 2006; Reeves和Brooks, 1983
Viola caliminaria	堇菜	锌、(2)镉、铝	草本	暂缺	中欧地区	Baker和Brooks, 1989; Reeves, 2006

注：其他锌污染超富集植物可能包括（Saker和Brooks, 1989）：*Haumaniastrum katangense*（非洲）、*Noccaea eburneosa*（欧洲）。*Thlaspi alpestre*（欧洲）、球茎菥蓂（*Thlasp bulbosum*）（希腊）、遏蓝菜属（*Thlaspi calaminare*）（欧洲）、*Thlaspi limosellifolium*（欧洲）。

镉、锌、镍和其他金属的"收集器"（并非超富集植物）

表3.14

拉丁名	惯用名	污染物种类	植被类型	美国农业部防寒区划	原产地	参考文献
Agrostis delicatula	葡匐剪股颖	锌、砷、铜、锰	草本	4~10	欧洲西南部、北非地区	Gomes等, 2014
Amaranthus hypochondriacus	千穗谷	镉	草本	暂缺	墨西哥	Li等, 2013
Arabis flagellosa	匍匐南芥	镉	草本	暂缺	亚洲	Chen等, 2009
Arabis gemmifera	叶芽南芥（蔓田芥）	镉	草本	暂缺	日本	Kubota等, 2003
Arrhenatherum elatius	燕麦草	镍、铜、镉、钴、锰、铬、锌	草本	4~9	欧洲	Lu等, 2013
Athyrium yokoscense	禾秆蹄盖蕨	镉、铜	草本	7	日本	Chen等, 2009
Atriplex hortensis var. *purpurea*	紫花榆钱菠菜	锌	草本	11	欧洲、亚洲	Kachout等, 2012
Averrhoa carambola	杨桃	镉	乔木	9~11	东南亚地区	Li等, 2007
Bidens pilosa	鬼针草	镉	草本	暂缺	北美洲、南美洲	Wei和Zhou, 2008

续表

拉丁名	惯用名	污染物种类	植被类型	美国农业部抗寒区划	原产地	参考文献
Brassica carinata	埃塞俄比亚芥	镍	草本	暂缺	非洲	Purakayastha等，2008
Brassica juncea *Brassica juncea cv.，182921* *Brassica juncea cv. 'Pusa Jia Kisan'* *Brassica juncea cv.，426308*	印度芥菜	铜、镉、钴（VI）、镍、锌	草本	2~11	欧亚大陆	Bauddh和Singh，2012 Blaylock等，1997 Bluskov等，2005 ITRC PHYTO 3 Kumar等，1995 Lai等，2008
Brassica napus	油菜	镉、铜、锌	草本	2~11	欧亚大陆	Thewys等，2010 Van Slycken等，2013 Witters等，2012
Chicorium intybus var. foliosum	菊苣	镍、镉	草本	4~11	地中海地区	ITRC PHYTO 3 Martin等，1996
Chromolaena odoratum	飞机草	镉	灌木	9~11	泰国	Phaenark等，2009，2011
Conyza canadensis	小蓬草	镉、镍、锌	草本	2~11	北美洲	Wei等，2004
Erigeron canadensis	加拿大飞蓬	镉、镍	草本	4~8	美国	ITRC PHYTO 3 Martin等，1996
Eupatorium capillifolium	尖叶佩兰	镉、镍	草本	4~9	美国南部地区	ITRC PHYTO 3 Martin等，1996
Festuca arundinacea	高羊茅	锌	草本	3~8	欧洲	Batty和Anslow，2008
Gynura pseudochina	紫背三七草	锌、镉	草本	10~11	亚洲	Phaenark等，2009
Helianthus annuus L. 'Ikarus' *Helianthus annuus*	向日葵	镉、锌、砷、镍	草本	一年生植物	美国	Adesodun，2010 Cutright等，2010 ITRC PHYTO 3 Kumar等，1995 Nehnevajova等，2005 Nehnevajova等，2007 Padmavathiamma和Li，2009 Salt，1995 Striisis等，2014

145

146

续表

拉丁名	惯用名	污染物种类	植被类型	美国农业部抗寒区划	原产地	参考文献
Helianthus tuberosus	菊芋	镉	草本	3~9	美国东部地区	Chen等, 2011
Impatiens violaeflora *Impatiens walleriana* Hook. f.	凤仙花	镉	草本	暂缺		Lin等, 2010 Phaenark等, 2009
Justicia procumbens	爵床	镉、锌	草本	暂缺	泰国、印度	Phaenark等, 2009, 2011
Kalimeris integrifolia	全叶马兰/日本紫菀	镉	草本	5~9	亚洲	Wei和Zhou, 2008
Limonastrium monopetalum	Limonastrium	镉	草本	10~11	希腊	Manousaki等, 2014
Linum usitatissimum L. ssp. *usutatissimum* 'Gold Merchant'	栽培亚麻	镉	草本	4~10	地中海地区 中东地区	Stritsis等, 2014
Medicago sativa	紫花苜蓿	锌、镉、镍	草本	3~11	亚洲	ITRC PHYTO 3 Tiemann等, 1998 Videa–Peralta和Ramon, 2002
Nicotiana tabacum	烟草	镉、锌	草本	一年生植物	北美洲	ITRC PHYTO 3 Kumar等, 1995 Vasiliadou和Dordas, 2010 Yancey等, 1998
Oryza sativa	水稻（栽培种提取能力高度特异）	镉	草本	7+	亚洲	Chaney等, 2010 Murakami等, 2007
Pelargonium roseum	玫瑰天竺葵	镉、镍	草本	10~11	南非	Mahdieh等, 2013
Populus spp. *Populus alba* L. var. *pyramidalis*	杂交杨树	锌、镉	乔木	3~9	多个	Hu等, 2013 Ruttens等, 2011 Van Slycken等, 2013 Thewys等, 2010 Witters等, 2012 Hinchman等, 1997 ITRC PHYTO 3
Potentilla griffithii	委陵菜	锌、镉	草本	暂缺	中国	Qiu, 2006

续表

拉丁名	惯用名	污染物种类	植被类型	美国农业部抗寒区划	原产地	参考文献
Pseudotsuga menziesii	道格拉斯冷杉	镉	乔木	5~7	北美洲	Astier等, 2014
Raphanus sativus 'Zhechang'	白萝卜	镉	草本	一年生植物	欧洲	Ding等, 2013
Ricinus communis	蓖麻	镉	草本	10~11	地中海地区 东非地区	Bauddh和Singh, 2012
Rorippa gtobosa	球状黄水芹	镉	草本	6	欧洲	Wei和Zhou, 2006
Rumex crispus	皱叶酸模	镉、锌	草本	1~11	欧洲、亚洲	Zhuang等, 2007
Salix spp. 'Belders' (*S. alba* L. var. alba), 'Betgisch Rood' (*S. × rubens* var. basfordiana) (Zwaenepoel等, 2005), 'Christina' (*S. viminalis*), 'Inger' (*S. triandra × S. viminalis*), 'Jorr' (*S. viminalis*), 'Loden' (*S. dasyclados*), 'Tara' (*S. schwerinii × S. viminalis*) and 'Zwarte Driebast' (*S. triandra*). *Salix viminalis* L.	柳属	镉、锌	灌木	多个	多个	Algreen等, 2013 Evangelou等, 2012 Ruttens等, 2011 Thewys等, 2010 Van Slycken等, 2012 Van Slycken等, 2013 Witters等, 2012
Sedum alfredii	东南景天	镉、锌	草本	暂缺	亚洲	Li等, 2011 Lu等, 2013 Wang等, 2012 Xiaomei等, 2005 Xing等, 2013 Yang等, 2013 Zhuang等, 2007
Sedum jinianum	皖景天	镉、锌	草本	暂缺	中国	Xu等, 2009
Sedum plumbizincicola	伴矿景天	镉、锌	草本	暂缺		Liu等, 2011

147

续表

148

拉丁名	惯用名	污染物种类	植被类型	美国农业部抗寒区划	原产地	参考文献
Sesbania drummondi	野百合	镉	草本	8-11	美国东南部地区	Israr等，2006
Solanum elaegnofolium	紫茄	镉	草本	6+	美国西部地区，南美洲	Gardea-Torresdey等，1998；ITRC PHYTO 3
Solanum nigrum	龙葵	镉、镍、锌	草本	4-7	欧亚大陆	Ji等，2011；Wei等，2004；Wei等，2012
Solanum tuberosum 'Luyin No.1'	马铃薯	镉	草本	3-12		Ding等，2013
Sonchus transcaspicus	苦苣菜	镍、铜、镉、钴、锰、铬、锌	草本	4-9	欧洲 亚洲	Lu等，2013
Spinacia oleracea L. 'Monnopa'	菠菜	镉	草本	一年生植物	亚洲	Stritsis等，2014
Tagetes patula	法国万寿菊	镉	草本	一年生植物	北美洲，南美洲	Lin等，2010
Thlaspi ochroleucum	菥蓂	锌	草本	暂缺	希腊	Ke lepertsis和Bibou，1991；Reeves，2006
Tithonia diversifolia	肿柄菊	锌	草本	9-11	墨西哥东部地区	Adesodun等，2010
Tripsacum dactyloides	鸭茅状摩擦禾	锌	草本	4-9	美国东部地区	Hinchman，1997；ITRC PHYTO 3
Vetiveria zizanioides	香根草	锌、镉、铜	草本	8-10	印度	Danh等，2009
Viola baoshanensis	宝山堇菜	镉	草本	暂缺	中国	Wu等，2010；Zhuang等，2007
Zea mays / Zea mays L. 'Cascadas'	玉米（特定杂交种）	镉	草本	3-11	北美洲	Broadhurst等，2014；Stritsis等，2014；Thewys等，2010；Van Slycken等，2013；Witters等，2012

案例研究：镉和锌污染

项目名称：洛默尔农业用地"Der Kempen"（Ruttens等，2011；Van Slycken等，2013；Thewys等，2010；Witters等，2012）（图3.31）

位置：佛兰德斯地区，比利时

相关机构/科学家：环境科学中心（CMK）、哈瑟尔特大学，Agoralaan，D栋，3590迪彭贝克，比利时，项目由Jaco Vangronsveld博士领导。该项目是欧盟委员会支持的、与"绿岛"（GREENLAND）项目合作的17处场地之一（FP7-KBBE-266124，GREENLAND），网址：http://www.greenland-project.eu/。

竣工时间：于2004年开始建设，相关研究仍在进行中

种植的植物：玉米（*Zea mays*）、油菜（*Brassica napus*）、柳树（*Salix* spp.）和杨树（*Populus* spp.）

污染物：镉、锌（以及铅——不能进行植物提取）

在比利时和荷兰，由于历史上的锌冶炼活动，导致面积超过700平方公里（约270平方英里）的土地被重金属污染（镉、锌和铅）。在20世纪70年代，随着工业转向不同的生产过程，金属沉积显著下降，但土壤污染问题仍然严峻。雪上加霜的是该地区的土壤呈沙质和酸性，这使得金属镉和锌更容易流动。此外，当地土地利用主要为农业用途。比利时联邦食品安全机构（FAVV）查封了几处种植蔬菜作物的农业地产，因其镉含量超过了法定的人类吸收临界值。

149

在洛默尔现场种植的杂交杨树随着时间流逝慢慢提取镉。树木正在被测试，以观察该品种在比利时是否也会成为一个好的生物能源作物。据估计，在这个地区种植并收割植物修复生物量作物需要经历50~100年，才能通过植物提取使得土壤中的镉达到监管限值

图3.31 案例研究：洛默尔农业用地，佛兰德斯地区，比利时（实景照片）

在这一地区的洛默尔场地内的研究主要集中在再利用这些受污染的农田以生产生物质能源作物而非粮食作物。在过渡到生物质能源作物的过程中，对农民个人而言，尽管已被污染，农业用地仍然有利可图。此外，随着时间的推移，通过持续收割生物量，金属可以被植物从土壤中提取出来，最终修复土地。这标志着本研究的重点已不再是金属超富集植物品种的应用（因其通常不能产生足够的生物量以满足快速修复时间限制），而是高生物量植物品种的应用。洛默尔场地研究的总体目标是获得可以安全地用于粮食作物生产的整治后的土壤。

在洛默尔正在评估的能源作物主要有玉米（*Zea mays*）、油菜（*Brassica napus*），以及柳属（*Salix* spp.）和杨属（*Populus* spp.）品种。结果表明，通过生物吸收作用和在热电联产系统中燃烧，玉米提供了能源生产的最佳选择。然而，玉米从土壤中提取金属污染的能力远远低于柳树。在场地内，柳树和杨树品种已应用短周期矮林系统进行种植，在该系统中，每隔几年它们即被当作生物能源作物进行收割。到目前为止，研究结果表明可收割的柳树生物量远远超过受试的杨树品种，并且对于实现整治目标来说是最佳选择。研究人员已计算出：柳树收割至少需要55年时间，才能将土壤中的镉含量从5毫克/千克减少到2毫克/千克的安全水平。然而，如果每年秋季都采集柳树叶片，而不是任其脱落在场地内，时间可能会缩短至36年。

150

（3）镍

背景：镍用于不锈钢和其他金属合金的生产。镍污染往往通过采矿业和工业活动蔓延（Cempel和Nikel，2006）。它可以很容易地迁移到空气和水中并扩散，造成大面积低浓度污染。此外，自然存在的超基性土壤中镍含量高在全球是普遍现象。镍很容易积累在植物和动物组织内，并且可以生物蓄积（Cempel和Nikel，2006）。高浓度的镍会对敏感的农作物产生植物毒害作用，造成农作物减产（Chaney等，2003）。

适用范围：镍被认为是植物提取和收割利用前景最光明的金属之一（Van der Ent，2013）。已在田野研究中证明，植物提取镍在某些情况下有效（Chaney等，2007）。由于镍的稀缺性和较高的市场价格，植物冶炼镍用作工业原料在未来会很有潜力。已证明几种植物能够在干物质中积累1%–3%的镍，提供比传统矿石材料含镍更丰富的生物质灰给精炼厂加工（Chaney等，2007）。此外，从镍的生物冶炼得来的生物量可用作有机含镍肥料，施用于那些因镍缺乏曾导致美洲山核桃树和其他农作物死亡的土壤中（Wood等，2006）。

然而，被镍污染的土壤也可能对植物产生药害（毒性）作用，主要是当土壤呈酸性时发生。镍的植物毒害作用往往不影响农业食物链，这是因为它不像镉和锌，在镍污染浓度高时粮食作物产量大幅减少，因此粮食作物不能在此类场地内种植（Chaney等，2003）。植物提取技术最好作为一项"改进策略"应用于镍污染处理，这要求场地内污染浓度较低，且不会对植物产生药害作用，除非完成详细的土壤风险评估和改良策略制定。另外，可以应用植物将较高浓度的镍污染稳定在土壤中，应用改良策略以防止镍的毒性作用。在植物提取作用和土壤中镍污染钝化失活作用之间，通过加入改良策略和稳定技术，植物修复技术可在一个合理的成本范围内应用于修复被镍污染的土壤（Chaney等，2003）。

据Rufus Chaney博士说，在2003年，土壤移除和替换的成本每公顷约200万美元——被镍污染的场地下挖30厘米深。然而，植物提取技术和改良修复成本可能只有每公顷3000–10000美元。这还不包括从收割来的植物中收集和出售镍的潜在价值，当土壤中镍浓度很高时，这可能会增加一个额外的收入来源（Chaney等，2003）。

种植细节

在现阶段，超过450种植物已被作为镍污染超富集植物记录在案（Van der Ent等，2013），但只有其中一小部分能够积累超过1%的镍，而满足有效植物提取或植物冶炼的要求。镍污染高积累品种，如庭荠属（*Alyssum* spp.），是有据可查/有很翔实记载的，能够在大多数气候条件下生长（Chaney，2013）。之所以有如此数量庞大的镍积累植物品种，可能是因为在世界范围内存在很多镍含量丰富的土壤（Van der Ent等，2013）。

只应在农（艺）学家仔细研究植物提取的潜在利润，或植物毒害作用的影响后，并在考虑了与转运镍至植物地上部分相关的任何风险之后，才能尝试应用植物提取镍污染。镍的植物冶炼可能是植物提取最有利的条件之一。以下种植类型可以与表3.15中列出的植物品种结合使用。

在土壤中

提取和收割。

萃取区：第4章，见第208页。

稳定：加入改良措施以恢复土壤肥力、防止镍吸收，种植了植物以防止土壤中的镍被侵蚀。

种植稳定垫：第4章，见第191页。

在水中

控制被污染的地下水。

地下水运移林分：第4章，见第200页。

从地表水和污水中清除：下述系统已被用于从水中清除镍。由于用于人工湿地的植物品种已被广泛记载，此类植物未列入本书。

- 雨洪过滤器：第4章，见第217页。
- 多机制缓冲区：第4章，见第216页。
- 表面流人工湿地：第4章，见第219页。
- 地下砾石湿地：第4章，见第221页。

表3.15中列出的经挑选的镍超富集植物品种被当作镍污染吸收潜在品种频繁引用。对于镍而言，已经发现用于植物提取的速生型超富集植物的种植可能比高生物量产出的作物品种更加有效（Chaney等，2010）。

表3.15

镍超富集植物

拉丁名	惯用名	植被类型	美国农业部抗寒区划	原产地	参考文献
Alyssum bertolonii	庭芥	暂缺	暂缺	意大利	Robinson等, 1997b
Alyssum bracteatum	庭芥	暂缺	暂缺	伊朗	Ghaderian等, 2007
Alyssum lesbiacum	庭芥	暂缺	暂缺	暂缺	Kupper等, 2001
Alyssum murale	黄花庭芥	草本	2~5	巴尔干半岛	Bani等, 2007; Chaney等, 2003, 2007, 2010; Prasad, 2005
Arenaria humifusa Wahlenb.	矮生蚤缀	暂缺	暂缺	北美洲东部、加拿大北部地区、欧洲	植物修复技术数据库（Phytorem Database）Rune和Westerbergh, 1992
Arenaria rubella	蚤缀	草本	4	美国西部地区	Knuckeberg等, 1993
Berkheya coddii	南非紫菀	暂缺	暂缺	南非	Keeling等, 2003; Morrey等, 1989; Robinson等, 1997a
Bornmuellera tymphaea	鲍缪勒氏属	草本	暂缺	希腊	Chardot等, 2005
Brassica juncea	印度芥菜	草本	一年生植物	亚洲、欧洲、非洲	Saraswat和Rai, 2009
Leptoplax emarginata	Leptoplax	草本	暂缺	希腊	Chardot等, 2005
Pearsonia metallifera	Pearsonia	草本	暂缺	津巴布韦	Wild, 1970; Brooks和Yang, 1984
Phyllanthus serpentinus	叶下珠	暂缺	暂缺	新喀里多尼亚（岛）	Kersten, 1979
Phyllomeii coronata	叶下珠	暂缺	暂缺	加勒比海地区	Reeves等, 2006

续表

拉丁名	惯用名	植被类型	美国农业部抗寒区划	原产地	参考文献
Ruellia geminiflora	吐根树	草本	暂缺	南美洲	Jaffre和Schmid, 1974 Brooks等, 1992
Sebertia acuminata	胶乳橡胶树	乔木/灌木	暂缺	新喀里多尼亚（岛）	Cunningham和Berti, 1993 ITRC PHYTO 3 Van der Ent等, 2013
Senecio pauperculus	香脂千里光	草本	1~10	北美洲	Baker和Reeves, 2000 Roberts, 1992
Solidago hispida	多毛一枝黄花	草本	3~8	北美洲东部地区	Baker和Reeves, 2000
Streptanthus polygaloides	蝉翼藤	草本	9	美国西部地区	Baker和Reeves, 2000
Thlaspi caerulescens	天蓝遏蓝菜	草本	6	美国西部地区, 欧洲	ITRC PHYTO 3 Rouhi, 1997 Salt等, 1995
Thlaspi montanum L. var. *montanum*	芬德勒菥蓂	草本	6~10	美国西部地区	Boyd等, 1994 植物修复技术数据库（Phytorem Database） Prasad, 2005

注: 并非一个完整的植物名录, 而是一个代表性品种的名单。

153

案例研究：镍污染

项目名称：科尔本港镍精炼厂（Chaney等，2003；Chaney等，2007；Kukier和Chaney，2004）（图3.32）

位置：科尔本港，安大略省，加拿大

相关机构/科学家：美国农业部（USDA）农业研究服务系统（R. L. Chaney和Y.-M. Li）、马里兰大学（J. S. Angle和E. P. Brewer）、谢菲尔德大学环境咨询处（A. J. M. Baker和R. D. Reeves）、俄勒冈州立大学（R. J. Roseberg）

竣工时间：20世纪90年代

种植的植物：燕麦、萝卜、玉米、大豆（用来评估镍的植物稳定作用🔲）、黄花庭荠（*Alyssum murale*）和*A. corsicum*（用来进行植物提取🔲）。

改良：白云质灰岩，以提高pH值，还有锰肥和氮、磷、钾肥料。

污染物：镍

目标媒介和深度：顶层50厘米厚的土壤。

在安大略区域的科尔本港，209平方公里的表层土壤，安大略区域被附近精炼厂生产活动产生的镍污染了超过60年。邻近精炼厂的周围用于农业生产的土地中，铜（Cu）和钴（Co）在土壤中的浓度也升高了。因为镍污染水平很高，植物药害作用造成农作物受灾而发生了减产的情况。考虑了清除、运走和填埋被污染的土壤（的处理方法），但由于污染地区的面积十分巨大，且污染会随废气向大气排放而扩散，亦因为在此过程中会产生要进行植被恢复的极其不可持续的巨量表层土壤，场地内应用了添加了改良措施的植物稳定技术🔲，以及植物提取🔲和收割技术，以清除镍污染，二者均作为备选修复方法进行了测试（Chaney等，2003）。

在安大略省的科尔本港，种植了黄花庭荠（*Alyssum murale*）的地块以进行镍的植物提取和植物冶炼（Chaney等，2003）

植株地上部分收割后焚烧成灰，准备用于镍的冶炼过程（Scott Angle博士拍摄）

草木灰（植物焚烧后的灰烬）被熔化，以提取工业用的金属镍。植物形成的灰中的含镍量比传统开采的矿石材料更高（Chaney等，2007）

图3.32 案例研究：科尔本港，安大略省，加拿大

154

为了测试在场地内稳定镍的条件，并防止其造成污染和危害农作物，应用改良措施使土壤pH值升高成为修复被镍污染土壤的植物毒害作用的一种有效方法。在科尔伯恩港的土壤中添加了高比例的石灰石，以减少植物对镍的生物利用率。含石灰土壤的pH值约为7.5（石灰质的，有超量石灰残留，以使高pH值保持数百年），大大降低了镍在所有植物生长量中的浓度，维持了正常的植物生存和生长。此外，其他改良土壤肥力的措施，如添加锰元素，确保了作物的最佳产量。在工业污染的土壤中镍的植物毒性高度依赖于土壤的pH值和（其中种植的）植物品种，其中一些农业作物对于镍比其他品种更敏感。研究发现草本植物（Poacea spp.）比其他受试品种更加耐受镍（Kukier和Chaney，2004）。研究还发现，应用土壤改良剂和抗性植物的植物稳定技术□取得了成功。

此外，在同一地点单独的一系列测试中，种植了黄花庭荠（*Alyssum murale*）和*A. corsicum*以进行植物提取□、收割和从土壤中清除镍。Chaney博士和他的同事们开发了一种镍污染植物提取技术，以应用植物冶炼镍（植物冶炼作用），该技术应用了这些超富集的、高生物量产出的植物品种。超过200种生态型（种内基因不同的地理亚种）的镍超富集植物黄花庭荠在欧洲南部被采集，并通过植物育种开发出新的栽培品种，优化了该种多年生植物的理想提取特征，其能够在每年收割收获取生物量后再生。黄花庭荠随即在有高浓度镍污染的两处场地的土壤中进行了测试：①在安大略省科尔本港内被镍精炼厂污染的土壤中，以及②在俄勒冈州历史形成的、含有高浓度自然产生的镍元素的蛇纹石缺钙土壤中。作物在开花初期被收割，进行几天的晾晒，然后打捆、搬运并储存在远离生产场地的地方。植物地上部分吸收了大量的镍，对其进行干燥和焚烧以制成草木灰，在灰烬冶炼的过程中回收镍。干燥的干草可在生物质发电机中焚烧，这补偿了种植作物所费的成本，在此过程中产生的草木灰亦是一种高富集镍矿。由于具有高生物质产量的能力，黄花庭荠和*A. corsicum*可以植物提取处理达200~400千克/（公顷·年）。研究表明，植物灰作为金属矿的价值可以抵消土壤修复的成本，并提供比土壤中种植的传统作物更多的利润。由此催生了俄勒冈州商业化植物提取修复矿化土壤的产业，尽管由于特定土壤条件的限制，这种植物冶金技术的应用范围有限。

对于所有的粮食作物而言，植物冶金用的植物必须施肥和管理以实现镍的最佳经济产量。在某些土壤和气候条件下种植植物可能存在挑战。此外，在任何植物品种被引入到一个全新的、非本地的环境之前，应注意植物潜在的入侵特性。当黄花庭荠应用于北美洲地区的植物冶金时，就被发现有入侵特性。

155

（4）硒□□

背景：由于对天然富硒土壤的灌溉导致硒浸出至其他低洼的湿地中，硒污染在美国西部的部分地区已成为一个挑战（Chaney等，2007；Bañuelos等，2005）。通常情况下，饮用水的硒污染是最值得关注的问题。水被污染通常是由于天然存在的硒被灌溉径流动员，或工业用水通过油页岩层泵出导致，污染原因也包括天然气开采和石油钻探，或农业径流污染。

适用范围：硒能被一些超富集植物和高生物量植物品种有效地提取并挥发。硒的挥发形式的毒性比在土壤中发现的无机硒形式小2-3个数量级（Terry等，2000）。一种更有效的植物管理技术的应用，是利用富集饲料作物品种进行硒回收再利用（Dickinson等，2009）。富硒种子粉已在富硒场地内有效地种植，并被收割用作营养补充剂来喂养牲畜（Chaney等，2007；Bañuelos等，2010）。硒是包括牛在内的动物必需的矿物质，但大多数土壤缺乏硒，在这类地区种植的饲料作物就缺乏动物营养所必需浓度的硒（Bañuelos等，2010）。大约20种植物已被验证为硒的超富集植物，其中一些例如沙漠王子羽（*Stanleya pinnata*）在田野条件下比其他品种表现要好（Van der Ent等，2013；Freeman和Bañuelos，2011）。

种植细节

用于提取硒的植物品种已被确定，并成功应用于低浓度硒污染场地的田野修复。虽然硒的存在形式多变，也可以挥发到空气中，一些硒还是可能会在幼苗中累积。

在土壤中

萃取和挥发：硒被提取到植物的地上部分，植物被收割以清除场地内的污染物。此外，硒也会挥发，并且在某些情况下，植物的地上部分并不一定需要清除。

萃取区：第4章，见第208页。

稳定：植物被用来将污染物保持在场地内，防止其运移和暴露在外造成风险。应添加土壤改良剂以减少其流动性。

种植稳定垫：第4章，见第191页。

在水中

控制被污染的地下水：可以种植高蒸散率植物品种来控制地下水羽流，减缓或重定向羽流以防止地下水中的污染物扩散。硒可以被固定在植物根区或提取到植物地上部分中去。

地下水运移林分：第4章，见第200页。

从地表水和地下水中清除：地表水或地下水会流经自然处理系统，该系统主要通过物理截留硒并将其固着或沉淀到栽培介质中以实现清除。由于用于人工湿地的植物品种已被广泛记载，此类植物未列入本书。

- 雨洪过滤器：第4章，见第217页。
- 多机制缓冲区：第4章，见第216页。
- 表面流人工湿地：第4章，见第219页。
- 地下砾石湿地：第4章，见第221页。

表3.16中列出了高地/山地超富集植物品种，是一份提取硒元素的代表性植物名录。

表3.16

硒超富集植物

拉丁名	惯用名	植被类型	美国农业部抗寒区划	原产地	参考文献
Acacia cana	垂枝相思树/粉绿相思树	乔木	9~10	澳大利亚	Baker和Reeves，2000 McCray和Hurwood，1963
Astragalus bisulcatus	双沟黄芪	草本	2~7	北美洲西部地区	Baker和Reeves，2000 Byers，1935 Byers，1936 Lakin和Byers，1948 Rosenfeld和Beath，1964 Van der Ent等，2013
Astragalus grayi	格氏黄芪	草本	暂缺	北美洲西部地区	Baker和Reeves，2000 Byers，1935
Astragalus osterhouti	奥斯特豪特黄芪	草本	暂缺	北美洲西部地区	Baker和Reeves，2000 Rosenfeld和Beath，1964
Astragalus patterson	帕特森黄芪	草本	暂缺	北美洲西部地区	Baker和Reeves，2000
Astragalus pectinatus	窄叶黄芪	草本	2~6	北美洲西部地区	Baker和Reeves，2000 Rosenfeld和Beath，1964
Astragalus racemosus	总状黄芪	草本	3~10		Baker和Reeves，2000 Byers，1936 Chaney等，2010 Knight和Beath，1937 Moxon等，1950 Rosenfeld和Beath，1964 White等，2007
Atriplex confertifolia	鲱鳞滨藜	草本	6~10	北美洲西部地区	Baker和Reeves，2000 Rosenfeld和Beath，1964

157

158

拉丁名	俗用名	植被类型	美国农业部抗寒区划	原产地	参考文献
Castilleja chromosa	印第安画笔花火焰草	草本	4~9	北美洲西部地区	Baker和Reeves, 2000; Rosenfeld和Beath, 1964
Haplopappus (sect. Oonopsis) condensate	单冠毛	草本	暂缺	北美洲西部地区	Baker和Reeves, 2000; Byers, 1935
Haplopappus (sect. Oonopsis) fremontii	齿凹假金色草	草本	暂缺	北美洲西部地区	Baker和Reeves, 2000; Byers, 1935; Rosenfeld和Beath, 1964
Lecythis ollaria	椰子树	乔木	暂缺	委内瑞拉, 巴西	Baker和Reeves, 2000; Aronow和Kerdei-Vegas, 1965
Machaeranthera (Xylorhiza) glabriuscula	无毛木本紫菀	草本	4~5	北美洲西部地区	Baker和Reeves, 2000; Rosenfeld和Beath, 1964
Machaeranthera (Xylorhiza) venusta	白鲑木本紫菀	草本	7	犹他州, 科罗拉多州	Baker和Reeves, 2000
Machaeranthera parryi	艾菊紫菀	草本	暂缺	北美洲西部地区	Baker和Reeves, 2000; Byers, 1935
Machaeranthera ramosa	艾菊紫菀	草本	暂缺	北美洲西部地区	Baker和Reeves, 2000; Rosenfeld和Beath, 1964
Machaeranthera venusta	艾菊紫菀	草本	暂缺	犹他州, 科罗拉多州	Rosenfeld和Beath, 1964
Morinda reticulate	网纹巴戟天	草本	暂缺	澳大利亚	Baker和Reeves, 2000; Knott等, 1958
Neptunia amplexicaulis	富硒假含羞草	草本	暂缺	澳大利亚	Baker和Reeves, 2000; McCray和Hurwood, 1963

拉丁名	惯用名	植被类型	美国农业部抗寒区划	原产地	参考文献
Stanleya bipinnata	二回王子羽	草本	暂缺	北美洲西部地区	Baker和Reeves, 2000 Byers等, 1938 Moxon等, 1950 Rosenfeld和Beath, 1964
Stanleya pinnata	沙漠王子羽	草本	3~7	北美洲西部地区	Baker和Reeves, 2000 Byers等, 1938 Rosenfeld和Beath, 1964 Van der Ent等, 2013 White等, 2007
以下为硒污染农业累积植物（并非一个完整的植物名录，而是一个代表性品种的名单）					
Brassica juncea	印度芥菜	草本	9~11	俄罗斯至中亚地区	Banuelos, 2000 Zayal等, 2000
Festuca arundinacae	高羊茅	草本	2~10	欧洲、北美洲	Banuelos, 2000
Hibiscus cannibinus	洋麻	草本	9~11	未知	Banuelos, 2000
Lotus corniculatus	百脉根/忘忧树	草本	3~8	非洲	Banuelos, 2000

注：并非超富集植物，而是在农业生产中作为累积植物应用。

案例研究：硒污染

　　项目名称：春溪公园上的山脊自然保护区（Freeman和Bañuelos，2011；Freeman，2014）（图3.33）

　　地点：柯林斯堡市，科罗拉多州

　　项目顾问/科学家：John L. Freeman，博士，植物修复与植物冶金联合顾问（http://www.phytoconsultants.com）

　　竣工时间：2007年春季

　　种植的植物：*Stanleya pinnata*（沙漠王子羽）

　　改良：无

　　污染物：自然存在于白垩纪页岩中的硒。

　　在美国西部地区，硒的毒性成了一个严重的问题，含硒土壤暴露于雨水和侵蚀下，影响了附近油页岩钻探作业、农业和其他用途的饮用水供应。研究人员评估了科罗拉多州本地植物*Stanleya pinnata*（沙漠王子羽）的几种基因型，对它们从土壤中去除剧毒形式的硒并将其以毒性较低的有机形式挥发到空气中的能力进行了评价。结果发现，尽管去除率每年都在下降，植物还是可以在一个生长季节去除土壤中所含硒的30%。选择了耐盐和耐硼基因型进行应用，因为这两种物质常常存在于被硒污染的径流流经的场地内（Bañuelos和Freeman，2011）。

　　一旦对选择的基因型进行了鉴定，被选中的科罗拉多州本地沙漠王羽基因型便在位于科罗拉多州柯林斯堡的富硒场地内进行了种植。在春溪公园内的松树岭自然保护区，新的位于自然富硒土壤区域的排水改良措施必须由柯林斯堡市政府完成。当受到干扰时，这些土壤通常会释放硒元素到当地的饮用水源中。为了防止这一现象，*Stanleya pinnata*（沙漠王子羽）被种植在富硒土壤暴露区，以帮助稳定、提取并挥发硒污染。这种多年生植物更喜欢干燥和营养匮乏的土壤环境，所以它是大规模种植的理想品种。经过四年的种植生长，高流动性的硒污染被有效控制，科罗拉多州本地的草种自然接替了之前单作种植的*Stanleya pinnata*（沙漠王子羽）。

在一个150英尺宽×1/2英里①长见方的区域内完成管线铺设之后，种植了*Stanleya pinnata*（沙漠王子羽）以修复流性的被晒污染的土壤　　富有吸引力的修复植物品种与相邻公园的美景融合在了一起　　种植了四年后，流性的硒污染被清理修复，科罗拉多州本地草种取代了原有的植物修复植被

图3.33　案例研究：春溪公园，科罗拉多州（实景照片）

───────────

① 1英里 ≈ 1.6千米。——译者注

⬜金属：提取难度中等

硼（B）、钴（Co）、铜（Cu）、铁（Fe）、锰（Mn）、钼（Mo）。

背景：这一类别下的所有金属均被认为是难以提取的，并且都是植物必需的微量营养素，除了钴以外（它只是豆科植物的必需元素）。

适用范围：在现阶段，所有中等难提取金属的植物提取技术⬜均被认为是不可行的。虽然可以在文献中找到这些元素的超富集植物品种，但这些金属通常很难进行田野规模的提取。这些金属在土壤中大量存在可对植物的生长产生（植物）毒害，抑或会与土壤紧密结合。工程土壤改良剂和用于植物稳定⬜的植被是在现阶段处理这些金属造成的土壤污染的推荐植物修复技术。此外，可以应用传统的开挖–运输或覆盖整治策略处理污染的土壤。

然而，当这些金属进入水中时，例如进入地下水羽流或雨水中时，它们可以在植物的作用下从水中过滤出来，并在附近的土壤中固着。锰是个例外，地下水运移林分、雨洪过滤器和人工湿地可以用来从水中过滤金属，以及在土壤介质中截留金属。

此外，当这些金属进入地下水时，只要金属浓度不会对植物造成植物毒害作用，高蒸发（蒸散）量的植物品种就可以减缓或延迟地下水羽流，间接控制了污染物的扩散。最终目标并不是将这些金属提取进入植物体内，而是控制它们在地下水中的扩散。

种植细节

在土壤中

⬜稳定：植物被用来将污染物保持在场地内，防止其运移和暴露在外造成风险。

种植稳定垫：第4章，见第191页。

在水中

⬜ 控制受污染的地下水：可以种植高蒸散率的植物品种来控制、减缓或重定向地下水羽流，以防止地下水中的污染物扩散。当水被吸入植物体内时，金属通常被固定在植物根区和植物周围的土壤中，进而将它们从水中过滤出来。这种水力控制方法防止了地下水中金属的运移。

地下水运移林分：第4章，见第200页。

⬜从地表水和地下水中清除：下述系统已被用于从水中去除金属。由于用于人工湿地的植物品种已被广泛记载，此类植物未列入本书。可能通过雨水流入场地的金属浓度通常会非常低，此时基于植物的提取方法将不容易实施。然而，金属还可以通过有机土壤介质被过滤出来。

- 雨洪过滤器：第4章，见第217页。
- 多机制缓冲区：第4章，见第216页。
- 表面流人工湿地：第4章，见第219页。
- 地下砾石湿地：第4章，见第221页。

用于金属稳定的部分植物品种列表可在本节开始找到（见封隔植物列表，表3.10，第130页）。可以研究额外的植物品种。由于金属潜在的植物毒性作用，亦应考虑施用土壤改良剂以进一步降低流动性，促进植物的生长。

案例研究：铜污染

　　项目名称：Biogeco植物修复计划（Bes和Mench，2008；Bes等，2010；Bes等，2013；Kolbas等，2011；2014；Marchand，2011）

　　位置：吉伦特，法国

　　相关机构/科学家：UMR Biogeco INRA 1202-波尔多大学，法国，由Michel Mench博士领衔。这个计划最初是由ADEME（法国环境与能源署）和城市垃圾填埋场和污染场地管理局（翁热，法国）支持的，随后发展为与GREENLAND项目协调，并由欧盟委员会支持的17个场地（FP7-KBBE-266124，GREENLAND）之一，网址：http://www.greenland-project.eu/。

　　竣工时间：风险评估开始于2005年；第一块场地在2006年施工；相关研究正在进行中。

　　种植的植物：种植了黑杨（*Populus nigra* L.）、黄花柳（*Salix caprea* L.）、青冈柳（*Salix viminalis* L.）和棉槐（*Amorpha fruticosa* L.），并添加了土壤改良剂。测试的多年生植物有：细弱剪股颖（*Agrostis capillaris* L.）、卡斯特拉纳剪股颖（*Agrostis castellana* Boiss. & Reuter）、葡匐剪股颖（*Agrostis delicatula* Pourr. Ex Lapeyr.）、小糠草（*Agrostis gigantea* Roth）、鸭茅（*Dactylis glomerata* L.）、绒毛草（*Holcus lanatus* L.）、草地早熟禾（*Festuca pratensis*）和金雀花（*Cytisus striatus* Hill Rothm）。其他测试的多年生植物：用以植物稳定/生物量生产——香根草（*Vetiver*）、芒属（*Miscanthus*）。测试的用于植物提取/生物量生产的一年生作物：烟草、向日葵、高粱。

　　在场地实验区的改良：堆肥（用松树皮碎片和鸡粪制成）、堆肥和白云质灰岩、铝硅酸盐（林茨-多纳维茨矿渣）、零价铁砂和堆肥。（见Bes和Mench，2008，第1130页，以及Bes等，2013，第41页，列出了在这些研究中使用的土壤改良剂的完整列表。）

　　污染物：重金属：以硫酸铜形式（$CuSO_4$）存在的铜（Cu）□和用作木材防腐剂的铬化砷酸铜；从杂酚油（木馏油）⊖而来的多环芳烃（PAHs）⊖和烷烃。

　　GREENLAND倡议（The Greenland Initiative）是一系列欧盟资助的研究项目，包括多种温和的修复策略（GROs）和基于植物的、既要在低成本下修复被污染土壤的同时限制对环境的有害影响，又能生产生物量用作基于植物的牲畜饲料（植物管理）的方法/技术手段。此外，该项目在整个欧洲范围内创建了一个长期环境修复案例研究的网络，利用该网络可以比较和优化GRO技术。GREENLAND倡议认识到，虽然GRO技术可能是创新和高效的，它们仍然没有得到广泛应用。该项目旨在创建可持续和能产生利润的被污染土壤管理技术，并促进它们在田野实践中大规模开展。至于GREENLAND项目中正在开展研究的那部分，Michel Mench和他的同事们已经在法国一处原木材防腐场地进行了相关调研。

场地位于法国西南部的吉伦特，已经成为正在进行的植物修复技术研究的关注重点，该技术可以应用到很多被铜和铜/多环芳烃污染的场地。其本身面积为10公顷，已经生产和储存木材、桩子和电线杆达一个多世纪。这些过程中产生的污染导致土壤中铜（67–2600毫克/公斤）和多环芳烃（见石油污染一节，第56页）的不同含量，（浓度大小）取决于子场地（情况）。研究的重点是①如何稳定金属和保证植物在污染场地内正常生长，以及②如何把生物脱铜、根际降解多环芳烃和生物质生产与利润回报（植物管理）结合起来。

应用了许多土壤改良剂的组合，以减少铜的生物可用性，并促进植物的生长。研究人员发现，活性炭和零价铁砂为主要成分的土壤改良剂能最大限度地降低土壤溶液中铜的浓度。这些改良手段可能会成为改善土壤特性重要的第一步，进而使植被蓬勃生长，同时降低铜污染的流动性。

研究小组对现场植被进行了深入调查，以确定具有植物修复潜力的品种，以及植物收集器、植物封隔器和铜污染抗性植物的品种。根据调查结果，该小组确定了场地内利用现有植被的"植物稳定辅助技术"策略，其中一种策略是施用土壤改良剂以减少铜污染的生物利用性，然后种植剪股颖（*Agrostis capillaris*）和小糠草（*Agrostis gigantea* Roth）作为封隔植物，提供植被覆盖。在场地内发现的其他植物，如黑杨（*Populus nigra*）和蒿柳（*Salix viminalis*）作为生物能源树种显示了商业前景，可应用于生物质发电的短期轮作矮林系统，同时将铜污染稳定在土壤中。正在研究一年生中等铜累积植物（烟草、向日葵）的几种基因型，以进行生物脱铜［约150克铜/（公顷·年）］、油料生产、生物化工和其他产品的生产。其他植物品种的有效性研究［香根草（*Vetiver*）、芒属（*Miscanthus*）、柳枝稷（*Switchgrass*）等］正在进行中。

163

Greenland倡议的研究表明了被金属污染场地的实际情况，以及进行植物修复，重点必须集中在①在资源稀缺和清理成本高昂的情况下，应控制污染物并限制其流动性，而不是清除它们；②植物管理策略（将生物金属溶出利用和生物量生产结合）。此外，其目标指向这样一种植物修复的趋势：努力使污染物之间的联系和污染造成的风险最小化的同时，创造能够提供利润回报的植被覆盖量和生物质产量。

金属：难以提取（对植物往往生物利用度较低）

铅（Pb）

背景：铅是美国城市地区最常见的污染物之一，污染是由于历史上含铅汽油、含铅油漆/漆料、铅蓄电池、铅管的使用，以及铅在工业中的持续使用造成的。土壤和城市灰尘中的铅随着时间流逝而逐渐累积，这种现象和暴露于这些污染源的情况均普遍存在。铅中毒是儿童的首要环境诱发疾病。六岁以下的儿童是最危险的，因为他们正处在神经系统快速发育阶段，此时摄入铅就会造成问题，导致智力发育和运动技能习得的迟缓

（OSHA[①]，2013）。

适用范围：铅在土壤中的化学性质严格限制了其植物吸收的有效性。因此，不认为植物提取铅在田野规模的整治中可行。铅在陈年土壤中的生物利用度低，往往以难溶物质的形式存在；无化学添加剂辅助时，铅的植物吸收和提取受限（Zia等，2011），且没有已知的在温带气候下生长并成功应用于植物修复的任何一种超富集植物。在之前铅提取的研究中，通常添加一种化学药剂（螯合剂）使铅更具生物可利用性，且已经培育出高生物产量的作物植物品种。提高铅的提取率最常用的螯合剂是EDTA：乙二胺四乙酸。这种方法使得传统的作物品种，如向日葵和芥菜也能提取铅，但会产生如下风险：铅可以进入地下水中，造成不可控的污染迁移/转移。因为这个原因，在过去的10年中，在美国和欧盟已禁止使用EDTA提取铅（Chaney，2014）。螯合剂改良的成本也令人望而却步，耗资超过3万美元/（公顷·年）（Chaney等，2007）。在一些施用了EDTA的、有条件限制的田野尺度场地内，未检测出渗入地下水的EDTA，人们认为这种技术比开挖和土壤清除更加节省成本（Blaylock，2013；Weston，2014）；然而，由于存在潜在风险，仍然不推荐应用该技术。

许多设计师和从业者被误导了，他们相信向日葵、芥菜和其他作物品种会在自然状态下超富集铅，并且可以被收割来修复场地污染。造成这一误解的原因之一是：人们可能不理解螯合剂的应用，或推行金属污染植物修复的出版物可能对此有误解或未提到它们（Kuhl，2010；Ulam，2012）。当参考过去的研究成果来寻找铅污染植物修复的植物品种时，从业者必须考虑和调查是否使用了EDTA或其他螯合剂。

从乐观的角度看，一项研究表明，城市土壤中铅对人类的风险可能低于之前的假设（Zia等，2011）。土壤中铅的生物再利用（生物利用度）是保护公众健康的重要措施，而并非土壤中铅的总量。最近的研究结果表明，城市土壤中铅的生物可利用部分只占土壤中铅总量的5%~10%，远低于美国环保署所规定的30%（Zia等，2011）。土壤中铅的生物可利用度（生物利用度）千差万别，主要是由磷酸、铁、氧化物、有机质的含量和pH值水平来控制的（Zia等，2011）。只有当土壤中铅含量非常高、缺乏磷且严重酸化时，才会有极少数植物种类会在地上组织中自然积累少量的铅（Chaney，2013）。已开发出铅的生物有效性测试方法，在现场试验时可以考虑采用这些测试，以确定场地内铅污染的真实风险。然而，在大多数情况下，监管准则仍然依赖于土壤中铅总量的测定，以此确定法定报告的要求和所需的整治行动，以及受到相应影响的财产价值（评估）。铅污染暴露最危险的途径是可能渗入皮肤并被立即吸收的、裸露的土壤或粉尘，或随风飘散并积累到植物的可食用部分，而并非铅被植物所吸收并纳入其生物量中。

种植细节

由于铅在土壤和地下水中不易迁移，也不易被植物吸收，建议的处理办法通常是将其稳定在场地内，防止土壤颗粒暴露造成的粉尘和风扩散。出于这个原因，美国环保署已

---

① 美国职业安全与卫生管理局。——译者注

经制定了覆盖铅污染土壤的指导方针，以防止身体接触。添加堆肥等有机物质、添加石灰提高土壤的pH值和添加磷元素将有助于进一步将铅污染固着在土壤中。在地表覆盖一层厚厚的腐殖层，可以防止土壤侵蚀和铅污染暴露。

住宅区私人菜园、种植园和社区花园场地经常遭受铅污染。为了限制食用作物的铅暴露，应建造高出地面的苗床，在其中填充新鲜的、未受污染的土壤。此外，应采用厚厚的护根层或植被层覆盖所有被铅污染的土壤，以防止风卷起土壤灰尘颗粒而导致含铅粉尘污染粮食作物（见第5章，第264页社区花园相关内容）。

在土壤中。

稳定：植物被用来将污染物固定在场地内，降低铅的流动性和暴露风险。通常调整改良措施和pH值以增加铅的稳定性。将铅固定在场地内是降低铅暴露风险最节省成本的措施。任何根区活跃、能防止土壤侵蚀的植物品种都可以应用。

种植稳定垫：第4章，见第191页。

在水中。

铅通常不易溶于水，因此本书不包括从水中清除铅的技术。

案例研究：铅污染-1

项目名称：马克笔（Magic Marker）生产场地（US EPA, 2014g; Clu-In[①], 2014; Blaylock, 2013; Blaylock等, 1997; US EPA, 2002）

位置：特伦顿，新泽西州

相关机构/科学家：美国环保署；植物修复技术（Phytotech）公司（被Edenspace Systems集团于1999年收购的一家公司）

竣工时间：1996–1998年

种植的植物：向日葵（*Helianthus annuus*）和印度芥菜（*Brassica juncea*）

改良：螯合剂（EDTA）

污染物：铅

目标媒介和深度：18英寸深的表层土壤。

在被用于一处马克笔制造工厂之前，这个位于新泽西州特伦顿的面积7英亩的场地内安置了包括铅–酸蓄电池生产在内的各种工业活动。当在20世纪80年代后期工厂关闭时，铅污染（以及其他化学物质污染）仍然存在。尽管大多数场地被废弃的建筑物和硬质铺装占据，仍有约1.5英亩的不同铅污染含量的裸露土壤需要整治。植物提取技术被当作一项新技术提出，它可以满足修复策略节省成本的需要。由于没有天然的铅污染超富集植物，提出了应用现有作物植物（如印度芥菜和向日葵）进行整治，同时添加EDTA（一种化学螯合剂），人为地提高铅的生

---

① 污染场地清理讯息。——译者注

物利用度和植物吸收率的方法。在1996年，该项目在大约三分之一的场地内实施，采用了春播植物印度芥菜，6月上旬收割；之后种植向日葵，8月收割；之后三分之一的作物使用印度芥菜，9月下旬收割，EDTA的添加贯穿整个作物周期。在种植之前和收割各种作物植物之后，均在一个5英尺（1.5米）见方的网格间距内收集三个深度下的土壤样品，以测定土壤浓度的变化。在项目进行第二年（1997年）时，种植面积扩大，该项目在美国环保署SITE［Superfund Innovation Technology Evaluation，（美国政府）有毒废物堆场污染清除基金创新技术评估］计划的监督下实施，由美国环保署承包商进行土壤采样和分析，来进行修复技术的效能评价。在这两年中，植物修复项目显示了既充满前景又充满矛盾的结果。虽然土壤测试显示铅含量显著降低，测量得到的植物体含铅量却无法匹配土壤中减少的那部分铅。美国环保署的项目报告称，"对（数据）差异/前后矛盾可能的解释包括：①施用于土壤、将铅动员和转移出该系统的螯合剂"，②作物植物生产力的变化率估算错误，③在土壤采样过程中存在错误，或④向土壤中添加并翻耕了足够的改良剂，导致其溢出热区（热点）并稀释了铅污染，使土壤整体铅浓度下降。支撑数据无法确认植物实际上是否提取了铅，铅提取的这一技术仍然未经证实。然而，在一些网站上，该项目就是以应用向日葵、芥菜和EDTA成功修复铅污染为卖点的，数据上的不一致在非技术层面没有明确说明。需要着重澄清的是：是的，（研究结果）显示铅不再存在于土壤中，但植物提取并不是铅得以清除的原因。向日葵和印度芥菜不能提取和修复铅污染。

在20世纪90年代，美国环保署和Phytotech公司在实践领域以开放姿态探索和评估这一创新技术，这个举动是值得称赞的。然而，从业人员必须仔细阅读实施细则，并充分理解数据的复杂性，只有这样，未来的项目才能以经过科学证明的先例为行动模板。

案例研究：铅污染-2

项目名称：冲积矿尾矿（Allen等，2007，Brown等，2005；Brown等，2007；Brown等，2009；National Research Council[①]，2003）（图3.34）

位置：莱德维尔，科罗拉多州

相关机构/科学家：美国环保署（US EPA），以及佳拿公司（URS Greiner），华盛顿大学

竣工时间：1997-2001年

种植的植物：用于植物修复的土生草种和灌木种类

---

① 美国国家研究委员会。——译者注

改良：城市生物固体（污泥）和石灰石，施用量在100吨/英亩（1英亩≈0.4公顷）

污染物：历史上矿山尾矿中的铅□、锌□、镉□和酸性物质

目标媒体和深度：深达12英寸（0.3米）的土壤。

在科罗拉多州莱德维尔的采矿活动从19世纪70年代延续到80年代，在此过程中产生了大量被包括铅、锌和镉等在内的重金属污染的冲积尾矿。在距离源场地几英里远的地方发现了被污染的尾矿，这是由于在洪水灾害中，金属和沉积物被冲走并沉积到了阿肯色河边的另一处地点。被（洪水）冲散的冲积尾矿已被美国环保署列入国家优先（项目）清单［（美国政府）有毒废物堆场污染清除基金资助场地清单］中，并被归类以开展清污行动；然而，挖掘尾矿和采购替换土壤（客土）的生态影响和财政成本使得科学家转而应用土壤改良技术和植物固定（植物稳定）技术□，将金属固着在场地内。

来自丹佛的生物固体（污泥）掺以石灰（提高pH值）并翻耕入尾矿矿床中，努力使得金属的毒性降低，同时恢复植被覆盖。在改良后，该区域混播了多种乡土植物的种子，以实施植物稳定和防止土壤侵蚀。阿肯色河沿岸的多个尾矿矿床从1997—2001年被陆续处理。密切监测确保原位整治/处理降低了金属的可利用性，及与之相关的对人类和动物造成的风险。仔细研究了植物覆盖、植物对金属的吸收、物种多样性、土壤采样和小型哺乳动物的捕获和分析等方面。整治的场地包括私人牧场和公共土地。许多地区的污染水平很高。High Lonesome，一处公有的、经过整治的土地，现已作为赴阿肯色河钓鳟鱼的一个接待点对公众开放。

生物固体被大范围应用并翻耕到土壤中，以稳定场地内因采矿作业带来的重金属。

生物固体降低了重金属的植物毒性，曾经贫瘠的土壤现已植被繁茂。

植物和土壤改良剂共同作用，使重金属稳定并迁移出阿肯色河（水体）。

图3.34 案例研究：冲积矿尾矿，莱德维尔，科罗拉多州（实景照片）

167

⬜ 金属：难以提取的

铬（Cr）、氟（F）、汞（Hg）、铀（U）、钒（V）、钨（W）。

背景：此类别中的残留金属通常不具有生物可利用性和/或对土壤中植物具有毒性。一些污染水体中的铬可被水生植物清除。通过一些转基因植物，汞可被提取并挥发到空气中，但空气中的汞也存在问题。

适用性：要通过植物提取土壤中的此类金属是不可行的。然而，植物可以通过从水体中物理过滤含有这些金属的颗粒物来帮助将金属稳定在场地内。此外，高蒸发率的植物可以通过控制地下水污染羽流防止水中污染物的迁移，只要该金属的浓度不至于对植物造成毒害。

种植细节

对于土壤中生物可利用率低的金属，最有效的植物修复技术的应用是利用植物稳定将污染物固着在原地。任何根系茂密、可以防止侵蚀的植物品种均可应用。应考虑选用可承受边缘地带的压力因素的植物品种。

在土壤中

稳定机制：植物可用于将污染物控制在场地内，防止它移动并减轻污染物暴露的风险。通常调整pH值及土壤改良剂，以提升稳定作用和促进植物的生长。

植物稳定垫：第4章，见第191页。

在水中

控制受污染的地下水：可种植高蒸散量的植物品种，以控制地下水羽流，减缓流速，并以防止地下水中污染物的扩散。植物吸收水分的同时，金属元素通常固着于植物的根区及其周围的土壤中。这种水文控制方式用于防止地下水中的金属元素迁移泄露。

地下水运移林分：第4章，见第200页。

从地表水和地下水中清除金属：下面所描述的系统已被广泛用于从水中清除金属元素。人工湿地的应用已被广泛记录，故本书中没有列出其选用的植物品种。基于植物的提取方法不能提取此类金属，然而，金属却可以滞留在高度有机的土壤介质中。

- 雨水过滤器：第4章，见第217页。
- 多重机制缓冲区：第4章，见第216页。
- 地表径流人工湿地：第4章，见第219页。
- 地下碎石湿地：第4章，见第221页。

案例研究：镉污染

项目名称：巴斯夫公司（BASF）伦斯勒垃圾填埋场（Roux，2014）（图3.35）

位置：伦斯勒，纽约州

相关机构/科学家：Roux Associates, Inc.（工程师）；MKW Assoc.（风景园林师）；巴斯夫公司（BASF）；纽约州环境保护部（NYSDEC）

竣工时间：2008年

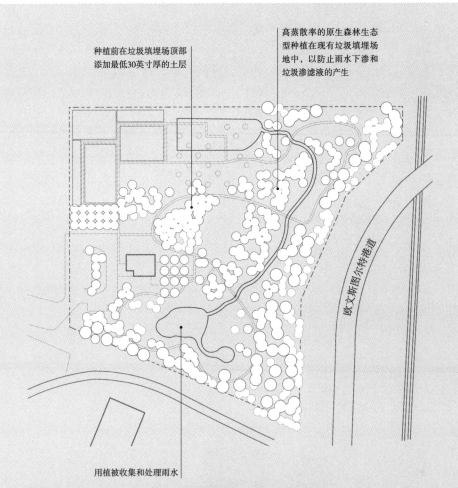

种植前在垃圾填埋场顶部添加最低30英寸厚的土层

高蒸散率的原生森林生态型种植在现有垃圾填埋场地中，以防止雨水下渗和垃圾渗滤液的产生

欧文斯图尔特特港道

用植被收集和处理雨水

图3.35 案例研究：巴斯夫公司垃圾填埋覆盖，伦斯勒，纽约州

169

　　植物品种：混交林生态型种植，其中包括许多纽约本地蒸散率较高的乡土植物：灰桤木（*Alnus incana*）、红枫（*Acer rubrum*）、红阿龙尼亚苦味果（*Aronia arbutifolia*）、桦树（*Betula nigra*）、板栗（*Castanaea dentata*）、新泽西茶树（*Ceanothus americanus*）、滑山茱萸（*Cornus amormum*）、灰山茱萸（*Cornus racemosa*）、红柳山茱萸（*Cornus sericea*）、布什甜椒（*Clethra alnifolia*）、美国白蜡树（*Fraxinus americana*）、洋白蜡（*Fraxinus pennsylvanica*）、铅笔柏（*Juniperus virginiana*）、杂交杨（*Populus* spp.）、褪色柳（*Salix discolor*）、黑柳（*Salix Nigra*）、洋檫木（*Sassafras albidum*）、接骨木（*Sambucus nigra*）。

　　土壤修复物：0.7米的土层覆盖到现存垃圾填埋场。

　　污染物：挥发性有机化合物（VOCs）（苯⊖，氯苯⊖，邻二氯苯⊖，乙苯⊖，二甲苯⊖）；重金属（砷▢▢，铬▢▢，铅▢▢）

　　目标介质：土壤和地下水。

这处3.6公顷（9英亩）的前工业垃圾填埋场位于纽约州伦斯勒。一处附近的化工制造厂产生的废料被堆置在垃圾填埋场中，直到1978年，这块场地被巴斯夫公司收购之后为止。该场地被纽约州环境保护部（NYSDEC）列为第二类失效的危险废物处置场。这引发了一系列的环境调查，进而在1982年增加了土壤覆盖层，并在1987年安装了地下水收集系统。

在2008年，设计并施工了带有植被的替代性填埋场覆盖层（不再用黏土层或塑料内胆），以满足国家垃圾填埋场覆盖物的法规。覆盖层防止雨水渗入垃圾填埋场的能力必须得到验证，以防止产生被污染的渗滤液。开发了一种结合加厚土壤覆盖层的密集型种植方案，使雨水蒸发量最大化，进而最大限度地减少垃圾填埋场的污染液渗漏。此外，覆土层也设计用于植物的修复种植，对土壤中的挥发性有机化合物进行植物降解和根系降解，同时对重金属进行植物稳定。替代性的填埋场覆盖的设计中亦包括一些重要的便民设施，如一处环境教育中心、行步道和一处圆形剧场。此外，种植的目的是最大限度地提高生态价值，提供野生动物栖息地。

170

3.2.3 ⊞盐类（图3.36）

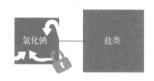

图3.36 盐类

此类别中特定的污染物："盐"是指由酸中的阴离子和碱中的阳离子组成的任意化合物，并容易从水中分离出来（Environment Canada[1]，2001）。这一类别中的常见的盐类化合物包括氯化钠（NaCl）、氯化钙（CaCl₂）、氯化镁（MgCl₂）和氯化钾（KCl）。飞机除冰液通常为乙二醇（EG）或丙二醇（PG），属于碳氢化合物，包含在本章前面的"其他值得关注的有机污染物"。

常见的盐类污染来源：除冰维护、采矿作业、水力压裂和石油钻探、施肥、施药。

常见的造成的盐类污染的土地利用方式：路旁，机场，寒冷天气环境下的零售商店，天然气和石油钻井基地、农田、工业场地。

为什么这些污染物是危险的：当下在降雪和冰冻天气过程之前、之中和之后在公路和高速路上撒盐除冰是矿物盐最大范围的终端用途，也是道路维护的一个有机组成部分。同时盐类也是道路维护的一个组成部分。单是2008年，美国境内的道路就使用了2260万吨

---

① 加拿大环境部。——译者注

的道路用盐（Kostick，2010）。盐极易溶于水，进而影响地下水和地表水。广泛使用的道路盐，即氯化钠，分离成氯离子和相应的阳离子，它们在环境中的移动是不同的。因为钠离子带正电，它们会表现出一种结合带负电荷的土壤颗粒或是被生物过程所吸收的倾向，而氯离子活性较低，可以通过土壤和地下水迅速转移至地表水中，影响范围可远至道路数百米以外的水体（Environment Canada，2001）。

此外，在全球范围内，约20%的农业用地和50%的农田被认为存在盐碱化的危险。（Manousaki和Kalogerakis，2013）。耕地根区盐类的积累主要是由灌溉造成的，盐被高蒸散率和蒸腾作用强的作物从深层土壤吸出（Rozema和Flowers，2008）。沿海低地也容易随着海平面的上升沉积盐度（Rozema和Flowers，2008）。土壤盐分会抑制植物的生长，降低其产量，并对全球粮食供应造成重大威胁（Chang等，2013）。此外，全球石油和天然气开采（压裂）操作会产生副产品卤水，常形成卤水疤痕。如果没有效用显著的土壤改良及修复措施，这些含盐量超标的土壤将维持数十年光秃秃的状况。这些操作产生的含盐废水往往比海水咸十倍，并含有有机石油化合物。土壤盐碱化的危险影响了世界上估计约9500万公顷的土地（Szabolcs，1994），并以每年10%的速度在增加（Saboora等，2006）。

大约百分之一的植物品种被认为是耐盐植物，耐盐植物可以在盐碱地生长繁殖，部分种类还具有将盐分萃取进入植物组织中来清除土壤盐分的能力。然而，植物提取的盐分通常是不足够的，因为无法种植足够达到消除污染系统的盐的总量的生物量（Qadir等，2003）。需要大量植物生物量才能达到可接受的修复率。寻找高生物量的耐盐植物，并将其用于盐碱地的有效修复的研究目前正在进行中（Ghnaya等，2005）。在未来，如果这被认为是可行的，在盐分提取后需要收割植物，以清除污染场地中的盐分。可能在气候较温暖的地区更适于利用耐盐植物进行土壤脱盐，高生物量植物可充分生长并收割。由于至今为止温带气候地区高生物量耐盐植物尚未确定，故耐盐植物通常用于植物稳定，防治土壤侵蚀，将盐分固着在场地内。

许多土壤受盐分影响严重，不利于植物生长。在这种情况下，整治目标是恢复植被和植物稳定。土壤改良剂和细菌可用于土壤改良，并种植耐盐植物品种用于修复。

不像人工湿地和雨水过滤系统等其他用途，有效地清除水中的无机物并储存在土壤中，盐分常穿过雨水或污水系统，人工湿地和生物洼地常常不会产生积极的效果。

在部分限制情况下，含有盐分的水可以稀释为较低的浓度来灌溉耐盐植物（Rozema和Flowers，2008）。现已有实践成功地应用了盐水渗滤液灌溉耐盐、高蒸散率植物，盐被滞留在土壤中。随着植物生长和有机物质不断从植物的根部产生，土壤中也不断出现新的脱盐结合位点。

种植细节

对高浓度盐分的土壤最有效的植物修复技术应用是恢复植被和应用植物稳定机制将盐分固定在场地内。耐盐植物（称为盐分排除器或兼性盐生植物）通常用于此机制。部分专性盐生植物可提取盐分，并可能在未来用于植物提取，此类植物多为滨藜属（*Atriplex*）、甘蓝属（*Brassica*）、向日葵属（*Helianthus*）、地肤属（*Kochia*）、天竺葵属（*Pelargonium*）、松属（*Pinus*）、海蓬子属（*Salicornia*）和菥蓂属（*Thlaspi*）植物（Tsao，2003）。

171

在土壤中

🌿 **稳定机制**：用耐盐植物建立植被覆盖来达到生态修复的目的。

植物稳定垫：第4章，见第191页。

📋 **提取机制**：此机制只能考虑使用高生物量的耐盐植物品种，目前其应用范围有限。还没有已知的使用耐寒植物来产生足够的生物量以有效清除盐分的应用。

提取基质：第4章，见第208页。

在水中

🗂 **控制受污染的地下水**：种植耐盐、高蒸散率的植物品种有助于控制地下水羽流迁移。

- 地下水运移林分：第4章，见第200页。
- 植物灌溉：第4章，见第196页。

许多耐盐植物可以用含有盐分的水灌溉。在灌溉过程中，盐分被吸附在植物根系产生的新的有机物上。盐分被固定因此不再有害。本书没有提供耐盐性植物品种列表，因为此类主题已有大量出版物发表。

因为可以稳定盐碱地的耐盐植物品种数量较多，且容易随气候及地区变化。在本书中没有列出其名录，但它们可以很容易地通过文献检索找到。

3.2.4 ⊠ 放射性同位素（图3.37）

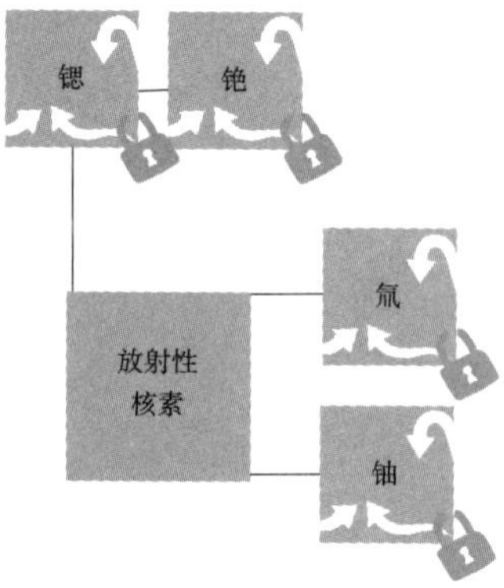

172

图3.37　放射性核素

此类别中特定的污染物：活性态的锶（^{90}Sr）、铯（^{137}Cs）、铀（^{238}U）、氚（T或^3H——氢的放射性同位素）。

常见的污染源：核反应堆，弹药，掩埋了的放射性废物。

常见的造成放射性污染的土地利用方式：弹药制造和储存设施，核反应堆场地，核废料堆填区。

为什么这些污染物是危险的：由于核工业的生产活动或意外泄露，大面积被污染的土地区域存在着低剂量的放射性核素（Dutton和Humphreys，2005）。铯和锶是首要关注的对象，这是因为它们半衰期相对较长，同时有转移进食物链的风险（由于其结构与植物所需的钙和钾相似）（Dutton和Humphreys，2005）。其他类型的放射性核素，如氚和铀也须重点关注，因为它们可以渗透到地下水中。

总结

在某些情况下植物可以提取少量的铯和锶，然而，已经证明此时田野里的植物收割和提取不可用，研究显示这些污染物可以被速生、高生物量的植物品种提取到植物体内，锶比铯有更高的生物利用度，且更不容易被土壤固定（Dutton和Humphreys，2005）。但通过自然衰减，这些元素的半衰期往往比完成植物提取和收割的过程更快（Dutton和Humphreys，2005）。在未来放射性核素提取植物唯一的应用，是当污染物不能被其他常规技术处理，同时研究表明，植物提取的速度经计算比其半衰期更快时。

引用过去的研究需要谨慎，因为螯合剂（化学添加剂）可能被用来使放射性核素的植物的生物利用度更高。螯合剂可能导致污染物进入邻近的土壤和地下水，同时也很昂贵。可能不适用于田野应用。一些常见的螯合剂已用于提高铀、铯的提取率，包括柠檬酸和硝酸铵（Dodge和Francis，1997；Riesen和Bruner，1996）。此外，许多农事因素会进一步降低植物提取的潜在田野应用的可能，因为高度有机物质、黏土土壤质地和高磷含量的土壤已被证明可减少放射性核素的吸收（Negri和Hinchman，2000）。植物品种的选择和土壤质地很大程度上影响着植物提取的潜力。

可以种植短周期生物量作物，如柳树和杨树，可以提取正在运移污染物的、被污染的地下水；然而，这个过程非常缓慢，要经历相当长的时间。此外，被放射性核素污染的水可以被机械泵出并灌溉树木，以滤除或挥发一部分放射性核素，譬如氚。

173

种植细节

在土壤中

⬚稳定机制：将放射性核素固定在土壤中。

• 植物稳定垫：第4章，见第191页。

• 蒸散覆盖：第4章，见第193页。可用于收集和蒸发降雨，预防雨水冲刷走被核素污染的土壤。

在水中

⊞控制受污染的地下水：可种植高蒸散率、生物质产量的植物品种，以控制地下水羽流的迁移。

• 地下水运移林分：第4章，见第200页。

• 植物灌溉：第4章，见第196页。

菊目中的菊科、文竹目中的茄科这两个分类科目下的植物品种，是在研究中公认的放射性核素提取植物，前者表现更好（Tang和Willey，2003）。此外，过去的研究表明切尔诺贝利遗址附近的向日葵也有一定的提取潜力。然而，即使发现这些植物品种在研究环境中有一定的提取能力，仍不建议推广至田野应用。在表3.17中列出了相关研究得出的放射性核素提取植物，这些植物在未来可能具有其价值，但目前其修复的放射性核素的量很小，在没有进一步的科学验证的情况下，在场地实际应用中是不可行的。

174

表3.17

放射性核素植物修复植物名录

拉丁名	惯用名	污染物种类	植被类型	美国农业部抗寒区划	原产地	参考文献
Acer rubrum	美国红枫	镭-226	乔木	3-9	美国	ITRC PHYTO 3 Pinder等, 1984
Alopecurus pratensis	狐尾草/大看麦娘	锶-90、铯-137	草本	4-9	欧洲、亚洲	Coughtery等, 1989 ITRC PHYTO 3 Vasudev等, 1996
Amaranthus retroflexus	反枝苋	铯	草本	3-10	北美洲	Negri和Hinchman, 2000 来自Lasat等, 1997
Beta vulgaris	甜菜	铯	草本	一年生植物	地中海地区	Broadley和Willley, 1997 Negri和Hinchman, 2000 Willley等, 2001
Brassica juncea Brassica juncea cv., 426308	印度芥菜	铯-137、铀-238	草本	一年生植物	亚洲、欧洲、非洲	Dushenkov等, 1997b ITRC PHYTO 3 Vasudev等, 1996
Brassica rapa	白菜	锝-99、铯-137	草本	一年生植物	欧洲	Bell等, 1988 ITRC PHYTO 3
Cakile maritima	滨海卡克勒	钍、铀	草本	6-10	欧洲	Hegazy和Emam, 2011
Calluna vulgaris	石楠	铯-137	草本	4-10	欧洲	Bunzl和Kracke, 1984 ITRC PHYTO 3
Caltropis gigantea	牛角瓜	锶、铯	草本	10-11	亚洲	Eapen等, 2006
Carex nigra	黑莎草	铯-137	草本	4-8	欧洲、北美洲东部地区	ITRC PHYTO 3 Olsen, 1994
Cerastium fontanum	喜泉卷耳	铯-134	草本	4+	欧洲、亚洲	ITRC PHYTO 3 Salt等, 1992
Chenopodium quinoa	昆诺阿藜	铯	草本	8-10	南美洲	Negri和Hinchman, 2000 来自Arthur, 1982
Chrysopogon zizanioides	香根草	铯-137、锶-90	草本	9-11	印度	Singh等, 2008
Cucumis sativus	黄瓜	钴、铯、锶、铯	草本	一年生植物	印度	Gouthu等, 1997

续表

拉丁名	惯用名	污染物种类	植被类型	美国农业部抗寒区划	原产地	参考文献
Emilia baldwinii	流苏花—点红	镅-224	草本	暂缺	印度	Hewamanna等, 1988; ITRC PHYTO 3
Eriophorum angustifolium	东方羊胡子草	铯-137	草本	4+	北美洲	ITRC PHYTO 3; Olsen, 1994
Eucalyptus tereticornis	细叶桉	铯-137, 锶-90	乔木	9	澳大利亚	Entry和Emmingham, 1995; ITRC PHYTO 3
Festuca arundinacea	高羊茅	铯-137	草本	4-8	欧洲	Dahlman等, 1969; ITRC PHYTO 3
Festuca rubra	紫羊茅	铯-134	草本	3-8	美国北部地区	ITRC PHYTO 3; Salt等, 1992
Helianthus annuus / *Helianthus annuus* 'Mammoth' 'SF-187'	向日葵	碘、铀、镭-226、锶-90、铀-238、铯-137	草本	一年生植物	北美洲、南美洲	Dushenkov等, 1997a, 1997b; Soudek等, 2004; Soudek等, 2006a; Soudek等, 2006b; Tome等, 2008
Holcus mollis	野生绒毛草	铯-134	草本	6-9	欧洲北部地区	ITRC PHYTO 3; Salt等, 1992
Juniperus monosperma	北美樱桃核桧	铀	灌木/乔木	4+	美国西部地区	Ramaswami等, 2001
Liquidamber stryaciflua	枫香	镭-226	乔木	5-10	美国东部地区	ITRC PHYTO 3; Pinder等, 1984
Liriodendron tulipifera	北美鹅掌楸	镭-226	乔木	5-10	美国东部地区	ITRC PHYTO 3; Pinder等, 1984
Lolium perenne / *Lolium perenne* 'Premo'	多年生黑麦草	铯-134, 钴-58	草本	一年生植物	欧洲、亚洲	ITRC PHYTO 3; Macklon和Sim, 1990; Salt等, 1992
Lycopersicon esculentum	番茄	钴、铷、锶、铯	草本	一年生植物	南美洲	Gouthu等, 1997
Medicago truncatula L.	苜蓿	钍、铀	草本	暂缺	地中海地区	Chen等, 2005

续表

拉丁名	惯用名	污染物种类	植被类型	美国农业部防抗寒区划	原产地	参考文献
Melampyrum sylvaticum	山罗花	铯-137	草本	6	英国，爱尔兰	ITRC PHYTO 3 Olsen，1994
Melilotus officinalis	黄香草木樨	铯	草本	4~8	欧洲、亚洲	Negri和Hinchman，2000
Menyanthes trifoliate	睡菜	铯-137	草本	一年生植物	美国	ITRC PHYTO 3 Olsen，1994
Miscanthus floridulus	五节芒	铯	草本	5~9	东亚地区	ITRC PHYTO 3 Li等，2011
Panicum virgatum *Panicum virgatum* 'Alamo'	柳枝稷	锶-90、铯-137	草本	2~9	美国	Entry等，1996 Entry和Watrud，1998 ITRC PHYTO 3
Parthenocissus quinquefolia	五叶地锦	锶	草本	3~10	美国东部地区	Li等，2011
Phaseolus coccineus 'Half White Runner'	荷包豆	铀-238	草本	一年生植物	美国南部地区	Dushenkov等，1997b ITRC PHYTO 3
Phleum pratense	梯牧草	锶-90、铯-137	草本	5+	欧洲、亚洲	ITRC PHYTO 3 Vasudev等，1996
Phragmites australis	芦苇	钍、铀、铯-137	草本	4~10	欧洲、亚洲	Li等，2011 Soudek等，2004
Picea mariana	黑云杉	铀	乔木	3~6	北美洲	Baumgartner等，1996
Pinus ponderosa Dougl. ex Laws	西黄松	铯-137、锶-90	乔木	3~7	美国	Entry等，1993 ITRC PHYTO 3
Pinus radiata D Don	辐射松	铯-137、锶-90	乔木	8+	加利福尼亚州	Entry等，1993 ITRC PHYTO 3
Pisum sativum	豌豆	铯-137、钌-106、镉-99、铀-144	草本	一年生植物	欧洲、亚洲	Bell等，1988 ITRC PHYTO 3 Vasudev等，1996
Poa spp.	早熟禾属	铯-134	草本	多个	多个	ITRC PHYTO 3 Salt等，1992

176

续表

拉丁名	惯用名	污染物种类	植被类型	美国农业部抗寒区划	原产地	参考文献
Populus grandidentata	大齿白杨	镭-226	乔木	3~9	美国东北部地区	Clulow等，1992 ITRC PHYTO 3
Populus simonii	小叶杨	铯-137	乔木	2~6	亚洲东北部地区	Soudek等，2004
Populus tremuloides	颤杨/欧洲山杨	镭-226	乔木	2~8	北美洲北部地区	Clulow等，1992 Dutton和Humphreys，2005 ITRC PHYTO 3
Rumex acetosa	酸模	铯-137	草本	3~9	欧洲、亚洲	ITRC PHYTO 3 Olsen，1994
Rumex pictus	酸模	钍、铀	草本	暂缺	中东地区	Hegazy和Emam，2011
Salix caprea	黄花柳	锶、铯	灌木	4~8	欧洲、亚洲	Dutton和Humphreys，2005
Salix spp.	柳属	铯-137、锶-90	灌木/乔木	多个	多个	Vandenhove等，2004
Salsola kali	钾猪毛菜	铯、锶	草本	8~10	欧洲、亚洲	Negri和Hinchman，2000 白Arthur，1982 以及Blanchfield和Hoffman，1984
Senecio glaucus	灰绿千里光	钍、铀	草本	暂缺	欧洲、亚洲、非洲	Hegazy和Emam，2011
Solanum tuberosum	马铃薯	铯-137、钌-106、锝-99、铈-144	草本	一年生植物	南美洲	Bell等，1988 ITRC PHYTO 3
Sorghum sudanense	苏丹草	铯	草本	8+	非洲	Negri和Hinchman，2000
Trifolium repens	白三叶	铯-134	草本	4+	欧洲、亚洲	Negri和Hinchman，2000 Salt等，1992
Triticum aestivum	小麦	铯-137、钌-106、锶-99、铈-144	草本	一年生植物	亚洲	Bell等，1988 ITRC PHYTO 3
Typha latifolia	香蒲	镭-226	湿生植物	3~10	北美洲、欧洲、亚洲	ITRC PHYTO 3 Mirka等，1996
Vaccinium myrtillus	欧洲越橘	铯-137	草本	3+	美国西部地区	Bunzl和Kracke，1984 ITRC PHYTO 3

注：科学研究显示，植物具有一定的提取潜力。这些不应在田野规模整治中考虑。

177

案例研究：氚污染

　　项目名称：美国能源部混合废料管理局，西南部羽流矫正行动中的氚污染植物修复工程（Hitchcock等，2005）

　　位置：萨凡纳河场地，北卡罗来纳州

　　相关机构：美国农业部森林服务局；肯塔基大学林业系；乔治亚大学，萨凡纳河生态实验室；美国能源部；西屋萨凡纳河公司；康奈尔大学，地球与大气科学系。

　　施工时间：2000年11月

　　植物品种：现存成熟的南卡罗来纳本土山地森林22英亩（8.9公顷），主要树种有火炬松（*Pinus taeda*）和湿地松（*Pinus elliottii*）、枫香树（*Liquidambar styraciflua*）和劳雷尔橡树（*Quercus hemisphaerica*）。

　　土壤改良剂：无

　　污染物包括初始浓度：5000-16000pCi/毫升的氚☒

　　目标介质：地下水

　　氚是核材料生产过程的副产品，被埋在南卡罗来纳州的一个旧的放射性掩埋场的地下。污染物通过地下水泄露到了附近的萨凡纳河支流。污水收集器和植物灌溉策略的实施是为了减少排放至萨凡纳河流域中的氚化水。首先，建坝阻止地下水渗漏，并形成了一个收集池。水从池塘中用泵提上山，以灌溉面积为22英亩（8.9

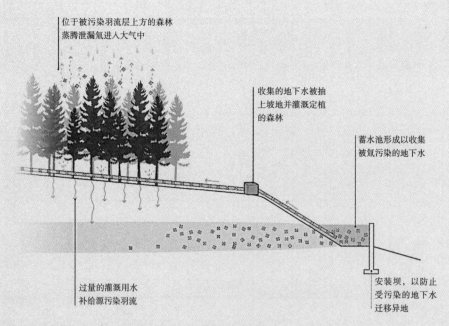

位于被污染羽流层上方的森林
蒸腾泄漏氚进入大气中

收集的地下水被抽
上坡地并灌溉定植
的森林

蓄水池形成以收集
被氚污染的地下水

过量的灌溉用水
补给源污染羽流

安装坝，以防止
受污染的地下水
迁移异地

图3.38　案例研究：萨凡纳河场地，南卡罗来纳州（截面）

公顷）的成熟高地森林，该森林位于池塘和受污染的羽流上方。这些树木同时蒸发水和氚。所有未被树木和土壤捕获的氚会回流到地下水和池塘里并形成一个水的循环。氚的最终命运是被释放到大气中。在修复系统实施之前，大气释放的浓度及危险因素必须仔细研究，研究发现在此情形下氚泄漏到地下水中的危险远远超过氚被释放到空气中造成的危险。

截至2004年3月，该系统已灌溉约1亿3320万升水（合3520万美制加仑），并防止约1880 Ci的氚进入支流。在实施污染物与处置策略之前，下游支流氚污染渗漏的平均值约为500 pCi/毫升。目前该系统仍在起作用，并继续进行监测。

3.3　空气污染

有6种污染物被美国环保署分类为空气污染物：臭氧（O_3）、一氧化碳（CO）、二氧化硫（SO_2）、二氧化氮（NO_2）、细颗粒物（$PM_{2.5}$）和所有可吸入大颗粒物（PM_{10}），以及室内环境下的挥发性有机化合物（VOCs）。

常见的室外空气污染源：汽车和工业废气，自然事件，如火山爆发、沙尘暴、火灾。

常见的室内空气污染源：室内空气污染多从涂料、装饰面和其他建筑材料排放的废气中产生；亦从空间里的附加物产生，如地毯、家具、干洗织物、宠物、家庭清洁产品；还可从空间内的活动产生，如烹饪、使用电子设备。从如木炉、燃气热水器、燃气器具和烟草的燃烧过程还可以产生无机气体化合物如一氧化碳（CO）、二氧化碳（CO_2）、氮氧化物（NO_x）和二氧化硫（SO_2）（Soreanu等，2013）。建筑附属车库或地下车库中的汽车排放产生的燃烧气体和石油蒸气也可以迁移到生活空间，成为室内空气污染物的主要来源。

常见的产生室外空气污染的土地利用方式：道路，工业用地，邻近道路和工业用地的土地。

为什么这些污染物是危险的：空气污染会损害人体的呼吸系统，尤其是较小的颗粒物（$PM_{2.5}$）。世界卫生组织（WHO，2002）估计，每年超过100万年轻人的夭折可以归因于发展中国家的城市空气污染。此外，臭氧和一氧化碳加速全球变暖。室内空气中的挥发性有机化合物的浓度可比室外环境高10倍，这极大地影响了人们的健康。室内空气污染物的积累导致了"病态建筑综合症"，有疲劳、过敏、生产力低下和头痛等症状（Soreanu等，2013）。

空气污染物汇总表　　　　　　　　　　　　　　　　　表3.18

污染物	特征
地面臭氧（O_3）	地面臭氧是由暴露在阳光下的挥发性有机化合物和氮氧化物之间的反应形成的。吸入臭氧能产生多种健康问题，主要影响呼吸道。吸入臭氧会加剧气道哮喘、支气管炎等疾病，损害肺功能，接触臭氧后的常见症状包括咳嗽、喉咙痛、胸部疼痛或灼烧感及呼吸急促（http://www.epa.gov/glo/）

污染物	特征
一氧化碳（CO）	一氧化碳是汽车碳氢燃料不完全燃烧时产生的有毒气体。它是产生烟雾的主要因素，一氧化碳通常附着在携带氧气到全身的红细胞血红蛋白上。它会抑制身体机能，低浓度的一氧化碳可导致疲劳和胸痛。更高浓度的一氧化碳可导致头痛头晕和意识不清。在高浓度时，特别是在封闭的室内空间内可致人死亡（http://www.epa.gov/iaq/co.html）
氮氧化物（NO_x-NO_2）	氮氧化物是由矿物燃料燃烧和汽车引擎产生的，它们尤其对人有着和臭氧类似的健康影响。氮氧化物是造成酸雨和烟雾的主要因素。可以造成呼吸道刺激。也可刺激眼睛和鼻部黏膜。患有呼吸道疾病的人更易受到影响（http://www.epa.gov/air/nitrogenoxides/health.html）
硫的氧化物（SO_x-SO_2）	硫的氧化物由化石燃料燃烧形成。就像氮氧化物燃烧那样，硫的氧化物是形成酸雨和烟雾的一个主要因素。对人们的健康影响类似于氮氧化物和臭氧，会引起呼吸道炎症和肺功能损伤（http://www.epa.gov/airquality/sulfurdioxide/）
二氧化碳（CO_2）	二氧化碳是由化石燃料燃烧产生的，低浓度的二氧化碳对人类的健康影响不大。然而，在高浓度下，二氧化碳则会干扰人体吸收氧气的能力，二氧化碳有助于产生酸沉降，也是一种很强级的温室气体，会导致全球气候剧烈变化（http://www.epa.gov/climatechange/ghgemissions/gases/co2.html）
颗粒物（PM_{10}与$PM_{2.5}$）	颗粒物的产生有多种来源，包括工业活动和汽车排放的污染物，空气中的污染物可能同时包括液体和固体颗粒。由于其体积小，颗粒可以穿透到肺部深处。此外，更小的粒子可以构成更大的危险，因为它可以在空气中传播更远的距离。多导致呼吸道受刺激和肺功能下降。此外它们也与心脏病及一些癌症有关（http://www.epa.gov/airscience/airparticulatematter.htm）
挥发性有机化合物（VOCs）如苯、甲苯、二甲苯等	挥发性有机化合物有各种来源，包括油漆、胶黏剂中的挥发性有机物，清洁产品以及燃料和汽车尾气排放。许多挥发性有机化合物与患癌症的风险有关联。在较低浓度下，会刺激呼吸道、鼻子和眼睛。挥发性有机化合物还会强烈刺激人的神经系统，引起头痛、头晕、记忆力减退（http://www.epa.gov/iaq/voc.html）

180

总结

针对空气污染的植物修复主题是相当广泛的，对不同的污染物处理效率，也有着不同的科学意见。这里只给出了一个非常简短的概括。请参考第6章的相关内容，对此主题有更加深入的介绍。

3.3.1　室外空气污染

人们普遍认为植物和树木有助于减少城市中的空气污染物如颗粒物（PM_{10}）、二氧化氮、二氧化硫、二氧化碳和臭氧等（Yang等，2008；Nowak，2002；Nowak等，2006；2014；Rosenfeld等，1998；Scott等，1998）。Nowak等人（2006）估算城市树木每年清除美国境内约71.1万吨环保署认定的五大空气污染物。在2004年，这些发现促使美国环保署将植树作为改善空气质量的推荐策略（US EPA，2014e）。

针对空气污染的几种植物修复机制不同于土壤和水净化机制。树木有助于捕获和过滤掉一些空气污染的成分，如颗粒物质，并吸收和减轻其他污染物，如二氧化氮和臭氧。这些空气污染过滤机制如下所述。

植物积累（从树叶表面收集）

沉积是指颗粒物质聚集或沉积在固体表面上，导致空气中微粒浓度降低的过程。颗粒物可携带重金属、多环芳烃、附着在颗粒上的持久性有机污染物（Dzierzanowski和Gawronski，2011），而颗粒物可以通过碰撞、沉积析出在叶片表面。一些颗粒物可以被树叶吸收，尽管大多数颗粒物被拦截滞留在植物体表面。被拦截的颗粒物经常重新悬浮到大气中，被雨水冲走或随树叶和树枝落到地面。因此植被只是一个临时的滞留点（Nowak等，2006）。雨水也可将颗粒物从叶片表面冲刷到土壤中，因此也应考虑增加林下的雨水过滤器。同时需要重点指出的是大多数植物积累研究描述了可吸入颗粒物清除的效果。然而，目前关注最多的还是细小颗粒和超细颗粒对于呼吸道健康的影响。

具有"黏性"叶（蜡被和叶毛）的落叶植物和更大叶面积指数的植物品种（见图4.3的定义）已被证明能够比其他植物品种收集更多的颗粒物（Dzierzanowski和Gawronski，2011）。此外，一些研究表明，由于复杂的叶面结构，针叶树能够比落叶树种更有效地收集超细颗粒（Beckett等，1998，2000）。在这一领域的研究是全新的，单个植物品种的有效性将随着时间的推移进一步得到验证。

植物新陈代谢（成为植物的一部分）

植物吸收大气中的二氧化氮和氮并将其同化为含氮的有机化合物（Takashi等，2005，第634页）。这种同化能力取决于植物品种。在考察的70种植物品种中，研究人员发现四种阔叶落叶树种：刺槐、国槐、黑杨、日本晚樱对二氧化氮有很高的抵抗力与吸收能力，这显示了它们是整治城市空气的优秀候选树种（Takashi等，2005）。

挥发性有机化合物的产生和排放

世界上的植被排放了约三分之二的挥发性有机化合物（US EPA，2014e）。通过挥发性有机化合物的排放，树木有助于形成臭氧（O_3）（Chameides等，1988）。树叶释放的挥发性有机化合物与空气中的其他元素，如氮氧化物结合。工业用地可以选择释放少量挥发性有机化合物的树种，因为其氮氧化物排放量本身就很高，以防与空气中的化学物质发生有害反应。一些研究表明种植城市树木，特别是挥发性有机化合物排放率低的品种，是一种有助于减少城市臭氧水平的可行策略（Nowak等，2006），特别是通过树木的机能降低空气温度（蒸腾作用）、清除空气污染物（植物积累-植物表面沉积）、减少建筑能源消耗和随之产生的发电厂的排放量（例如，降低温度；树荫）等功能来减少之。一项研究（Nowak等，2000）表明对美国而言，城市树木产生的积极物理效应比其影响臭氧浓度的挥发性有机化合物的化学释放更为有益（Nowak等，2006）。

然而，在空气污染方面，我们必须注意不要过度嘉奖树木的有益影响。虽然城市树木每年去除成吨的空气污染物，其对城市空气质量改善平均小于百分之一（Nowak，2006）。空气质量改善较明显的是大颗粒物、臭氧、二氧化硫和二氧化氮含量的降低。

种植细节

通过增加树木的覆盖率来改善空气质量已有报道。树木对于空气质量改善最大的贡献可能就是它们能够被动地降低空气温度，从大气中吸收碳元素，将其以有机物形式存储起来。据估计，美国境内的城市树木目前储存了7亿吨碳（Beattie和Seibel，2007）。

大气污染物的浓度、气候条件和植物生长状况对大气污染物清除有着很大影响。在温带气候条件下，通常空气污染物清除量最高的时候一般在叶片萌发的季节，当植物的叶片完全长成时，（可被吸收的）污染物的浓度往往更高（Yang等，2008）。表3.19所示的一项研究说明了几种不同植被类型降低空气污染的量。一般来说，植物体量越大，叶面面积越大，空气污染的降幅就越大。

181

2006年8月-2007年7月间芝加哥不同植被类型的
空气污染物年均去除率/郁蔽度（林冠覆被） 表3.19

植被类型	SO_2 （克/平方米/年）	NO_2 （克/平方米/年）	PM_{10} （克/平方米/年）	O_3 （克/平方米/年）	总量 （克/平方米/年）
矮草	0.65	2.33	1.12	4.49	8.59
高大的草本植物	0.83	2.94	1.52	5.81	11.1
落叶树	1.01	3.57	2.16	7.17	13.91

注：没有植被覆盖的表面被排除在计算结果之外。
来源：Yang等，2008。

　　不仅种植的植被类型是很重要的，选择什么样的种植形式也很重要。空气污染物主要是由风传播，因此其扩散的影响不仅限于污染源附近，但也可以观察到污染物的浓度随污染源距离的增加而减小。但污染影响的区域可能是相当大的。环境中污染物的浓度和道路距离之间的相关性描述如下。Forman描述道路边缘受影响的距离，会在道路扬尘产生的盐颗粒和营养物质作用下远至方圆50米的区域（图3.39）（Forman和Alexander，1998；2003）。此外，欧盟的研究人员还发现，高速公路周围80米的距离范围内颗粒物数量大幅升高（图3.40）（Zhua等，2002）。在这些区域应种植可以拦截颗粒物并使颗粒物在叶面沉积的树种来改善空气质量。加拿大环境部还建议沿道路前200米种植植物隔离污染物的效果最好，因为这是受到氮氧化物和颗粒物水平升高影响的距离范围（Ministry of

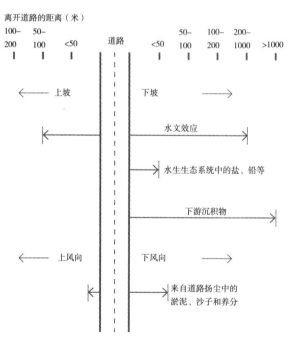

［来源：来自FormanR.T.和Alexander L.E.1998，道路及其主要生态效应（Roads and their major ecological effects），《生态学与系统学年度综论/评论年刊》（Annual Review of Ecology and Systematics）卷29，第207-231页］

图3.39　道路效应

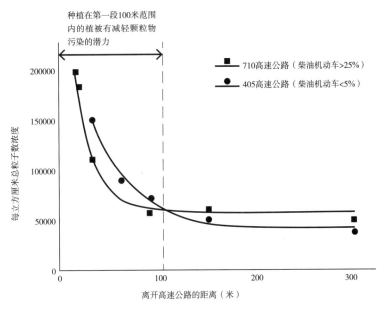

图3.40 颗粒物浓度：距高速公路的距离

颗粒物浓度与离开公路的距离和燃料类型（见上），以及风向均直接相关。

重绘自Zhua Y. Hinds, W. C. Kim, S. Shen等. 2002. 某重型柴油车辆运行的主要高速公路附近超细颗粒物研究，《大气环境》（Atmispheric Enviroment）第36卷，第4331页

183

Environment[①]，2006）。

邻近道路系统种植的植被可以通过植物积累作用吸存空气中的污染物。然而，其他因素也必须考虑到。当建筑物之间形成"街道峡谷"时，城市树木实际上可以在街道上拦截空气污染物。植被的冠层会阻止大气和街道环境之间的空气交换，本质上形成了街道的"屋顶"。这减少了城市街道上的自然通风，可能对人类健康造成影响，所以树木的位置必须仔细考虑（Vardoulakis等，2003）。如果大量的污染物来源低于树冠（例如汽车），树冠就可能对减少地面层污染物的扩散有负面影响（Nowak，2006）。在农村环境下恰恰相反，森林的冠层可以限制被污染的上层空气与清洁的地面空气相混合，进而使低于树冠的空气质量得到显著改善。

清除室外空气中的颗粒物和氮氧化物：在产生大量颗粒物污染和氮氧化物的土地周围可以考虑采用气流缓冲区：可以选择特定的植物品种以最大限度地收集颗粒物，需要关注臭氧形成时，也可选择挥发性有机化合物释放量低的品种（见表3.20和表3.21的植物名录）。气流缓冲器的有效距离高达道路周围200米的范围。

• 气流缓冲区：见第4章，第212页。

3.3.2 室内空气污染

美国环保署将室内空气质量划分为五大公共卫生问题的首要问题（US EPA，2013c）。城

---

① （加拿大）环境部。——译者注

市环境中生活的人们在约85%–90%的时间是待在室内的，这使得他们呼吸的室内空气质量构成他们整体健康的一个重要因素。室内空气污染物包括大、小颗粒物，挥发性有机化合物和无机气体化合物。使用基于植物的生物过滤系统替代传统技术是一种很有前途的方法（Llewellen和Dixon，2011）。

🐜 根系降解（根区的土壤清除空气污染物）

一个被广泛引用的20世纪80年代NASA的研究，发现植物可以从室内环境中清除挥发性有机物（Wolverton等，1989）。这项研究很快就被推翻了，后续研究显示不是植物本身，而是植物根部的土壤微生物降解了挥发性有机物（Godish和Guindon，1989）。所有挥发性有机物降解的发生，都需要被污染的空气与这些土壤微生物亲密接触。盆栽植物可以作为被动的空气过滤器（Wolverton等，1989）；然而，环境中的空气和植物根部的生物活性物质之间被动式的相互作用很小，因此通过这些被动的盆栽植物只能获得很少的清洁空气（Godish和Guindon，1989）。为了获得更高的生物修复效率水和空气被运送到植物根区的活性系统会提供更多实质上的污染物清除（Darlington，2013）。

清除室内空气中的挥发性有机化合物：为了从室内或室外空气中大量清除挥发性有机化合物，空气中的挥发性有机化合物必须与土壤中的降解微生物接触。空气流经盆栽植物的被动性作用只提供了最少的清除量。许多室内植物系统供应商表示可通过增加室内植物或绿墙降解挥发性有机化合物。然而，需要空气直接与土壤接触才能发挥其潜能，鉴于即使在通风良好的空间，其室内空气也是相对静止的，这些植物系统不会对空气质量产生重大影响。为此，改进后的生物过滤"绿墙"系统增加了空气处理系统，主动吸取空气流过植物根区。确保土壤微生物与污染气流充分接触，与传统的绿墙系统相比，更推荐使用此系统来清除室内空气中的挥发性有机化合物（Darlington，2013）。

• 绿墙空气过滤器：见第4章，第214页。

纽约市20大行道树，基于环境标准排名　　表3.20

拉丁名	惯用名	美国农业部抗寒区划	原产地
Liriodendron tutipifera	美国鹅掌楸	5–10	美国东部地区
Magnolia grandiflora	荷花玉兰	6+	美国南部地区
Platanus occidentalis	一球悬铃木	4+	美国东北部地区
Platanus hybrida	悬铃木	4+	欧洲
Ulmus glabra	苏格兰榆木	5+	欧洲、亚洲
Ulmus americana	美国榆	2+	北美洲
Juglans nigra	黑核桃	4+	美国东部地区
Cedrus atlantica	北非雪松	6+	非洲北部地区
Fagus grandifolia	山毛榉	3–8	北美洲东部地区
Cedrus deodara	雪松	7+	亚洲
Cedrus libani	黎巴嫩雪松	5+	地中海地区
Quercus nigra	水栎	6+	美国东南部地区
Quercus alba	白橡木	3+	美国东北部地区

续表

拉丁名	惯用名	美国农业部抗寒区划	原产地
Quercus macrocarpa	大果栎	4+	美国东北部地区
Quercus robur	欧洲栎	5+	欧洲
Quercus rubra	红橡树	3+	北美洲东北部地区
Magnolia acuminata	马格诺利亚喜树/锐叶木兰	3+	美国东部地区
Quercus shumardii	舒氏红栎	5+	美国东部地区
Pseudotsuga menziesii	道格拉斯冷杉/花旗松	5+	北美洲西部地区
Quercus prinus	橡树	5+	美国东部地区

注：纽约的行道树首选品种基于标准进行排名，标准包括空气质量、空气温度减少量、遮阴、节能、碳储存、低致敏性、寿命长等。
来源：Nowack，2006。

能够清除颗粒物的植物种类 表3.21

拉丁名	惯用名	植被类型	美国农业部抗寒区划	原产地	参考文献
Acer campestre	栓皮槭	乔木	5-8	欧洲	Dzierzanowski等，2011
Acer tataricum subsp. *Ginnala*	茶条槭	乔木	3-8	欧洲、亚洲	Popek等，2013
Betula pendula *Betula pendula* 'Roth'	欧洲白桦	乔木	2+	欧洲、亚洲	Dzierianowski和Gawronski，2011 Saebo等，2012
Gorylus columa	土耳其榛子	乔木	5-7	欧洲、亚洲	Popek等，2013
Forsythia × *intermedia* 'Zabel'	连翘	灌木	5+	东亚地区	Dzierzanowski等，2011
Fraxinus excelsior	欧洲白蜡树	乔木	5-8	欧洲	Dzierzanowski等，2011
Fraxinus pennsylvanica	洋白蜡	乔木	2-9	北美洲东部地区	Popek等，2013
Ginkgo biloba	银杏	乔木	3-8	中国	Popek等，2013
Hedera helix	常春藤	藤本	5-11	欧洲、亚洲	Dzierzanowski等，2011
Physocarpus opulifolius	九层皮	灌木	3-7	北美洲	Dzierzanowski等，2011
Pinus mugo	中欧山松	灌木	2+	欧洲	Saebo等，2012
Pinus nigra var. *maritime*	科西嘉松	乔木	5-9	科西嘉岛、意大利南部	Beckett等，1998
Pinus sylvestris	欧洲赤松	灌木	3-7	欧洲	Saebo等，2012
Platanus × *hispanica* Mill. ex Muenchh	悬铃木	乔木	4+	欧洲	Popek等，2013
Populus simonii 'Corriere'	西蒙杨树	乔木	2+	中国	Dzierianowski和Gawronski，2011
Pyrus calleryana Decne. 'Chanticleer'	豆梨	乔木	5-8	中国	Dzierianowski和Gawronski，2011
Quercus rubra	红橡树	乔木	3+	北美洲东北部地区	Dzierianowski和Gawronski，2011 Popek等，2013
Sambucus nigra	欧洲接骨木	灌木	3+	欧洲、亚洲	Popek等，2013

185

拉丁名	惯用名	植被类型	美国农业部抗寒区划	原产地	参考文献
Sorbaria sorbifolia	珍珠梅	灌木	2+	亚洲北部、日本	Popek等，2013
Sorbus aria	白面子树	乔木	5–9	欧洲、亚洲	Beckett等，2000
Sorbus × intermedia	瑞典白面子树×山白蜡	乔木	4+	北欧地区	Dzierianowski和Gawronski，2011
Spiraea japonica	绣线菊	灌木	4–8	东亚地区	Dzierzanowski等，2011 Popek等，2013
Stephanandra incise	切叶珠兰	灌木	4+	日本、韩国	Saebo等，2012
Syringa meyeri 'Palibin'	蓝丁香	灌木	3–7	欧洲、亚洲	Popek等，2013
Taxus baccata	欧洲红豆杉	灌木	5+	欧洲	Saebo等，2012
Taxus × media	紫杉	灌木	4–7	日本、韩国	Saebo等，2012
Tilia cordata	小叶椴	乔木	3–7	欧洲	Dzierzanowski等，2011
Tilia tomentosa Moench 'Brabant'	银叶椴	乔木	4–8	欧洲、亚洲	Popek等，2013
Viburnum lantana	绵毛荚蒾/桤叶荚蒾	乔木/灌木	4+	欧洲、亚洲	Popek等，2013

186

　　许多现有出版物列出了其他可利用的基于植物的系统及可进行空气污染修复的植物品种。新增的研究资料包含在了第6章。此外，一个简短的可供选择的植物品种名录见表3.20和表3.21。

　　减缓城市空气污染的树种：美国农业部森林服务处的David J. Nowak罗列了一个纽约地区具有以下功能的、包含近200种树木品种的列表，功能包括：空气污染物的清除、空气温度的降低、树荫、建筑节能、碳存储、花粉过敏、寿命（Nowak，2006，第93页。）这个列表不仅考虑到了空气污染物的清除，还考虑到了城市树木的其他重要功能。前20位的树种在表3.20中列出。

案例研究：室内空气污染

　　项目名称：圭尔夫–亨伯大学种植墙生物过滤器（Darlington，2014）（图3.41、图3.42）

　　位置：多伦多，加拿大安大略

　　设计团队：戴蒙德和施密特建筑公司；空气质量解决方案有限公司（现为Nedlaw生物墙公司）；克罗西工程（机械公司）

　　启动日期：2004年

　　植物品种：由约1300株植物构成，大部分为鹅掌藤（*Schefllera arborcolia*）、无花果属（*Ficus* spp.）、喜林芋属（*Philodendron* spp.）和龙血树属（*Dreceana* spp.）植物

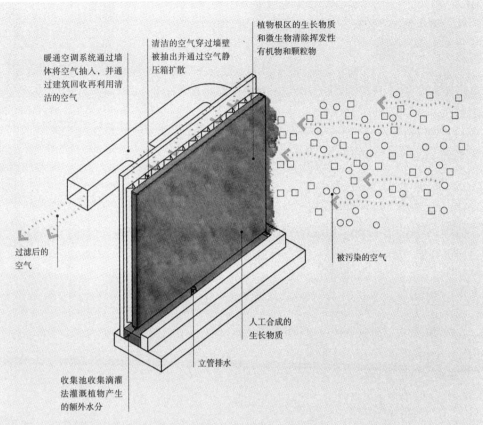

暖通空调系统通过墙体将空气抽入，并通过建筑回收再利用清洁的空气

清洁的空气穿过墙壁被抽出并通过空气静压箱扩散

植物根区的生长物质和微生物清除挥发性有机物和颗粒物

过滤后的空气

被污染的空气

人工合成的生长物质

立管排水

收集池收集滴灌法灌溉植物产生的额外水分

图3.41 案例研究：圭尔夫大学绿植墙空气生物过滤图解

生长介质：两层，每层约2厘米厚，由合成纤维垫和环氧树脂组合在一起。

污染物：挥发性有机化合物、颗粒物和其他室内污染物。

在圭尔夫−亨伯大学的中庭内建造了一面4层楼高的生物墙，作为建筑通风系统的生物修复机制部分。植物墙是一个在建筑物内部的大型空气过滤器，可在空气单向通过墙体时一次性清除90%的挥发性有机化合物。空气被主动泵入植物墙，此时自然存在的微生物主动利用污染物（如挥发性有机物）作为一种食物来源，将其降解为水、二氧化碳等良性成分。在大厅绿墙生物过滤器中的植物及其根系正常生长过程中，不断在介质中增加新的有机物，因此可不断为其

在中庭内4层楼高的绿植墙净化和回用了该校园建筑的室内空气

图3.42 案例研究：圭尔夫大学绿植墙，加拿大（实景照片）

中的微生物提供营养。之后清洁的空气通过加热通风空调（HVAC）系统被输送到整个空间。这种经生物过滤的空气可补充或增强从外界进来的（自然）流通空气。

建筑中的这座生态墙是一个重要的节能器。空气的循环过程降低了外部空气与室内的温差，而之前必须要靠建筑内部空调来调节室温，（这个过程产生的能源）可以占到建筑物能耗的30%。

在绿墙幕后，一个泵不断地将水和营养物质从底部的蓄水池循环到墙的顶部。然后水通过植物在其中生长的多孔合成根培养基流下。

就通过生物过滤器的空气流量而言，1平方米的生物过滤器每秒可过滤产生80-100升的新鲜空气（16-20cfm/平方英尺①），循环的空气足够15个人呼吸。该系统同时还清除了大量的可吸入粉尘和细菌孢子。

3.4 总结

总之，融入了风景园林思想的植物修复技术的应用前景是充满希望的，主要包括以下几个方面。

降解石油废弃物⊖：美国环保署认定的超过一半的棕地是石油棕地，已发现许多植物的根区和叶片具有有效降解这些污染物的能力，且不需要收割任何植物。

控制地下水羽流，包括降解：含氯溶剂⊖、轻馏分石油⊖和爆炸性RDX⊕，这些物质可以迅速进入地下水并蔓延污染大面积的饮用水。植物不仅可以用来控制受污染羽流的迁移，还可能在此过程中降解化合物。

蒸散覆盖，包括垃圾填埋场覆盖，以及封闭和脱水的污泥/沉积物：高蒸散率、高生物量的植物可快速运移大量的水，防止水通过污染土壤浸出。这可以防止渗滤液和地下水污染的产生。在这个过程中，许多有机污染物也可能被降解。

人工湿地：这些天然的处理系统可以从水中过滤掉金属等一系列污染物。一般来说，作为一个大的过滤器，水通过时，植物不吸收污染物，而是将其稳定在土壤中。植物在系统中的作用是在土壤中补充氧气和打开污染物的结合位点。

植物稳定：植物和土壤改良剂可用于将污染物稳定在场地内，尤其是对植物提取的生物可利用度有限的重金属▯▯。

下一章将详细介绍本章索引的建议种植类型。

---

① cfm 为流量单位：cubic feet perminute, 立方英尺每分钟。1cfm=28.3168 升 / 分。——译者注

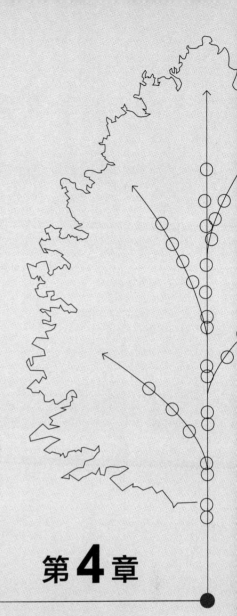

第**4**章

植物生态修复技术：
植物生态修复技术的种植类型

　　本章阐述了18种不同类型的植物生态修复技术种植方式。这些种植类型，或称为"植物修复类型"，既可单独使用，也可组合为以特定污染物防治或修复为目标的一系列适应性的种植类型。此外，它们也可与非修复性的种植模式组合在一起。其中许多类型仅适用于一种特定的污染源（如石油、营养素、金属等）并存在于某种特定目标介质（如空气、土壤、地下水、雨水、污水等）之中。本章在每种种植类型介绍的开头使用了一套快捷的标识系统，便于读者快速识别污染类型和目标介质及其所对应的种植类型和应用的修复机制。此外，本章还包括每一种种植类型的详细介绍及其对应的示意图，及关于其典型应用和植物选择的注释。

　　考虑到不同种植类型的应用，植物的选择必须根据的特定的标准和具体的现场条件来决定，包括现有的土壤条件、地下水、微气候和目标污染物等。本章描述的种植类型应当结合第3章所提供的针对特定污染物的植物名录和其他已发表的有关污染物的研究来进行应用。本章作为入门，向不熟悉植物生态修复技术的人介绍了几种种植类型的空间和功能需求。为了便于说明，每一个单独的类型强调一种特定的植物生态修复技术机制。实际上，许多不同的类型可以组合成一个单独的种植方案，以实现多样化的修复功能和设计目标。

　　对于那些希望应用修复技术的实践者而言，有经验的植物生态修复技术专家的参与至关重要。这些修复系统的设计和实施过程中的具体细节，如生物利用度、植物毒性、水文条件和污染物浓度等都不能被忽视。

191

4.1　种植类型

以下是一系列（共18种）植物修复种植类型的具体介绍及它们的应用。

4.1.1　植物稳定垫（把污染物固着在场地内）（图4.1）

　　简介：此章节介绍的植物把污染物固着在场地内以防止其运移。以不移动作为前提，目标在于使污染物暴露于人类和自然系统的危险最小化。

　　主要工作原理：植物稳定

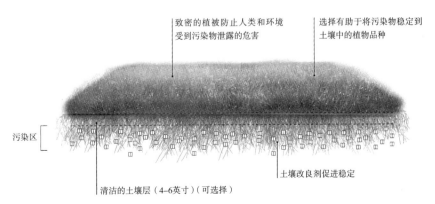

致密的植被防止人类和环境受到污染物泄露的危害

选择有助于将污染物稳定到土壤中的植物品种

污染区

土壤改良剂促进稳定

清洁的土壤层（4-6英寸）（可选择）

图4.1　植物稳定垫

目标：土壤

污染物处理：通常用于土壤中的金属▢▢、持久性有机污染物⊘和无机盐⊞。某种程度上可用于上述所有污染物的组合。

植物稳定垫和常用于棕地再开发的传统填土层具有相似的功能，都是把污染物固定在原地，尽量减少其接触到人类和自然的可能性。不同在于，植物在防止污染物迁移方面扮演了重要角色，而水依然可以渗透到此系统的土壤中。植物的根将污染物以物理方式固着在原地，并释放可进一步将污染物与土壤微粒结合的根系分泌物，以防止污染物向外渗透。

植物稳定垫常常应用于以下场合：被生物不可利用的污染物广泛污染的、植被再覆盖为当务之急的场地。这种情况下，土壤通常含有过量毒素，导致大部分植物难以生长。稳定垫所使用的植物种类要经过细心的挑选，能够耐受场地内的污染物，并添加土壤改良剂，以进一步将毒素固着在土壤介质中，促进植物的生长。"隔离器"植物品种常用于防止污染物迁移到植物的地上部分中，并减少风力和土壤侵蚀，同时也提供其他生态系统服务，例如栖息地环境改善与优化。

（1）典型的应用

前采矿基地：通常原采矿活动会导致产生大片无植被覆盖的、充满重金属、硫磺和盐分的土地。这些土地往往酸性很强，pH值超出植物可正常生长的范围。对基地进行整治的主要目标在于稳定污染物，防止污染迁移泄露，危害人类和野生动物。然而，稳定污染物是相当困难的，因为前采矿基地往往土地面积过大而难以覆盖。需要用6-18英寸厚的适宜植物生长的清洁土壤来提供一个坚不可摧，并可覆盖如此大场地范围的填土层，这从可持续性与经济性上来说都是行不通的。植物稳定垫是稳定污染物最具成本效益的方法，同时也创造了一个生态恢复的良机。开始阶段需要添加土壤改良剂来帮助植物成活，并播种精心挑选的植物以实现稳定污染物的目标（可以参照第3章，第166页的案例研究）。

前石油开采基地：从基地中开采出石油和天然气的同时，大量的盐分也被带到了地面上。卤水裂痕的土壤中盐分高度浓缩，本土植物难以生长，其常常遗留在开采完成后的基地地表。除非大量移除表层土壤，否则难以完成对土壤的修复。植物稳定垫可以用来恢复植被，防止盐分的迁移，随着时间的推移还可能促进更复杂植物群落的回归。

油漆房屋的含铅漆残留物：从20世纪70年代开始，大量的铅因含铅漆粉刷房屋而残留在了房屋周围的土壤中，铅亦普遍存在于含铅汽油排放的城市区域。铅在水中很难迁移，也可永久残留于土壤中。人接触铅最危险的典型途径，是通过微小的土壤微粒被人体直接摄入，尤其是儿童，铅会通过在空气中悬浮的灰尘或黏附在鞋子、衣服或玩具上的污渍侵入家中。这种污染的广泛传播使得我们很难通过挖掘和移除的方式来净化土壤。植物稳定垫则可以用来把土壤固定在原地，并在（被污染的）土壤颗粒和当地居民间建立一个保护屏障。

（2）植物的选择

植物稳定垫的植物种类选择参考如下。

①*什么样的植物品种对污染物具有耐受力呢？* 许多植物品种并不会提取特定的金属，但它们可以在高浓度金属污染中生长（见表3.10，第130页）。

②*什么样的植物品种是已知具有植物隔离污染物能力的？* 一些植物品种已经被检测证明其具有通过释放根系分泌物将污染物稳定在原地的能力。

③*如何创造一个没有土壤暴露的厚厚的场地覆盖？* 一个有效的植物稳定垫的关键是消除风和水对其的侵蚀。选择的植物品种要密集生长填补空隙，避免土壤暴露。因此有能力形成厚厚垫层的、浓密生长的草种经常被选作植物稳定垫植物。厚的、生长浓密的、深根性草种如低修剪的高羊茅混合草坪是此类应用的最佳选择，尤其适用于有铅残留土壤的住宅区应用。

（3）其他设计因素考虑

①*土壤化学性质：* 在植物稳定垫的构建中，重要的是要记住土壤化学和植物品种选择同样重要。污染物是以多种形式存在的，非生物（非活体）机制，如土壤颗粒的吸附、渗透或沉淀在某些情况下甚至可以发挥出比植物修复更大的作用（ITRC，2009），通过改变土壤化学性质，包括pH值、营养元素有效性或其他因素，污染物可以从土壤介质中移除或稳定。这可以通过添加精心挑选的土壤改良剂来完成。在任何一种植物生态修复技术类型的应用中，经验丰富的土壤学家必须成为咨询团队的一员以处理这些专业性问题。

②*改良剂：* 肥料和有机物可以添加到土壤中，改变土壤化学性质以帮助稳定污染物，也可有助于植物的生长。

③*土壤缓冲区：* 污染土壤暴露在外的风险更为显著，一个薄层、干净的，深度达6英寸厚的土壤层可以覆盖于受污染土壤表面上方，从而在植物栽植之前进一步隔离污染物，避免污染物暴露在外的风险。

④*地形：* 如果可以通过人工改造地形地貌来改变大地景观，新的等高线会增加，亦会生成让径流远离污染区域的边坡。在施工过程中必须提供足够的保护，以确保受污染的径流不离开施工现场，并防止工人受到污染物泄露的危害。

⑤*污染类型和数量：* 并不是所有的污染情况都可以通过植物稳定垫来处理，有时污染物浓度过高，毒性过强导致植物无法生长。在其他情况下，水中的污染物是可迁移的。由于植物稳定垫具有透水性，水可以渗透到地下，尽管使用了植物稳定垫，污染物仍然可能迁移泄露，其必需的补救方法是定期监测。咨询一位土壤化学家或环境工程师，以确保不会发生污染物泄露浸出是植物稳定垫的运作关键。

4.1.2　蒸散覆盖（最大限度地减少水的渗透）（图4.2）

简介： 植物拦截雨水，并通过蒸腾作用将水释放回空气中，防止了水分迁移污染物。污染物的再次泄露是不被允许的；蒸散覆盖用于防止污染物的迁移，从而避免场地内及水源下游的人类和自然系统接触到污染物。

主要工作原理： 植物水力学 ◯ ▢，植物稳定 ▢ ◯

目标： 水的载体——雨水

污染物处理： 适用于所有类型的污染物。解决降雨可能导致的各类型污染物渗透到水体中的隐患。

蒸散覆盖对已污染的区域可以起到一种保护伞的作用。降雨时，雨水渗透到土壤介质

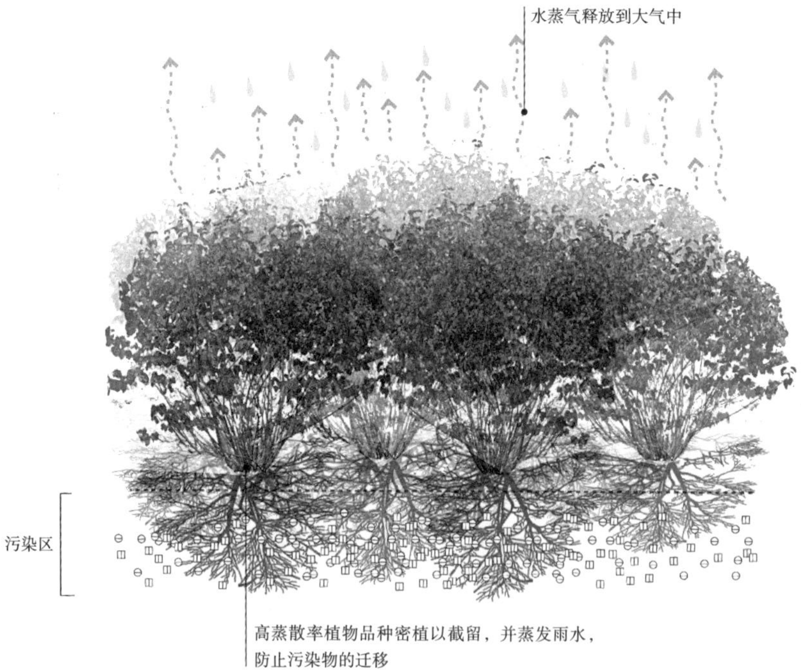

水蒸气释放到大气中

污染区

高蒸散率植物品种密植以截留，并蒸发雨水，
防止污染物的迁移

图4.2　蒸散覆盖

194

中，沿途携带着污染物浸出到地下水或附近水体中。蒸散覆盖可以截留雨水，并防止水土流失。对水体的保护分两个方面：物理截留和蒸腾作用。

①物理截留：通过多种植物和树冠高度创造出多层的树叶，形成一个物理的保护伞以减缓暴雨的冲击，让减速后的雨水渗透到土壤中。

②蒸腾作用：穿过树冠层的雨水可以被植物的根吸收，蒸发并释放到空气中以防止表层土壤渗漏的发生。

这种种植类型的成功要依靠计算得出，比起大量雨水直接冲击大地，植物的增加可以合理利用更多的水资源。

（1）典型的应用

非密封性的垃圾填埋场：目前美国的垃圾填埋场做法通常是使用防水剂必优胜（Bithuthene™）或黏土衬垫在垃圾堆上下两面密封灌注，防止水渗透到垃圾中。这个"盖子"的存在就是为了防止水渗入垃圾后，携带污染物通过底部浸出，污染其他邻近水域。然而，直到20世纪80年代，美国的垃圾填埋场通常都是非密封性的。此外，非密封性的垃圾填埋场在其他国家仍然屡见不鲜。在这些非密封性的垃圾填埋场中，水可以很容易地渗透到垃圾中并导致污染物的泄露。用蒸散覆盖来防止水进入非密封性的垃圾填埋场是美国现在最常见的做法，并已通过监管验收。通常情况下，蒸散覆盖要选用适应本土地理位置和区域气候，并具有较高蒸散率的植物品种。因为这些植物品种的生长速率往往是相当高的，此类植物甚至可用作生物量作物。人居环境的创造和生态恢复的目标可以与种植这些蒸散率超高的植物品种整合到一起，同时亦可创造提供多样化生态功能的一系列方案策略。

被污染的地下水羽流：当地表降雨持续不断时，游离状的被污染地下水羽流的蔓延速度也会加快。蒸散覆盖作用于上游受污染的地下水羽流，通过使进入（地下水）系统的水量最小化来减缓羽流的蔓延速度（ITRC，2009）。

（2）植物的选择

①*如何通过植物最大限度地再利用水资源？* 某一区域中蒸散率最高的植物品种往往是此种植类型的最佳选择。见第40页，表2.8常用的高蒸发率植物品种名录。应该指出的是，列表中只提供了一部分可利用的植物品种，各地区具有高蒸散率的乡土植物也应纳入考虑范围。蒸散覆盖常选用柳树和杨树，因为它们还可额外作为生物能源作物或防风林。

②*如何使渗入土壤的水量最小化？* 雨水的渗透量也可以通过选用具有高叶面积指数（LAI）的植物来控制。叶面积指数是衡量植物冠层厚度的一种方法。叶面积指数高，意味着植物在其顶部和地面之间可以产生大量的叶片材料，所以一滴雨在最终到达地面之前会穿过大量的叶片和叶表面。高叶面积指数的植物通常可以通过林冠最小化雨水渗透量，叶片创造了降雨和土壤之间的物理屏障，在减缓雨水渗透的同时，叶表面滞留的雨水也会在到达土壤表面之前蒸发掉（图4.3）。

（3）其他设计因素考虑

①*水质量平衡：* 为了成功建立蒸散覆盖，必须由水文工作者来完成一个详细的水质量平衡计算，以确保植物通过蒸腾作用消耗的水量大于场地中的降雨量，计算包括下列因素：典型年降水量、所选择植物的蒸腾速率（受季节和气候影响）及种植密度。场地内多样的微气候如温度和风力也要考虑在内。

②*休眠：* 温带气候在秋冬季节将会迎来很低的植物蒸散率。在整体的水质量平衡计算中，必须考虑低蒸腾速率的时间段。冬季月份地面通常是冻结的，降水不能穿透土壤介质。因此在温带气候区域，植物生长的季节性可能不是应用蒸散覆盖的限制性因素。

③*土壤水分容量（土壤持水量）：* 应使土壤介质储水能力最大化，这样植物在降雨后有很长一段时间来进行蒸腾作用（ITRC，2009）。

④*使蒸散量最大化的微气候因子：* 应使吹过的植物风量最大化。无论是通过植物的蒸腾作用还是直接从场地蒸发，加强空气流通均会增加水的蒸散量。此外，较高的日照强

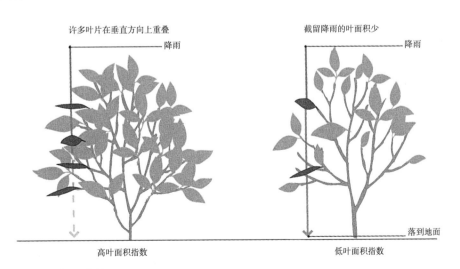

图4.3　叶面积指数

195

度和较高的日间温度也可增加蒸散量。

4.1.3 植物灌溉（用污水灌溉植物）（图4.4）

简介：用污水灌溉植物，植物可以去除污染化合物；通过灌溉植物，目标是完全降解和清除灌溉到植物中的水中的污染物。

主要工作原理：根系降解🕱，植物降解🖉☁，植物挥发♂🕱
目标：污水或地下水

污染物处理：氮元素▭——各种形式的，包括硝酸盐、亚硝酸盐和氨；氯化溶剂①、石油⊖、硒▯、氚⊠。

植物灌溉是指通过植物来去除水中的可挥发或可代谢的污染物。用被营养素污染的污水灌溉植物，其相当于一种肥料，可刺激植物生长。这往往是一个双赢的局面，净化污水的同时，也可最大化作物生产量。对于上述其他类型的污染物，水用来灌溉了植物，其中的污染物要么在植物的根区被植物本身或微生物降解或挥发，要么被限制或稳定在了土壤中。

比起喷灌，地下滴灌通常是植物灌溉的首选方式，因为污染物在地表以下释放，可最小化暴露途径。地下滴灌面临的挑战是，水中可能含有一种以上的污染物和一些工业废物，如盐分和颗粒污染物，可能会沉淀析出并堵塞滴灌管线。通过定期用干净的水冲洗滴灌系统以防止不必要的堵塞，可解决此问题（CH2MHill，2011）。

196

（1）典型的应用

污水处理设施：在生活污水和工业废水的污水处理设施中都已成功利用植物灌溉来除

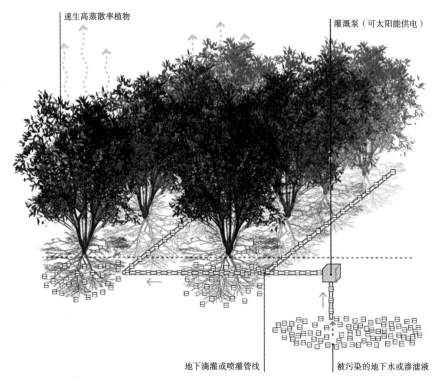

速生高蒸散率植物　　　　　　　　　　　灌溉泵（可太阳能供电）

地下滴灌或喷灌管线　　　　　　被污染的地下水或渗滤液

图4.4　植物灌溉

去营养素污染。在此过程中，污水通常进行预处理，最终营养素污染物在灌溉植物的过程中被清除。成功的植物灌溉应用（案例）在美国西部和中部地区很常见，但同时也需要完善的监控以确保污水量不超过系统的承载力，避免未净化的污水直接流入地下水。植物灌溉中应用的植物品种通常需要精选，因为它们会消耗大量的水并产出经济作物，如玉米或紫花苜蓿。植物灌溉应用最好的例子是闭环中水再利用系统，例如食品工业生产线，可以用其产生的营养丰富的废水灌溉附近的农田（Smesrud，2012）。生物质能源生产应用杂交杨树和柳树进行植物灌溉在全世界都很流行（见第3章，第120页的案例研究）。为硬木生产或供热用木屑颗粒生产的森林进行植物灌溉亦很受欢迎。

高尔夫球场：由于其较高的水分和养分需求，高尔夫球场是植物灌溉系统的优良受体。此类景观的挑战在于要确保用于灌溉的水已被预先处理而达到健康标准。由于球场的使用率很高，这些系统往往很难得到许可。

被污染的地下水羽流/灌溉施肥井：被氮素污染的地下水羽流可以通过泵送和植物灌溉系统加以控制。灌溉施肥井可以钻入地下拦截地下水羽流，并用抽水机抽水（降低水位），防止污染扩散到其他水体。不再用传统方法处理泵出的污水，而是将污水灌溉进植物以清除氮素。用来处理富含营养素的地下水的施肥井通常被称为灌溉施肥井。此外，同样的技术可用于处理其他地下水羽流中的污染物，如硒和氚。污水可以灌溉到现有成熟的树林中，进而水分可挥发到大气中去（见第3章，第178页的案例研究）。

（2）植物的选择

197

①*如何使灌溉植物的水量最大化？*污水灌溉的植物必须能够高效利用水资源，这样多余的水污染才不会贯穿到下层的地下水系统。选择的植物品种必须由水文专家认真确认其灌溉效率达到标准才能被采用。

②*选择什么植物品种能最大限度地让氮元素降解？*所有的植物都需要氮来产生其生物量。而且随着土壤中生物活动的增加，反硝化细菌将废水中的氮转化为气体并释放到大气中，氮也可被移除。通常，产生更多的生物量意味着由植物直接使用的氮更多，并获得了更多反硝化细菌的协助，也就清除了更多的氮元素（见表2.7，第38页）。

③*选择什么样的植物品种可以挥发或降解氯化溶剂，石油，硒或氚？*高蒸散率、生长迅速的植物是植物灌溉系统的最佳选择。这些植物可以利用大量的水，同时灌溉率也更高（见表2.8，第40页）。

（3）其他设计因素考虑

①*水质量平衡：*水质量平衡计算必须由水文专家来完成，以确保灌溉到场地内的水量是植物有能力消化利用的。

②*污染物：*植物可修复并利用的污染物浓度需要详尽分析确定。

③*季节性因素：*植物灌溉系统只可以在植物蓬勃生长季节中使用，如果工业废水或其他污水常年产出，当植物进入生长缓慢的时期后，必须使用替代性的存储设备。通常，水极易存储在密封性的贮水池或人工湿地中，直到春季植物重新焕发勃勃生机时，再使用植物灌溉系统进行处理。

4.1.4 绿色（和蓝色）屋顶（最大限度地减少雨水径流）(图4.5、图4.6)

简介：让屋顶的水蒸发量最大化。通常很少地或无法清除污染物；绿色（和蓝色）屋顶的目标是防止水进入到已污染的区域（防止污染物的泄露）。

主要工作原理：植物水力学 ◯ 🏚

目标：水的载体——雨水

污染物处理：所有的污染物。这解决了雨水载体可能携带任何一种污染物渗入水体的潜在问题。绿色和蓝色屋顶常用于阻止雨水直接冲刷不透水表面（特别是道路，人行道，停车场等），从而防止地表污染物的扩散。

绿色屋顶是一种专门设计的、存在于建筑物或基础设施屋顶等环境中的蒸散覆盖物。绿色屋顶防治污染物的主要优点是，它可以从流动的雨水中沉降污染物。

在现阶段，绿色屋顶被认为只能用于最大限度地减少雨水，而没有能力去除污染物。然而从研究记录得出了一些不同的结果，其显示绿色屋顶具有去除污染物的能力。最近的几项研究表明，绿色屋顶建筑材料的确促进了被污染雨水径流流经（屋顶绿化设施）系统，有助于污染物处理，尤其是设施安置的最初几年（Harper，2013；Hill，2014）。这可能是由于植物从生长介质中吸收营养素的同时，金属或有毒渗滤液也通过过滤及结构系统组件被隔离。当选择设施系统时，系统产生渗滤液的可能性也要考虑在内。

此外，关于绿色屋顶的植物组分能够蒸发的水量也有争议。大多数雨水的减少很可能与系统中的植物无关；可能水分并不是直接进入空气，而是从热的屋顶表面介质中蒸发的。系统中的植物可能实际上只冷却了屋顶表面，从而降低了水分蒸发量而达到最大化的

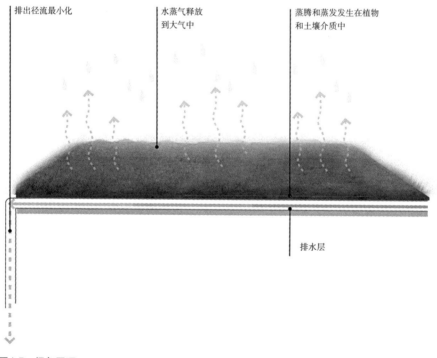

图4.5 绿色屋顶

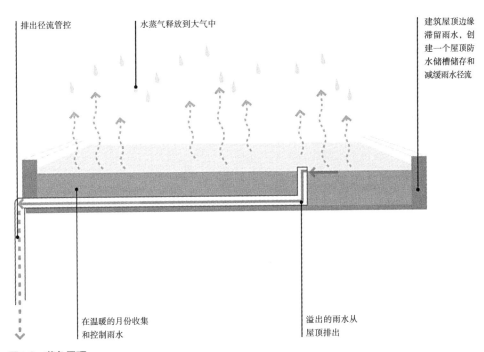

图4.6　蓝色屋顶

潜力，与植物蒸腾作用相比，这是一个更有效的除水机制（Hill, 2014）。由此，蓝色屋顶的概念应运而生，并成为雨水削减的另一个最佳管理实践。蓝色屋顶系统的设计提供了短期降雨滞留，并促进蒸发，其间不使用任何植物。对绿色屋顶而言，植物美学价值和环境效益的增长有时会弥补低蒸发率这一缺陷。

（1）典型的应用

会议中心，商业及工业建筑和基础设施：拥有大面积平坦或倾斜坡度较小的屋顶的建筑和基础设施很适合引入绿色和蓝色屋顶系统。许多工业用地通常有很大的建筑占地面积及用于材料存储的不透水区域，可以用于收集污染物。建筑雨水径流最小化可以减少降雨过程中雨水携带、转移污染物的潜在危险。

（2）植物的选择

什么植物品种可以存活？ 绿色屋顶是典型的免灌溉系统，常存在于高度干旱的条件下，同时伴随着高温、风压和其他环境压力。在以往，这些系统中的植物品种选择是基于所选植物的生存能力和苗圃产业中繁殖的难易程度的。近年来，人们对包括乡土植物品种和提供其他生态系统服务的植物种植的绿色屋顶的兴趣越来越浓。在美国这些"本土"屋顶已有一些建成的工程（Toland, 2013）。绿色屋顶通常不选择可降解或清除污染物的植物，因为（植物）存活和除水是最重要的考虑因素。

（3）其他设计因素考虑

①*土壤深度与涵养水源的能力*：有两种类型的绿色屋顶——密集型和广泛型系统。

• 密集型绿色屋顶有更深的土壤剖面，可以为植物生长提供大于15厘米的土壤介质。这些系统通常更重、更昂贵，但也可以滞留更多的雨水，并为更多样化的植物品种的生长留有余地。

• 广泛型的系统提供5-15厘米的土壤介质供植物生长。常用的植物品种如景天属植物，它们具有很强的耐旱性且根区很浅。这种土壤介质持水能力可能较弱，但具有快速蒸发水分的能力。若以涵养水源为目标，已发现栽培介质的深度并不影响屋顶的持水能力（Hill，2014）。为截留尽可能多的雨水，水文学家应作详细的成本效益分析，结合结构工程师所作的权重分析，来决定哪类系统提供的效益最大、最具性价比。

②*污染物泄露的潜在危险*：应当从系统供应商处获取绿色屋顶系统工程设计书，其详述了选定绿色屋顶系统清除营养素和其他污染物的潜力，并列述了任何可用的测试数据。如果信息不可获取，可以考虑种植一个雨水过滤器，排出从绿色屋顶流下的雨水径流，以协助清除从绿色屋顶中泄露的污染物（见4.15：雨洪过滤器）。

③*灌溉*：考虑绿色屋顶和蓝色屋顶系统的配合，以增加可用的植物灌溉水源。必须详细考虑结构问题，因为系统中滞留的雨水重量很大。

4.1.5 地下水迁移丛林（树泵及治理地下水）（图4.7）

简介：通过种植深主根、高蒸散率的树木来调节地下水水文并防止污染物迁移。树木可以通过蒸腾产生的拉力减缓或阻止地下水羽流的迁移，或改变羽流方向，使其朝树木的方向偏移。其目标是控制被污染的地下水羽流从污染场地泄露。一个额外的好处是许多有

200

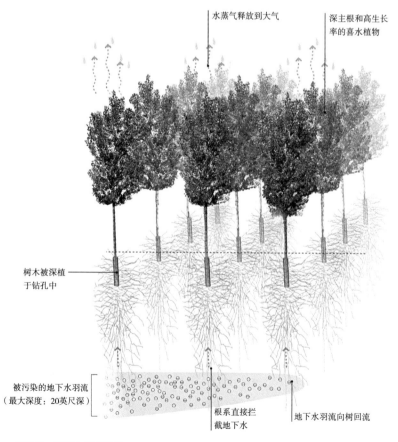

图4.7 地下水迁移丛林

机化合物和氮素可在此过程中被降解/移除。

主要工作原理：植物水力学 ◯ ▦

目标：地下水（土壤表面以下0–20英尺深）

污染物处理：最常用于被污染的地下水中含有的氯化溶剂 ① 、石油 ⊖ 和营养素 ⊟ ，可通过控制地下水羽流将这些污染物降解或挥发掉。地下水迁移丛林也用于处理地下水羽流污染中不可降解的爆炸物 ⊕ 、放射性核素 ⊠ 、持久性有机污染物 ⊘ 、金属 ⊡ 。

地下水迁移丛林的作用相当于大型太阳能动力泵。一般情况下，当一个区域的地下水羽流（羽流）被污染时，会在羽流下层采用一系列工程井进行处理。井拦截迁移的地下水羽流，水被泵至地面，并使用传统过滤方法处理。地下水迁移丛林采用高蒸腾速率的树木代替机械泵种植在地面上。每棵树的主根系统吸收地下水并蒸腾水分。林木蒸散率足以显著影响地下水运动，所以一个区域的地下水羽流的迁移都可以被控制。必要条件是要提供足够的空间，且丛林必须达到较大规模以成功拦截流动的地下水。必须完成水质量平衡计算和土壤分析，以确定阻止地下水羽流迁移所需的树木数量。有时土壤可能太过紧实，导致树木将无法接触到水源。

也可通过种植地下水迁移丛林来改变地下水水文流向。高蒸散率的树木像一个真空泵来拉动地下水流向引种的植物。这可以改变地下水边界的范围和地表以下羽流的方向。这种技术可以用来将地下水转移出受影响的地区。丛林种植也可以作为安全措施防止未来可能的污染羽流侵入。如果地下水中含有有机污染物，且辛醇–水分配系数在可处理范围内（见第2章，第42页），则不仅可以控制地下水羽流，而且污染物也可在此过程中降解。

201

（1）典型的应用

出现TCE/PCE羽流的铁路、军事和工业设施：氯化溶剂 ① 如TCE（三氯乙烯）和PCE（聚氯乙烯）往往会很快渗入地下水。这些化学物质极易分散，用传统的"地下水扬水法"系统难以捕获。地下水迁移丛林会成为处理地下水中大面积扩散污染物的最佳途径。树木不仅能够控制地下水羽流，而且污染物也可通过植物及其根际区域的生物活动被降解（见案例研究，第90页）。

干洗店：三氯乙烯和四氯乙烯 ① 是常见的干洗过程中产生的污染物与氯化溶剂。它们迅速渗透到地下水中，通过地下水迁移丛林可以被有效地泵出并降解（见案例研究，第90页）。

储油罐，加油站和炼油产业：石油产品 ⊖ 中的轻质馏分，如BTEX（苯、甲苯、乙苯和二甲苯）和MTBE（甲基叔丁基醚）可以很轻易地渗透到地下水中。在城市环境中，这些物质从地下破裂或泄漏的储油罐中释放出来的现象是很常见的。地下水迁移丛林可有效阻止污染物迁移泄露，同时降解这些石油污染物（见案例研究，第80页和第83页）。

（2）植物的选择

①*什么样的植物品种能够吸收地下水？* 选择的植物品种必须物理上适应并倾向于寻找地下水，并能够在地下水和干燥土壤的毛细管边缘中忍受一定程度的根饱和状态。因此，湿生植物是最常应用的。这些都是可以寻找地下水的（直根系）深根植物品种（植物品种名录见表2.6，第37页）。

②*如何能最大限度地提高植物品种吸收水的速率：* 具有最高蒸散率的植物可以运输最多的水分。此类应用常种植杂交杨树和柳树，但最近几个场地测试了乡土植物以判断快速蒸散植物品种选择的优劣。植物品种测试中，首先完成试点规模项目，以比较潜在植物

品种，在田间规模研究中选择并种植了其中最有效的植物品种（见表2.8，第40页）。

③可作用于多深的地下水？ 为了有效地影响地下水羽流，植物根系必须能够向下接触到地下水。湿生植物的深根系统能够达到9米的深度；然而，为了保证系统正常运转，地下水迁移丛林通常应用于地表之下6米深以内的地下水。越浅的地下水层越容易被树木快速吸收。由于一棵树的根系可能需要几年的时间才能生长到地下水的深度，树木多采用"深根"式种植。用机械钻在地面钻孔，实生苗则种植在深达土壤表面以下3米的钻孔（种植穴）内。这给了树木一个得以接触到地下水的"先机"（见第38页，图2.15有关于这项技术的更多信息）。

（3）其他设计因素考虑

①*水质量平衡：*地下水迁移丛林有效的前提是需要有一个详细的水质量平衡计算，以确保种植足够数量的树木来拦截地下水羽流。水文学家要利用场地的年降雨量，所选植物品种的蒸腾速率，种植密度以及地下水羽流的速度、流量和位置等信息进行计算。场地的微气候也要考虑在内以测定蒸散速率，微气候包括温度和风力条件。

②*多样性和休眠：*不同树木蒸腾水的速度是不同的，这取决于一天中的时间、季节和气候。在温带气候地区的秋冬季节，地下水控制也许是不可能的，因为此时树木处于休眠期。在这段时间内可能需要使用其他地下水羽流控制措施，如传统的地下水扬水法系统。

③*植物蒸腾速率最大化的气候影响因素：*更多的日光暴晒和更高的温度将增加植物对水的吸收能力。穿过植物的风量也应最大化，增加空气流通可以增加植物对水的蒸发量，从而可吸收利用大量的地下水。

4.2 降解类型

接下来的五个类型（4.6~4.10）的目标都是通过降解及代谢机制彻底清除场地中的污染物，而不需要收割植物。这些降解类型通常不能用于无机污染物。它们仅适用于具有植物修复潜力的有机污染物，如第3章中所列举的。降解类型也可以用于一些重要的植物无机营养素，如氮素，通过代谢可以让污染物进入植物组织并最终以气体形式释放回大气中。在下面各节中列出的类型之间的主要区别是，以不同尺度的植物材料来实现多样化的审美需求。此外包括发挥作用的植物驱动过程、生物降解（微生物）氧化/还原（非生物）及挥发（非生物）过程也一并存在（ITRC，2009）。

4.2.1 拦截灌木墙（图4.8）

简介：在地下水已遭污染的场地内种植单排树木扎入水层，有助于污染物的降解。其目的是通过很小的种植空间，在受污染地下水在地面以下流走之前去除部分污染物。地下水羽流不包含在内，且通常无法完全去除污染物。

主要工作原理：根系降解♟，植物降解♪，植物挥发♂ ♙，植物水力学◯ ⬡，植物新陈代谢▱

目标：地下水（深达6米/ 20英尺）

污染物处理：有机污染物——石油⊖，氯化溶剂①，农药⊙；营养素——氮素▯。

不适用：持久性有机污染物⊘，爆炸物⊕，放射性核素⊠，金属▯，盐▯。

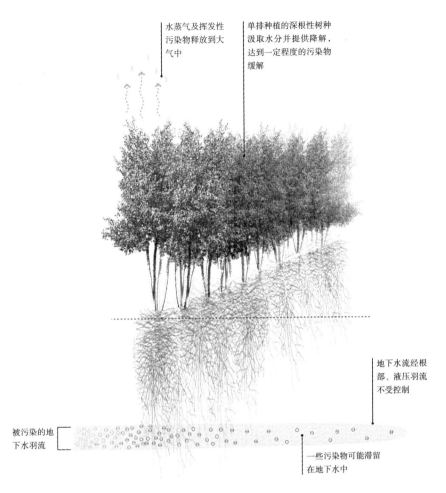

水蒸气及挥发性污染物释放到大气中

单排种植的深根性树种汲取水分并提供降解，达到一定程度的污染物缓解

地下水流经根部、液压羽流不受控制

203

被污染的地下水羽流

一些污染物可能滞留在地下水中

图4.8　拦截灌木墙

拦截灌木墙常应用于如下情况：场地内没有足够空间安置地下水迁移丛林来完全清除地下水中的有机污染物或氮素，但其目标是利用中等适量的空间，至少清除一部分污染物。拦截灌木墙通常种植在场地边缘，构建一条污染场地与相邻应用场地之间的美观的缓冲带，吸收地下水，同时帮助降解污染物。由于仅有少量空间可供种植，所以通常只能部分降解污染物。

（1）典型的应用

加油站、汽车修理店、干洗店、城市工业区周边：拦截灌木墙可以种植在房产边缘，以降解场地周围地下水中的有机污染物。该缓冲区可服务于审美目的，以遮蔽不良景观，划定场地边界或禁止人进入场地。还可以考虑种植混合植物品种以提供其他生态功能，如城市环境中的栖息地和野生动物廊道。

殡仪馆和墓地的缓冲地带：殡仪馆和墓地在尸体操作、存储和园林景观的维护过程中，会产生防腐液和营养素渗入地下水的情况。可在场地内及其周边区域种植拦截灌木墙以降解进入地下水的污染物。

农业作物篱：营养素常在农业作物生长的土地内、牲畜饲养场内及封闭式畜牧业生产作业过程中迁移和泄露，影响邻近的河流和水域。拦截灌木篱可在营养素流入地下水之前降解污染物。

（2）植物的选择

①*什么植物品种可以接触到地下水？* 为了降解地下水羽流中的污染物，植物必须能够接触并蒸腾水分。能够搜寻地下水（湿生植物），且具有以高蒸散率处理水分的能力的植物是首选（见第2章，第37页）。

②*多少深度的地下水？* 地下水的深度必须提前进行评估，并选择能够达到地下水层的植物品种。

③*什么样的植物品种可以最好地降解污染物？* 一旦植物品种的范围依据上述标准缩小之后，就从针对目标污染物的降解植物名录中选择植物（见第3章）。

（3）其他设计因素考虑

①*混合品种：* 混合种植提供了动物觅食和生态连接的栖息地廊道。此外，混合种植可以促进产生更加多样化的微生物，这将会提高根系降解能力。

②*配合其他植物生态修复技术：* 拦截灌木墙可以搭配任何其他降解、隔绝或代谢的种植类型，这些种植类型处理的是土壤而不是地下水。

4.2.2 降解灌木丛（图4.9）

204

简介： 深根树种和灌木品种在土壤剖面中降解污染区域。不需要收割植物就可以清除污染物。

主要工作原理： 根系降解✿，植物降解🍂☘，植物挥发♂♂，植物新陈代谢▱
目标： 深层土壤（0-3米/0-10英尺深）
污染物处理： 有机污染物——石油⊖，氯化溶剂①，农药⊙；营养素——氮▯。
不适用于： 持久性有机污染物∅，爆炸物⊕，放射性核素⊠，金属▯，盐▦。

降解灌木丛用于处理地表以下3米（10英尺）深的土壤污染集中区域。植物在其根际区域、茎或叶片处将有机污染物分解成颗粒更小、毒性更弱的物质，或挥发污染物，将其释放到空气中去。降解灌木丛通常用于处理土壤中更加难以降解的有机物，此类有机物仅凭自然衰减机制本身常常不易被降解。植物品种的选择可以影响降解率。每种植物品种释放出不同的根际分泌物，与之共生的微生物也会有所不同。一些根系分泌物甚至有着与有机污染物相似的化学成分，因此需要根据场地内发现的污染物来选择植物品种。

当土壤深处的石油、氯化溶剂、泄漏的农药等尚未迁移至地下水中时，降解灌木丛可以将这些物质成功清除。降解灌木丛还可通过刺激微生物将氮挥发到空气中，从而用于修复深层土壤中大量的氮。此外，部分氮可被植物代谢，并纳入生物量。

（1）典型的应用

泄漏的地下储罐： 在污染物还没有泄露到地下水前，降解灌木丛可以针对性地处理泄漏的地下储罐周围更深层的污染物。

肥料泄露： 高浓度的肥料存在于深层土壤中，植物可以通过与土壤微生物结合，提高土壤中的氮污染转化，将氮元素气化（变成氮气）。此外，植物可以提取并利用氮元素，将它们纳入植物生物量。作为植物生物量的一部分，污染物在其新的有机物形式下不再具

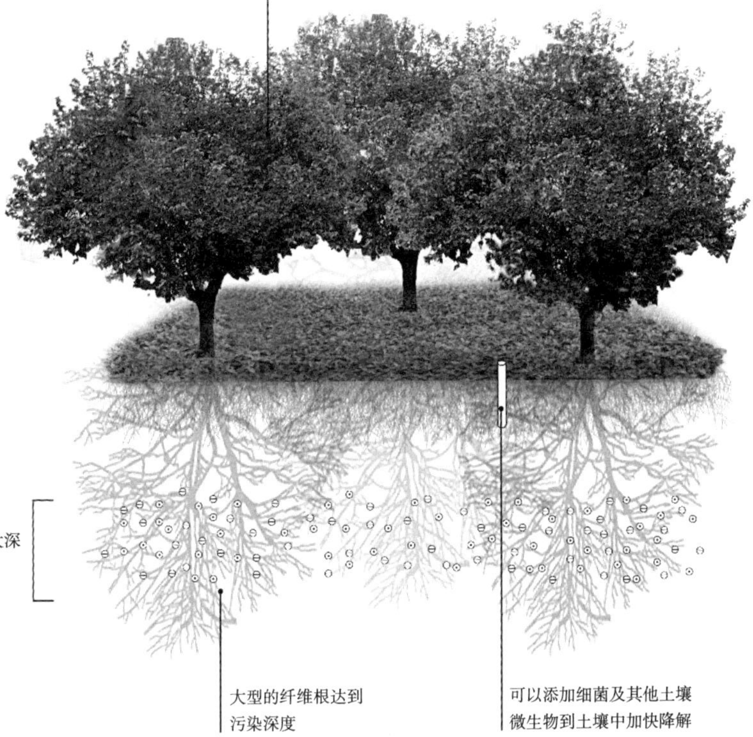

树木和林下植被降解目标
污染物，无须收割

污染区域（最大深
度：10英尺）

大型的纤维根达到
污染深度

可以添加细菌及其他土壤
微生物到土壤中加快降解

图4.9　降解灌木丛

有毒性。这涉及植物新陈代谢机制。

（2）植物的选择

①如何选择最佳的降解污染物植物品种？分泌特定根系分泌物和具有特定共生微生物的植物品种可以与污染物配对，以提高污染物降解率。针对不同污染物的降解植物品种已经在第3章中列出。

②污染物的深度是多少？重点是要确保一个特定品种的植物根系深度可以达到场地内污染物的深度。特定植物品种的根系深度应注意与土壤中的污染物深度相匹配。

（3）其他设计因素考虑

植物药害："热点"可能会存在导致植物无法生长的污染物。为了让植物正常生长，可能必须向土壤中添加改良剂。在过去的实践中已应用了能在非理想土壤中茁壮成长的植物，因其经历了驯化过程而逐步适应（当地环境），而不是选择植物来配合根系分泌物或含有污染物的土壤微生物状况。其基本考量是通过植物根系使被引入到土壤中的任何新的氧气和生物活动，都有利于污染物的分解。

4.2.3　降解绿篱和围栏（图4.10）

简介：种植灌木品种以降解土壤中深度达4英尺的污染物。可以在不须收割植物的情况下清除污染物。

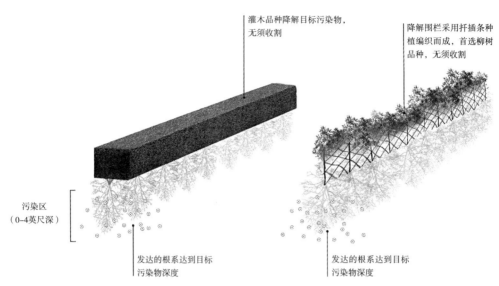

灌木品种降解目标污染物，无须收割

降解围栏采用扦插条种植编织而成，首选柳树品种，无须收割

污染区
（0–4英尺深）

发达的根系达到目标污染物深度

发达的根系达到目标污染物深度

图4.10　降解绿篱围栏

主要工作原理：根系降解🐾，植物降解🌱，植物挥发♂🗆，植物新陈代谢🗆
目标：表层土壤（0–1.3米/0–4英尺深）

206

污染物处理：有机污染物——石油⊖，氯化溶剂①，杀虫剂⊙；营养素——氮⊟。
不适用于：持久性有机污染物⊘，爆炸物⊕，放射性核素⊠，金属⊡，无机盐⊞。
　　降解绿篱用灌木品种可界定场地内区域，同时也可降解表层土壤中的污染物。植物的降解功能与先前描述的降解灌木丛种植类型一样。在此唯一不同的是，降解灌木丛通常用于处理深层土壤，而降解绿篱多利用致密的纤维根处理更接近表层的污染土壤。

　　英国园林里流行采用活的绿篱围栏来创建园林的边界。绿篱几乎都使用杨柳科植物，以达到审美和景观的目的。然而，作为植物生态修复技术的一种种植类型，选用杨柳科植物可降解有机污染物如石油、氯化溶剂和杀虫剂，同时可创造一种功能性的艺术形式。

　　柳树篱的施工一般选用休眠插条，插入土壤的部分长0.3–1.8米。随着扦插苗的生长，其（萌发的）枝条可编织成栅栏，形成各种各样的形状和图案。杨柳科树种有许多观赏性优势，即使在降解植物品种中，也有很多有趣的茎叶颜色可供选择。

　　（1）典型的应用

　　加油站周边、汽车修理店、干洗店、城市工业用地：类似于针对地下水污染的拦截灌木墙（见图4.8），降解绿篱可以种植在场地的边缘来降解土壤中的有机污染物。其作为缓冲带能够满足审美的需要，隔绝不良视角并划定场地边界。也可考虑混合种植，以提供其他生态功能，如在城市范围内的栖息地和野生动物廊道。

　　社区花园：降解绿篱可围绕社区花园边缘种植，以降解土壤中的有机污染物并吸收过量的营养素和农药残留。除了其降解功能，降解绿篱还可作为安全和审美的边界使用。

　　（2）植物的选择

　　①*什么样的植物品种可降解场地中的污染物？* 分泌特定根系分泌物和具有特定共生

微生物的植物品种可以与污染物配对，以提高污染物降解率。针对不同污染物的降解植物品种已经在第3章中列出。

②*污染的深度是多少？* 重点是要确保一个特定品种的植物根系深度可以达到场地内污染物的深度。特定植物品种的根系深度应注意与土壤中的污染物深度相匹配。通常情况下，降解绿篱和围栏的根系生长无法超过1.3米的土壤深度，甚至会更浅。

③*如何选择绿篱植物品种？* 该植物必须易于扦插繁殖，有具有弹性的幼龄枝（芽）以编织成篱笆。基于针对的目标污染物，可选择杨柳科树种。扦插只能在植物休眠期进行。

（3）其他设计因素考虑

①*分层：* 在场地周边区域，降解绿篱可以搭配拦截灌木墙和其他种植类型，以在小范围内使有机污染物和营养素的降解最大化。

②*修剪和维护：* 降解绿篱需要不断的维护和修剪以维持其形状。通常情况下，每年必须至少修剪和维护绿篱一次。

③*降解绿篱的灌溉：* 作为湿生植物，柳树的生长需要水。杨柳科植物在生长期需要经常灌溉。一旦长成后，很多品种是耐旱的。所以选择特定的植物品种时应该考虑其对水的需求。

4.2.4　降解覆盖（图4.11）

简介： 降解覆盖利用致密的深根性草本植物品种来清除深达1.5米（5英尺）的表层土壤内的污染物。不需要收割植物来清除污染物。

主要工作原理： 根系降解，植物降解，植物挥发，植物新陈代谢

目标： 表层土壤（0–1.5米/0–5英尺深）

污染物处理： 有机污染物——石油，氯化溶剂，农药；营养素——氮。

不适用于： 持久性有机污染物，爆炸物，放射性核素，金属，盐。

降解覆盖通常用于覆盖大面积的土地，以加快自然衰减和石油化合物等有机污染物的分解，譬如多环芳烃（PAHs）。由于植物可以向土壤中提供氧气、糖分和其他根系分泌物，微生物生存环境得到改善，从而促使目标污染物的降解。

常选用深根、耐旱的草原草品种。拥有致密纤维根的草种可刺激根际的土壤活性，植

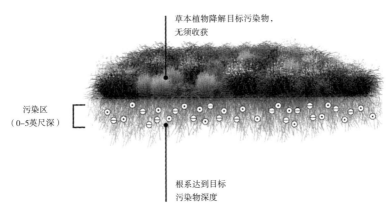

污染区
（0–5英尺深）

草本植物降解目标污染物，
无须收获

根系达到目标
污染物深度

图4.11　降解覆盖

207

物本身也易于生长及维护。已发现混合品种种植覆盖比单一种植更有效，有利于创建多样化的微生物环境。此外，增加豆科植物或其他固氮物种更有利于系统发挥作用。

（1）典型的应用

军事基地：军事基地的表层土壤经常受到石油化合物的影响。石油污染中很多重质、顽抗的组分很难被分解。产生大量地下生物量的降解覆盖能够有效地加快降解过程。此类覆盖常用于仍在运行中的基地，因为其使用的植物品种一般高度较低，并不显眼。

前工业用地/废车场：被石油污染的、原来使用过的棕地通常处于闲置状态，实际上可以使用低矮的降解覆盖（植物）来帮助分解土壤中存在的重质馏分。

（2）植物的选择

什么样的降解植物品种最适宜用作覆盖？ 降解覆盖的植物应选择深根性、耐旱、纤维根系统发达、蔓延（繁殖）能力强、能够覆盖大面积土壤的植物品种。在第3章中列出了对应污染物的降解植物品种。低矮的地被植物和草原草常用于这个种植类型。

（3）其他设计因素考虑

混合污染：许多场地都存在混合型污染物。有时会发现较易降解的石油和氯化溶剂与一些无法降解的重金属和其他无机物混在一起。可考虑采用混合覆盖，将此处描述的降解有机物的功能同降解无机物的稳定垫（见图4.1，第191页）或提取基质（见图4.12，本页）的功能结合起来。

208

4.2.5　提取基质（图4.12）

简介：超富集植物或高生物量的作物品种常用于从土壤中提取无机污染物或难降解的有机污染物。必须收割植物，以清除场地内的污染物。

主要工作原理：植物提取，植物新陈代谢

目标：土壤（0–1米/0–3英尺深）

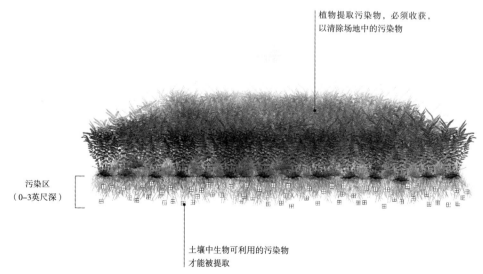

植物提取污染物，必须收获，以清除场地中的污染物

污染区
（0–3英尺深）

土壤中生物可利用的污染物才能被提取

图4.12　提取基质

污染物处理：

短期——一些金属▢，如砷、硒、镍；

长期——金属▢，如镉、锌。

现在不适用于： 氰化物；金属▢——硼（B）、钴（Co）、铜（Cu）、铁（Fe）、锰（Mn）、钼（Mo）、铬（Cr）、氟（F）、铅（Pb）、汞（Hg）、铝（Al）、银（Ag）和金（Au）；放射性核素▢；盐▦。

不适用于： 石油⊖，氯化溶剂①，农药⊙，爆炸物⊕——所有这些组群可以被降解机制处理，而不是提取技术。

提取基质利用超富集植物或速生富集植物来清除土壤和地下水中的无机污染物。提取基质不用于有机污染物，因为有机污染物通常会被降解或挥发，而无须植物提取和植物收割。提取基质已经最有效地应用于处理场地内低浓度的砷和硒污染，或从土壤中除去镍以用于植物冶金。如果提取的污染物浓度过高，收割的植物材料就应在丢弃之前进行污染物浓度测试，并用高危废物设施妥善处置。多数其他无机污染物（除砷、硒和镍）在一个可接受时限内提取的浓度通常达不到植物修复的预期，尽管镉和锌在合适的条件下可在很长的一段时间内被植物提取。

超富集植物是针对特定元素的吸收率高于一般植物可吸收浓度10-100倍的一类植物。然而，即便某种植物是超富集植物，其常常无法清除特定污染物至（其浓度）低于监管阈值。无机污染物常被紧紧地束缚在土壤中，或土壤化学性质使得污染物不可被（吸收）利用，所以植物——甚至超富集植物——也不能提取它们。在某些情况下，可以利用植物提取金属污染物的生物可利用部分，但往往无法修复土壤（污染）至监管阈值以下，因为大部分污染物组分无法被植物生物过程利用。

对于土壤中含量略微超标的金属（如镉和锌等）而言，提取基质可以在几十年时间里种植和收割，以清除金属污染中生物可利用的部分。土壤很可能仍然被污染，但其生物可利用量将会被耗尽。这是一种从粮食作物生长的耕地中清除生物可利用的金属的有效策略。

（1）典型的应用

被砷污染的住宅区： 市区和郊区的住宅区域可能已经被旧的木结构（如甲板、棚架和栅栏）泄露出的砷污染，上述结构建造过程中常采用含砷压力法处理过的木材。此外，在历史上砷是用于防治白蚁的农药的成分。研究已显示蜈蚣草（*Pteris vittata*）可以有效提取场地中低浓度的砷污染，在短短两年内完成土壤修复。收割并测试蜈蚣草的地上部分，以得到场地污染物的清除量，如果需要的话，可将其送入危险废物处理设施。面临的挑战在于：蜈蚣草和其他相似的超富集热带蕨类植物是目前发现的唯一一类可以以适合场地修复的速率超富集砷污染的植物。这类植物并不耐寒，在低于美国农业部第8抗寒区划的较冷气候下属于一年生植物。蕨类植物必须扦插种植而不能播种，在寒冷气候下须每年补栽，导致其成本高昂。因此，通过植物提取修复砷污染通常只能在温暖的气候条件下有效实施（见第3章，第139页的案例研究）。

硒： 硒自然存在于土壤中。在一些地区可发现其浓度高到足以污染水资源，对人类健康产生负面影响。有时采矿活动和其他集约化土地利用可能导致硒浓度增加。几种植物

209

品种，如羽叶醉蝶花（Stanleya pinnata），已确定可有效提取硒，甚至使其挥发到空气中。在某些情况下，在生长季节后由于大部分硒已经挥发到空气中，植物无须再收割。如果收割，植物往往可以回用而不是作为废弃物处理，因为硒是动物必需的微量元素。随着牧草收割并作为补充食品喂养牛，硒被有效地从受污染场地中提取出来。

植物冶金镍： 镍是少数几种可以应用超富集植物有效地从土壤中提取的金属。由于镍有很高的市场需求，利用植物开采地下的镍具有市场潜力。Rufus Chaney博士和其他科学家已经开发出一种专利，在富含镍的土壤中种植超富集植物，收割植物并贩卖生物矿砂，矿砂被烧成灰，并用于熔炼（见第3章，第154页的案例研究）。

农业耕地的长期治理： 农业耕地会被重金属污染，这来源于含有未知金属含量的有机肥的连续施用、邻近的采矿活动、密集型工业土地使用，以及土壤中自然存在的较高金属含量。土壤中重金属的生物可利用组分可能对粮食作物造成威胁，其可食用部分金属含量飙升或作物生长受到抑制，导致食物来源被污染。此外，食用了被污染农作物的牲畜体内可以生物累积金属，从而导致更大剂量的金属被人类摄入。植物生态修复技术的一个潜在长期应用是从土壤中提取金属的生物可利用组分。土壤可能仍然存在污染，但先期进入食物链系统的生物可利用部分会减少或被清除。提取基质可在场地内长年种植并收割，一旦生物可利用部分已被清理干净，土地就可以恢复种植粮食作物（见第3章，第149页和第162页的案例研究）。

210 　　在农业耕地中，提取基质的另一种应用是，用几十年甚至几百年时间，坚持定期收割，用非常缓慢地修复土地的超富集植物品种完全取代粮食作物。用这样的生物修复技术，即使是低浓度的镉污染也需要很长时间才能从场地中被清除。生物量作物如草本、柳树和杨树作为能源作物，坚持连续收割，随着时间的流逝会慢慢修复场地（见第3章，第149页和第162页的案例研究）。

（2）植物的选择

提取植物品种是如何选择的？ 对于受到砷、硒和镍污染的土壤而言，可考虑使用超富集植物或高生物量的"收集器"植物品种用作提取基质（见表3.11、表3.13、表3.15、表3.16和表2.7的植物品种名录）。除非允许长的时限，否则不考虑其他金属提取。注意事项：很多植物可以超富集金属，但仍不能降低金属浓度至满足场地修复要求。当场地设计师查阅超富集植物名录并推断植物提取的条件时往往发现，事实上，金属无法被生物利用且与土壤的化学成分结合过于牢固，以至于无法（植物）提取。除上述提及的被砷、镍和硒污染的情况以外，通常不建议采用提取基质进行修复。将污染物稳定在场地内并去除人类接触的风险，对无机污染物而言通常是最好的植物生态修复技术处理的选择。植物稳定垫（图4.1），蒸散覆盖（图4.2）和地下水迁移丛林（图4.5）可以一起使用以将污染物固着于场地内，而不是清除污染物。

（3）其他设计因素考虑

①*生物利用性：* 很多无机污染物（如金属和放射性核素）存在于土壤中，但无法以生物可利用的形式进入植物体内。完整的解释见第3章。在场地内实施植物提取技术之前，必须由场地设计团队中的土壤学家给出一个详细的生物可利用性分析。

②*收割：* 一旦无机污染物被提取出来，必须收割植物以清除污染物。在收获的生物

量中富集的污染物须通过测试，以确定收割物是否需要进入危险废物处理设施，或只须在垃圾填埋场处理。大部分提取砷、硒或镍的基质都需要在危险废物设施中预先处理。

③*存在的风险及生物富集*：不像生物降解类型那样可以完全清除污染物，提取基质运移污染物进入植物的地上部分，从而可被昆虫、动物和其他捕食者接受并消化吸收。提取基质内的此类物质流动可能造成新的、意想不到的污染物泄露。必须做一个详细的分析，以确定污染物泄露是否可能发生，以及生物富集是否是一个危险因素。

4.2.6　多重机制垫（图4.13）

简介：多重机制垫是一种混合的草本植物种植类型，其中应用了多种（或甚至全部）植物生态修复技术机制。其目标是为含有多种污染物混合的大面积区域（场地）提供最大量的植物生态修复技术优势，多选用低矮的植物品种。

主要工作原理：植物提取，植物新陈代谢，植物降解，植物稳定，植物挥发

目标：土壤（0–1.5米/ 0–5英尺深）

污染物处理：任何污染物。

多重机制垫以提取、降解和稳定等全部生物修复机制为思路进行设计，以创造一个低矮的、草本类草甸式种植形式，达到植物生态修复技术的效果最大化的同时，使污染物暴露风险最小化。提取基质（图4.10）、降解覆盖（图4.9）和植物稳定垫（图4.1）等要素可组合起来在场地内创建一个多功能密集型种植的有效植被。在每个生长季节结束后，应修剪并收割多重机制垫，以清除场地中尽可能多的污染物。

（1）典型的应用

闲置土地：既然城市土地保持空置，就可种植多重机制垫作为一种维持策略，在场地等待未来使用的空当提供一些清理工作。这种种植类型适合于空置场地目前没有即刻开发计划的情形；况且，仅需要一些最低的保养和维护，多重机制垫就可以提供环境修复、野生生物和美学等方面的效益。在被废弃的城市景观中自然植被通常占主导地位，但通常认为是不雅观的。在最小化干预前提下，植物品种选择可以更加具有目的性，在适用时

211

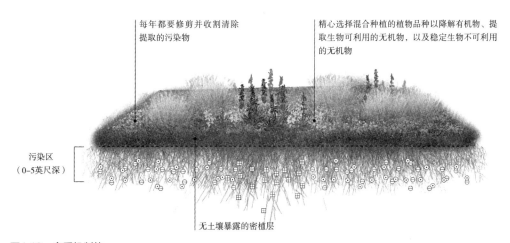

每年都要修剪并收割清除提取的污染物

精心选择混合种植的植物品种以降解有机物、提取生物可利用的无机物，以及稳定生物不可利用的无机物

污染区（0–5英尺深）

无土壤暴露的密植层

图4.13　多重机制垫

促进一些金属的提取、一些有机物的降解，以及促进灰尘和城市杂填土的稳定。Peter Del Tredici所著的《东北部城市野生植物》（*Wild Urban Plants of the Northeast*）（Del Tredici，2010）一书中提供了一些适应了行人和车辆交通高度干扰的城市自生植物品种的参考。这些植物可迅速再生，且适应高pH值的土壤，而在城市区域中，道路盐分和混凝土中泄露的石灰常会使土壤pH值升高。Del Tredici推荐的植物名录可以与本书中的植物生态修复技术植物名录结合并比较，以考虑创建一个成功、可靠的多重机制垫。尽管某些Del Tredici推荐的品种并没有植物修复潜力，但这些品种可提供野生生物和观赏的价值，也有助于稳定土壤，所以可以附加种植提取或降解植物品种以促进土壤修复。

铁路和公路廊道，未充分利用的工业区和其他边缘土地的整治：可以设计含有提取或降解植物品种的播种组合，以提供上述各种效益，并实现最少的维护。如果目标是提取污染物，则需要每年收割和采集植物。

军事基地和射击范围（场地）：污染物包括爆炸物、石油、氯化溶剂和金属，它们都是历史上长期残留且随着训练活动不断进行而不断增加到军事景观中的。需要种植低矮的植被，以保持射击范围内的瞄准视线和使用中的训练场区域不受干扰。可考虑采用提取和降解植物品种，以提高修复场地的功能性。

（2）植物的选择

功能：要基于所针对的特定污染物进行植物品种的选择。参见第3章按污染物分类的植物名录。

（3）其他设计因素考虑

①*生态系统服务*：除了清除污染物，多重机制垫也可用于防止土壤侵蚀，改善野生生物生存环境、美学价值及固碳。这些混合种植组成的缓冲区为物种多样性和多层次生态功能的实现创造了机会。

②*生物量生产*：如果是针对污染物的提取，植物品种的选择也应考虑能源产出，因为必须每年收割植物。

4.2.7 空气缓冲区（图4.14）

简介：植物的叶表面可以物理拦截流动的空气中的颗粒物，提高植被下风向区域的空气质量。通常情况下，空气缓冲区没有降解污染物的功能，颗粒物最终会从叶表面被雨水冲走，成为雨水污染的一个潜在来源，这可以靠其他植物修复类型进行修复。

目标：空气

主要工作原理：植物累积作用

污染物处理：空气污染颗粒物。

颗粒物是空气污染的一个组成部分，可被本书介绍的植被所清理（见第3章有关其他空气污染物成分的探讨）。哪里有道路存在，哪里就有汽车尾气产生的颗粒物。研究表明，空气中的颗粒物数量随着离开道路距离的增加与植被覆盖度的增加而减少。

由于树叶可物理过滤空气中的颗粒物，颗粒物只是暂时停留在叶片上，并没有被降解。降雨期间或落叶树种落叶时，颗粒物被雨水冲走。为此须考虑雨水过滤器（参见4.15）与空气缓冲区结合以防止颗粒物污染雨水径流。

空气中携带的
颗粒污染物

植物物理截留污染物
在叶片表面

213

图4.14　空气缓冲区

（1）典型的应用

行道树缓冲区：行道树缓冲区可以设计为使汽车尾气接触叶片最大化，有助于行道树收集空气中的颗粒污染物。多层次缓冲区可以给周围的土地利用提供良好的人居环境，如附近的住宅、道路沿线、公园和开放空间。要选择可最大限度地清除颗粒污染物的树种。

（2）植物的选择

如何选择具有高积累率的植物品种？ 还需要完成更多的研究以评估叶面积与其去除颗粒污染物能力之间的联系。初步研究确定的植物品种已在第185页的表3.21中列出。已有文献记载了若干树种比其他树种有着更高的颗粒物吸附率。这主要取决于其叶片大小（叶面积越大，清除颗粒物效果越明显）和叶表面"黏性"。表面绒毛丰富和具有蜡状叶面的树木品种往往能吸附更多的颗粒物。

（3）其他设计因素考虑

树冠滞留：城市树木可能会在街道层滞留空气中的污染物，树冠基本上形成了一个覆盖了街道的顶盖，阻碍了上层空气和街道环境之间的空气流通。树冠下方积累了大量的污染源（如汽车尾气），行道树树冠可能因阻碍了地面层污染物的扩散而产生负面效果（Nowak，2006），所以应慎重考虑行道树的位置、风向和平均风速。

4.2.8　绿墙（图4.15、图4.16）

主要工作原理：根系降解 ，植物隔离 ，植物新陈代谢 ，根系过滤

目标：空气或水

污染物处理：

在空气中——挥发性有机化合物（VOCs） 和颗粒物；

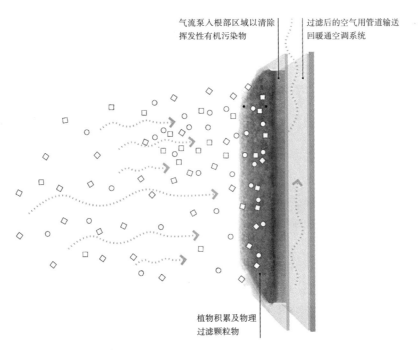

气流泵入根部区域以清除挥发性有机污染物

过滤后的空气用管道输送回暖通空调系统

植物积累及物理过滤颗粒物

图4.15　绿墙生物滤气池1

用废水滴灌垂直绿化植物

植物清除营养物质，降解有机物，并用根系稳定其他不可降解的污染物

图4.16　绿墙生物滤气池2

在水中——营养素▢和潜在的其他病原体。

简介：绿墙是垂直于墙面的、采用土壤或无土栽培的植物装置。绿墙植物根区的土壤生态可以降解空气中的挥发性有机物。为了保证装置的有效性，空气须流经根区以降解污染物。空气中的颗粒物也可以通过植物叶片的累积作用被清除，这类似于气流缓冲区（4.12）。流经灌溉植物根区的水也可被净化。绿墙可提高建筑的隔热性、散热性并具有其他持续性效益，但其提供人类健康效益能力方面的数据尚不明晰。可以考虑下列三类绿墙。

①藤蔓墙：此类是由攀缘藤蔓植物组成的绿墙，植物可种植在墙的底部或顶部。

②生态墙：整个植物（包括根系）被集成到一个垂直生长系统中。植物可以被锚固在土壤中或固定在一个框架或其他结构内的另一介质中。

③生物过滤墙：生物过滤墙是一种生态墙，水流或空气流定向流过墙体而与植物的根区接触，以达到植物降解或隔离的目的。

藤蔓墙和传统的生态墙在室内和室外环境中均可使用，这类墙无法控制其周围的空气运动。通常情况下，室外风或传统的室内通风吹过静稳的墙体，叶或根系暴露的整体空气量是极小的。

在室内环境中，挥发性有机物是通常重点关注的污染物。为了减少空气中的挥发性有机化合物，大量的空气必须流经植物的叶片和根区，以显著改善周围环境中的污染物浓度。植物本身无法降解挥发性有机污染物；要靠生活在植物根际的土壤生物来完成降解工作。在大多数的藤蔓墙和生态墙中，通常与植物根际微生物接触的空气量极小；因此，这些墙对挥发性有机污染物的清除能力很弱（见第3章，第184页）（Darlington，2013）。

然而，如果空气定向流过绿墙，以绿墙作为生物过滤器，那么植物根际的相关微生物就会更多地接触到挥发性有机化合物。研究表明：当空气穿过植物的根区时，绿墙对挥发性有机污染物的降解率是有效的（见第3章，第186页的案例研究）。

在垂直绿化系统中，被污染的水也可以通过植物的根际区域来清除污染物。在此类的系统中，废水中的营养素一直是最常见的要清除的污染物目标。

（1）典型的应用

大型建筑室内空气过滤器：当空气穿过绿墙流动时，墙体变成了生物过滤器，能够有效修复挥发性有机化合物。该技术可作为大型建筑物通风系统的一个组成部分。

废水过滤器：绿墙已被用于学校和住宅建筑，通过清除过量营养素的方式过滤废水。

（2）植物的选择

垂直绿化的植物品种如何选择？ 传统意义上，此类系统中植物的选择是基于美学和植物在特定的种植介质、水分、光照和温度环境等垂直环境中生存的能力。目前的研究表明，选用特定的植物品种可能并不会极大地影响污染物的清除量，因为大多数降解发生于植物根际区域的生物环境中。似乎提高植物品种的多样性会促进更高的微生物多样性，进而提高降解率（Darlington，2013）。

（3）其他设计因素考虑

空气和水的流动：当空气和水流过系统时，这些载体中的流速和污染物浓度会影响清除污染物的成功率。为了达到预期的清理效果，必须仔细研究成功先例，并且要与生态修复学家合作。

4.2.9 多重机制缓冲区（图4.17）

简介：混合种植旨在应用所有的植物生态修复技术机制。其目的是以最小的碳足迹，达到植物生态修复技术效益的最大化，而无须收割任何植物材料。

主要工作原理：植物稳定 ⬚🔍，植物水力学 ◯ ⊞，根系降解 ⚘，植物降解 ⚘◗，植物挥发 ♂🗂，植物新陈代谢 🗂

污染物处理：任何污染物。

多重机制缓冲区以所有植物生态修复技术机制为思路进行设计，以使植被效能最大化的同时污染物暴露风险最小化。它们结合了本章中提到的所有修复类型要素，以降解、稳定并防止污染物扩散。

（1）典型的应用

滨水缓冲区：大量文献记载了沿着河流和水体混合种植的河岸缓冲区的生态和修复效益。通过仔细选择植物品种，除了对污染物的提取和清除外，这些精心选择植物品种而建立的缓冲区亦大大有益于野生生物和其他生态系统。

216

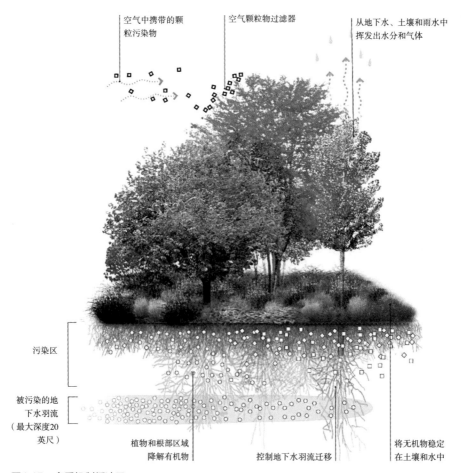

图4.17 多重机制缓冲区

公路道旁、铁路、工业区和农业用地的廊道缓冲区：线性缓冲区不仅可以防止水和土壤中的污染物迁移泄露，还可以滞留空气中的颗粒物污染。接近污染源的缓冲区有助于以最少的工作量（和成本）修复地下水资源。

场地周边缓冲区：沿着场地边缘可进行混合种植，以在最小的空间内囊括本章先前描述的所有种植类型的效益。场地周边缓冲区有助于将场地内活动产生的污染物影响保持在场地碳足迹内，限制其对周边土地使用的影响。

（2）植物的选择

功能：植物品种的选择基于特定的目标污染物。参见第3章针对特定污染物的植物名录。

（3）其他设计因素考虑

生态系统服务：多重机制缓冲区的优势几十年来为大众所熟知。除了清除污染物，它们亦可防止水土流失、改善野生动物栖息地和生态廊道、固碳、增加地产价值和宜居性，以及提高美学价值和娱乐赏玩的机会。这些缓冲区的混合组分为实现物种多样性和多层次生态功能创造了可能性/机会。

4.2.10　雨水过滤器（图4.18）

简介：植物和土壤清除并抑制雨水中的污染物。有机污染物可被降解，而水中的氮素污染可转换成气体返回到大气中。无机污染物可被固定并保留在场地内的土壤中。本类型的目标是在雨水中的污染物扩散到地下水或其他水体之前，在源头清除污染物。

目标：雨水

主要工作原理：根际过滤

污染物处理：

降解/清除——氮▱，石油⊖，氯化溶剂①，农药⊙；

稳定在土壤/植物中——金属▱，磷▤，持久性有机污染物⊘；

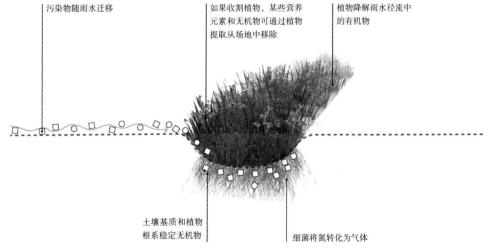

污染物随雨水迁移　　如果收割植物，某些营养元素和无机物可通过植物提取从场地中移除　　植物降解雨水径流中的有机物

土壤基质和植物根系稳定无机物　　细菌将氮转化为气体

图4.18　雨水过滤器

通过收割植物，随着时间的推移慢慢被提取——一些金属▢▢，一些磷▢，氮▢。

不能有效处理的污染物：无机盐▢

受污染的雨水经常由譬如道路和人行道等不透水表面的降雨产生。这些表面上的碎屑被雨水携带并运移。雨水过滤器可以在污染物扩散到其他水体或地下水之前，拦截目标不透水表面附近的雨水径流。

雨水过滤器也被称为生物洼地、植被洼地、植被过滤带、雨水花园和滞留池。这些不同类型的雨水过滤器是针对特定的污染物、雨水流量和流速、可用于实施的气候和空间等问题的解决策略。此外，传统的灰色基础设施工程解决方案往往与种植的雨水过滤器组件配合以使处理效果最大化。灰色基础设施组件和绿色雨水过滤器均常常被称为最佳管理措施（BMPs）。它们常常组合在一起创建一套"修复序列"，在其中每个选用的BMP针对（处理）污染物的某一特定部分，各个BMP链接起来，在可用空间中提供最佳修复序列。

由于雨水过滤器的设计技术和清除能力已有众多文献记载，此处不再赘述。这些系统的成功修复很大程度上要归功于土壤介质和持水时间的设计，此外亦归功于可在雨水（浸泡）和污染物环境下生存的植物的选择。下文将进行总体概述。

（1）典型的应用

道旁和停车场：雨水过滤器多用于不透水表面的边缘区域，来收集和清除被水运移的污染物。最常见的典型污染物包括营养素（磷和氮）▢，石油类多环芳烃▢和金属▢▢。

农业用地：由于重度使用化肥和农药，流经农业用地的雨水径流会严重威胁到邻近水体和地下水。雨水过滤器可以应用于农田边缘以针对性清除营养素▢和农药☉。

（2）植物的选择

大多数雨水过滤器植物的选择是基于其生存特性、可耐受进入系统的水浸泡的能力、耐旱时段（因为通常不灌溉它们）和缺乏维护时的总体（生长）情况。此外，应当考虑一些进阶标准。

①*降解与清除*：有机污染物如石油、氯化溶剂和杀虫剂可以被植物及其共生微生物降解。此外，可以通过脱氮细菌将氮素转化为气体来将氮从系统中清除。一般情况下，产生最大的生物量、根系深度和根系生长量的植物品种会从系统中清除最多的污染物（Read等，2009）。如需优先进行有机物的降解，可在系统内最大限度地提高物种多样性，并选择能够生产最大生物量的植物，以实现此目标。此外，一些特定植物品种已被用于处理部分顽固的、难以降解的有机化合物。

②*稳定*：在雨水过滤器中，无机污染物的清除过程普遍存在，这是由于污染物被拦截、滞留在雨水过滤器中。污染物不会被降解或清除，而系统就像海绵一样，在水流过时滞留污染物。过滤作用以两种方式进行：

物理的：通过控制水流速度和滞留时间，颗粒物可以以沉淀物的形式脱离系统。这是拦截无机污染物最好的机制之一。由此产生的沉淀物必须及时清除，这样在新的水流通过时，它不会再次悬浮而从雨水过滤器中泄露。选择对雨水具有净化、流速减缓效果的植物品种可能有助于物理清除雨水中的无机污染物。

化学的：当水渗入土壤时，污染物会与土壤颗粒化学固着在一起。可以人为控制雨水过滤器媒介以最大化无机污染物的稳定效果。如果没有植物，在某些情况下媒介会被"填满"并达到其承载上限。通过将植物整合进系统之中，并通过消耗植物有机质和根部释放出的氧气，固着污染物的新受体就可不断被创造出来。这就是为什么含有植物的系统随着时间的推移通常比没有植物的系统表现更好的原因。由于大部分降解过程发生在植物的根际，具有最高土壤生物多样性的系统往往表现更佳，因此多种植物品种密植的系统往往比单一品种（种植）的系统有更好的表现。

③*提取*：无机污染物（如金属）可以被植物提取极少的量。可选择特定植物品种使得清除金属速率比其他植物更快；然而，为了清除系统中的污染物，必须收割植物。通常情况下，即使采用超富集植物品种，植物清除的金属污染量和系统中的金属总量相比也很小。因此，通常设计雨水过滤器用于拦截和稳定金属，而不是提取它们。为了提高污染物清除率，须选择深根和根系发达的植物品种（Read等，2009）。然而，如果关注了某个特定的目标金属污染物，且有条件完成每年一次的植物收割，某些系统可以应用超富集植物品种进行设计，以随时间推移慢慢清除污染物的某些组分（见第3章）。

④可以通过收割植物从系统中清除氮和磷，虽然通常情况下不会应用，这是因为通过植物生物量提取的污染物的量和雨水过滤器中其他机制清除的量相比往往很小。例如：和收割植物比起来，通过最大限度提高土壤细菌的反硝化过程而将氮转化成气体是有效得多的机制。对于磷污染而言，最好的机制是使土壤与雨水最大限度地接触，以通过渗透过程稳定磷。和通过土壤接触与渗透作用清除的污染量相比，植物生物量提取的污染量非常小，故而植物提取和收获并不值得尝试。然而，如果只是从系统中针对性地清除很小一部分氮或磷，每年应在植物死亡/腐败并将体内营养素释放回系统之前收割之。氮和磷是植物必需的营养素，但尚无植物被确认为营养素的超富集品种。总的原则是：如果产生了更多的生物量，通常情况下氮和磷的提取就会最大化，所以能产生大量可供收割生物量的速生植物品种是最有用的种类。如果考虑收割植物，高生物量的品种通常会消耗更多的氮和磷，所以高生物量生产的植物品种清除营养素的量最大。

219

（3）其他设计因素考虑

蒸发蒸腾总量：考虑系统内部蒸发蒸腾损失总量最大化，以保证其有能力处理更大量的水。具有高蒸散率的植物可以通过蒸腾作用将大量的水从系统中移出（见表2.8，第40页）。

4.2.11 地表径流人工湿地（图4.19）

简介：水被导流入一系列不同深度的植物沼泽和人工土壤介质中以清除污染物。此修复类型的目标是在水流穿过系统时净化水体。一些有机污染物和氮能够被完全清除，其他无机物污染物则可被过滤出来并稳定在土壤中。

目标：雨水，污水，地下水

主要工作原理：根系过滤🌿

污染物处理：

降解/清除——氮⊟，石油⊖，氯化溶剂①，农药⊙，其他相关有机污染物；

稳定在土壤/植物中——爆炸物⊕，大多数金属▢，磷⊟，持久性有机污染物⊘；

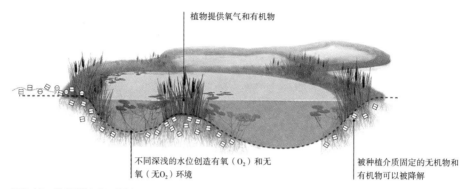

植物提供氧气和有机物

不同深浅的水位创造有氧（O$_2$）和无氧（无O$_2$）环境

被种植介质固定的无机物和有机物可以被降解

图4.19 地表径流人工湿地

通过收割植物，随着时间推移慢慢提取———些金属□，磷□，氮□。

不能有效处理的污染物：无机盐田

地表径流人工湿地应用植物通过其根际、种植基质和开放水域来过滤水体，这高度模拟了自然湿地生态系统。系统高度工程化以保障处理（修复）能力。大多数（水体修复）处理并不发生在植物体内，而是发生于植物根际的生物菌膜内，及水与种植基质的生物及化学环境中。一般情况下，独立的湿地细胞会与不同类型的有氧或无氧基质（好氧或厌氧）在一个处理序列内一起出现，以净化水中的特定污染物。这些系统中植物的修复作用支持了湿地中的微生物的生存和土壤介质。植物将有机物、氧气、营养素、糖和其他根系分泌物输送到系统中。

这些系统在其他出版物中已详细介绍过，此处只作简要引述。水文和土壤基质必须由一位有经验的人工湿地专家设计，以达到所需的清除率。迄今为止，人工湿地的失败率一直居高不下，这要归因于不恰当的设计、施工或维护。在接下来的这类项目时，聘用一位有经验的工程师是至关重要的。

通常情况下，地表径流人工湿地的主要（修复）处理机制与上述雨水过滤器（的相关机制）相似。

①许多有机污染物可以被降解。

②通过在厌氧细胞中的反硝化过程，氮转变为气体形式而被清除。

③无机污染物被滤出水体并稳定和固着在土壤中或植物体内。污染仍留在场地中，但水体已被净化。

④无机污染物的植物提取通常不是目的，因为需要收割植物才能清除污染。多数情况下，和滤出并稳定在土壤中的无机污染物的量相比，植物提取的污染物量是很小的。此外，无机污染物的植物提取常被视为存在潜在危险，因为动物可以接触到植物的地上部分，从而产生了污染物的暴露途径。

⑤对所有植物而言，每年氮和磷都会发生植物代谢作用而进入植物体生物量。如果植物每年都收割，植物生物量中的这部分氮和磷就可以从湿地中清除，但通常情况下清除的量不够多，不足以推广使用。

（1）典型的应用

市政和工业废水：来自城市排水系统和工业设施的污水已可采用地表径流人工湿地成

功处理。处理的污染物范围包括过量营养素、温度（过高）和重金属（超标）。

垃圾填埋场渗滤液： 市政和工业垃圾填埋场渗出的水分充满了污染物。垃圾填埋场的渗滤液可以泵入人工湿地进行净化处理。

雨水湿地： 人工湿地可以作为雨水径流处理序列的一部分而得到有效应用。

（2）植物的选择

特殊性： 由于可设计人工湿地来清除各种污染物，植物品种的选择必须与特定的所选基质、水文和气候相适应。可查阅已通过同行评议的有关人工湿地的出版物来为植物选择提供参考（见第6章）。应考虑挺水植物、沉水植物和浮叶水生植物品种。

（3）其他设计因素考虑

考虑将人工湿地系统与高地上的地下水迁移丛林或植物灌溉系统配合，以最大限度地提高其修复能力。

4.2.12 地下碎石湿地（图4.20）

简介： 受污染的水通过泵送缓慢地流过地下碎石床而被（过滤）净化，在碎石床中水体以垂直或水平流动的方式经由植物根际和土壤介质过滤。一些有机污染物和氮素可以被完全降解和清除，其他无机污染物可以被滤出并固定在基质中。

目标： 雨水，污水，地下水

主要工作原理： 根系过滤，植物稳定

221

污染物处理：

降解/清除——氮、石油、氯化溶剂、农药和其他土壤或植物中含有的有机污染物，金属，磷，持久性有机污染物；

通过收割植物，随着时间的推移慢慢提取——一些金属，磷，氮。

不能有效处理的污染物： 无机盐

受污染的水通过泵送缓慢地流过地下碎石床而被过滤净化，在碎石床中水体经由植物

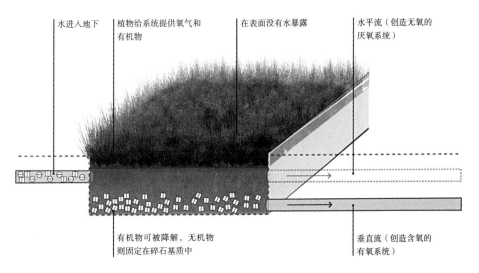

图4.20　地下碎石湿地

根际和土壤介质过滤。水在地面以下3-8英寸深度流动，以防止水体污染暴露、蚊虫滋生和异味。与传统的地表径流人工湿地相比，这些系统占地面积更小，对特定污染物的清除效率往往更高，但通常建造成本更高昂，为水禽和其他水生动物与有机体提供的栖息环境较为狭小。

水体以垂直或水平流动的方式被泵送穿过地下系统。水流方式对系统中的氧气含量有显著影响，从而成为污染物清除效率的驱动因素。地下径流系统往往与其他常见的修复序列附加装置（例如通风设备）组合使用，以达到最大清除效率。

（1）典型的应用

参见地表径流人工湿地（图4.16）：地下碎石湿地可以应用于和传统的地表径流系统一样的场合，但通常只需更少的空间。它们常用于需要用人工湿地技术清除污染物的土地受限的环境中。

（2）植物的选择

①*见地表径流人工湿地（图4.16）。*

②*扎根深度：将所选植物品种的根系深度和碎石介质的深度相匹配十分重要。只有深根性的挺水湿地植物品种可应用于地下碎石湿地，因为它们的根可以达到碎石床中水的深度。*

（3）其他设计因素考虑

冬季效能：因为这类系统中水在地面以下，故而系统不会冻结，冬季月份也可清除污染物。在寒冷时节，有时会增加一个额外的覆盖层隔绝外环境，以保持冬季月份的修复效果。

4.2.13　漂浮湿地（图4.21）

简介：植物在漂浮于现存水体中的结构内种植以将污染物滤出水体。有机污染物可被降解，水中的氮素污染可被转换成气体并清除。无机污染物被稳定，并滞留在根区或漂浮

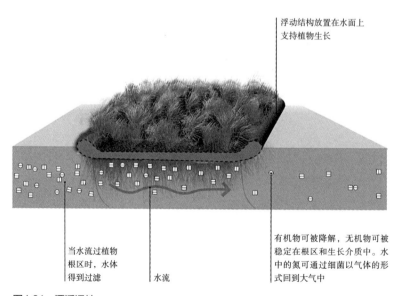

浮动结构放置在水面上支持植物生长

有机物可被降解，无机物可被稳定在根区和生长介质中。水中的氮可通过细菌以气体的形式回到大气中

当水流过植物根区时，水体得到过滤

水流

图4.21　漂浮湿地

结构板上，或被提取进入植物体内。可通过收割漂浮湿地来清除从水中提取的任何污染物。植物生产的生物量往往富含必需的营养元素，如果未发现其具有太大毒性，可制成堆肥并进行营养素循环再利用。

目标：现有地表水体——湖泊、河流、池塘、溪流和其他流域的水体

主要工作原理：根系过滤

污染物处理：

降解与清除——氮▱，石油⊖，氯化溶剂①，农药⊙；

稳定在土壤和植物中——爆炸物⊕，金属▥，磷▱，持久性有机污染物⊘；

通过收割植物，随着时间的推移慢慢提取——一些金属▥，磷▱，氮▱。

不能有效处理的污染物：无机盐⊞

现存的受污染水体可用漂浮湿地进行（净化）处理。往往在清除污染物的同时应用乡土植物品种来提供其他生态系统服务，如水体冷却和栖息地营造。

（1）典型的应用

城市河流：城市河流被历史上及现今人类活动产生的污染物淹没，其水体中往往含有过量营养素和重金属。可建造漂浮湿地，在水流经过时滤出多种污染物。除本书提到的污染物以外，生物污染、病原体、病毒、新兴焦点污染物（如药品污染）等也可以通过选用适当尺寸、过滤介质和植物品种进行（修复）处理。

连接农业用地和高尔夫球场的运河、池塘和河流的水污染：由于施用了大量化肥和农药，与农业用地和高尔夫球场相邻的水体往往含有高剂量的营养素和农药残留。漂浮湿地可以放置于水体表面，以清除目标污染物。

污水处理设施：处理人类排泄物的城市污水处理设施与工业化食品加工设施都已应用漂浮湿地（或漂浮湿地的某些类型）来清除污染物。生命机器和生态机器是漂浮湿地和其他人工湿地技术的结合（见图4.16和图4.17），用一系列针对非生物和生物污染物的种植槽（净化）处理水体（Todd，2013）。

（2）植物的选择

大多数漂浮湿地植物的选择基于特定的目标污染物、植物的生存特性和耐受水浸、（异常土壤）pH值的能力，以及较少维护活动下的自持能力。此外，需要考虑一些进阶标准。

①*降解与清除*：有机污染物如氯化溶剂、石油和农药等可以被植物及其共生微生物降解。此外，根系统是有益细菌和微生物的栖息地，它们清除水中的氮元素，并将其转化为气体形态。一般情况下，植物产生的生物量和生长量越大，降解和清除的污染量就越多。优先考虑降解有机污染物，最大化系统中的植物多样性，并选择能够生产最多生物量的植物有助于实现预期目标。此外，一些特定植物品种已被用来针对性地处理某些更加顽固、难以分解的有机化合物。

②*稳定和提取*：在漂浮湿地中，无机污染清除过程很常见，这是因为污染物会被植物的根系或漂浮湿地的基质所滞留并固定。在一些限制情形下，无机物会被输送到植物的地上部分中。漂浮湿地作为大型过滤器，最终必须被移走以从系统中清除污染物。

③*营养素*：除了有益微生物可将氮素转化为气态，氮和磷也可以通过植物的生长和收割从系统中清除。提取进植物生物量的污染物量通常较少，但可在一个生长季内栽培重

223

复作物，使代谢和收获的营养素的量最大化。生产的生物量可以收集、堆肥和收割，用作有机肥料。在淡水系统中，目标污染物通常是磷，而在盐水系统中，氮是主要的问题。

（3）其他设计因素考虑

①*曝气*：许多漂浮湿地系统与曝气设备组合，以使植物根区发生的有益微生物（作用）过程（效果）最大化。如果系统置于水底而不是水面，通常需要将曝气最大化。

②*栖息地*：漂浮湿地可提供强化的保护以促进鱼、海龟和昆虫数量的增加，同时为水禽创造食物来源。

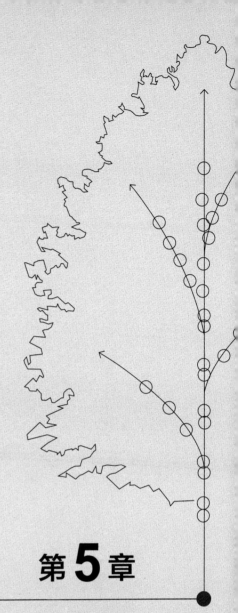

第 **5** 章

场地处理方法与土地利用

在不同建筑环境中，许多不同的场地方案都可能遇到释放出污染物的情况。如加油站，干洗店和工业生产基地的场地使用显然是潜在的污染源，但也有其他不太明显的景观，如墓地和住宅的后院，也可能产生一系列的污染物。

本章将介绍前面章节中的植物应用和植物分类广泛运用于不同的场地、土地利用和污染物的内容。16种土地利用分类阐述了在这些类型的场地中可能预期的污染物。这是第4章中植物分类方法的应用，以及美学成分和自然和文化系统的考虑集成。本章的目的是考虑植物技术与场地设计实践整合运用。这将有助于风景园林师、工程师或场地所有者开发工具以解决场地清理污染物的再利用和发展。

组织

本章对场地的土地利用方案进行了概述，特别是工业用地和基础设施用地，以及一个土壤中和通常与土地利用计划的地下水中的污染物列表。详述了植物生态修复技术种植方式治理潜在污染的预期应用。

确定的土地利用方式一般是北美地区的景观和种植区域；然而，这种在少部分场地处理方法中建立的原理同样也适用于国际上其他的场地处理方法。通过场地利用的分类和预先的土地利用识别，场地设计者就能将以下三个要素连接起来：

对各种类型景观中常见污染物的清理；

环境工程技术，如稳定、覆盖或降解种植，以及其应用的目的和逻辑；

景观设计布局的植物运用和植物净化技术的应用相结合。

227

这使得风景园林师共同参与到其他工程类学科中，使这些方法融入场地的设计策略，而不是使景观设计工作在土木工程和环境工程设计之后才进行。另外，这些分类可以让风景园林师提前进行种植植物的选取，同时预测今后场地使用可能产生的潜在污染物。通过这种方法，设计作品可以在基于发展的基础上反映设计师意图，最终实现兼具务实和想象的目标。

场地的土地利用计划

为了审视建筑环境的复杂和多样性的本质，本节对16个不同的场地处理方法进行了描述。土地利用类型如下：

公路与停车场用地；

公园、开放空间、草坪和高尔夫球场；

河道与绿道；

铁路廊道；

轻工业和制造业用地；

加油站与汽车维修店；

干洗店；

殡仪馆与墓地；

城市住宅；

闲置地；

社区花园；

农业用地；

郊区住宅；

垃圾填埋场；

前工业燃气厂；

军事用地。

源头控制

在解决这些不同类型场地问题时，最重要的问题是控制污染源。例如，如果场地中为了维护目的而使用化肥和农药，继而增加了环境中的污染物，是否可以利用有机维护方式来代替？如果维护草地早熟禾草坪需要不断割草，从而造成过度使用割草机，导致燃料的燃烧和泄漏，能否考虑选用少割草、低维护的草坪来代替，从而防止燃料污染物释放？最大限度地减少污染物来源的方式应优先考虑，仅举几例来说，包括有机的景观维护做法，低维护的植物品种选择，低排放规格的设备选取。以下对16种土地利用计划进行详述。

5.1　公路与停车场用地（图5.1、图5.2）

道路、道路两旁和停车场完成面的环境、宽度、车速和坡度是多种多样的，同时地点、开发和植被覆盖程度也是不同的。它们可以被当作是单一的，同时作为人和污染物共同的运输路线，也可以被当作是连接在一起的遍布全国的系统。根据美国联邦公路管理局统计，美国在2008年有2734102英里[①]公共道路，不仅如此，大多数美国人使用机动车作为出行首选交通方式。可以在道路沿线发现汽车本身产生的污染物。其中包括汽车刹车片释放出的重金属、轮胎碎屑、汽油、泄漏滴落至路面的石油和汽车尾气，以及路旁的其他大气成分沉淀物和颗粒物。通常，车辆通过不完全燃烧排放出重金属和石油产品。这些排放结合形成的颗粒物（PM）是空气污染物的一部分。这些颗粒物在空气中悬浮几天后，落入土壤和水表面并对其周围造成污染。在停车场和路旁的土壤中，汽车产生的污染物包括有机化合物、石油碳氢化合物和挥发性有机化合物。土壤中也可能包含了无机金属如铝、镉、铬、铜、铅、汞和锌。在1993年之前生产的汽车的空调制冷系统中有含氯氟烃（CFC）（一种广泛使用的氯化物溶剂）。其他污染物来源包括路面或路基本身松动的部分（包括从沥青外层产生的难以清除的多环芳香烃），大气沉降中黏附到沉积物中的营养元素，废弃物、路面高温、季节性维护活动产生的除冰剂和除草剂。

道路对环境的生态影响是深远的。在重要研究著作中，《道路生态》（*Road Ecology*）（作者Forman等）表明了道路污染可影响道路边沿向外100米的范围（Forman等，2003，第205页）。另外，空气污染和高速公路通车容量之间有直接关系：市区中的通车容量越大，空气污染越严重（US PIRG[②]，2004）。空气污染与道路的更多内容参见第3章，第179页。

停车区和道路的排水洼地中的现有植被对植物净化设计是有潜在作用的，那就是为清除污染源而引入另外的策略，从而减少地下污染物影响。

---

① 1英里≈1.6千米。——译者注

② 美国公共利益研究小组。——译者注

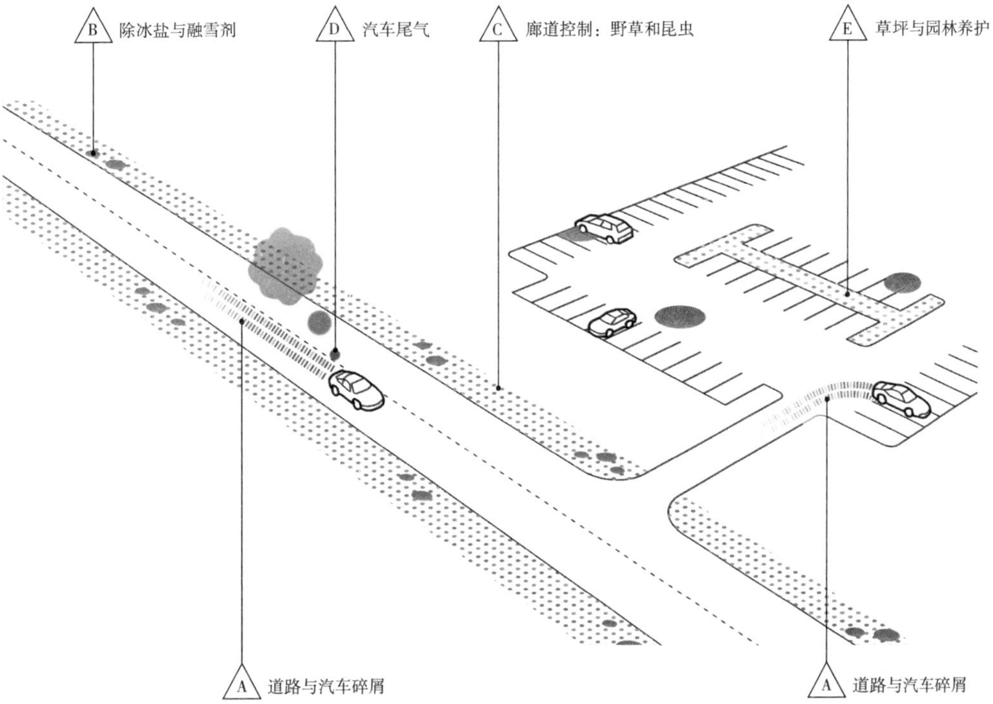

229

编号	污染源	概述	污染物质
A	道路与汽车碎屑	进入到水、土壤和空气中的碎屑： • 轮胎碎屑：大气沉降和其他场地产生的营养盐（氮和磷）和金属（汞）； • 路面磨损：石油； • 刹车片和汽车零部件：石棉、镍、铜和铬等； • 金属镀层和轮胎：镍、铁、铜、铬、锌、铅、镉和锰等金属； • 燃料和石油：石油、盐和铅（原汽油添加物）	■ 营养盐（氮和磷）：见第3章，第117页； ■ 金属：见第3章，第127页； ● 石油：见第3章，第56页； 空气污染：见第3章，第179页
B	除冰盐与融雪剂	为防止结冰而散播到道路、人行道和其他表面的物质	■ 盐（钠、氯化物和其他添加剂）：见第3章，第170页
C	廊道控制：野草和昆虫	运用于控制路旁杂草生长和害虫侵扰的农药，包括农药和除草剂，这些物质通常包括盐和金属，这些物质会不断地在场地中累积。场地中的历史积存可能已有高含量的砷和铅或持久性有机污染物（POPs），例如DDT、DDE或氯丹	● 农药和 ● POPs：见第3章，第102页； ■ 盐（钠、氯化物和其他添加剂）：见第3章，第170页； ■ 金属：见第3章，第127页； ● POPs：见第3章，第110页
D	汽车尾气	化学物质和微粒从汽车发动机释放到空气中。另外，汽油尾气历来集中的区域可能导致形成土壤中的污染物	空气污染：见第3章，第179页
E	草坪与园林养护	场地拥有者应用于装饰性的园林景观中的肥料和农药，可能进入雨水和地下水中。另外，景观维护设备的应用会导致尾气的产生和燃料的泄漏	● 农药和 ● POPs：见第3章，第102页、第110页； ■ 盐（钠、氯化物和其他添加剂）：见第3章，第170页； ■ 金属：见第3章，第127页； ■ 营养盐（氮磷营养物质）：见第3章，第117页

图5.1　道路与停车场：污染来源

230

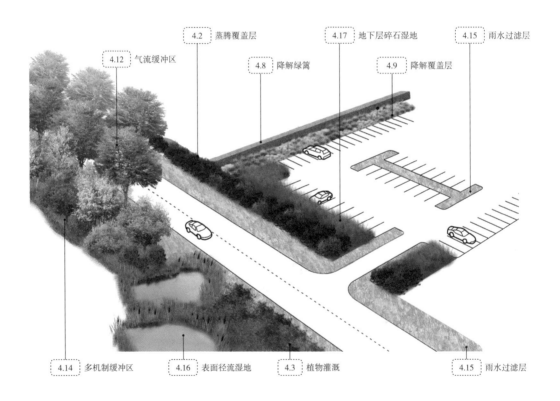

4.12 气流缓冲区

4.2 蒸腾覆盖层

4.8 降解绿篱

4.17 地下层碎石湿地

4.9 降解覆盖层

4.15 雨水过滤层

4.14 多机制缓冲区

4.16 表面径流湿地

4.3 植物灌溉

4.15 雨水过滤层

编号	类型	概述	污染物	植物列表
4.2	蒸腾覆盖层	场地中种植高蒸发率特性的植物品种，使雨水快速蒸发至空气中，防止污染物转移。当有机污染物被降解时，无机污染物仍保持在土壤根系区域。使用除冰剂的场地必须运用耐盐碱植物	雨水中： ■营养盐（氮磷营养物质）；■金属；●石油	第40页，表2.8高蒸散率的植物品种
4.3	植物灌溉	高蒸发率特性的植物通过雨水收集和灌溉，使雨水快速蒸发至空气中，防止污染物转移。带有滴管的太阳能泵可用于灌溉系统。无机污染物仍保持在土壤根系区域。使用除冰剂的场地必须运用耐盐碱植物	雨水中： ■营养盐（氮磷营养物质）；■金属；●石油	第40页，表2.8高蒸散率的植物品种
4.8	降解绿篱	密集根系植物用于停车场边缘地带，以拦截和降解来自停车场的石油化合物	●石油	第63页，表3.2汽油
4.9	降解覆盖层	深根多年生植物用于停车场边缘地带，以拦截和降解来自停车场的碳氢化合物	●石油	第63页，表3.2汽油
4.12	空气缓冲区	利用能够在冠幅范围内使悬浮微粒从空气中分离的树种作为行道树，以防止污染扩散到交通廊道	空气污染物：悬浮微粒	第185页，表3.21空气污染，颗粒物
4.14	多机制缓冲区	对周边200米范围内环境造成影响的道路污染物。利用大量种植混合品种植物防止污染物扩散。当有机污染物被降解时，无机污染物仍保持在土壤根系区域。空气中的悬浮微粒能够被植物叶面吸附	■营养盐（氮磷营养物质）；■金属：稳定于场地中；●石油；空气污染物：悬浮微粒；●农药	第38页，表2.7营养物质；高生物量品种；第130页，表3.10金属；第63页，表3.2石油；第184页，表3.20、表3.2空气污染；第104页，表3.7杀虫剂（农药）
4.15	雨水过滤层	沼泽地或线性过滤植物带中，通过植物和相关的介质过滤雨水中的污染物。当有机污染物被降解时，无机污染物仍保持在场地中。使用除冰剂的场地必须运用耐盐碱植物；在这些系统中盐没有被特别排除	雨水中： ■营养盐（氮磷营养物质）；■金属；●石油；●农药	没有包含在本书中的雨水/湿地植物品种
4.16	表面径流湿地	在一系列开放的水池中，通过植物和相关的介质过滤雨水中的污染物。无机污染物被捕获固定在湿地中，有机污染物可能会降解。使用除冰剂的场地必须运用耐盐碱植物；在这些系统中盐没有被特别排除	雨水中： ■营养盐（氮磷营养物质）；■金属；●石油；●农药	没有包含在本书中的雨水/湿地植物品种
4.17	地下层碎石湿地	在一系列地表下的碎石中，通过植物和相关的介质过滤雨水中的污染物。没有可见水常常并且处理足迹比表面径流湿地小。无机污染物被捕获固定在湿地中。有机污染物可能会降解。使用除冰剂的场地必须运用耐盐碱植物；在这些系统中盐没有被特别排除	雨水中： ■营养盐（氮磷营养物质）；■金属；●石油；●农药	没有包含在本书中的雨水/湿地植物品种

图5.2　道路与停车场：运用植物净化技术处理污染物

231

5.2 公园，开放空间，草坪与高尔夫球场（图5.3、图5.4）

土地利用和公园、开放空间，草坪与高尔夫球场等项目作为广泛的景观类型涵盖了不同尺度上的开放透水种植空间，包括从小尺度的家庭性场地到较大尺度的城市，城郊和农村环境中的区域性场地。这些场地通常包括变化的地形、道路、小径、种植区、适度的公共建筑物和仓储空间，以及包括从大湖到小型水池和喷泉的水体。同时，这些场地也受到多种由正在进行的维护活动产生的污染物的影响，这些污染物包括土壤中的过多营养盐和农药，除冰盐和融雪剂，以及工业规模的割草机等维护设备产生的石油产物。另外，公园中产生污染的因素还包括场地之前和历史上的使用，公园建设中的材料使用，大气沉降和附近工业用地的土地利用。

公园固有的许多特征避免了人类接触存在于地下的污染物。例如，铺装场地，密集草坪草和厚实的地膜覆盖床可以防止使用者直接接触污染物。然而，值得关注的是农药和化肥仍然不断地施放到开放空间，尤其是高尔夫球场。根据美国高尔夫球场监管协会（GCSAA）的统计，美国的高尔夫球场每年会花费80亿美元在草坪维护药品和设备上（GCSAA，2013）。很多使用的化学药品和营养盐会转移到土壤和地下水中，最终污染附近的水体和饮用水。公园中的种植方案通常可以起到一定程度上的修复作用，但这些方案仍然可以进一步加强和优化，利用植物技术拦截这些污染物。

5.2.1 农药

美国环保署（US EPA）允许使用200种以上的化学农药用于防治杂草、真菌和害虫，出于健康和生态的考虑，这些农药中很多种在欧盟是被禁止的。在美国，每年将近8000万磅的农药用于草坪维护，有30种最常用农药在90%的草坪养护中均有使用（Wargo等，2003）。使用的农药有5%-10%转移到径流中，大部分最终进入地表水和含水层中（Haith和Rossi，2003）。虽然源头控制（防止这些物质的使用）是减轻污染的一种途径，包括植被缓冲和防止农药浸出转移的过滤措施等修复策略也应该被实施。

5.2.2 化肥

大量文献记载了，由于商业化"阶段"项目，社会压力和知识缺乏导致的草坪过度施肥状况（Spence等，2012）。一旦这些营养盐从原本施放的场地进入水体和饮用水资源中，氮、磷污染物就会在场地外被发现。水体中的养分含量超标会导致藻华现象、富营养化、缺氧和本地动植物的退化（Rosen和Horgan，2013）。养分荷载和富营养化造成的生态效应会对人类依靠的生态经济造成毁灭性打击。植物修复应运用于周围地表水和下坡面沿线，以拦截水流和上述高地下水位的区域，因为这些地方的营养盐会轻易进入地下水中。

5.2.3 维护设备

草坪的机械化设备通常会使用汽油和润滑油等石油产物。无论这些机械在哪里储存和加燃料，都会产生一定程度的碳氢化合物污染。美国人每年使用大约8亿加仑的汽油用于动力割草机，而有1.7千万加仑汽油在加燃料时泄漏（US EPA，1996）。另外，还应当考虑到当给机器灌装农药和化肥时溢出的污染物。植被缓冲区可以潜在控制和削减养护区域周围的这些污染物。

5.2.4　污染源控制

为了防止这类环境中污染物的产生，可以在项目的一开始就设计出只需较少持续养护的低维护景观。对于那些期待代替传统草坪草环境的人而言，大量新品种已经出现，这些新草种为矮生的低刈种，其中包括高羊茅和一些暖季型草坪草，譬如野牛草（*Buchloe dactyloides*），需水量和修剪很少，从而显著减少水土流失和化肥的施用。此外，应考虑将灌溉用水量降到最低，高灌溉率不仅促进污染物的迁移，也会阻碍植物根系的发育和扩张，还会消耗人畜饮用水资源。降低灌溉率，会深入和长久地促进植物的根系扎得更深、扩得更广，植物体更强健，也就需要更少的化肥施用。这些植物就可以先行一步，用其庞大的根系和与之联系的根际生态环境来应对小规模的污染物泄漏，而不是依赖高灌溉率和因此造成的细弱根系。此外，也可强制执行有机物维护实践，并指定使用低油耗的养护机械。

5.3　河道与绿道（图5.5、图5.6）

河道和相应的绿道是一种特殊的景观元素，它们是作为区域、城市和本地景观的生活基础设施的一部分。这一类型包括绿化的软质岸坡线性区域和草地的边缘，以及从陆地到不同宽度、深度和特征的河道的过渡。与上述景观相比，更多的植被能够沿着这些廊道（河道+绿道）茂盛生长。种类范围可从公园景观般的点缀着具有茂密树冠的乔木和灌木的覆草坡岸，到河道边缘缓冲带和挺水植物。

几乎每条河道都会作为当地工业、道路和溢流管，以及非法排放的化学品和废品，还有一般大气排放等排出污染物的通道。在水体中，可能通过排放被污染的地下水和临近的土壤渗出发现污染物。很多以前的社区有合流制排水系统溢流（CSOs），这会使人类废弃垃圾在降雨时进入河流。持续的雨水排放造成磷、氮、重金属、碳氢化合物和农药从道路和邻近的包括农业用地在内的土地大量涌入河道。不幸的是，这些廊道也是持续的非法的垃圾堆放场地，其中包括铅、油漆和建筑废料，以及碳氢化合物。最终，相邻河道的排放气体范围包括空气传播的悬浮微粒和金属，以及美国环保署（US EPA）指定的六种主要空气污染物（见第3章，第179页）。大气沉降可能导致这些污染物出现在河道水体和周边绿道中。

污染源控制

环境中清理场地最重要的考虑是清除进入廊道的点状污染源和非点状污染源。将CSOs从当地水道中分离，或至少将进入该系统的雨水量减至最少，是一项很重要的改进。必须对工业生产进行管理，倾倒作业必须得到监控，以防止今后污染的排放。

233

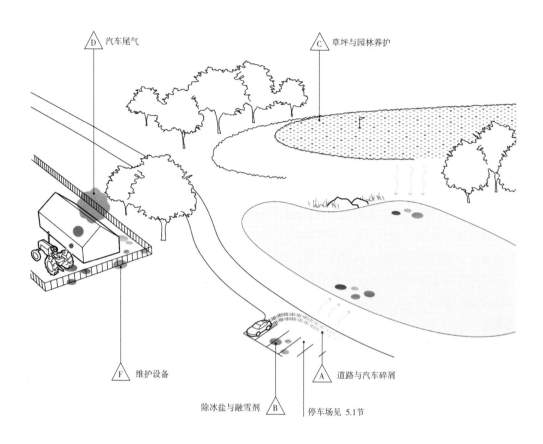

编号	类型	概述	污染物
A	道路与汽车碎屑	见5.1节：道路与停车场	■营养盐（氮磷营养物质）：见第3章，第117页； ■金属：见第3章，第127页； ●石油：见第3章，第56页； 空气污染：见第3章，第179页
B	除冰盐与融雪剂	见5.1节：道路与停车场	■盐（钠、氯化物和其他添加剂）：见第3章，第170页
C	草坪与园林养护	养护管理时使用的化肥和农药会进入供水系统中或在土壤中积累。农药包括了杀虫剂、杀菌剂和除草剂，这些农药除了其本身，通常还会含有能长期沉积于场地中的金属和盐。使用的肥料会迅速渗入土壤和水中，引起当地地表水体和地下水的富营养化	●农药和●POPs：见第3章，第102页、第110页； ■金属：见第3章，第127页； ■营养盐（氮磷营养物质）：见第3章，第117页
D	汽车尾气	化学物质和微粒从汽车和维护设备释放到空气中。尾气中包括了悬浮颗粒，部分燃烧的石油和金属。尾气会转变为固态沉积在室外开放水体中	空气污染：见第3章，第179页
F	维护设备	例如割草机、拖拉机、拖车等草坪维护设备产生的尾气和燃料泄漏。另外，当维护设备装满肥料和农药时可能产生突发性溢漏。同一区域的反复溢漏会导致污染热点产生	●石油：见第3章，第56页； ●农药和●POPs：见第3章，第102页、第110页； ■金属：见第3章，第127页； ■营养盐（氮磷营养物质）：见第3章，第117页

图5.3 公园、开放空间和高尔夫球场的污染物

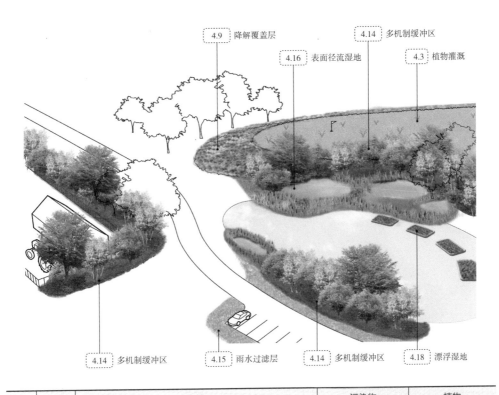

编号	类型	概述	污染物	植物
	有机维护景观	尽可能消除污染源。有机农药往往毒性较低，缓释肥料可防止其转移进入周围的水和土壤	■营养盐；●农药和●POPs；■金属	
4.3	植物灌溉	公园和高尔夫球场周围的地下水可能含有含量超标的营养盐污染。这种营养丰富的水可抽至地面和灌溉到现有的高尔夫球场，提供富含肥料的水。在草坪中使用一些有营养盐的灌溉用水，更使清洁的水回流到地下水中。灌溉时可考虑使用太阳能泵以减少能源消耗	地下水中的污染：■营养盐（氮磷营养物质）	灌溉要求大量营养元素的植物品种
4.9	降解覆盖层	有厚须根系统的多年生植物可以沿着高尔夫球场边缘使用来捕获并去除多余的养分和农药，防止它们转移进入到雨水和地下水。产生高生物量的物种往往能够以最高效率重新调节营养盐	■营养盐（氮磷营养物质）；●农药	第38页，表2.7营养物质：高生物量品种；第104页，表3.7杀虫剂
4.14	多机制缓冲区	经过一场雨或长时间的灌溉后，高浓度的农药和营养盐会从场地中流失（Smith和Bridges，1996）。高尔夫球场和其他草坪周围设置植被缓冲带可以防止污染物扩散。农药粉尘可被这些缓冲带拦截	■营养盐（氮磷营养物质）；■金属●石油空气污染：悬浮微粒	第38页，表2.7营养物质：高生物量品种；第104页，表3.7杀虫剂；第184页，表3.21空气污染
4.15	雨水过滤层	在雨水变为了被污染的径流的不透水区域周围，提供雨水过滤；植物和相关介质可通过沼泽或线性过滤带过滤污染物。无机污染物被固定在场地土壤环境介质中，而有机污染物则可被降解。进行除冰的地区，必须应用耐盐碱植物品种；在这些系统中盐没有被特别排除	雨水中的污染：■营养盐（氮磷营养物质）；■金属●石油	雨水/湿地植物品种，本书中并未包括
4.16	表面径流湿地	场地中的现有开放水体在边缘形成表面径流湿地，以过滤一系列开放水池中的污染物，无机污染物在湿地中被捕获和固定，而有机污染物可被降解。通过合理设计，氮元素可以被转换为气态重新回到大气中，而磷元素可以被固定在土壤中	水体中的污染：■营养盐（氮磷营养物质）；●农药●石油；■金属	雨水/湿地植物品种，本书中并未包括
4.18	漂浮湿地	可在有开放水体的场地表面设置漂浮湿地，以帮助提取和降解渗透到水体中的污染物，无机污染物可被漂浮湿地的根系和介质所捕获和固定，而有机污染物可被降解。通过合理设计，氮元素可以被转换为气态重新回到大气中	水体中的污染：■营养盐（氮磷营养物质）；●农药●石油；■金属	雨水/湿地植物品种，本书中并未包括

图5.4　公园，开放空间和高尔夫球场：运用植物净化技术处理污染物

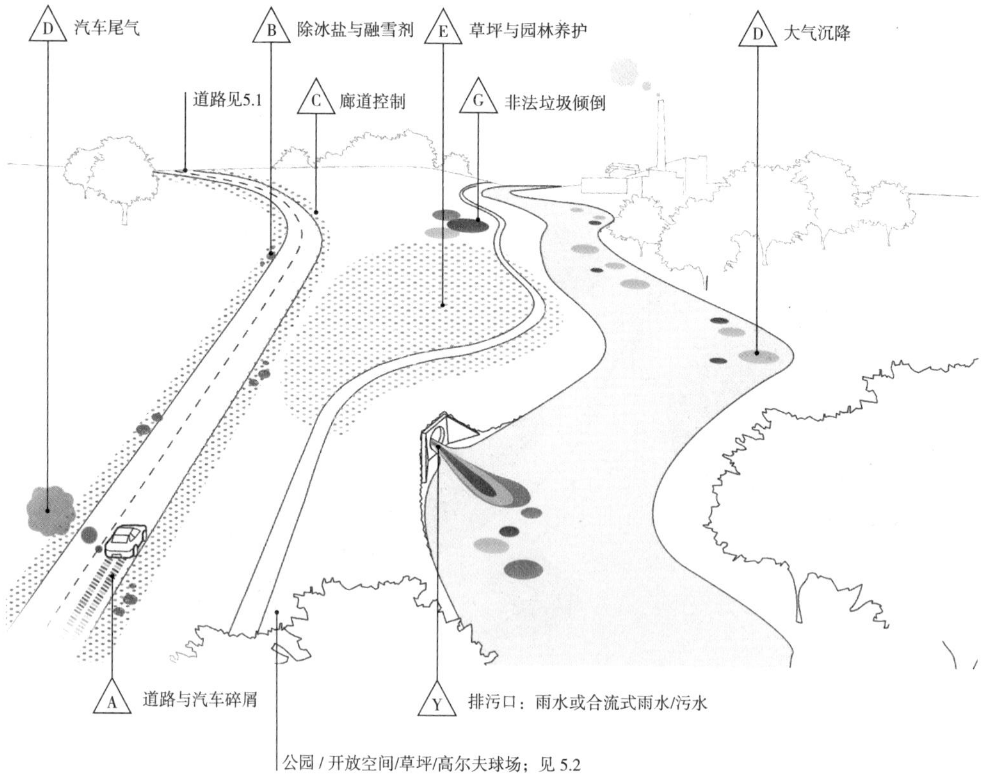

编号	类型	概述	污染物
A	道路与轿车碎屑	见5.1：道路与停车场	■ 营养盐（氮磷营养物质）：见第3章，第117页； ■ 金属：见第3章，第127页； ● 石油：见第3章，第56页； 空气污染：见第3章，第179页
B	除冰盐与融雪剂	见5.1：道路与停车场	■ 盐（钠、氯化物和其他添加剂）：见第3章，第170页
D	汽车尾气	从汽车和工业污染源释放到空气中的化学物和悬浮微粒。河流可能成为受污染的空气悬浮颗粒的载体，污染悬浮颗粒沉降堆积于水面	空气污染：见第3章，第179页
E	草坪与园林养护	河道路径和周边公共绿地的养护，见5.2：公园/开放空间/草坪/高尔夫球场	● 农药和 ● POPs：见第3章，第102页、第110页； ■ 金属：见第3章，第127页； ■ 营养盐（氮磷营养物质）：见第3章，第117页
G	非法垃圾倾倒/填埋	河流廊道是现有的或以前的工业生产污染的排放处。要正确找到污染源点可能很困难，这其中应当考虑到非法垃圾倾倒和工业污染溢流	所有可能的污染物：见第3章
Y	排污口：雨水或合流式雨水/污水	很多雨水从邻近的道路和场地中直接排放流入河道。老旧城区通常使用雨水和污水合流制管道系统，并且可能在降雨时使污水进入河流。合流制排水系统溢流（CSOs）通常会大量产生营养盐、金属和其他生物性污染	■ 营养盐（氮磷营养物质）：见第3章，第117页； ■ 金属：见第3章，第127页； ● 石油：见第3章，第56页； 空气污染：见第3章，第179页 总悬浮固体（TSS） 细菌，生化需氧量（BOD）和生物体

图5.5　河道与绿道：污染来源

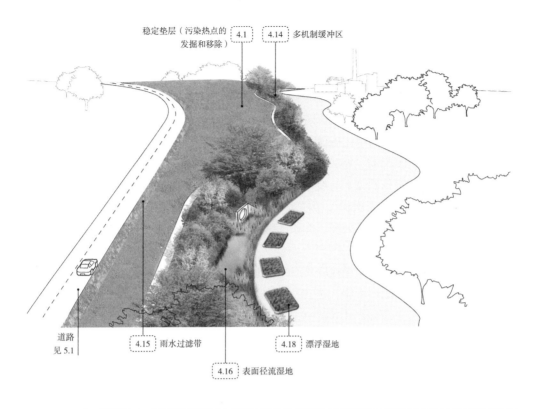

稳定垫层（污染热点的
发掘和移除）　4.1　4.14　多机制缓冲区

道路
见 5.1

4.15　雨水过滤带

4.18　漂浮湿地

4.16　表面径流湿地

237

编号	类型	概述	污染物	植物
4.1	稳定垫层	由于河岸土壤和填埋物质的未知性质，通过植被覆盖固定场地污染物，使人与野生动物远离接触污染物的风险，这可以作为一种处理无机污染物的有效选择。种植厚植被层可以防止污染物迁移和侵蚀。在已知的污染物热点地区，应当在残积土固化之前将重污染的土壤挖掘和移除	■金属 空气污染 （沉积）	第130页，表3.10金属排除器
4.14	多机制缓冲区	数十年来，沿河道的大量植被的缓冲带（滨岸缓冲带）被证实能够防止邻近土地利用中污染物的迁移。有机污染物可被降解，而无机污染物被捕获和固定在场地土壤中和植物叶表面。除了污染物移除之外，这些植被绿化区域具有作为重要的野生动物廊道的功能	所有污染物：见第3章： ●● ●■ ■●■ ■■ ■■	所有净化植物：见第3章（用于解决邻近区域土地利用的特定植物选择）
4.15	雨水过滤带	在下坡一侧的铺设路面和夯实的园林景观中，雨水过滤带可用于过滤沼泽和带状阻土草带中的污染物，在污染物进入河流系统之前，雨水过滤带可收集和处理邻近污染源的污染物。无机污染物可能被固定在场地土壤环境介质中，而有机污染物则被降解	雨水中： ■营养盐（氮磷营养物质）■金属●石油	雨水/湿地植物品种未包括在本书中
4.16	表面径流湿地	被污染的河口和河道水体可通过引导污染物进入沿着河流边缘建造的表面流湿地，从而过滤掉污染。无机污染物可能被捕获和固定在湿地环境中，而有机污染物则被降解。通过合理的设计，氮元素可以被转换为气态重新回到大气中，而磷元素可以被固定在土壤中；同时也应当解决部分细菌、总悬浮固体（TSS）和生化需氧量（BOD）的问题	水体中： ■营养盐（氮磷营养物质）●农药、■金属●石油 生化需氧量（BOD）/细菌	雨水/湿地植物品种未包括在本书中
4.18	漂浮湿地	当污染的水通过时，在河面设置作为过滤器的漂浮湿地。无机污染物可能被捕获和固定在漂浮湿地、根系区域和环境中，而有机污染物则被降解。通过合理的设计，氮元素可以被转换为气态重新回到大气中。除此之外，植物可从这些系统中获得肥料和营养物质的循环	水体中： ■营养盐（氮磷营养物质）●农药■金属●石油	雨水/湿地植物品种未包括在本书中

图5.6　河道与绿道：运用植物净化技术处理污染物

5.4 铁路廊道（图5.7、图5.8）

总体来说，铁路廊道组成了大量的城市和城市远郊的后工业用地。作为线性客运开放空间系统、货运列车线路和沿线仓储场地，铁路廊道穿越不同的景观，连接了沿线其他后工业场地，形成了周边邻近的有着不同土地利用、历史和污染路径的小型场地网络。一种典型的铁路廊道或道路通行权（ROW）由廊道在宽度和广度上的三大要素组成。

第一大要素是有平坦的、分层的钢轨底座，它包含有集料表面涂层的较低的道砟，这可以支持置于连续金属铁轨之下的预制混凝土枕或木枕地面系统。历史上曾经用木馏油处理木质铁路枕木（也被称作轨枕），那是一种难降解石油形态的煤焦油，曾用会产生砷泄漏至枕木周边土壤中的砷酸铜处理。由砾石和城市填土制成的道砟可能含有重金属和多环芳烃，例如煤灰道砟。

第二大要素是包括排水沼泽地以及各种绿化地表、梯度变化、边缘环境、步行道、边界栅栏和边界墙两侧邻近的坡岸。这些区域通常会留下装载或卸载原料或成品的土地利用污染遗留。

第三大元素是自生植被和土壤。历史上，除草剂被用于维护铁路廊道通行的整洁和安全，这会导致在其使用之后，重金属和盐的遗留。同时，道路通行权（ROW）所支持的铁路廊道中大量的铁路转换器、配电板、信号机、高架桥、桥、道岔、铁路调车场和火车站基础设施等会排放出持久性有机污染物（POPs）和多氯联苯（PCBs）（由变压器产生），以及氯化溶剂、石油产物和重金属。

铁路廊道中最常见的污染是PAHs（多环芳烃）（Ciabotti，2004）。这通常由之前提及过的杂酚油，以及列车自身运行所产生，大部分的PAHs来自于例如煤、石油或木柴等燃料的不完全燃烧。例如，柴油引擎会沿着轨道产生煤烟的排放，造成PAHs的沉淀。铅和汞的污染物通常在柴油机内累积的燃料燃烧排放气体中被发现。排放尾气中的污染物与离轨道的距离相关，污染最重的区域是距离轨道10米（32英尺）范围以内的区域，距离轨道10–50米（32–165英尺）范围作为中度污染区域，轻度污染区域为距离轨道50–100米（165–330英尺）的范围（Ma等，2009）。同时，列车在运行过程中，以及其老旧剥落的油漆表面还会产生重金属污染物（如铅、镉、铜、锌、汞、铁、钴、铬、钼），同时还有以燃油、内燃机（工作）排放的废气、润滑油、冷凝器内的冷凝液体、机械润滑脂和变压器油形式存在的PAHs（Wilkomirski等，2011）。列车车厢长期停放在铁路调车场和火车站，久而久之它们会逐渐泄漏出污染物，使得这些地方污染物浓度趋于更高（Wilkomirski等，2011）。

除了道路通行权（ROW）以外，一系列连续的长期的互补性土地利用将会沿铁路廊道发展起来。多样化的混合污染物会存在于铁路转运侧轨，更不必说来自周边土地利用本身产生的潜在污染物了。

铁路廊道为特定植物生态修复技术的场地应用提供了一系列机会，同时也为其沿着铁路廊道进行重复修复提供了机会。本节中的这一植物类型能够运用于目前仍在运作使用的铁路廊道，同时，这些清理场地的植物类型同样也能够运用于铁路廊道的娱乐化改造项目，例如铁路转为游览小径的改造。

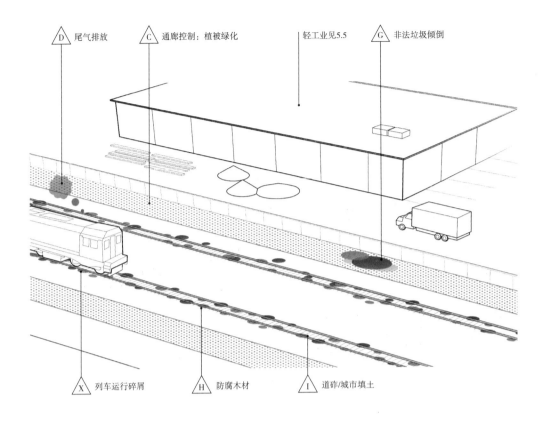

编号	类型	概述	污染物
C	廊道控制：植被绿化	除草剂通常沿着铁路廊道被用于控制植被生长。随着时间的增长，除了农药本身，这些物质——通常包括金属（尤其是铅和砷）和盐——会固定在场地中	●农药和●POPs：见第3章，第102页、第110页；■盐，见第3章，第127页；■金属：见第3章，第170页
D	尾气排放	从火车引擎和燃料的不完全燃烧释放到空气中的尾气	空气污染：见第3章，第179页
G	非法垃圾倾倒/填埋碎片垃圾	铁路廊道通常与重污染的工业生产相关联，货运车厢的过载和意外溢漏会导致碎片垃圾填埋。邻近的土地利用活动在这些区域通常会留下装载或卸载原料或成品的土地利用污染遗留	●石油：见第3章，第56页；●POPs：见第3章，第110页；■金属：见第3章，第127页；■营养盐（氮磷营养物质）：见第3章，第117页
H	防腐木材	为防止现在的或以前的铁轨下部的腐坏，曾经用木馏油或砷酸铜处理铁路枕木。历史上很多铁路路基现在仍然使用着木馏油的枕木或碎片，砷浓度在自然基准浓度的10倍以上（Ma，2009）	●石油（木馏油）：见第3章，第56页；■金属（砷和煤）：见第3章，第127页
I	道砟/城市填土	铁路轨道区域的基础通常是使用城市填土修建的，这其中通常包括了煤灰。砾石道砟中通常包含了金属	●石油（尤其是PAHs）：见第3章，第56页；■金属：见第3章，第127页
X	列车运行碎屑	列车引擎和车厢运作，尤其是随着刹车灰尘会释放出石油产物，润滑油和金属	●石油（尤其是PAHs）：见第3章，第56页；■金属：见第3章，第127页

图5.7 铁路廊道：污染来源

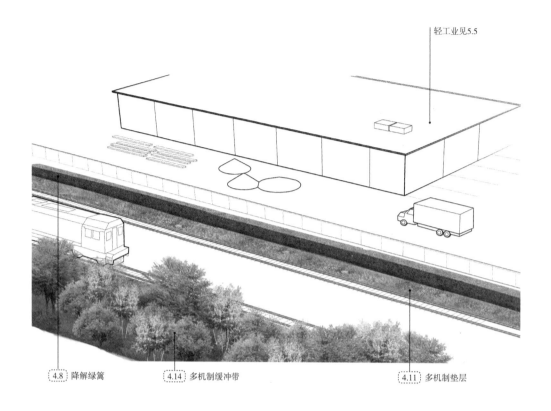

轻工业见5.5

4.8 降解绿篱　　　4.14 多机制缓冲带　　　4.11 多机制垫层

240

编号	类型	概述	污染物	植物
4.8	降解绿篱	在轨道道路通行权区域对邻近的表层土壤污染物有缓冲作用，设置降解绿篱以消除碳氢化合物或氯化溶剂。由于只能种植一条细细的植被带，高浓度污染物可能无法被完全降解，但一些修复措施可以达到。这些绿篱可以是被修剪的或是自然生长的	●石油 ●氯化溶剂	第63页，表3.2石油；第88页，表3.5氯化溶剂
4.11	多机制垫层	在铁轨轨道之间和周围种植低矮植被以稳定降解甚至提取净化现有场地中的污染物。PAHs的降解应当结合植物对砷的吸收，并通过在污染侵蚀扩散区域种植薄层植被垫层控制稳定其他非生物可利用的污染物。应当制定每年割草的制度收集和移除剪下的植物碎片，长期维持这样能够慢慢移除场地中的非生物可利用的金属。在德国柏林一项名为"绿色轨道"的研究项目中，耐性植物品种种植在铁轨之间，用以捕获、固定和降解列车排放出的污染物（Gorbachevskaya，2010）	●石油 （PAHs） ●农药 （除草剂） ■金属 空气污染（沉降的）	第130页，表3.10金属排除器；第63页，表3.2PAHs：降解；第136页，表3.11砷：提取
4.14	多机制缓冲带	沿铁路廊道的厚植被缓冲带能防止污染转移至邻近的土地利用中，并能够降解有机污染物，例如普遍存在的PAHs。而例如铅和砷等无机污染物能被捕获和固定在土壤中。空气中的悬浮微粒被捕获和固定在叶表面，从而形成邻近土地的缓冲带。除了污染物修复之外，这些植被绿化区域具有作为重要的野生动物廊道的功能	所有污染物：见第3章 ●●■■■ ■■■	所有净化植物：见第3章（用于解决邻近区域土地利用的特定植物选择）

图5.8　铁路廊道：运用植物净化技术处理污染物

5.5　轻工业和制造业用地（图5.9、图5.10）

轻工业场地包括了建筑构筑物、掩埋式基础设施、仓储构筑物、运输区域和燃料区域的复合体，以支持各种制造业活动。轻工业场地与重工业场地有所不同，重工业生产有例如炼钢、造船和钢铁精炼等现场生产活动，轻工业使用运送到场地中的已经过加工的原材料进行进一步加工和组装，例如服装、预加工食品、家用电器、家具和家用电子产品等轻工业制成品，并且海外市场产品也在轻工业用地中生产。另外，这些用地比重工业用地产生的环境影响要小，重工业用地通常会长期产生严重的地下水污染和垃圾污染物。轻工业场地要求相对少的原材料、工厂规模和能源使用，因此造成相对较少的污染（特别是当与重工业相比较而言），一些轻工业场地会造成其中土壤、沉积物和地下水的严重污染。电子设备制造生产会在土壤中产生潜在的铅和其他金属或化学废物污染，这是由于对焊料和废品（例如用于机械和工厂设备的清洁剂和脱脂剂）的不适当处理造成的。轻工业场地中的生产类型时常随着制造周期发生改变。因此，经过长期积累，在这种类型的场地中通常会存在相互没有联系的制造过程产生的多种类型和不同程度的污染物。

许多此类场地中的一些常见污染物包括地下或地面的装有燃料（石油）或氯化溶剂的泄漏储油罐产生的污染物；空调或暖气设备（氯化溶剂）；变压器泄漏的多氯联苯（PCBs）；载货汽车产生的道路碎屑（见5.1）以及生产排放物。

241

5.6　加油站与汽车维修店（图5.11、图5.12）

加油站是在北美普遍存在的景观，由它们形成的网络支持着美国严重依赖汽车出行的生活方式。因此，加油站及其可能产生的污染物占据了高可见度的街角和交通十字路口等枢纽位置，废弃的加油站的场地是不仅具有高可见度且有高污染物浓度的场地，这类场地高昂的修复成本可能会阻碍其重新开发。

各国一直不断努力降低加油站场地污染物，通过改造加油站基础设施或制定相关法规控制例如铅和甲基叔丁基醚（MTBE）燃油添加剂的使用。不论所处位置如何，世界上大多数的加油站都是以类似的方式修建的，大多数燃料备在地下，而抽油泵在加油处（加油站中车辆加油的部分）。同时很多设施也作为车库和汽车修理设施使用，这些设施带有储存和处理脱油剂、废弃燃油和空调冷冻液的装置。

根据美国环保署（US EPA）的调查，加油站场地中主要的三种污染源是"产品运输的管路损坏，无保护贮水池被腐蚀，以及泄漏和溢漏"（US EPA Office of Underground Storage Tanks[①]、Office of Brownfield and Land Revitalization[②]，2010）。美国环保署警告，常规操作和泄漏蒸发的油汽进入到空气中同样是一个值得关注的重点问题。

---

① 美国环保署地下储罐办公室。——译者注
② 棕地和土地整治办公室。——译者注

5.6.1 燃料储藏

典型的单独或多个储油罐通常位于地下。1998年以前，在美国大多数的加油站污染都是由于地下储油罐泄漏（LUSTs）造成的。到1998年，所有地下储油罐（USTs）要求符合最新美国联邦标准，提供更耐腐蚀的储油罐设施。由于这个原因，在20世纪90年代末很多本地的小型自营加油站由于不符合新型双层储油罐标准和其他相关环境规定而相继关闭。很多老旧的地下储油罐仍然留在了场地中，并存在潜在的泄漏危险。即使这些地下储油罐（USTs）通过改造提升到了联邦标准，它们仍然存在泄漏问题。2013年，514123个加油站中有436406个加油站的泄漏的地下储油罐被清除，但仍有77717个泄漏储油罐存在于场地中（US EPA，2013）。

5.6.2 燃料转运和抽送

通常燃料通过在加油站周边的阀门从油罐卡车转运进入储油罐。场地中加注燃料时会产生燃料的泄漏。燃料通过位于链接加油处和储油罐的服务平台的地下输油管从储油罐转运至零售泵。过去给汽车油箱加油的燃料箱、燃油加油机和燃油喷嘴一般使用燃油蒸气回收系统，以此防止燃油蒸汽释放至大气中。由于有时燃料会发生地面溢漏的情况，燃油加油机周边区域设有排污系统。任何出现在加油站加油处的液体都将会流入排水通道，随后进入石油拦截器，这一系统的设计是为了捕获所有的污染物，同时将它们从雨水中过滤。

5.6.3 汽油添加剂

直至20世纪70年代，加油站中都普遍使用含铅汽油，后由于考虑到铅的毒性而逐渐被淘汰，同时催化转化器和新型汽油添加剂的出现也导致了含铅汽油的淘汰。曾经由于地下储油罐的溢漏和泄漏使含铅汽油进入到土壤和地下水中，同时含铅汽油也随着燃烧和废气排放释放进入大气中。高浓度的铅现在还存在于加油站附近的土壤和收费站中，以及20世纪70年代以前汽车时常停放和经过的区域。由于溢漏发生时铅会快速转移进入地下水中造成污染，目前甲基叔丁基醚（MTBE）和其他汽油添加剂代替了铅添加到汽油中。

另外，服务站场地中的填埋碎屑和废物处理也值得引起注意。汽车维修店与许多氯化物溶剂有关联，例如用作脱漆剂、刹车清洁剂和除油剂的二氯甲烷和三氯乙烯，以及空调设备中使用的氯氟烃。这些维修店主或维修工可能通过非法垃圾倾倒或偶然溢漏将氯化溶剂释放到土壤和河道中。

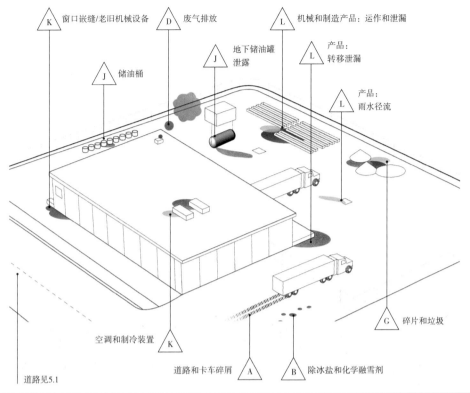

编号	类型	概述	污染物
A	道路和卡车碎屑	见5.1：道路与停车场	■营养盐（氮磷营养物质）：见第3章，第117页；■金属：见第3章，第127页；●石油：见第3章，第56页；空气污染：见第3章，第179页
B	除冰盐和化学融雪剂	见5.1：道路与停车场	■盐（钠、氯化物和其他添加剂）：见第3章，第170页
D	废气排放	工业生产和运输过程中产生的化学物质和悬浮颗粒释放到空气中	空气污染：见第3章，第179页
G	非法垃圾倾倒/填埋（或未填埋）的碎片和垃圾/垃圾溢漏	轻工业生产场地中会产生偶然和非偶然的溢漏、碎片填埋和废品。对于场地中曾经的和目前的工业生产情况都应当进行调查，以明确场地中可能存在的污染物类型	任何污染物都可能存在，这取决于目前和曾经的工业利用。以下为最常见的污染物：●石油：见第3章，第56页；●氯化物溶剂：见第3章，第86页；■金属：见第3章，第127页
J	地下泄漏储油罐（LUSTs）/地面储油罐和储油桶	任何地下或地面的储油罐或燃料和工业产品的储存容器都可能发生破裂和泄漏	●石油：见第3章，第56页；●氯化物溶剂：见第3章，第86页
K	空调和制冷装置/窗口嵌缝/老旧机械设备	空调和制冷装置可能会泄漏冷却剂，尤其是老旧的或废弃的制冷装置。曾经使用于建筑或老旧的变压器和机械的嵌缝填料会富含污染物PCBs	●氯化物溶剂（CFCs和氟利昂）：见第3章，第86页；●POPs（PCBs）：见第3章，第110页
L	机械和制造产品：运作和泄漏	场地中的机械和装配线可能会泄漏燃料、润滑油、冷却剂和溶剂。另外，如果机器要求化学投入，那在运输过程中就可能产生化学品的溢出和漫溢。直接接触机械的地面区域和工业生产过程中化学物运输和处理的区域都应当被认为是潜在的被污染场地	任何污染物都可能存在，这取决于目前和曾经的工业利用。以下为最常见的污染物：●石油：见第3章，第56页；●氯化物溶剂：见第3章，第86页；■金属：见第3章，第127页

图5.9　轻工业和制造业用地：污染来源

4.9　降解覆盖

4.14　多机制缓冲带

4.5　地下水迁移树阵
（地下水迁移丛林）

4.1　稳定垫层

4.4　绿色屋顶

244

4.17　地下砾石湿地

雨水过滤区　4.15

表面径流湿地　4.16

编号	类型	概述	污染物	植物
4.1	稳定垫层	在遗留下来 PCBs 和其他非常顽固的污染物存在的地方，可以在场地中种植密集纤维根系植被被绿化场地，减少土壤暴露的风险。这种方式可以用于窗口下方和长期受到老旧机械设备污染的地方。厚的植物绿化层可以防止污染物侵蚀和转移	●POPs（包括PCBs）；■金属	第130页，表3.10金属排除器
4.4	绿色屋顶	大型的平顶工业建筑是绿色屋顶的理想建设场所。建设绿色屋顶的主要目的是蒸发水，防止雨水冲刷场地时带走和转移污染物。另外，屋顶植被种植具有降解屋顶机械装置泄漏的有机污染物的潜能	雨洪载体	绿色屋顶使用植物，未包括在本书中
4.5	地下水迁移树阵（丛林）（地下水迁移丛林）	如果污染物渗入地下水中，考虑种植根系能够向下深入地下水羽流中的树阵（丛林），使其自然地抽取地下水，降解有机污染物，以及过滤无机污染物。工程师必须完成详细的水质量平衡，计算出实现有效抽取地下水所需要种植的树木数量	地下水载体，尤其是●石油和●氯化溶剂	第37页，表2.6喜湿深根植物
4.9	降解覆盖	石油和氯化溶剂可通过特定的植物被降解，尤其是当泄漏发生不久之后。这可能关系到储存着有机液体的老旧燃料罐和燃油筒	●石油；●氯化溶剂	第63页，表3.2石油；第88页，表3.5燃料桶
4.14	多机制缓冲带	沿着建筑红线种植的厚植被缓冲带可以防止污染物转移至邻近的土地利用中。在土壤中，例如像石油和氯化溶剂等有机污染物可被降解，而如金属这样的无机污染物可被捕获和固定于土壤中。空气污染物中的大气悬浮微粒可被特定选取的树种过滤，可使悬浮微粒停留在其叶表面。除了污染修复功能之外，这些植被绿化区域具有作为重要的野生动物廊道的功能	所有污染物：见第3章 ●●■■ ●●■■	所有净化植物：见第3章（用于解决邻近区域土地利用的特定植物选择）
4.15	雨水过滤区	工业用地中普遍存在着不透水的地面，因此雨水过滤可设置在路面下坡处以过滤污染物。在任何可能的情况下，工业用途产生的雨水应与城市收集系统断开，并在现场自然处理，因为如果不这样则可能发生高毒性污染事件，使整个系统处于危险之中。在雨水过滤器中，无机污染物保持在场地土壤介质中，而有机污染物则可被降解。进行除冰的地区，必须应用耐盐碱植物品种；在这些系统中盐没有被特别排除	雨水中的污染物：■营养盐（氮磷营养物质）；■金属；●石油；●氯化溶剂	雨水/湿地植物品种，本书中并未包括
4.16 和 4.17	表面径流湿地和地下砾石湿地	制造过程中产生的废水和场地中雨水都可被引入表面流湿地（开放水体）和潜流人工湿地（砾石）中，从而清除污染物。无机污染物被捕获和固定在湿地中，而有机污染物则可被降解。通过合理设计，氮元素可以被转换为气态重新回到大气中。进行除冰的地区，必须应用耐盐碱植物品种；在这些系统中盐没有被特别排除	废水和雨水中的污染物：■营养盐（氮磷营养物质）；■金属；●石油；●氯化溶剂	雨水/湿地植物品种，本书中并未包括

图5.10　轻工业和制造业用地：运用植物净化技术处理污染物

245

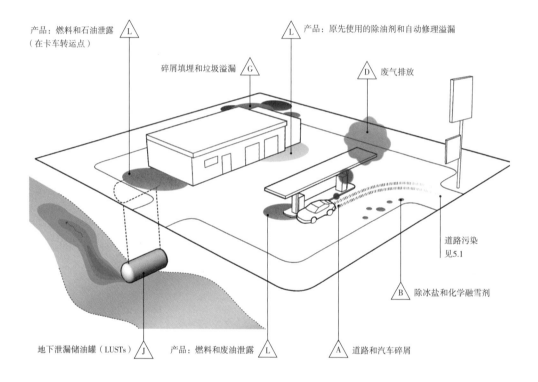

产品：燃料和石油泄露
（在卡车转运点）L

产品：原先使用的除油剂和自动修理溢漏 L

碎屑填埋和垃圾溢漏 G

废气排放 D

246

地下泄漏储油罐（LUSTs）J

产品：燃料和废油泄露 L

道路和汽车碎屑 A

除冰盐和化学融雪剂 B

道路污染
见5.1

编号	类型	概述	污染物
A	道路和汽车碎屑	见5.1：道路与停车场	■营养盐（氮磷营养物质）：见第3章，第117页； ■金属：见第3章，第127页； ●石油：见第3章，第56页； 空气污染：见第3章，第179页
B	除冰盐和化学融雪剂	见5.1：道路与停车场	■盐（钠、氯化物和其他添加剂）：见第3章，第170页
D	废气排放	工业生产和运输过程中产生的化学物质和悬浮颗粒释放到空气中	空气污染：见第3章，第179页
G	非法垃圾倾倒/填埋（或未填埋的碎片和）和垃圾	轻工业生产场地中会产生偶然和非偶然的溢漏碎片填埋和废品。对于场地中曾经的和目前的工业生产情况都应当进行调查，以明确场地中可能存在的污染物类型	任何污染物都可能存在，这决定于目前和曾经的工业利用。以下为最常见的污染物： ●石油：见第3章，第56页； ■氯化物溶剂：见第3章，第86页； ●金属：见第3章，第127页
J	地下泄漏储油罐（LUSTs）/地面储油罐和储油桶	任何地下或地面的储油罐或燃料和工业产品的储存容器都可能发生破裂和泄漏	●石油：见第3章，第56页
L	燃料和石油泄漏产品，曾使用的强力除油剂	在运输卡车和零售加油泵的转运点，燃油频繁溢出。此外，汽车修理厂车库产生溢出包括油和空调液体的污染物。泄漏发生的历史位置可能被过去使用的含铅汽油的铅污染。此外，氯化溶剂历史上经常用作汽车修理厂中的脱脂剂	●石油：见第3章，第56页； ●氯化物溶剂：见第3章，第86页； ■铅：见第3章，第163页

图5.11　加油站与汽车维修店：污染来源

247

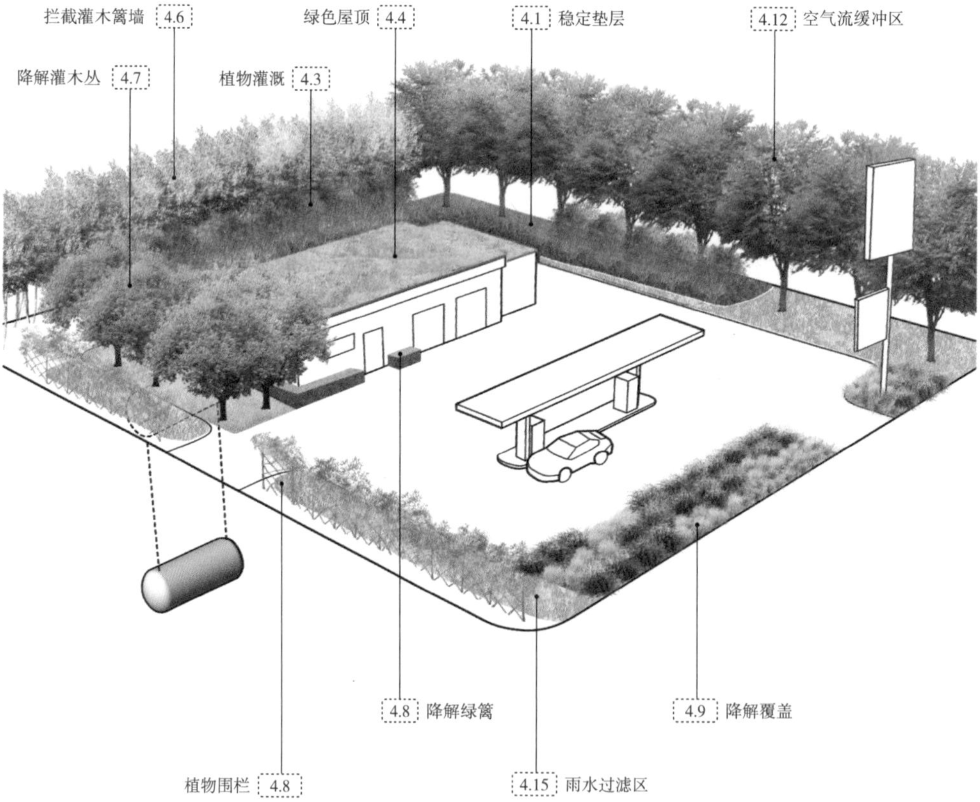

拦截灌木篱墙 [4.6]　　绿色屋顶 [4.4]　　[4.1] 稳定垫层　　[4.12] 空气流缓冲区

降解灌木丛 [4.7]　　植物灌溉 [4.3]

[4.8] 降解绿篱

[4.9] 降解覆盖

植物围栏 [4.8]

[4.15] 雨水过滤区

编号	类型	概述	污染物	植物
4.1	稳定垫层	在遗留下来的PCBs和其他非常顽固的污染物存在的地方，可以在场地中种植密集纤维根系植被绿化场地，减少土地暴露于危险中。这种方式可以用于窗口下方和长期受到老旧机械设备污染的地方。厚的植物绿化层可以防止污染物侵蚀和转移	■金属	第130页，表3.10金属排除器；第77页，表3.3石油耐受
4.3	植物灌溉	公园和高尔夫球场周围的地下水可能被含量超标的营养盐污染。这种营养丰富的水可抽到地面和灌溉到现有的高尔夫球场，提供富含肥料的水。在草坪中使用一些有营养盐的灌溉用水，使更清洁的水回流到地下水中。灌溉时可考虑使用太阳能泵以减少能源消耗	●地下水中的污染；●营养盐（氮、磷营养物质）	第63页，表3.2石油；第88页，表3.5氯化溶剂
4.4	绿色屋顶	绿色或蓝色屋顶可以建设在平坦的加油站屋顶上，并且可以种植植物以蒸发水分，防止产生暴雨径流，燃料会随雨水溢出，带着污染物冲刷铺装的区域	雨水载体	绿色屋顶使用植物，未包括在本书中
4.6	拦截灌木篱墙	用于地下泄漏储油罐和汽车维修服务区的污染物降解，拦截灌木篱墙可以降解地下水中的汽油。由于沿着场地边缘线状的植物绿化是可能实现的，污染物的浓度虽不能完全降解，但是一些修复促进是可能实现的	●石油	第63页，表3.2石油；第88页，表3.5氯化溶剂
4.7	降解灌木丛	在通常由于从输送卡车转移而发生的燃油溢出情况下，可在转移点周围设置降解灌木丛，以在新泄漏的燃料污染地下水之前将其分解净化	●石油	第63页，表3.2石油
4.8	降解绿篱	在汽车维修店场地边缘，降解树篱可以分解可能从车库里面泄漏出来的燃料和氯化溶剂	●石油；●氯化溶剂	第63页，表3.2石油；第88页，表3.5氯化溶剂
4.8	植物围栏	在建筑红线附近范围可以安置吸引人的植物围栏，以分解种植地上产生的燃料溢出	●石油；●氯化溶剂	柳属植物
4.9	降解覆盖	被冲刷到相邻景观区域的燃料溢出可以被特定目标植物分解。许多具有庞大根系和有石油降解能力的观赏草可以创造有吸引力的入口景观。植被必须厚厚种植并保持没有可见土地的覆盖，以最大化根系覆盖，使整个区域的根系覆盖达到最大化。道路径流产生的过量氮也可以从雨水中被清除，并返回到可被植物物吸收的大气氮	●石油；■氮	第63页，表3.2
4.12	空气流缓冲区	沿着建筑红线的大量植被缓冲区可以防止相邻土地中的污染迁移。空气污染中的悬浮颗粒可以被过滤掉并捕获在某些植物品种的叶表面上，以固定场地中的污染物	空气污染物	第184页，表3.20；第185页，表3.21空气污染
4.15	雨水过滤区	雨水过滤器可以安装在不透水的下坡区域以清除污染物。在可能的情况下，加油站周边的雨水应与城市收集系统断开，并在现场及时利用植物净化处理，尤其因为植物的石油降解能力是最有前景的植物净化技术之一。在发生除冰活动的地方，必须使用耐盐植物品种；盐通常不在这些系统中被清除	雨水中的污染物：■营养盐（氮磷营养物质）；■金属；●石油；●氯化溶剂	雨水/湿地植物品种，本书中并未包括

图5.12　加油站与汽车维修店：运用植物净化技术处理污染物

249

5.7 干洗店（图5.13、图5.14）

现代干洗使用非水基溶剂来去除衣物和织物上的污垢和污渍。早期的干洗剂使用了更多种类的溶剂，包括汽油和煤油。这需要建造更大的工业化复合建筑结构和基础设施，需要具有储存、运输和处理化学品、油和溶剂及废物的区域。自第二次世界大战以来，全氯乙烯（Perc或PCE）代替了氯化溶剂四氯化碳和三氯乙烯（TCE）的使用，成为行业内首选的溶剂。使用全氯乙烯的系统只需要较小的设备，较少的占地面积，可以安装在零售店内。这一创新的结果是，今天大多数衣服是用全氯乙烯清洁的。一些推崇"绿色"的干洗剂通常用二醇醚代替全氯乙烯。干洗设施中的主要污染源是设备故障和设备操作，包括部件的拆卸或更换。这些来源共占污染案例的约三分之二（Linn等，2004）。

当全氯乙烯溢出并渗入现场的土壤时，它可能会迅速污染地下水，并可以迅速挥发到空气中，释放出挥发性有机化合物，对空气质量造成负面影响。当三氯乙烯或全氯乙烯处于建筑物地表以下的地下水中时，这些氯化溶剂从地下水中释放出来变为可穿透建筑物地板的气体形式，影响室内空气质量。因为影响到住宅中空气质量问题，美国环保署（US EPA）要求在2020年之前消除主要住宅建筑中的地面级全氯乙烯干洗剂。

5.8 殡仪馆与墓地（图5.15–图5.18）

这些土地用途是潜在污染最少考虑的场所之一，尽管它们传统上具有相当多的潜在污染物。它们共同代表了一种基本上看不见的污染源，然而，由于各种文化规范和土地利用的社会和文化上的微妙性质，这并未成为一个讨论和研究的话题。殡仪馆，作为轻工业，使用潜在致癌的"职业专用液体"，如甲醛和防腐材料。相对于作为休息功能的场地，墓地更倾向于是专门用于防腐和包装的材料的垃圾填埋场。例如，典型的墓地中有足够建造40多个住宅的木材、900多吨的棺材钢和2万吨的穹顶混凝土（Harris，2008），以及能填满一个小游泳池的防腐剂，同时使用大量农药和除草剂以维持墓地不可思议的绿色，场地中的污染物类似于其他轻工业制造工厂场地中所发现的污染物。

在年代较早的墓地中，砷可能是最长寿的污染物。这是一种高毒性和强大的防腐剂，砷是在美国内战前后时期防腐解决方案的支柱。到了1910年，由于许多敛尸官在用砷处理尸体以防腐（保护）的过程中因砷中毒而死亡，联邦政府介入并禁止了砷在尸体防腐中的使用。砷不太可能污染较新的坟墓的环境，但在新建坟墓的环境中仍然可以发现高浓度的铜、铅、锌和铁等用于棺材建造的金属物质。此外，甲醛是当今市场上几乎所有防腐溶液的主要成分。甲醛是一种会对人类致癌的物质，由于其释放到环境中时具有潜在的毒性作用，美国环保署将其定义为危险废弃物。然而，殡葬行业每次仍然可以对遗体合法使用3加仑以上的甲醛基"福尔马林"防腐剂。如同任何垃圾填埋场一样，遗体的有毒物质从遗体中溢出，并最终渗入环境中，污染周围的土壤和地下水。在坟墓都填满后，墓地就成为一个承载着所有遗体的化学遗留污染物的场地。

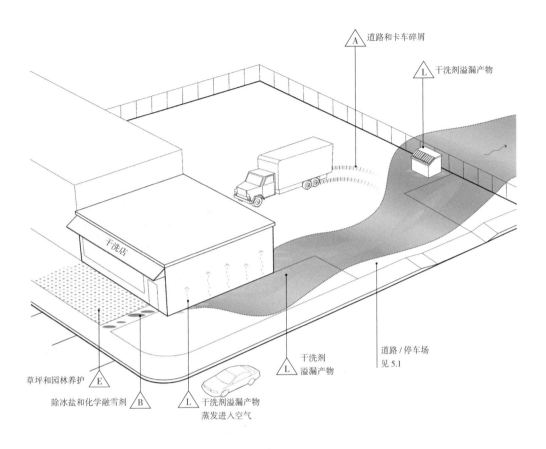

道路和卡车碎屑 △A

干洗剂溢漏产物 △L

草坪和园林养护 △E

除冰盐和化学融雪剂 △B

△L 干洗剂溢漏产物
蒸发进入空气

△L 干洗剂
溢漏产物

道路 / 停车场
见 5.1

编号	类型	概述	污染物
△A	道路和卡车碎屑	见5.1：道路与停车场	■营养盐（氮磷营养物质）：见第3章，第117页； ■金属：见第3章，第127页； ●石油：见第3章，第56页； 空气污染：见第3章，第179页
△B	除冰盐和化学融雪剂	见5.1：道路与停车场	■盐（钠、氯化物和其他添加剂）：见第3章，第170页
△E	草坪和园林养护	见5.2：公园/开放空间/草坪/高尔夫球场	●农药：见第3章，第102页； ■金属：见第3章，第127页； ■营养盐（氮磷营养物质）：见第3章，第117页
△L	干洗剂污染物	泄漏的干洗溶剂会迅速进入地下水中，或挥发进入空气，成为有害的挥发性有机化合物污染物。干洗溶剂污染常发生在干洗店入口附近，那里通常是运输和曾经倾倒溶剂的地方。另外，垃圾场附近的区域可能被随意丢弃的干洗溶剂污染	●氯化溶剂：见第3章，第86页

图5.13 干洗店：污染来源

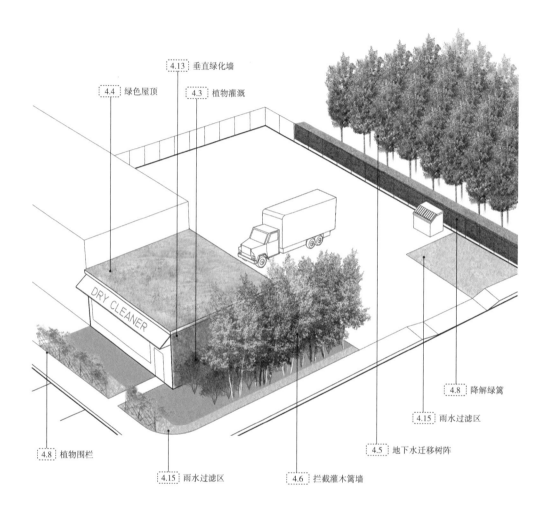

4.13 垂直绿化墙

4.4 绿色屋顶

4.3 植物灌溉

252

DRY CLEANER

4.8 降解绿篱

4.15 雨水过滤区

4.5 地下水迁移树阵

4.8 植物围栏

4.15 雨水过滤区

4.6 拦截灌木篱墙

编号	类型	概述	污染物	植物
4.3	植物灌溉	污染的地下水可以被泵出，并灌溉干洗店区域内用于降解含氯溶剂的植物。可考虑使用太阳能泵进行灌溉，以降低灌溉作业能耗	●氯化溶剂	第40页，表2.8高蒸散率植物品种
4.4	绿色屋顶	绿色屋顶可以通过种植植物以蒸发水分，防止产生雨水将干洗溶剂污染带入地下水中。更重要的是，作为挥发性有机化合物在空气中释放的干洗溶剂可能能够在屋顶植物的根系中降解。当挥发性有机化合物通过屋顶结构时，与植物根部微生物学的相互作用可分解挥发性有机化合物	雨水径流污染 ●氯化溶剂	绿色屋顶使用植物，未包括在本书中
4.5	地下水迁移树阵	如果干洗溶剂污染物渗入地下水中，考虑种植根系能够向下深入地下水羽流中的树阵（丛林），使其自然地抽取地下水，降解干洗产品污染物。工程师必须完成详细的水质量平衡，计算出实现有效抽取地下水所需种植的树木数量	●地下水载体：氯化溶剂	第37页，表2.6喜湿深根植物
4.6	拦截灌木篱墙	拦截灌木篱墙可以沿着场地边缘降解转移的干洗溶剂污染物。但由于只能沿着场地边缘进行线状的植物绿化，污染物的浓度虽不能完全降解，但是一些修复促进是可实现的	●氯化溶剂	第88页，表3.5氯化溶剂
4.8	降解灌木篱	在道路的表面和边缘，可以种植具有较厚纤维根的树篱，以减轻潜在的雨水径流污染	雨水中的污染物：■营养盐（氮、磷营养物质）；●石油；●氯化溶剂	第88页，表3.5氯化溶剂
4.8	植物围栏	在场地边缘可以结合雨洪过滤区种植吸引人的植物围栏，以解决现场径流中的污染物。此外，植物围墙还可以净化处理区域附近受到干洗溶剂污染的浅层地下水径流	●氯化溶剂	柳属植物
4.13	垂直绿化墙	作为挥发性有机化合物释放到空气中的干洗溶剂在植物根系中可以被降解。随着挥发性有机化合物通过绿色墙壁，任何与植物根微生物的相互作用都可能会破坏挥发性有机化合物。只要空气通过绿墙植物的根部区域，而不仅仅是被动地暴露于叶片和土壤表面，这些系统就可以被并入室内暖通空调系统以改善空气质量	●空气中的挥发性有机化合物	垂直绿化植物，未包括在本书中
4.15	雨水过滤区	雨水过滤区可以设置在不透水区域，如人行道、停车场和传统保养的草坪区域，以清理污染物。干洗机产生的雨水应尽可能地与城市雨洪系统分隔，并在现场自然处理，氯化溶剂降解是最有希望通过植物净化技术处理的污染物之一。在产生除冰行为的地方，必须使用耐盐物种；在这些系统中盐通常无法被清除	雨水中的污染物：■营养盐（氮磷营养物质）；■金属；●石油；●氯化溶剂	雨洪/湿地植物，未包括在本书中

图5.14　干洗店：运用植物净化技术处理污染物

253

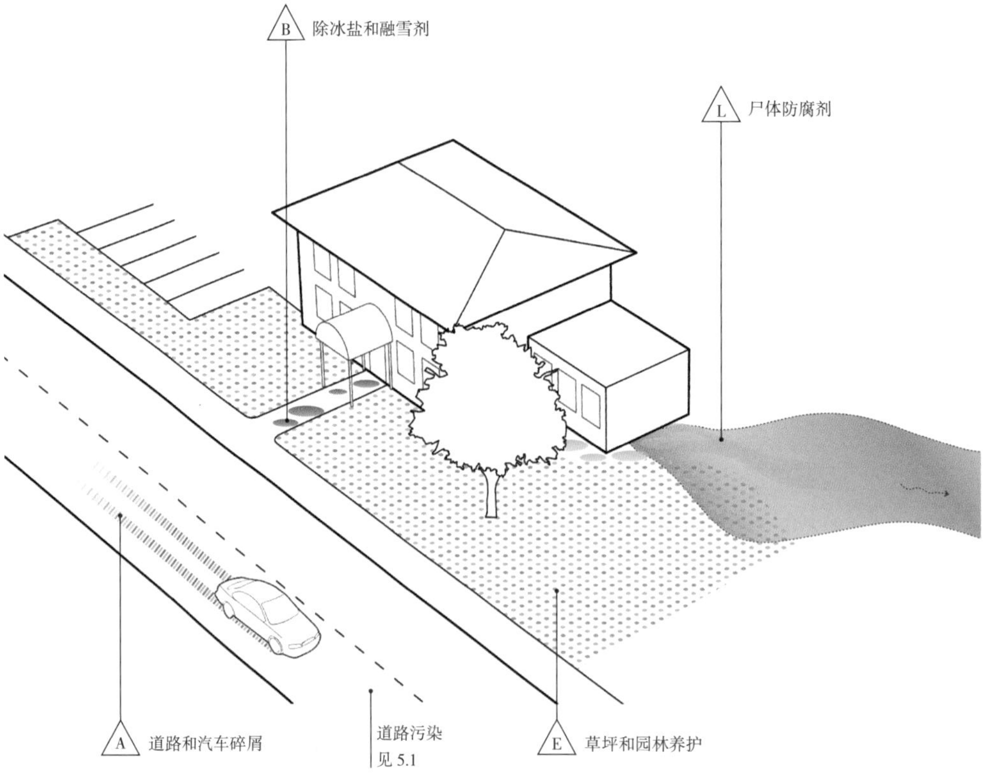

编号	类型	概述	污染物
A	道路和汽车碎屑	见5.1：道路与停车场	■营养盐（氮磷营养物质）：见第3章，第117页； ■金属：见第3章，第127页； ●石油：见第3章，第56页； 空气污染物：见第3章，第179页
B	除冰盐和融雪剂	见5.1：道路与停车场	■盐（钠、氯，和其他添加剂）：见第3章，第170页
E	草坪与园林养护	见5.2：公园/开放空间/草坪/高尔夫球场	■营养盐（氮磷营养物质）：见第3章，第117页； ●农药和●POPs：见第3章，第102页、第110页； ■金属：见第3章，第127页
L	尸体防腐剂	在殡仪馆的准备过程中，释放或溢出的尸体防腐液体可迅速迁移到地下水中。通常会在进行防腐处理的工具或转移地点附近发现污染物	其他值得关注的污染物，尸体防腐剂：见第3章，第116页

图5.15 殡仪馆：污染来源

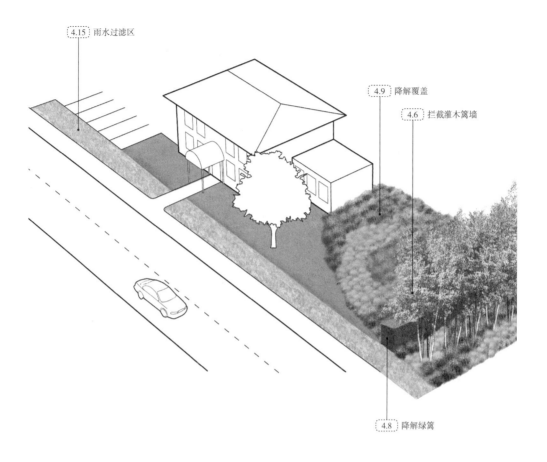

编号	类型	概述	污染物	植物
4.6	拦截灌木篱墙	拦截灌木篱墙可以沿着场地边缘降解污染物。但由于只能沿着场地边缘进行线状的植物绿化，污染物的浓度虽不能完全降解，但是一些修复促进是可能实现的	其他有机污染物	第37页，表2.6喜湿深根植物
4.8	降解绿篱	在场地或建筑的边缘可种植深根植物绿篱以降低潜在的防腐液体溢出危害	其他有机污染物	第38页，表2.7高生物量植物品种
4.9	降解覆盖	在尸体防腐处理进行的建筑的边缘，可以在传统的景观种植槽中种植具有降解能力的观赏草。植被必须密集地种植和进行维护，以最大化植物根区的覆盖	其他有机污染物	第38页，表2.7高生物量植物品种
4.15	雨水过滤区	雨水过滤区可以设置在不透水区域，如人行道，停车场和传统保养的草坪区域，以清理污染物。在产生除冰行为的地方，必须使用耐盐物种；在这些系统中盐通常无法被清除	雨水中的污染物： ■ 营养盐（氮磷营养物质）； ■ 金属； ● 石油； 其他有机污染物	雨洪/湿地植物，未包括在本书中

图5.16　殡仪馆：运用植物净化技术处理污染物

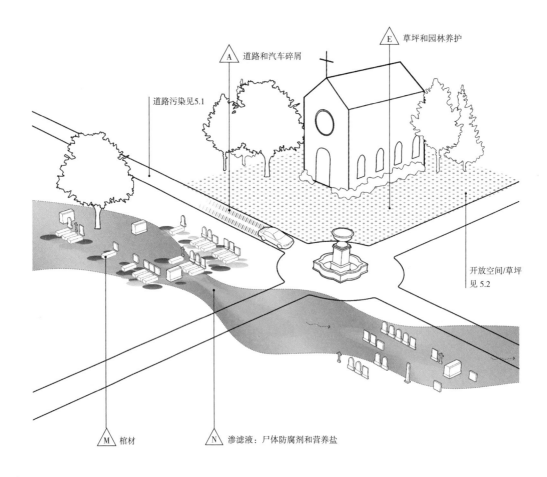

编号	类型	概述	污染物
A	道路和汽车碎屑	见5.1：道路与停车场	■营养盐（氮、磷营养物质）：见第3章，第117页； ■金属：见第3章，第127页； ●石油：见第3章，第56页； 空气污染物：见第3章，第179页
E	草坪与园林养护	见5.2：公园/开放空间/草坪/高尔夫球场	■营养盐（氮、磷营养物质）：见第3章，第117页； ●农药和●POPs：见第3章，第102页、第110页； ■金属：见第3章，第127页
M	棺材	棺材结构中常使用金属材料，可能会影响到周边土壤和水。此外，1900年之前的殡葬业防腐过程中会使用到砷	■金属：见第3章，第127页
N	渗滤液：尸体防腐剂和营养盐	随着尸体的分解，防腐液和营养盐可能会浸入地下水中	■营养盐（氮磷营养物质）：见第3章，第117页； 其他有机污染物：见第3章，第116页； ■金属：见第3章，第127页

图5.17 墓地：污染来源

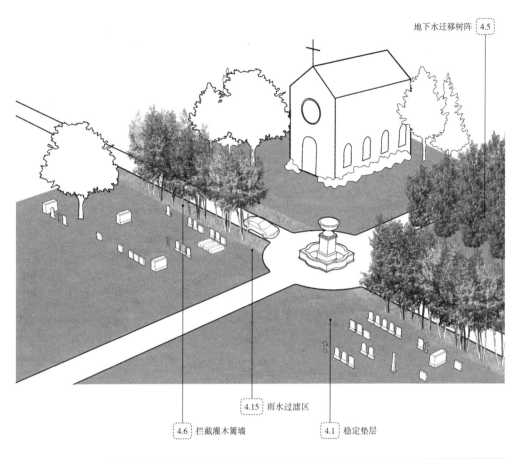

地下水迁移树阵 4.5

4.15 雨水过滤区

4.6 拦截灌木篱墙

4.1 稳定垫层

编号	类型	概述	污染物	植物
	有机养护的园林景观	尽可能清除主要污染物。有机农药往往毒性较小，有机氮缓释肥料转移进入周围水和土壤中较少	■营养盐 ●农药和●POPs ■金属	
4.1	稳定垫层	通常覆盖墓地的厚草坪草可以很好地起到稳定埋葬过程中的金属的作用。植被覆盖层应尽可能保持厚度。草屑可容纳较高浓度的污染物；如果修剪下来的草屑进行了堆肥再利用，则应特别注意	■金属	第130页，表3.10金属排除器
4.5	地下水迁移树阵	如果渗滤液污染渗入地下水中，考虑种植根系能够向下深入地下水羽流中的树阵（丛林），使其自然地抽取地下水，降解渗滤液污染物。工程师必须完成详细的水质量平衡计算，算出实现有效抽取地下水所需要种植的树木数量	地下水载体： ●氯化溶剂	第37页，表2.6喜湿深根植物
4.6	拦截灌木篱墙	可以设置拦截灌木篱墙，沿道路种植行道树以拦截渗滤液分解	●氯化溶剂 ■营养盐	第37页，表2.6喜湿深根植物
4.15	雨水过滤区	雨水过滤区可以设置在下坡道路和传统方式养护的草坪区域以过滤清理污染物	雨水中的污染物： ■营养盐（氮、磷营养物质） ■金属 ●石油 ●氯化溶剂	雨水/湿地植物，未包括在本书中

图5.18 墓地：运用植物净化技术处理污染物

5.9 城市住宅（图5.19、图5.20）

另一个在其外部空间中经常被忽视的具有污染物的场所是城市住宅。这些园林空间，无论是私人花园，带铺装的院子，仓库，停车场还是种植床，都与各个家庭直接日常接触，也包括了有儿童和老人的家庭。城市住宅可以是独栋的单个家庭构筑物或并排建立在较小的地段上的多个公寓建筑群。虽然建筑的形式根据其位置、气候、材料和文化需要等的具体情形，而在全国范围内和国际上有很大的不同，在住宅场地中发现的污染元素类型却少有变化。家用涂料中存在铅的问题在20世纪70年代被揭发，美国在1978年禁止铅在家用涂料中的使用。城市地区典型铅污染的区域包括住宅边缘周围的距离建筑物表面约3英尺（1米）的滴水线范围。这个区域的土壤可以在从土壤顶部水平面到深度18英寸（45厘米）的区域中含有铅屑的薄片或颗粒污染物。它们可能会与从门框和窗户硬化和掉下的外墙瓦或老填缝混合。较旧的嵌缝包含多氯联苯，而在嵌板中的石棉在老房子中是常见的。监管部门已进行了拆除和处置。最终，在城市建设用地的地面下，场地中可能充满了含有铅、砷和多环芳烃的土壤，以及被填埋的、腐蚀或破裂的家用储油罐。

5.10 闲置地（图5.21、图5.22）

258 现在越来越多的场地由于被遗弃和闲置的性质，被当做空置处理。这是一个临时状态，但可能对土壤和地下水的污染物浓度产生持续影响。许多这种土地利用的例子可以在密歇根州的衰退城市底特律中找到，那里有25平方英里[①]的闲置地，包括19平方英里的纯空地，5平方英里的空置住宅建筑和1平方英里的未利用的工业用地（Detroit Future City[②]，2012）。空置土地主要是以前由住宅、某种形式的制造业、采掘业或废物储存所使用的场地。这可能导致一系列污染，包括所有类型的石油产品、油和润滑剂，以及工业过程中使用的化学品，如溶剂和多氯联苯（PCBs）。空置场地上可能会有非法倾倒在地表的废弃物。这可能产生一系列污染情况，从城市回填土和建筑瓦砾的堆积到非法处理化学废物（通常在夜间），在土壤的上层和地下水中产生污染物的"鸡尾酒"（污染物混合）。

由于经济市场的转变或城市的萎缩，许多地方都有空置的住宅建筑处于破旧的状态，保持空置并慢慢风化。建筑物自身随着不断破败倾圮的过程，会变身为污染物的源头，特别是铅、铜和锌，以及如含铅涂料这种来自于建筑材料的产物。加上埋藏和被遗忘的家用储油罐，废弃汽车以及在旧住宅建筑中使用的石棉，时常会产生不确定的混合污染物。

---

① 1 平方英里 ≈ 259 公顷。——译者注
② 底特律未来城。——译者注

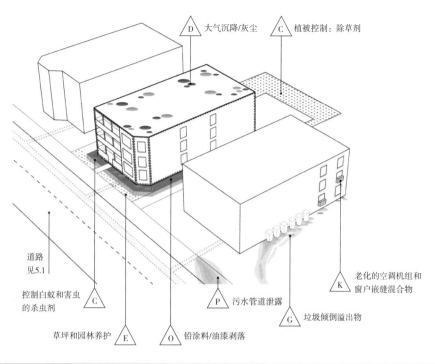

编号	类型	概述	污染物
C	白蚁和昆虫防治：杀虫剂植被控制：除草剂	历史上和现在的用于控制白蚁、蟑螂、蚂蚁、蜜蜂和其他昆虫进行的农药喷洒都可能留下农药残留和持久性有机污染物。直到1988年，氯丹——一种致癌的持久有机污染物还在被用于控制木材住宅中的白蚁，并且仍然经常可以在木建筑物周围的土壤中发现。此外，砷是以前农药的常见成分。通常对在场地边缘的植被，尤其是对入侵植物，可能使用了含砷的除草剂	●农药：见第3章，第102页； ●POPs：见第3章，第110页； ■金属：见第3章，第127页； ■营养盐（氮磷营养物质）：见第3章，第117页
D	大气沉降/灰尘	从汽车和工业生产中释放出的化学品及悬浮微粒在空气沉降于城市住宅的屋顶。当下雨时，这些污染物可能被冲刷进雨水中	空气污染物：见第3章，第179页
E	草坪和园林养护	传统的草坪和园林养护中使用的化肥和农药可能形成过量的营养盐，以及形成土壤和地下水中的化学残留。见5.2：公园/开放空间/草坪/高尔夫球场	■营养盐（氮磷营养物质）：见第3章，第117页； ●农药和●POPs：见第3章，第102页和第110页； ■金属：见第3章，第127页
G	垃圾倾倒溢出物	垃圾场内及其周边区域的垃圾倾倒行为具有浸出污染物的可能性。同时分解有机物产生营养盐	■营养盐（氮磷营养物质）：见第3章，第117页
K	空调机组/窗户填缝	空调机组或制冷机组，尤其是老化的或停止工作的机组会泄漏出制冷剂。曾经建筑的填缝材料中通常含有多氯联苯（PCBs）	●氯化溶剂（氟氯化碳和氟里昂）：见第3章，第86页； ●POPs（PCBs）：见第3章，第110页
O	铅涂料/油漆剥落和石棉	1978年之前用于给木屋刷漆的老式油漆中通常含有铅，剥落的油漆会残留在周边土壤中。即使旧的油漆不再使用，建筑物的滴水范围内的土壤（建筑物周围大约3英尺范围）仍可能会被旧的油漆碎屑和先前的清除活动引起高度污染。此外，石棉瓦仍然经常在老式住宅建筑中使用	■铅：见第3章，第163页； 石棉
P	泄漏下水管道	泄漏的污水管道将未经处理的污水浸入土壤和地下水	■营养盐（氮、磷营养物质）：见第3章，第117页； 细菌，生化需氧量和生物有机体； 其他有机污染物-药品：见第3章，第116页； ■金属：见第3章，第127页

图5.19　城市住宅：污染来源

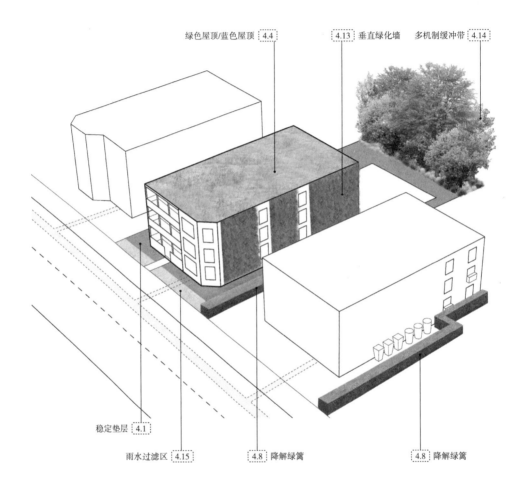

绿色屋顶/蓝色屋顶 4.4

4.13 垂直绿化墙　多机制缓冲带 4.14

稳定垫层 4.1

雨水过滤区 4.15

4.8 降解绿篱

4.8 降解绿篱

260

编号	类型	概述	污染物	植物
4.1	稳定垫层	全木结构周围从前用含铅涂料或石棉瓦所覆盖，茂密的植被层可以防止土壤暴露。这基本上利用植被覆盖了整个场地。抑或采用不透水路面以防止人与受到污染的土壤接触。特别重要的是确保孩子不能接触到这样的土壤。铅不能被植物吸收和降解，因此尽量减少暴露风险是最好的管理方法	■铅、石棉、砷	第130页，表3.10金属排除器
4.4	绿色屋顶/蓝色屋顶	可利用绿色屋顶/蓝色屋顶促进蒸腾作用，防止积聚在屋顶上的灰尘颗粒进入雨水进一步产生污染。此外，这些绿色屋顶可以减轻城市热量的积聚	雨水径流污染 ■金属以及空气和灰尘中沉降的●POPs	绿色屋顶使用植物，未包括在本书中
4.8	降解绿篱	在污水管线和垃圾场周围，可以种植深根树篱，以此降低潜在的营养盐释放	■营养盐	第38页，表2.7营养物质：高生物量植物品种
4.13	垂直绿化墙	在一些创新型社区，垂直绿化墙被用于建筑物内墙和外墙以过滤污染物。被植物过滤的水可以重新用于场地内的植物灌溉和其他非饮用水用途。废水经过垂直绿化墙清除掉多余的营养盐、生化需氧量（BOD）和新兴污染物	■营养盐（氮、磷营养物质）；细菌，生化需氧量（BOD）和生物体； 新型污染物：包括药品	垂直绿化植物，未包括在本书中
4.14	多机制缓冲带	沿着共享的场地边缘设置密实的植被缓冲区可以缓解场地中的污染状况。如某些除草剂和农药等有机污染物可被降解，而无机物如铅和砷仍然被普遍保留在土壤中。植物叶片可以吸附空气污染物中的悬浮微粒，对附近场地环境具有缓冲作用。除了污染修复功能之外，这些植被绿化区域具有作为重要的野生动物廊道的功能	所有污染物：见第3章 ◗●■▨■●▨●■	所有净化植物：见第3章（用于解决邻近区域土地利用的特定植物选择）
4.15	雨水过滤区	雨水过滤区可以设置在不透水区域，如人行道，停车场和传统保养的草坪区域，以过滤污染物	雨水中的污染物： ■营养盐（氮磷营养物质）； ■金属； ●石油； ◗氯化溶剂	雨水/湿地植物，未包括在本书中

图5.20　城市住宅：运用植物净化技术处理污染物

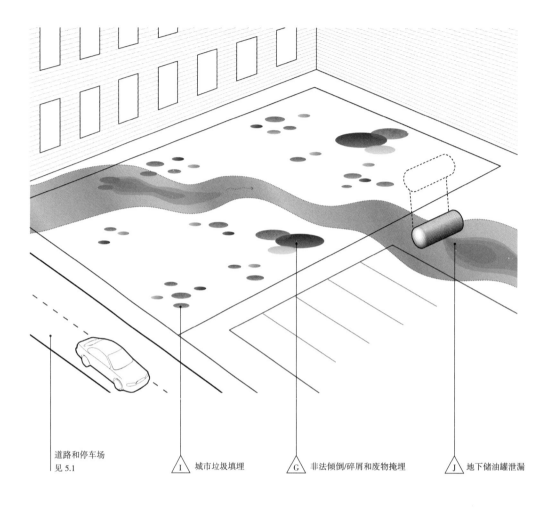

道路和停车场
见 5.1

⬡I 城市垃圾填埋　　⬡G 非法倾倒/碎屑和废物掩埋　　⬡J 地下储油罐泄漏

编号	类型	概述	污染物
⬡G	非法倾倒/碎屑和废物掩埋	非法倾倒时常发生在不受监管的空置地中。填埋的碎片和垃圾中可能包含任何东西，但处理建筑材料如石棉瓦、铅和砷侵蚀的土壤是最为困难或昂贵的，杂酚油覆盖的木材也是常见的垃圾	●石油：见第3章，第56页； ■金属：见第3章，第127页； ●氯化溶剂：见第3章，第86页
⬡J	地下储油罐泄漏（LUSTs）/地面储油罐和储油桶	被遗弃的地下储罐常常在空地上被发现。它们尤其普遍存在于以前使用燃油的建筑物场地下	●石油：见第3章，第56
⬡I	城市垃圾填埋	几乎任何污染物都可以在历史上的城市区域发现。在这些土壤中可能会发现愈加难以降解的污染物，包括煤灰和其他多环芳烃、金属和持久性的有机污染物。油漆中的铅和老式农药中的砷和氯丹也很常见	●石油-PAHs：见第3章，第56页； ■金属：见第3章，第127页； ●POPs：见第3章，第110页

图5.21　闲置地：污染来源

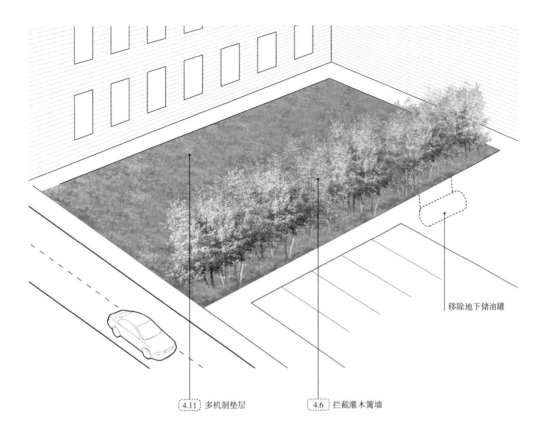

移除地下储油罐

4.11 多机制垫层　　　　4.6 拦截灌木篱墙

263

编号	类型	概述	污染物	植物
4.6	拦截灌木篱墙	拦截灌木篱墙沿着场地边缘作为行道树种植，对场地中的地下储油罐和垃圾填埋污染具有净化功能	●石油	第37页，表2.6喜湿深根植物
4.11	多机制垫层	虽然目前仍有许多空置场地未使用，但多机制垫层可以作为开始修复污染物的控制策略。可以设计低维护性的城市混合草坪来稳定、降解甚至吸收场地内的污染物。如果场地内的污染物类型未知，可以对潜在污染物作出一些假设。应当考虑石油和农药的降解，同时考虑砷的吸收，以及稳定其他非生物可利用的污染物，包括氯丹、POPs、铅。植被应该形成一个厚的垫层，控制通过侵蚀扩散的污染。制定一年一度的草坪修剪制度，修剪下来的草应当从场地中收集和清除，随着时间的缓慢推移，生物可利用的金属能从场地中被清除出去	●石油 ●农药 ■金属 空气污染物（土壤沉积） ●POPs	第130页，表3.10金属排除器；第63页，表3.2石油；第88页，表3.5氯化溶剂；第104页，表3.7杀虫剂、降解；第136页，表3.11、表3.13–表3.16砷、钙和锌、镍、硒提取

图5.22　闲置地：运用植物净化技术处理污染物

5.11 社区花园（图5.23、图5.24）

北美城市地区的集体社区团体通常会促进种植花卉和蔬菜的社区花园的建设。它们通常是以前废弃的场地，而现在是开放空间网络中的绿地和廊道（见5.10）。在其他国家，这些场地也设置在住宅区内或邻近如学校等社区机构中。许多政府机构都有提供专门的组织和指南，用于指导在受污染土壤中的城市作物种植问题，在实施都市农业项目时应参考这些指南。

在这些场所发现的许多污染物是现有城市回填材料的产物，并且这些污染物中可能含有灰烬、铅、砷、金属和多环芳烃（PAHs）。用于建造矮墙和种植区域的旧铁路枕木中可能包含杂酚油和煤焦油，并且如果是在2004年之前建造的话，可能使用砷处理的高压处理的木材。金属和农药可能存在于堆肥和植物碎屑中，而化肥和农药可能存在于园艺活动中。最后，来自附近的和以前的构筑物的含铅涂料剥落，以及轮胎碎屑中的锌和含铅汽油中的铅，均可能成为重要的污染物。

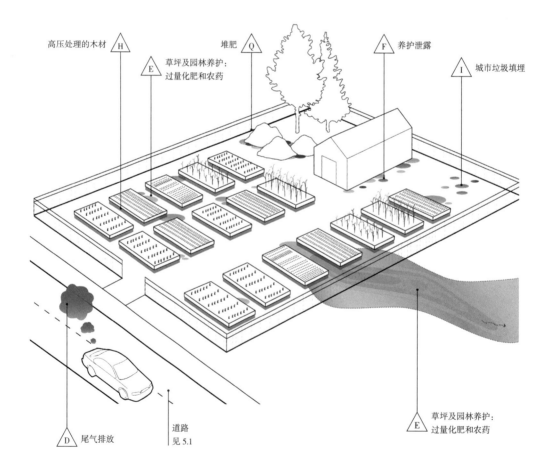

编号	类型	概述	污染物
D	汽车尾气	化学污染和悬浮颗粒从汽车中释放到空气中。应尽可能保护花园免受此类空气污染侵蚀	空气污染物：见第3章，第179页
E	草坪与园林养护	社区花园中过量的化肥和农药应用可能会渗入地下水，污染当地土壤	●农药：见第3章，第102页； ■金属：见第3章，第127页； ■营养盐（氮、磷营养物质）：见第3章，第117页
F	养护/储藏溢漏	在社区花园房屋共享工具和设备的储藏间中，可能会发生污染物泄漏，包括割草机和其他燃气设备使用的燃料、化肥、除草剂、杀虫剂和杀真菌剂等	●石油：见第3章，第56页； ●农药：见第3章，第102页； ■金属：见第3章，第127页； ■营养盐（氮、磷营养物质）：见第3章，第117页
H	处理过的木材	用于建造园林种植槽的园林木材可能使用了化学防腐剂处理，这些化学污染物可能转移到土壤中。在2004年之前制造的防腐处理木材中，砷是在砷酸铜防腐材料中的常见污染物。在一些花园里，可以找到旧的杂酚油包裹的铁路枕木	■金属–砷：见第3章，第134页； ●杂酚油–石油 PAHs：见第3章，第56页
I	城市垃圾填埋	社区花园经常建于土壤中普遍存在城市垃圾填埋的闲置地上。煤灰和其他多环芳烃，以及金属与持久性有机污染物也是常见的。旧的油漆中的铅、老式农药中的砷和老式杀虫剂中的氯丹也经常被发现	●石油–PAHs：见第3章，第56页； ■金属：见第3章，第127页； ●POPs–金属：见第3章，第110页
Q	堆肥	一些污染物在园林废弃物堆肥过程中不会分解。在施用农药和人造化肥的地方，金属和盐类有时会随着时间的推移而复合化。另外，社区花园中应用的人类生物固体堆肥，由于其可能的金属含量，应尽量避免使用	■金属：见第3章，第127页

图5.23 社区花园：污染来源

265

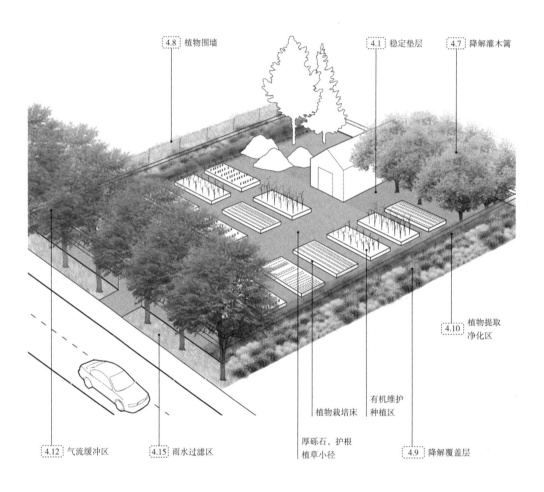

4.8 植物围墙

4.1 稳定垫层

4.7 降解灌木篱

4.10 植物提取净化区

266

4.12 气流缓冲区

4.15 雨水过滤区

植物栽培床

有机维护种植区

厚砾石，护根植草小径

4.9 降解覆盖层

编号	类型	概述	污染物	植物
	有机养护的花园	尽可能清除主要污染物。有机农药往往毒性较小，有机氮缓释肥料转移进入周围水和土壤中较少	■营养盐 ●农药和●POPs ■金属	
	植物栽培床	如果现有土壤受铅、砷或其他可能危及食用粮食作物的污染物的影响，建造至少12英寸深并填充干净的土壤的栽培床用于种植食用植物	■●所有污染物	
	厚砾石、覆盖物或植草路径	通过在现有可能暴露土壤的所有步行表面或其他区域上提供至少3英寸厚的砾石、覆盖物或草坪，尽可能减少对现有土壤的所有潜在接触。尽量减少粉尘的产生	■●所有污染物	
4.1	稳定垫层	在城市垃圾填埋中存在潜在的铅和砷污染影响的场地，植被可以用于控制场地污染物的暴露风险。厚植的植被，例如简单的草坪或厚地表覆盖层，可以防止场地侵蚀和污染物迁移	●POPs包括PCBs； ■金属	第130页，表3.10金属排除器
4.7	降解灌木篱	在储藏和养护区域附近，可以种植降解树篱或灌木篱，以降解泄漏燃油、农药和过量营养盐的污染	●石油； ■营养盐； ●农药	第63页，表3.2石油；第104页，表3.7杀虫剂；第38页，表2.7营养物质；高生物量植物品种
4.8	植物围栏	在场地边缘可种植吸引人的植物围栏，以解决花园中过量化肥或农药形成的污染	■营养盐； ●农药和●POPs	柳属植物
4.9	降解覆盖	降解覆盖可以补充场地中植物围墙的边缘区域，形成具有吸引力的，不可食用的边界，缓冲场地中产生的污染。还可以帮助分解城市垃圾填埋土壤中可能存在的生物可利用石油多环芳烃。切花可以结合到这些边界种植中，以提供有吸引力的邻域边缘	■营养盐； ●农药和●POPs	第104页，表3.7杀虫剂；第38页，表2.7营养物质：高生物量植物品种
4.10	植物提取净化区	在少量高度生物利用的金属污染的情况下，可以设置植物净化区，吸附和除去这些金属。污染的土壤沿着一个地点的边缘堆积可能是有效的，并且植物净化区经过多年种植和收割，可以随着时间的推移慢慢净化堆积的污染土壤。土壤化学、植物选择、集中和长期维护将极大地影响结果	■高生物可利用金属：砷，镍，硒，镉或锌	第136页，表3.11砷；第152页，表3.15镍；第157页，表3.16硒；第143页，表3.13–表3.14镉和锌
4.12	气流缓冲区	沿着街道边缘的树木缓冲区可以防止空气污染物从相邻的道路上进入场地中。空气污染物中的颗粒物质可能沉淀在可食用的蔬菜表面和土壤上。相反，将植物成排种植于场地中，可将悬浮颗粒污染在进入花园之前过滤和吸附掉	空气污染物	第184页，表3.20、表3.21
4.15	雨水过滤区	在花园的下坡边缘安装雨水过滤区，以捕获径流中在灌溉过程中产生的多余肥料和农药。当使用常规肥料时，蔬菜花园往往会产生显著的营养盐过剩。过度灌溉会将这些肥料迅速浸入水中	雨水中的污染物： ■营养盐（氮磷营养物质）； ■金属； ●石油	雨洪/湿地植物，未包括在本书中

图5.24　社区花园：运用植物净化技术处理污染物

267

5.12　农业用地（图5.25、图5.26）

在农业中，田地是用于农业目的的，例如栽培作物的封闭或不封闭的耕地区域，或是作为牲畜的围场或者为将来使用而休耕的区域。由粮食生产和对所有规模和类型的农业领域的水管理等农业活动中产生的污染物的存在日益全球化。由于施用肥料、堆肥（包括动物粪便）、除草剂和杀虫剂，以及由于化学品储存和在作物生产中使用重型机械而产生了一系列局部污染。这包括所有形态的石油产品、石油、润滑剂和溶剂。世界上三分之一以上的工人从事农业产业，尽管在过去几个世纪，发达国家的农业工人所占比例由于机械化发展而大幅下降。现代农艺、植物育种、农业化学和技术改进大大提高了种植的产量，但同时造成了污染物的广泛存在，导致生态破坏和对人类健康产生负面影响。畜牧业的选择性育种和现代生产方式同样增加了肉类的产量，但对工业肉类生产中通常使用的抗生素、生长激素和其他化学品对人类健康影响和环境的影响已经引起了人们的关注。

5.13　郊区住宅（图5.27、图5.28）

郊区住宅区的污染物比建造在城市回填用地上的城市居住类型（见5.9节"城市住宅"）中的污染物少。然而，在郊区发展之前的前农业用地可能有通过喷洒果园或其他农业做法而在土壤中残留的农药和砷元素。来自城市地区的增长压力往往导致郊区住宅使用前农业用地，以及回收可用的废弃土地，例如前填埋场，采石场，采矿场和废弃的军事训练地，以及在城市边缘的弹药试验场地。应当注意的是尽管这些不同用地类型的使用分布在整个景观中，但郊区住宅更可能位于原农业用地中。

郊区住宅的布局可以包括具有相邻外部结构的分离住宅，例如仓库和车库，以及大量的包括林荫树木以及地下化粪系统的草坪和种植区域。因支持住房开发修建的独立化粪系统产生的污染物是令人担忧的重要来源，它会释放大量不受管制的营养物质、药物和其他新出现的污染物。如果住宅场地中有供水的独立水源，它可能受到地下水污染物的影响。例如，饮用水井中的砷污染在基岩自然砷含量高的地区是常见的，并且农药可以浸出到饮用水供应中。周边的主要住宅结构可以是一系列的阳台，平台，露台和架空木材结构。在2004年之前可以使用含有砷的压力处理的木材，并且现有平台下的区域可能被存在于上部土壤中的残留物污染。

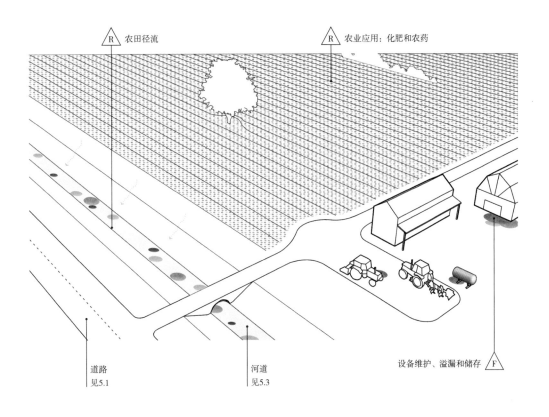

编号	类型	概述	污染物
F	设备维修、溢漏和储藏	场地中农机、卡车、化肥和农药的储存和装载可能会产生污染物泄漏。这包括用于设备的燃料、化肥、除草剂、杀虫剂和杀真菌剂	● 石油：见第3章，第56页； ● 农药：见第3章，第102页； ■ 金属：见第3章，第127页； ■ 营养盐（氮磷营养物质）：见第3章，第117页； ● POPs：见第3章，第110页
R	农业应用/农田径流	农业生产中过量施用的肥料和农药可能会渗入地下水并污染当地的土壤。此外，还可能会汇集到场地边的沟渠，并且愈加集中在当地的溪流和河流中。由于过量磷污染而产生的藻类在相邻的水道中是常见的，并且会影响到下游区域	● 石油：见第3章，第56页； ● 农药：见第3章，第102页； ■ 金属：见第3章，第127页； ■ 营养盐（氮磷营养物质）；见第3章，第117页

图5.25 农业用地：污染来源

4.14 滨水多机制缓冲带　　4.14 台地多机制缓冲带　　4.3 植物灌溉　　降解绿篱　4.8

270

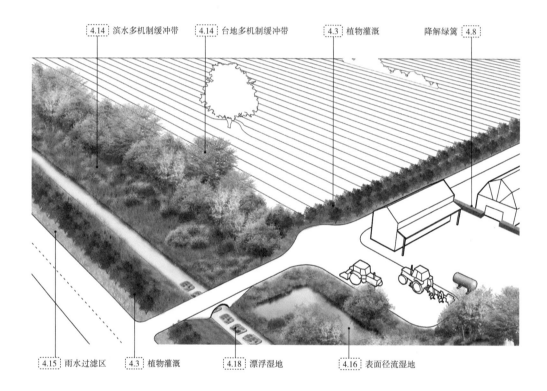

4.15 雨水过滤区　　4.3 植物灌溉　　4.18 漂浮湿地　　4.16 表面径流湿地

编号	类型	概述	污染物	植物
	有机农业生产，病虫害综合管理与监测	尽可能消除主要的污染物。有机农药的毒性较低，少量的有机氮肥料缓释进入周围的水和土壤中。完成土壤测试，只有在需要时才加肥料。如果采用常规产品，对害虫、水分和土壤肥力的持续监测可以更准确地应用化肥和农药。这样可以减少污染和成本	■营养盐；●农药；■金属	
4.3	植物灌溉	受到过量氮或磷影响的地下水可以通过泵输送到地表，并浇灌到植物缓冲区，为植物提供营养丰富的水。这样的水将促进植物快速增长，可用于灌溉作物和生物燃料生产。柳树可以有效地用于这个应用，因为它们可以几年砍伐一次，并作为燃料为农场建筑物供暖。灌溉系统装置可以使用带滴灌管或喷灌的太阳能泵。营养丰富的地表水也可以从沟渠中抽出并用于灌溉	■营养盐（氮、磷营养物质）；■金属；●石油	第40页，表2.8高蒸散率植物品种
4.8	降解绿篱	在车库、维修和储藏间的边缘可种植深根植物绿篱以降低潜在的燃油和化学品溢出危害	■营养盐（氮、磷营养物质）；●农药和●POPs；●石油	第63页，表3.2石油；第104页，表3.7杀虫剂；第38页，表2.7高生物量植物品种
4.14	多机制缓冲带	研究表明，在农田和水路之间种植的20英尺宽的植被缓冲区可以有效地清除多余的营养盐和农药。这些植被绿化区域具有作为重要的野生动物廊道的功能，也可以种植像柳树这样的单一物种，替代经济作物生物燃料。缓冲区理想的宽度应该大于50英尺	■营养盐（氮、磷营养物质）；■金属；●石油空气污染物：悬浮颗粒	所有净化植物：见第3章
4.15	雨水过滤区	这些系统可以沿着有径流的道路和农田设置。植物和相关媒介过滤掉洼地或线性过滤条带中的雨水污染物。无机污染物在土壤介质中保留在场地内，而有机污染物可被降解。在进行除冰活动的地方，必须使用耐盐植物；在这些系统中盐通常不能被清除	雨水中的污染物：■营养盐（氮、磷营养物质）；■金属；●石油；●农药	雨洪/湿地植物，未包括在本书中
4.16	表面径流湿地	修复湿地可以沿着水路种植，以帮助过滤污染物。此外，这些湿地在进入地表水体之前，可作为农田径流的临时固定池和沉淀池。植物和相关媒介可过滤掉一系列露天水池和水体中的污染物。无机污染物被吸附并固定在湿地内，而有机污染物可被降解。通过适当的设计，氮气可以作为气体形态返回大气	●石油	雨洪/湿地植物，未包括在本书中
4.18	漂浮湿地	在表面水体和沟渠中，漂浮湿地可以种植于水面，以帮助吸收和降解从田间流入水体的污染物。另外，在每年的季末，可从浮式结构中收割植物并形成堆肥。生成的堆肥可以应用于田间的营养循环，既清理河流又可以为农田土壤提供养分	水中污染物：■营养盐（氮和磷）；●农药；●石油（大气沉降物中的水银）；■金属	雨洪/湿地植物，未包括在本书中

271

图5.26　农业用地：运用植物净化技术处理污染物

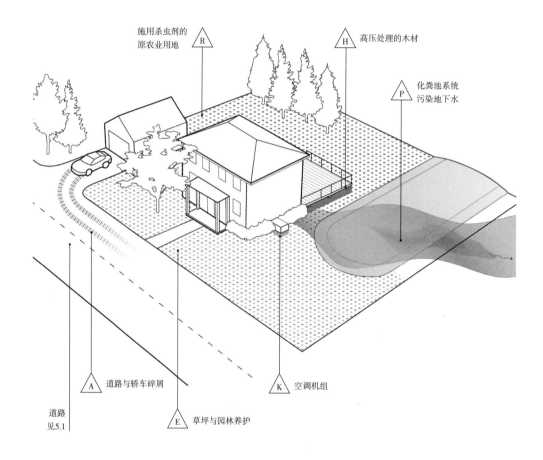

施用杀虫剂的
原农业用地 R

高压处理的木材 H

化粪池系统
污染地下水 P

272

道路与轿车碎屑 A

空调机组 K

道路
见5.1

草坪与园林养护 E

编号	类型	概述	污染物
A	道路与轿车碎屑	见5.1：道路与停车场	■营养盐（氮、磷营养物质）：见第3章，第117页； ■金属：见第3章，第127页； ●石油：见第3章，第56页； 空气污染物：见第3章，第179页
E	草坪和园林养护	见5.2：公园/开放空间/草坪/高尔夫球场	●农药和●POPs：见第3章，第102页、第110页； ■金属：见第3章，第127页； ■营养盐（氮、磷营养物质）：见第3章，第117页
H	木平台：处理过的木材	通过抗腐蚀化学品防腐处理的木板通常用于建造木平台。在2004年之前建造的防腐处理木平台下砷污染很常见	■金属：砷，见第3章，第134页
K	空调机组	空调机组可泄漏制冷剂	●氯化溶剂（氟氯化碳和氟利昂）：见第3章，第86页
P	污水系统	许多郊区住宅，特别是美国东北部的郊区住宅，其废水处理方式为现场污水处理系统。虽然BOD和致病菌在迁移到地下水之前可从水流中清除，但营养盐（氮、磷营养物质）不会被清除。此外，像药品这样的污染物往往不会被去除。这些成分可以与许多附近的污水系统相结合，严重影响地下水和饮用水的安全	■营养盐（氮、磷营养物质）：见第3章，第117页； 细菌，生化需氧量（BOD）和生物体； 其他有机污染物–药物：见第3章，第116页； ■金属：见第3章，第127页
R	前农业用地/使用农药的果园	许多郊区的住宅建在曾经用于农业的土地上，例如果园等。曾经含有铅和砷的旧式农药可能会保留在这些场所中，这两种物质曾经是常见的农药添加剂。尤为重要的是要考虑到儿童使用后院区域并可能接触这些金属的情况	●农药和●POPs：见第3章，第102页、第110页； ■金属：见第3章，第127页； ■营养盐（氮、磷营养物质）：见第3章，第117页

273

图5.27 郊区住宅：污染来源

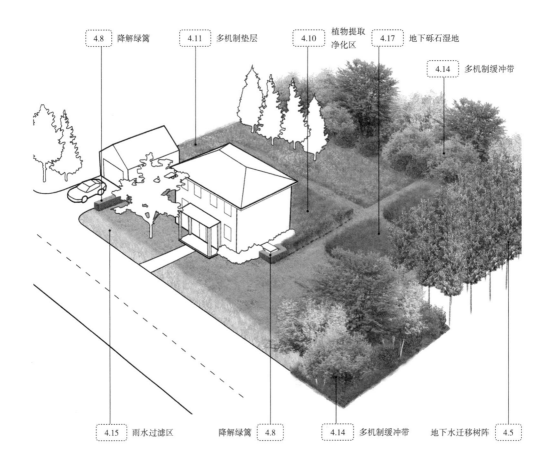

274

编号	类型	概述	污染物	植物
	有机维护园林景观	尽可能消除污染源，使用无毒农药解决室内除虫问题	■营养盐；●农药和●POPs；■金属	
4.5	地下水迁移树阵	树阵可以种植在化粪池下坡位置，截流利用地下水和渗滤液，将水中多余的氮自然转化为气态氮，从而将其清除。此外，树阵也可以帮助降低如药品等其他新兴的污染物。已有该方面的相关研究开始进行	地下水载体：●石油和●氯化溶剂	第37页，表2.6喜湿深根植物
4.8	降解绿篱	在车库、维修和储藏间的附近，通常会有割草机、汽车、燃料或园艺产品储藏，可在建筑边缘种植降解绿篱以快速分解可能发生的溢漏危害	■营养盐（氮、磷营养物质）；●农药；●石油	第63页，表3.2石油；第104页，表3.7杀虫剂；第38页，表2.7高生物量植物品种
4.10	植物提取净化区	可以在旧甲板存在过的地方（或甲板下方）种植具有砷高吸附力的蕨类植物以吸附金属。如果蕨类植物中的砷浓度高于规定范围，当蕨类植物被收割后，需要将其在有害废物处理站进行填埋	■砷	第136页，表3.11砷
4.11	多机制垫层	以前作为农用地的场地中，可以设立多机制垫层来解决污染物问题。通常情况下，曾用场地中的主要污染物是曾经在农药中使用的砷和铅。有时农药中的POPs是一个值得关注的问题。多机制垫层主要用途是稳定土壤，利用厚植的植物垫层防止土壤暴露。其次，可混合种具有吸附能力的植物，随着时间的推移缓慢地吸附土壤中的砷污染。这些植物需要在每个生长季节结束时进行收割，并根据有关有害物质的规定进行处理	●农药-除草剂；■金属；●POPs；	第130页，表3.10铅和POPs：稳定；第136页，表3.11砷：提取
4.14	多机制缓冲带	沿着场地的边缘种植密实的植被缓冲区有助于解决现场过量化肥和化粪污染的问题，防止其转移至场地而造成更广泛的综合污染影响。除了污染修复功能之外，这些植被绿化区域具有作为重要的野生动物廊道的功能	所有污染物：见第3章	所有净化植物：见第3章
4.15	雨水过滤区	在道路和草坪的坡道下方设置雨水过滤区，以控制道路雨水径流和过滤化肥和农药	雨水中的污染物：■营养盐（氮、磷营养物质）；■金属；●石油	雨洪/湿地植物，未包括在本书中
4.17	地下砾石湿地	利用地下砾石湿地可以用于处理单一家庭污水，而不是使用传统的化粪系统。其优点是可以处理更多的污染物，并且这些地下安装的系统所需的区域往往很小。冬季的休眠可能会影响其功能	水中污染物：■营养盐（氮和磷）；●石油；■金属；细菌/生化需氧量（BOD）；药物	雨洪/湿地植物，未包括在本书中

275

图5.28 郊区住宅：运用植物净化技术处理污染物

5.14　垃圾填埋场（图5.29、图5.30）

垃圾填埋场是世界上管理和处置人类住区和工业过程中产生的许多形式的废物的最常用的方法之一，包括日常城市家庭废物以及危险废物、拆除物和建筑废物。垃圾填埋场也是废物收集、运输、加工或处置、管理和监测的更大的系统中的一部分。废物处理过程通常用于减少废物对健康、环境或美观的影响。场地改造和景观设计工作最密切相关的一种土地利用是处理不同类型的家庭和商业废物的夯实的城市垃圾填埋场，其中的无害材料包括各种食物废料、纸张、纸板、衣服、包装。这些场地包括从在建成区域或郊区的边缘的地方小镇的小规模"倾倒点"，到服务于城市和整个城市群的大型垃圾填埋场地。

由于发达国家和发展中国家、城市和农村地区以及住宅和工业生产的差异，废弃物管理办法可能有很大差异。美国目前有3034个使用中的垃圾填埋场（US EPA，2014d）和超过1万个关闭了的市政垃圾填埋场（US EPA，1988）。然而，在1960年以前，每个城镇（和许多企业和工厂）都有自己的垃圾场，因此那个时期在未知位置形成了许多小型的垃圾填埋场。垃圾填埋场常常建立在废弃的或未使用的采石场、采矿孔洞和取土坑中，或在低洼的湿地和沼泽地中。设计良好和管理妥善的垃圾填埋场仍然是一种卫生和相对便宜的处理废物的方法，但这些填埋场及其液体的渗滤液和空气排放物仍然是有害的。

垃圾填埋场通常由一组共同的元素组成，包括垃圾填埋场"细胞"或限定的堆放在累积层的每日垃圾，以卡车运输道路连接、进而"细胞"的循环网络系统，和用于现场渗滤液收集和安全处理的设施，以及车辆的控制和用于人员和存储的支撑结构。垃圾填埋场中的废物处理涉及将废物用"每日覆盖"用的土壤进行填埋，其中堆积的废物要每日夯实以增加其密度和稳定性，并覆盖土壤层以防止招引害虫。这个地点最终被覆盖以土壤、黏土或自黏防水卷的某种组合式"最终覆盖层"。这一进程在大多数国家仍然是惯常处理方式。

在所有的垃圾填埋场中，无论大小、位置或使用时间，通常有两种类型的工程和施工实践对植物技术装置的成功有重要影响。对于较旧的垃圾填埋场，特别是那些1980年之前开始使用的非密封性垃圾填埋场而言，这意味着废物填充的基础位于现有地表，使得垃圾液体和废物自由通过地表进入地下层和地下水中。此外，老旧的垃圾填埋场对废物池进行最终封闭处理的方式只是简单用土覆盖。虽然以目前的垃圾填埋场操作标准来看是不安全的，但这为在垃圾填埋场表面上使用蒸散覆盖层结构的改进提供了良好机会，可以防止水进入垃圾堆，亦可以使用植物灌溉来治理垃圾填埋场中的渗滤液污染。在1980年以后垃圾填埋场使用一系列的黏土、自黏防水卷和机械产品作为封闭内层。在这些情况下，由于衬垫层的工程限制和避免根穿透，植物技术应用受到了限制。在这些情况下，种植只能在填埋场的边缘进行。

现代垃圾填埋场的设计特征包括了收纳浸出液的方法，例如使用黏土或塑料衬里材料。所有垃圾填埋场最终都可能失效，并将渗漏物泄漏到地下水和地表水中。利用最先进的塑料材料（高密度聚乙烯HDPE）作为垃圾填埋场衬垫层，使用100毫米厚的塑料垫层和塑料管道以允许化学物质和气体通过其微孔滤膜，但会使这些污染物变得脆弱、膨胀和适时分解。具有衬垫层的垃圾填埋场的泄漏为非常狭窄的羽流状泄漏，而无衬垫层的垃圾填埋场将产生大量的渗滤液流。具有衬垫层的和无衬垫层的垃圾填埋场通常都位于水体如河流、湖泊和池塘旁边，使泄漏检测和修复工作变得困难。通过监测井的方式探测渗滤液流也非常困难。

垃圾填埋场的另一种常见产物是由甲烷，二氧化碳和渗滤液组成的气体混合物。这种有机废物产生的气体是厌氧分解的，并可能会杀死地面植被。许多垃圾填埋场中安装了填埋气体抽气系统。使用穿孔管将这些气体抽出填埋场，并在燃气发动机中燃烧或用于发电。具有高水分含量的废弃物，或经受了人工灌溉或雨水冲淋的废弃物，发生了地表或地下水渗透，显著增加了产生渗滤液和甲烷气体的速率。

最后，虽然几乎所有垃圾填埋场都可能需要整治，但由于自20世纪40年代以来制造和销售的高毒性化学物的大量废弃，过去60年来建造的垃圾填埋场通常需要彻底清理。

5.15 前工业燃气厂（图5.31、图5.32）

制造燃气公用事业设备首先在英国创建，然后在19世纪20年代在欧洲其他地区和北美建立。从19世纪末到20世纪中叶，在北美，欧洲和世界其他城市的中心，数百家工业煤气生产厂（MGPs）为众多家庭和工业提供取暖、做饭和照明用的燃气，并为公共街道的照明和供电提供能源。通过在称为蒸馏器的加热的厌氧容器中蒸馏烟煤生产煤气。在这个过程中，煤在几乎无氧的环境中通过加热作用被分解成具有挥发性的物质。这一过程产生的燃料气体是许多化学物质的混合物，其中包括氢气、甲烷、一氧化碳和乙烯。煤气还含有大量不需要的硫和氨化合物以及重质烃。煤气从蒸馏塔中排出，部分产生的蒸气转化成水和煤焦油组成的液体，而另一些则保持气态。根据资料来源，在1880～1950年，美国工业气体生产过程中产生了大约110亿加仑的煤焦油（Lee等，1992）。然而，这些煤气仍含有杂质，主要是气态氨和含硫化合物。通过在水中清洁气体和使气体通过湿石灰或湿的氧化铁基床排放来除去这些杂质。处理这些吸收了杂质的物质的一种解决方案是将它们倾倒在场地中的河道内，而另一种解决办法是将它们放置于大型凹坑中或置于气体厂内或附近的收集池塘中。生产过程中所产生的大量废弃物很快超过了大多数工厂的现场存储容量，但是存储的污染物通常会保留至今。

与城市相连的天然气田的管道最终建成于19世纪80年代，天然气曾用于补充工业燃气的供应不足，最终完全取代了工业燃气。20世纪60年代中期工业煤气在北美停止生产，但在欧洲一直持续使用到20世纪80年代。

如今，许多社区都坐落于这些以前的气体制造厂所在地，这些场地长期以来一直被废弃，但场地地下仍然有煤焦油、杂酚油和重金属等高毒性污染物，通常被埋在场地填埋坑或邻近的垃圾填埋场中。但周围社区中很少有人知道这种潜在危害。废弃的气体工厂被拆除，围绕储气罐的外部钢骨架作为废金属被拆除，同时在场地中建造新的设施，例如公用事业公司建造的变电站。这使得工业煤气生产厂场地具有土壤和路基污染物的复杂混合物：煤焦油收集池经常被掩埋在不可见的地下，同时有来自燃气厂使用时期的各种旧基础设施，其中包括铁路线、门架、起重机、煤储存和气化设备以及位于原工业煤气生产厂场地上的新工业产生的潜在污染物。在该时期的不同时间段里，在美国经营的工业煤气生产设备超过了5万台。工业生产的全生命周期内，产生和留存了数十亿加仑极其危险的废弃污染物。

煤焦油及其相关的废物很难被生物降解。构成这种废物的化学物质和化合物具有极高的稳定性和持久性，并且工业燃气生产造成的废气污染物危害仍然存在并隐藏于许多城市用地的地下。

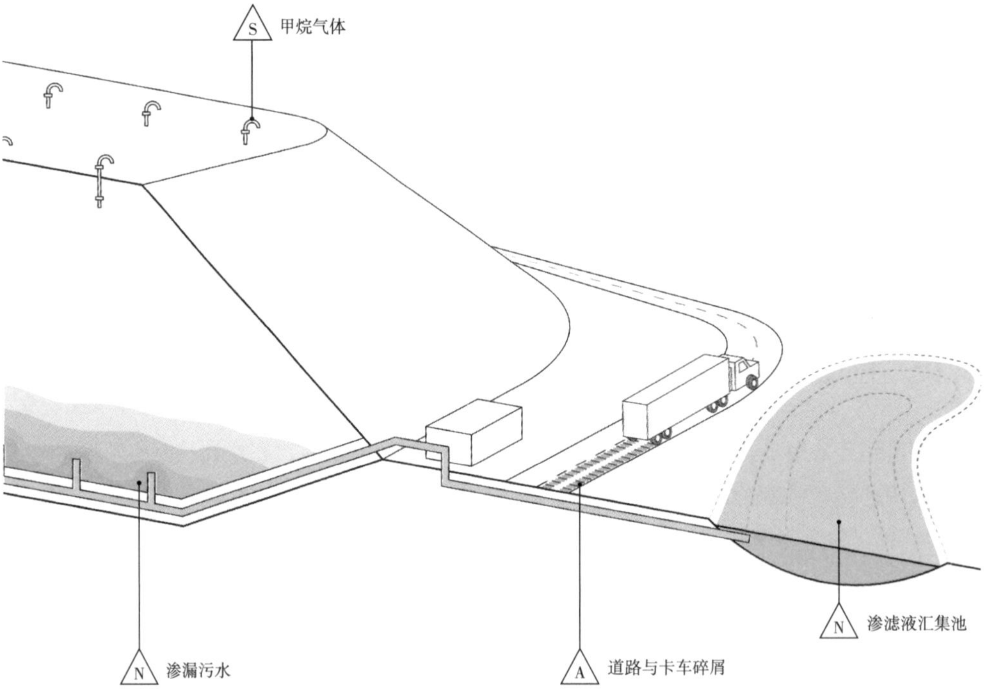

编号	类型	概述	污染物
A	道路与卡车碎屑	见5.1：道路。垃圾车由于垃圾倾倒和可能泄漏的污染物，比普通轿车或卡车可能释放更多的污染物	■营养盐（氮磷营养物质）：见第3章，第117页； ■金属：见第3章，第127页； ●石油：见第3章，第56页； 空气污染物：见第3章，第179页
N	渗滤液	当雨水透过填埋的垃圾时，水会沿途吸附污染物，并在侧面和底部浸出。这种被污染的水称为渗滤液，通常通过管道系统收集渗滤液，并将其引导到储存池或罐中，并通过泵抽入危险废物处理设施中。城市垃圾渗滤液中最常见的污染物是氮（通常以氨的形式存在）以及盐和金属。然而任何可溶于水的污染物都可以通过渗滤液转移	■氮：见第3章，第117页； ■盐（钠、氯和其他添加剂）：见第3章，第170页； ■金属：见第3章，第127页； 所有可能污染物
S	甲烷气体	当垃圾填埋分解时，它们释放到空气中的可燃甲烷气体通常通过管道和控制阀收集和处理。有时可收集、净化这些气体用作当地的能源	甲烷气体

图5.29　垃圾填埋场：污染来源

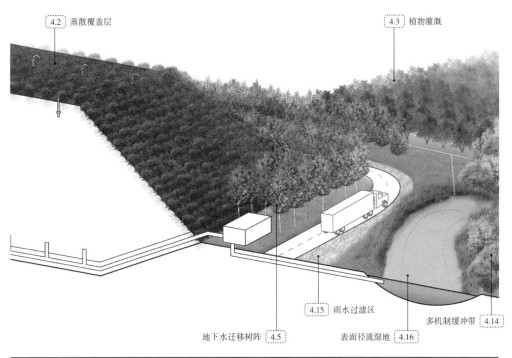

编号	类型	概述	污染物	植物
4.2	蒸散覆盖层	在非密封性垃圾填埋场地中可以种植高蒸腾速率的植物，迅速将聚积在垃圾填埋场的雨水蒸发到空气中。这样可以防止渗滤液的产生，从而防止污染物转移到场地外。另外，如果利用叶面积指数高的植物（见图4.3），其叶片也可以帮助防止水渗入土壤	渗滤液	第40页，表2.8高蒸散率的植物品种
4.3	植物灌溉	垃圾填埋场产生的渗滤液可以汇集到池塘中，灌溉到种植地，既可以从渗滤液中去除污染物，也可以生产经济作物。例如，快速生长的杨树或柳树经常作为生物燃料或硬木材。一些金属和盐也可以在灌溉过程中被清除。盐和金属与土壤和根系结合，而氮实际上转化回有机氮或以气态形式回到大气中，从而将其从水中除去。植物灌溉品种可以在垃圾填埋区的表面，以便灌溉水被循环利用并重新用于封闭系统	渗滤液中的污染物：■营养盐（氮磷营养物质）；部分■金属和■盐	第40页，表2.8高蒸散率的植物品种
4.5	地下水迁移树阵	在有裂缝并排放少量渗滤液的密封性垃圾填埋场中，或者在没有有效收集和控制渗滤液的非密封性垃圾填埋场中，可以种植地下水迁移树阵，泵送和自然降解污染渗滤液。当氮是主要污染物时，该系统效果最佳。工程师必须完成详细的水质量平衡，计算出实现有效抽取地下水所需要种植的树木数量	渗滤液：■氮	第40页，表2.8高蒸散率的植物品种
4.14	多机制缓冲带	沿着垃圾填埋场地的边缘种植密实的植被缓冲区可以有助于缓解污染物进入空气和地下水中的问题。除了污染修复功能之外，这些植被绿化区域具有作为重要的野生动物廊道的功能	■营养盐（氮磷营养物质）；■金属；●石油；空气污染物：悬浮颗粒	所有净化植物：见第3章
4.15	雨水过滤区	沿着通道和附近的铺装区域，植物和相关媒介可以从洼地或线性过滤带中过滤掉雨水中的污染物。有机污染物可能被降解，而无机污染物则被固定在场地中。进行除冰的地区，必须应用耐盐碱植物品种；在这些系统中盐没有被特别排除	雨水中的污染物：■营养盐（氮磷营养物质）；■金属；●石油	雨洪/湿地植物，未包括在本书中
4.16	表面径流湿地	可在渗滤液池塘进行种植绿化来转化和降解污染。通常渗滤液池塘的毒性对植物生长是不利的。可以设置一系列的湿地细胞池以阶梯系统的方式清除其中的污染物	渗滤液中污染物；所有污染物	雨洪/湿地植物，未包括在本书中

图5.30　垃圾填埋场：运用植物净化技术处理污染物

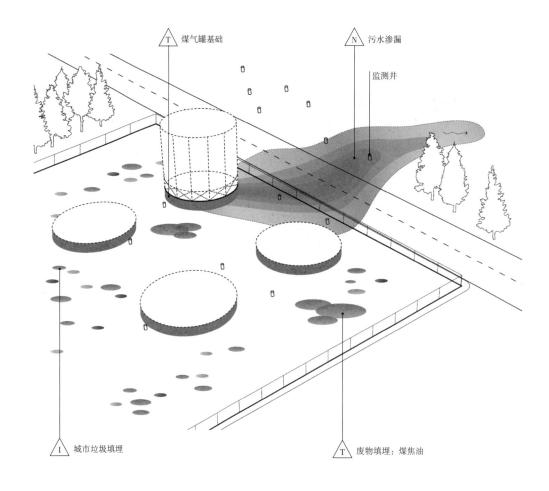

编号	类型	概述	污染物
I	城市垃圾填埋	人造燃气工厂（MGPs）常常建于河滨地带，此类场地常常填满碎渣以创造可利用的土地，城市垃圾填埋区几乎可以发现所有污染物。通常是那些更难降解的污染物留存在土壤中，其中包括煤灰和其他多环芳烃、金属以及持久性有机污染物	●石油-PAHs：见第3章，第56页；■金属：见第3章，第127页；●POPs：见第3章，第110页；所有可能的污染物
N	渗滤液	当雨水或地下水通过旧前工业燃气厂的垃圾填埋场时，水可以沿途吸收污染物，并产生渗滤液体羽流。随着时间的推移，这种污染羽流的浓度通常会降低，因为长时期内残留在土壤中的大多数多环芳香烃不会在水中移动。燃气工厂的渗滤液中最常见的污染物为石油，但任何可溶于水的污染物都可能随着渗滤液转移	●石油：见第3章，第56页
T	煤气罐基础/掩埋的煤焦油	旧储煤气罐基础和前工业燃气厂场地周围的各种垃圾填埋区域通常存在煤焦油污染物，这是一种极难降解的黏稠黑色石油类化合物，会一直存在于场地中。此外，重金属如砷和氰化物可能与煤焦油发生混合污染	●石油：见第3章，第56页；■金属：见第3章，第127页

图5.31　前工业燃气厂：污染来源

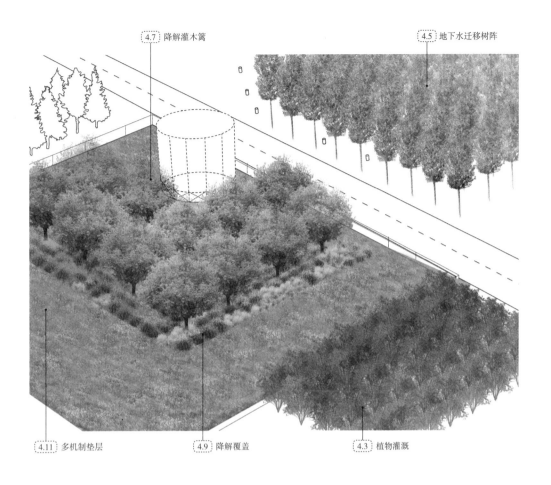

4.7 降解灌木篱

4.5 地下水迁移树阵

4.11 多机制垫层

4.9 降解覆盖

4.3 植物灌溉

编号	类型	概述	污染物	植物
4.3	植物灌溉	前工业燃气厂场地周围的渗滤液可以抽出并灌溉到种植区，以从渗滤液中清除污染物，防止羽流迁移。可以考虑使用太阳能泵	渗滤液中污染物：● 石油；■某些金属	第40页，表2.8 高蒸散率的植物品种
4.5	地下水迁移树阵	可以种植地下水迁移树阵，吸收被污染的地下水和支流，吸收水分并降解石油污染。工程师必须完成详细的水质量平衡，计算出实现有效抽取地下水所需要种植的树木数量	渗滤液：● 石油	第40页，表2.8 高蒸散率的植物品种
4.7	降解灌木篱	在有煤焦油的前工业燃气厂区域附近可以种植降解树篱或灌木篱，以缓慢分解石油污染物。另外，同样的策略可运用于煤焦油废品掩埋场地	● 石油	第63页，表3.2 石油-PAH
4.9	降解覆盖	在树木下方或必须保持通视的地方，可以使用较矮的植物来建立降解覆盖层，以净化石油污染	● 石油	第63页，表3.2 石油-PAH
4.11	多机制垫层	前工业燃气厂场地中种植多机制垫层可以稳定不可吸附的金属，并且缓慢降解多环芳烃类石油	● 石油 – PAHs；■金属	第130页，表3.10金属排除器；第63页，表3.2石油：降解

图5.32 前工业燃气厂－运用植物净化技术处理污染物

5.16　军事用地（图5.33、图5.34）

以前或目前被军事活动占用的土地可能含有工业活动过程产生的一系列污染，包括了射击训练、弹药储存、武器试射的试验场污染和弹药与废弃物处理过程中产生的污染。在极端情况下，放射性物质将会存在于场地内，其通常在垃圾填埋区域存在。在美国已经有超过9800个经国防部审查的场地被证明是被污染的场地；这些场地中有超过2650个被确定为需要进行环境清理和恢复，估计需要费用为180亿美元（Albright，2013）。国防部场地的大面积和位置的偏远给场址污染处理增加了一个维度。从普通类型的活动开始，国防部场地包含与其活动任务相关的所有形式的制造和工业过程。这一范围从汽修店到公路建设维修站，直至包括挖掘机、推土机和特殊部队车辆等大型设备的临时存放场地。这些都依赖于金属材料的使用和应用了全部种类的石油、润滑剂、冷却剂和制冷液体的制造工厂。如果这些产品不按照监管做法处理，则可能会进入地下水中。我们应当牢记自从20世纪30年代以来，许多这类场址已经被连续占用，并且依据的监管办法并不比这些场地新多少，污染物的积累很可能发生在土壤和地下水中，并蔓延到相当深的程度。

282

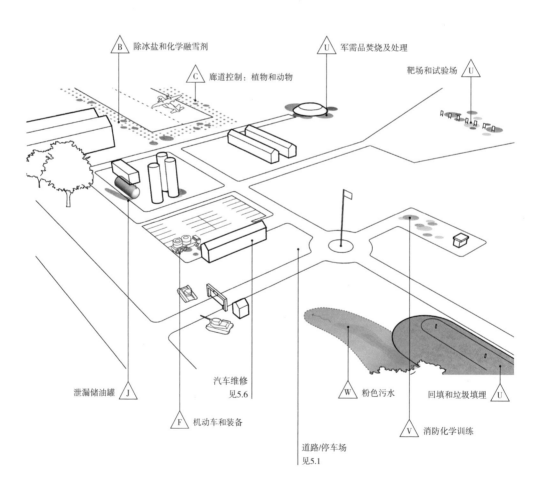

　　大量受到铅和爆炸物［如三次甲基三硝基胺（RDX）和三硝基甲苯（TNT）］污染的土地上，已经没有了诸如军火训练和弹药及爆炸物测试等特殊活动。三次甲基三硝基胺（RDX）在水中迁移性强，并且爆炸物测试的性质意味着所产生的污染物通常几乎直接注入地下水中。此外，机场和跑道的存在引起了来自燃料溢出以及化学品和除冰溶液的地下水污染的隐患。在别的某些地方，军事墓地产生了与其他墓地上相同的所有污染物（见5.8：殡仪馆与墓地）。许多这样的场地的功能就像一个小型的城市，所有这些城市系统中的潜在污染都会存在。

编号	类型	概述	污染物
A	公路：道路与卡车碎屑	见5.1：道路与停车场	■营养盐（氮、磷营养物质）：见第3章，第117页； ■金属：见第3章，第127页； ●石油：见第3章，第56页； 空气污染物：见第3章，第179页
B	除冰盐和融雪剂	在寒冷的冬季除冰盐和融雪剂经常在机场使用。如果不加以控制，这些污染物可能会迅速渗入地下水中	■盐（钠、氯和其他添加剂）：见第3章，第170页； 除冰剂-其他有机污染物：见第3章，第116页
J	地下泄漏储油罐（LUSTs）/地面储油罐和储油桶	任何存储用于军事活动的燃料或溶剂的地下储存罐或容器	●石油：见第3章，第56页； ●氯化溶剂：见第3章，第86页
L	机械和卡车：维修和保养	见5.6：汽车维修。卡车和设备的维修可能会泄漏燃油以及其他液体	●石油：见第3章，第56页； ●氯化溶剂：见第3章，第86页
U	军需品：焚烧处理、填埋和垃圾填埋和射击练习场	当未使用或未爆弹药被丢弃时，可能会将其拆卸并现场填埋。军火测试经常遗留下未爆炸的残余残存在土壤和地下水中	●氯化溶剂：见第3章，第86页； ●爆炸品：见第3章，第94页； ■放射性物质：见第3章，第172页； ■金属：见第3章，第127页
V	火灾和化学训练	需控制在军事基地中进行的火灾演练、化学火灾演练和化学战争演练。历史上三氯乙烯通常被用作阻燃剂	●氯化溶剂：见第3章，第86页
W	粉色污水	爆炸物和放射性污染物浸入水中，其渗滤液颜色为明亮的粉红色，因此被称为"粉红污水"。粉红污水可由于弹药填埋或未爆炸的或无意中掩埋的弹药而产生	●氯化溶剂：见第3章，第86页； ●爆炸品：见第3章，第94页； ■放射性物质：见第3章，第172页； ■金属：见第3章，第127页

图5.33　军事用地：污染来源

284

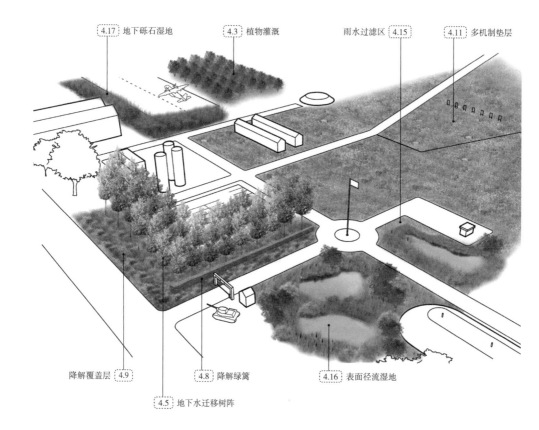

4.17 地下砾石湿地　　4.3 植物灌溉　　雨水过滤区 4.15　　4.11 多机制垫层

降解覆盖层 4.9　　4.8 降解绿篱　　4.16 表面径流湿地

4.5 地下水迁移树阵

编号	类型	概述	污染物	植物
4.3	植物灌溉	除冰活动产生的过多径流和污染水可以收集在存贮池中，并用于植物灌溉，以降解融雪剂	水中污染物：●石油	第40页，表2.8高蒸散率的植物品种
4.5	地下水迁移树阵	军事用地通常需要保留备用树木进行训练和防御。然而，在军事基地面向公众的地方，在边缘下坡处可以种植树阵拦截被污染的地下水，并进行初步过滤。在军用场地中使用的RDX炸药、HMX炸药和全氯乙烯推进剂可以快速地在地下水中行进和转移。在活性区周围种植树阵，任何可能被释放的新污染物都可被截获。树木作为泵，可控制水分并降解RDX、HMX和全氯乙烯。必须密切监测降解过程中产生的代谢物，因为它们仍然有毒性。工程师必须完成详细的水质量平衡，计算出实现有效抽取地下水所需种植的树木数量	渗滤液；石油●	第40页，表2.8高蒸散率的植物品种
4.11	多机制垫层	如果训练场地和靶场需要开放使用，可以种植矮生植物来帮助稳定污染物。用于火箭燃料的氯化溶剂可被降解。矮生植物可降解RDX和HMX污染，然而，目前在现场应用还是一大挑战。通常土壤也被TNT或其他妨碍植物生长的化学物质污染。此外，RDX和HMX分解成的代谢物仍然是有毒的。放射性核素如果不能被提取，就只能在现场稳定。应设计种植类以构成一层厚厚的植被垫层，以帮助覆盖场地污染物。因此，可以考虑氯化溶剂和石油的降解，但爆炸物和放射性核素的稳定技术或传统的净化方式，是目前最佳的补救技术	◐氯化溶剂；● 爆炸品；■放射性物质；■金属；●石油	第130页，表3.10封隔植物；第97页，表3.6爆炸物
4.16	表面径流湿地	粉色污水可被合理设计的表面流湿地净化。建造一系列净化池可用于吸收和分解爆炸物污染，过滤水体	●爆炸品	雨洪/湿地植物，未包括在本书中
4.17	地下砾石湿地	湿地系统可以成功分解除冰化学品。然而，开放水体表面流湿地要求不能在跑道和机场附近，因为它们倾向于吸引鸟类。鸟类在机场附近是很危险的，可能进入飞机引擎引起事故。在这些情况下，可以使用地下砾石湿地来有效地收集和分解除冰化学污染。砾石湿地在地面上没有水体，因此对鸟类和野生动物没有吸引力。	除冰化学品	雨洪/湿地植物，未包括在本书中

图5.34 军事用地：运用植物净化技术处理污染物

285

5.17 本章小结

本章已经证明，在城市和郊区环境中，多种土地利用都可以将污染物释放到环境中。在考虑第3章和第4章中的特定污染物及其相应的物种类型和植物技术后，本章目标并不是为特定的场地计划创建一系列种植模板，而是考虑在哪里可能有机会将植物技术应用到日常设计实践工作中。风景园林师、场地设计师、工程师或业主可以结合这些污染物及其种植解决方案，开发工具来解决污染物清理的问题，从而解决这些场地的再利用和开发问题。在被污染的场地中，植物净化技术为设计行业提供了未来几年更多的应用机会。这些机会将来自于植物生态修复技术在国际上的广泛应用，从而减轻气候变化问题及其对植物种植区和植被生长模式的潜在影响，以及污染场地的土地储备和受污染场地上的城市化过程带来的持续压力。

①随着与污染场地相关的设计和规划项目的日益全球化，植物生态修复技术的应用将在更广泛的环境范围内，在一系列法律和监管条件以及广泛的气候条件下发展。通过笔者总结，这将是风景园林师和场地设计师在未来几年的重要的专业设计和规划的机会。

②气候变迁引发的温度和种植区域的改变，以及温度的上升和生长季节的延长不仅仅会影响可应用于植物生态修复技术工程中的植物种类的范围和生态型，也会降低植物在北方气候下冬眠而导致修复工程不起作用和无法运作的时间。虽然作者认为在未来十年的植物生态修复技术项目中这不会导致重大的变化，但它将能够为设计师提供更多的植物调色板，这将为植物生态修复技术的发展提供支持。

③土地银行，或由地方政府和私人实体主导的污染场地累加以集聚邻近的小型污染场地（譬如铁路廊道沿线或港口区内）的行为，提供了加大规模的植物生态修复技术工程，可有更多机会分阶段实施收割污染物。笔者建议，这为风景园林师和场地设计师规划和实施更大型的植物生态修复技术装置提供了一个重要的领域。

④尽管如同本书前面提到的，目前仍有资金限制的问题，但应用科学的发展，以及安装协议和植物生态修复技术的维护将在未来几年内不断发展。目前正在利用各种方法开发处理地下水和土壤污染的其他技术，包括生物修复，热能和电能技术。笔者认为，人们对修复技术关注的日益增长，及在修复技术领域的创造和投入将有助于植物生态修复技术的发展，植物生态修复技术具有与其他修复序列中的新兴方法同样的内在力量。

风景园林师和场地设计师仍然需要通过印刷媒体和数字媒体上的植物技术资源获得一定程度的支持。在接下来的第6章将为从事植物技术研究或项目实践的从业人员或学生概述一系列有用的资源。

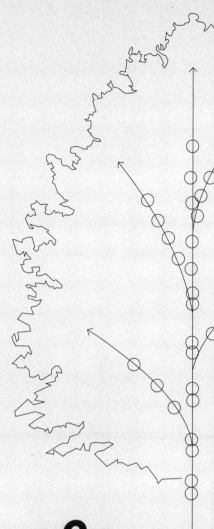

第6章

其他资源

正如本书前言和后续章节所述，植物生态修复技术领域仍需要进一步开发和记录大量的应用研究。植物技术实施的进一步发展及其监测需要在各种场地条件下进行测试。这将不断发展变化，并将需要获得在国内和国际上大量分散的信息。在本章中，为那些可能正在自己进行研究的读者或试图实施作为设计和开发项目的一部分的植物技术应用的读者提供一个资源列表，从中可以提取植物生态修复技术的信息。这些资源分为以下三个领域。

①组织机构：支持植物技术研究和创新的政府、学术、私人和非营利实体的列表。

②文献记录：在植物技术领域的特定领域可能特别有帮助的文献、书籍或期刊的摘要。

③植物名录：寻找适用于植物生态修复技术的附加的植物品种的资源，本书中未列出的均可在此找到。

6.1　组织机构

International Phytotechnology Society (IPS)

http://www.phytosociety.org

这是该领域最重要和最相关的非营利组织。它是一个全球性的专业团体，由从事使用植物修复环境问题的科学和应用的个人和机构组成。每年，IPS都举行一次年度会议，汇集最新的科学研究人员和顾问，并面向所有公众。

US Environmental Protection Agency (US EPA)

http://www.cluin.org

美国环保署积极参与在20世纪90年代的植物技术资助研究和调查工作。这个美国政府监管机构持续对外向相关领域提供一系列延展和支持。其网站提供了关于植物生态修复技术科学的概述文件的链接和超过165个实施植物生态修复技术场地的项目数据库。

Offshoots, Inc.

http://www.offshootsinc.com

本书的合著者凯特·凯能创立的Offshoots公司，公司致力于植物技术项目咨询的风景园林实践。该公司工作室位于波士顿，协助其他设计师和工程师完成国内的植物生态修复技术相关工作。关于植物生态修复技术的信息在公司网站上在持续更新。

Greenland Project

http://www.greenland-project.eu

这是一项来自欧洲科学家的合作计划，以分享对金属污染土地的温和修复的研究进展与成果（参见第3章第149页、第162页，以获取参与这项计划的2个案例研究的更多信息）。目标是开发基于植物技术的以低成本修复大面积污染土壤，并且对环境没有显著负面影响的方法。

European Union COST (Cooperation in Science and Technology) Groups: Cost Action 837 (Phytoremediation), 859 (Phyto and Food Safety) and FA0901 (Putting Halophytes to Work – From Genes to Ecosystems)

http://www.epfl.ch/COST837，http://w3.gre.ac.uk/cost859/ and http://www.cost.euj / domains_actions/fa/Actions/FA0901

这三个由欧盟资助的团队由科学家合作研究植物修复问题，深刻影响了欧洲。虽然目前这些团体不再活跃，但他们的资料和研究，以及与国际资源的链接仍然可以在线获得。

Association for Environmental Health and Sciences Foundation

http://www.aehsfoundation.org

这个组织是一个由科学家和顾问组成的，致力于土壤、沉积物和水的清理与保护的挑战的专业团队，他们调查各种可持续的修复实践，而不仅仅是植物生态修复技术。它是一个比IPS更大、更广泛的组织，涉及整个修复技术领域，这个非营利组织每年会举行两次年会。

6.2　文献记录

International Journal of Phytoremediation

290

http://www.tandfonline.com

这一期刊严格专注于植物生态修复技术领域。在其中可以找到基于植物系统的最前沿权威的科学理论和研究，本刊每季度发行。

以下为按学科分类的参考出版物资源。植物生态修复技术领域具有很多参考书目，但大部分非常专业科学和技术性。因此这里所列出的仅为更能被设计师所接受的综述材料。完整的参考文献目录参见第300页的参考文献部分内容。

①山地，以土壤为基础的植物技术系统。

ITRC - PHYTO 3 (Interstate Technology and Regulatory Council Phytotechnology Technical and Regulatory Guidance and Decision Trees，Revised)

http://www.itrcweb.org

该免费的、在线的"指引式"文献是一个逐步引导的实践指南，其具体描述了如何设计一个高地植物生态修复技术设施，其罗列了关键监管条例、场地分析和场地规划的注意事项，此外还提供了很好的植物修复领域的总体概述。

②地下水。

Introduction to Phytoremediation of Contaminated Groundwater: Historical Foundation, Hydrologic Control, and Contaminant Remediation

James E. Landmeyer 专著（*Springer*，2012年版）

该专著为理解和评价设计、实施和监测地下水受污染的场地上植物生态修复技术工程的一本通俗易懂的书籍。

③人工湿地系统。

Treatment Wetlands, 2nd edition

*R. H Kadlec*和*S. D. Wallace*专著（*Boca Raton*，*FL*：*CRC Press*，*Lewis Publishers*，*2009*）

该专著是人工湿地领域开创性的著作，常常被监管部门引用，因其中有价值的关于污染物清除率和案例研究的相关记载。

ITRC-WTLND-1 (Interstate Technology and Regulatory Council，Technical and Regulatory Guidance Document for Constructed Treatment Wetlands)

http://www.itrcweb.org

这一免费的、在线的"指引式"文献是一个逐步引导的实践指南，其具体描述了营建人工湿地的监管法规和技术规程/步骤。

ITRC-WTLND-2 (Interstate Technology and Regulatory Council，Technical and Regulatory Guidance Document for Constructed Treatment Wetlands)

http://www.itrcweb.org

该免费的、在线的"指引式"文献是一个逐步引导的实践指南，其具体描述了人工湿地的特征、设计、建造和监测实践的细节。

④植物取证。

291

Users Guide to the Collection and Analysis of Tree Cores to Assess the Distribution of Subsurface Volatile Organic Compounds

http://pubs.usgs.gov/sir/2008/5088

这一免费的、在线的文献是技术转让（指南），描述了应用树木来追踪地下挥发性有机污染物的过程和技术措施，其中包含了案例研究。

6.3　植物名录

NDSU Phytoremediation Plant Database

http://www.ndsu.edu/pubweb/famulari_research/

这是一个植物修复使用植物品种的在线数据库，由北达科他州立大学风景园林学教授Stevie Falmulari和她的学生在2007–2011年汇编。其中一些植物品种来源于较早的研究，有的植物品种可能已不再生效，但它是目前唯一已知的包括品种名称和植物照片，并且可以通过污染物搜索到的在线数据库。

（1）有机物

PHYTOPET

PHYTOPET是加拿大萨斯喀彻温大学及其合作伙伴在20世纪90年代末开发的一个数据库，是提供降解土壤植物品种、沉积物和水中石油烃的植物品种的互动电子数据库。这一数据库目前已经不再在线可用，但可通过联系该大学获得该数据库的拷贝。

（2）无机物

Global Metallophyte Database (Plants that can tolerate high levels of metals)

http://www.metallophytes.com

这是一个最近建立的金属耐受植物数据库，由国际蛇纹石生态学会和矿山恢复中心维护，并将在未来几年得到增强和补充（Van der Ent等，2013）。

PHYTOREM

PHYTOREM是由加拿大环境部及其合作伙伴在2003年开发的一个数据库，作为一个以CD为载体的、全球性的互动电子数据库，它提供超过700种植物、地衣、藻类、真菌和苔藓植物的信息，具有对19种不同的金属的耐受度，积累或超累积程度的图示。这一数据库目前已经不再在线可用，但可通过联系加拿大环境部获得。

Tropical nickel- and selenium-hyperaccumulating species

Roger D. Reeves. '*Tropical hyperaccumulators of metals and their potential for phytoextraction*' *Plant and Soil 249*（*2003*），*pp. 57–65.*

这篇期刊文章是许多研究的研究综述，并提供了许多在热带环境中发现的镍和硒超积累植物品种的列表。

Halophyte species with potential for metals accumulation

Eleni Manousaki and Nicolas Kalogerakis. '*Halophytes – an emerging trend in phytoremediation.*' *International journal of Phytoremediation*，*13*（*2011*），*pp. 959–969.*

这篇期刊文章是几项研究的文献综述，并提供了几种盐富集植物的名录，这些植物也被认为可应用于在受污染土壤中提取重金属。

（3）空气污染

How to Grow Fresh Air: Plants that Purify Your Home or Office

*Dr. B. C. Wolverton*专著（*London/New York*：*Penguin*，*1997*）

这本书列出了可以在室内种植以改善空气质量的50种热带植物。

Mitigating New York City's Heat Island with Urban Forestry, Living Roofs, and Light Surfaces, Appendix A

David J Nowak of the USDA Forest Service（*Syracuse*，*NY*：*USDA Forest Service*，*2006*）

本出版物列出了纽约市约200种最佳的城市树种，其功能属性包括：清除空气污染、降低空气温度、提供树荫、建筑节能、碳储存、改善城市花粉过敏和寿命情况。该清单不仅考虑了空气污染物的清除，也考虑了城市树木的其他重要功能。

后 记

李·纽曼（*Lee Newman*）博士与詹森·怀特（*Jason White*）博士

在生活的所有方面，有适合个人完成的任务，也有适合团队成员共同完成的任务。植物生态修复技术学科的研究更适合通过第二种方式来完成。最有效和最成功的项目是那些将一系列专业人士聚集在一起的项目，每个人都有自己的专业领域，以实现没有人能够独自完成的工作。多年来，很难看到传统的修复专业人员完成植物技术修复，因为它确实需要多学科团队的共同努力。植物修复需要多学科的合作，事实上这也是完成植物修复唯一的方式。这需要完成场地评估、设计修复策略、实施修复计划，并执行长期维护和监测，这不仅需要成熟的工程师，还需要土壤科学家、农学家、林学家、分析化学家和植物生理学家。但由于植物修复已经超越实验室研究，并通过宣传而成长，目前有更多的团队正在携手合作，将知识和专业技术用于构建和实施生物和工程化的修复系统。

然而，即使在这个专业团队中，大多数（如果不是全部的话）的清理场地工作仍然缺乏美学价值和社区参与意愿，也许我们应当追求更广泛的不仅限于清理实践的目标。植物被选择作为修复清理场地的工具，因此单一树木的种植就成了一种标准。用于净化地下水的排成阵列的高耸杨树，和固定重金属并促进降解有机污染物的微生物生长的成簇草本植物的场地都呈现着雄伟的美景，而它们完全是被作为实现监管目标的系统来设计的。对于有大量污染的场地来讲，这可能就是一种特别的视觉景观。

然而，不是每个场地都是国政府资助废弃物清理的超级基金场地，并不是每个场地都对走过场地的人的健康构成巨大风险。事实上，绝大多数场地都受到中度污染。一些场地可能仅需要最后的修正步骤；一些则是需要更长期的持续修复。一些场地只需要一个经济和资源友好的解决方案。也许最容易被遗忘的是许多场地需要被引入公共领域；从"污染场地"转变为"可利用场地"。

这就是当前的专业团队尚存在的不足。我们作为科学家和工程师非常擅长设计设施，以满足监管目标，但通常不太具备审美的创造性，或者我们长期考虑的是其他更大的关于人类和自然系统的关系。我们只是看到干净的场地之美，但却没有发现其内在的东西。因此，我们显然需要把新的团队成员，而风景园林界则能够提供我们需要的新成员。

作为警示，风景园林师一方面要让工程师和科学家了解我们不能单独完成植物修复工作，另一方面，风景园林师也要意识到需要自己建立一个汇集所需的多学科专业知识的团队。一言以蔽之，这是本书的目标。通过这样一部植物生态修复技术精华的集成，以及成功和失败案例的历史经验的总结，本书可作为学生和从业实践者风景园林师的重要手册，它能够指导有效的功能性和美学性兼顾的场地设计和实施项目。本书旨在强调的是没有一个人或群体有能力单独完成这些工作，我们需要持续评估我们的团队，并发现需要的新的知识，从而获得成功。

在此，风景园林师带来了一个全新的专业领域的专业知识。通过与修复技术专家的合作，他们可以对场地进行设计，这不仅能够实现监管清理或维护的目标，还具有将该场地转变为公园、步行道或自然保护区的潜能。他们可以和工程师和科学家共同设计修复系统，以此提高修复效率，促进植物生产力和生物多样性，同时开放储备土地供公众使用和欣赏。因此，取之于社会的土地又可以归还给大众。

正如并不是每个场地都适合作为植物生态修复技术实施的场地一样，也不是每个植物生态修复技术清理的场地都适合于进行景观设计并向公众开放。但是对于绝大多数的场地而言，这种方法是一种可行的选项，现在是时候开放团队接受和欢迎新的专业技术了；我们不仅可以利用基于植物的系统进行修复，而且还可以设计这样的系统从而把公众引到这些可再次进入的土地。

词汇表

absorption* 吸收作用*：一种物质渗透到另一种物质的结构中的过程。这种过程不同于一种物质依附于另一种物质表层的吸附过程。

absorption* 吸附作用*：一种液态气体或悬浮物附着到吸附材料的孔或表面的物理过程。吸附作用是无化学反应发生的物理过程。

aerobic* 有氧环境*：具有类似于正常大气条件的氧气的临界压力的环境。

aliphatic 脂肪族：有机化合物以直链、支链或非芳香族环形式结合。

anaerobic* 厌氧*：没有氧气或空气的环境。

anion 阴离子：带负电荷的离子。

anoxic* 缺氧*：极度缺乏氧气的环境。

bacteria* 细菌*：一组多样化的，普遍存在的原核单细胞微生物。

bioaccumulation* 生物体内积累*：生物体细胞内积累如重金属环境污染物。

bioavailability 生物利用度：可被植物吸收的污染物比例。

biodegradation* 生物降解*：有机物质被微生物分解。

bioremediation* 生物修复*：通过生物体降解或转化有害的有机污染物的过程。

brownfield 棕地：指被遗弃的、闲置的和未利用的工业或商业设施用地，该类土地受到存在其中的环境污染物影响，它的扩建或再开发过程变得更加复杂。

capillary fringe* 毛管边缘*：土体中处于地下水位的多孔材料，它可以在小型的土壤孔隙空间中通过毛细管作用（一种通过表面张力引水向上的性能）保水。

cation 阳离子：一个带正电的离子。

chelate* 螯合物*：螯合剂用于去除溶液剂和土壤中的离子。在配合化合物的类型中，在相同的分子中，中心金属离子（Co^{2+}，Ni^{2+}，或Zn^{2+}）被共价键附加于两个或以上的非金属原子，这被称作"配体"。

The Comprehensive Environmental Response，Compensation，and Liability Act（CERCLA）综合环境反应、补偿

---

* 为来源于州立科技监管委员会（ITRC）的名称意义，2009

及侵权责任法（CERCLA）:见超级基金。

creosote* 矿物杂酚油*：用于电线杆和铁路轨枕的抗真菌木材防腐剂。杂酚油由煤焦油蒸馏产品组成，包括酚类化合物和多环芳烃。

deed restriction 使用限制权：对使用被记录在房产证物业的限制。使用上的限制是对财产所有人依法强制执行；但可能被强制执行的限制取决于州法律。

due diligence 尽职调查：一块土地的环境条件的评价，往往作为房地产交易的一部分。购买者拥有获得联邦政府的责任保护的资格，对于一个无辜的购买者是必需的。参见环境评估。

ecotype 生态型：物种中遗传学上截然不同的地理、人口、或种族。

environmental assessment环境评价：一个用地的评价或调查是为了对一个属性程度的确定，如果污染的性质能够确定。评估可以是正式或非正式的，可以包括多个阶段。例如，第一阶段评估或场地内可能污染的基础研究，仅限于收集有关过去和现在的场地使用信息和检测现状。第二阶段评估可以跟进第一阶段评估，取样和场地内疑似污染区域分析。第三期评估可以通过收集有关污染的确切程度的信息或通过准备计划和现场清理方案跟进二期评估。

Environmental Protection Agency（EPA）美国环境保护署（EPA）：在美国联邦政府的监管机构，负责实施有关自然环境的法律和规范污染场地清理。

enzyme* 酶*：蛋白作为生物催化剂。由生物体产生的这些化学品带来的有机分子为较小的单位，可以通过活细胞的组织被用于消化（分解）。

evapotranspiration* 蒸散*：水从地面流失到大气中，从地下水位的毛细管边缘蒸发，以及通过植物根系地下水位的毛细管边缘蒸腾。

exsitu 非原位：在场地内运用挖掘作用集合污染介质。

excluder 排异体：能够在有某种污染物的土壤中生长，但却不吸收这种污染物的植物。

exudate* 渗出液*：植物根部释放出溶性有机物以增强养分的有效性，或作为细根降解的副产品。

greenfield 乡村未开发场地：未曾被利用和开发或修建基础设施的土地。

greenhouse or lab study* 温室或实验室研究*：评估绿色植物在有毒土壤和水环境中生长能力的研究，温室研究通常是处理性研究。

groundwater* 地下水*：地表以下的水体，地下水主要是从表面通过土壤和地质构造的空隙迁移下渗的水。

halophytes 盐生植物：生长在盐碱环境中的耐盐植物，例如，盐碱水、盐碱土壤或盐雾环境。

hot spots 热点：污染程度非常高的特定区域。

hydrocarbon 碳氢化合物：一种完全由碳和氢组合而成的有机化合物。

hydrophobic* 疏水的*：倾向于趋避水或不具有溶解于水的能力。

in situ* 原位*：在场地中，不运用挖掘作用。

infrastructure 基础设施：道路、公共线路和其他支持房产利用的公共便利实施。

inorganic contaminants 无机污染物：无机污染物是如同铅和砷一样存在于元素周期表的元素。工业生产和提取采矿等人类的活动使无机污染物释放到环境中产生毒性。由于这些污染物是化学元素，因此它们不能被降解和破坏；相反，它们有时可以被植物吸收和萃取。如果这些元素被植物吸收了，这些植物必须从场地中清理，从而清理掉场地内的污染物。

institutional controls 制度控制：为了减少接触污染而制定的法律和行政机制。例如：

296

契税的限制，地役权，警示标志和告示，以及分区限制。

ion 离子：一个原子或分子其中电子的总数不等于质子的总数，赋予原子正或负电荷。

Leaf Area Index（LAI）叶面积指数（LAI）：叶面积指数是植物冠层厚度的量度。高的叶面积指数单位土地面积上植物叶片总面积占的倍数越高，它使得雨滴最终到达地面之前击中叶片面积就越多。

Licensed Site Professional（LSP）注册场地专业人士（LSP）：是指有资格对场地进行污染评估和清理的国家注册工程师、环境科学家或地质学家。注册场地专业人士通过在清理完成时发布最终意见来达到MCP认证。

log K_{ow}*：指辛醇-水分配系数，它是一个为有机化合物提供从有机相和水之间分割出来的量度的无量纲常数。低 log K_{ow} 数值表示化学物容易分割成水相；高 log K_{ow} 数值表示化学物更易留在有机相中。它提供了可被植物吸收的化学物的量的指数。

metabolite 代谢物：指在如土壤微生物和植物等生物体的细胞内，产生化学变化的产物和中间产物。

microorganism* 微生物*：包括细菌、藻类、真菌和病毒。

National Priorities List（NPL）国家优先处理场址（NPL）：环保局制定的最严重的失控或有危险废物的废弃场地列表。

No-Further-Action（NFA）无进一步行动函（NFA）：指由州政府制定的书面声明，表明州政府目前无意采取法律行动或要求一方额外清理州内棕地或发起自愿清理计划。

Nonresidential Use Standard 非住宅使用标准：指一种场地清理标准，通常表示某特定污染物在其介质中的数值比（例如每百万份土壤中有五份铅）。表示平均来说，不会对非住区用地或类似居住使用的行为产生对人类健康有不可接受的风险的最大污染物浓度。与住宅使用标准相比，非住宅使用标准通常不那么严格，符合该标准的非住宅用地仅限于非居住使用。

nutrients* 营养素*：是指作为生物生长和发育原材料的元素或化合物。氮，磷，钾，以及众多其他矿物元素是必不可少的植物营养素。

organic contaminants 有机污染物：指通常人工引入的非生物体原有的碳、氮和氧键的化合物。很多有机污染物可以通过植物净化技术被降解，它们可分解成更小毒性较低的成分。有机污染物可在植物体之外的根部区域被降解，从而被植物吸收和绑定于植物组织，降解以形成无毒的代谢物，或释放到大气中。如果持续下去，最终有机污染物可能将无法再被植物降解。

parts per billion*（ppb*）：重量比例的量度单位，它相当于每单位重量的溶质（被溶解的物质）在每十亿单位重量溶剂中的重量。用于水质分析时，1升水的重量相当于10亿微克，而1 ppb相当于1微克每升（μg/L）。

parts per million*（ppm*）：重量比例的量度单位，它相当于每单位重量的溶质（被溶解的物质）在每百万单位重量溶剂中的重量。用于水质分析时，1升水的重量相当于100万毫克，而1ppm相当于1毫克每升（mg/L）。

persistent 宿存的：由于其稳定性积累在环境中的化学物质。

petrochemicals 石油化工产品：由石油产生的化学物质。

phreatophyte 地下水湿生植物：从地下水获得所需的大部分水分的深根植物。地下水湿生植物通常保持着其根部的湿润。

phytoaccumulation* 植物累积作用*：污染物通过植物组织的积累。

phytobuffer 植物缓冲区：为了预防场地被污染，试图治理可能产生的污染而进行的种植绿化。

297

phytodegradation* 植物降解：指通过植物吸水作用吸收的有机污染物，在植物体中被植物所产生的酶分解的过程。

phytoextraction* 植物提取*：指植物组织中无机元素的摄取和积累。

phytoforensics 植物取证：用于追踪地下污染物的植物样本。

phytoremediation* 植物修复*：运用植物治理土壤、沉积物、地表水和地下水污染。

phytosequestration* 植物隔离：植物对保持和稳定在植物中和根部区域的某些无机元素的能力。

phytostabilization* 植物稳定*：见植物隔离。

phytotoxic* 植物毒性的*：对植物有害的。

phytovolatilization* 植物挥发*：挥发性污染物通过植物叶片的吸收和蒸发作用。

298 polycyclic aromatic hydrocarbon（PAH）多环芳香烃（PAH）：一种多苯环碳氢化合物。沥青、燃油、石油和油脂是多环芳香烃的典型组分。

radionuclides 放射性核素：带不稳定原子核的无机元素，具有提供多余能量的特点。

recalcitrant 难降解的：持久稳固的，难以分解的。

Residential Use Standard 住宅使用标准：指一种场地清理标准，通常表示某特定污染物在其介质中的数值比（例如每百万份土壤中有五份铅）。表示平均来说，不会对居住在场地中或类似居住在场地中的行为产生对人类健康有不可接受的风险的最大污染物浓度。住宅使用标准通常最严格的场地清理标准，符合该标准的用地通常可以作为任何性质的用地使用。

The Resource Conservation and Recovery Act（RCRA）资源保护和恢复法（RCRA）：是管理危险废弃物的产生、运输、储存、治理和处理的联邦法令。资源保护和恢复项目包括纠正措施和地下储罐项目。

restrictive covenant 限制性条款：特定类型的使用限制权。例如，禁止商业用途的使用限制权。

rhizodegradation* 根系降解*：土壤生物对有机物的生物降解作用。根际通过植物隔离渗出的产物可以引起强化生物降解作用。

rhizofiltration* 根系过滤作用*：通过浸入水和土壤中的植物根部捕集污染物。

rhizosphere* 根际*：指被植物根系所影响的，植物根系周围区域的土壤。通常为植物根系几毫米或最多几厘米的范围。重要的，因为这个区域是在养分更高，因此具有较高的和更积极的微生物群。这个区域很重要，因为这个区域有更多的营养素，因而有更加活跃的微生物种群。

risk assessment 风险评估：研究或评估在许多情况下识别和量化地产中的污染所造成的对健康和环境的潜在危害。

site assessment or site characterization 场地评估/场址特性评价：危险废弃物产地的污染物和污染程度的评价鉴定。

sorbtion 吸附：一种物质依附于另一种物质的物理和化学过程，包括了吸收作用、吸附作用和离子交换。

Superfund 超级基金法：综合环境反应、赔偿和责任法（CERCLA，又名超级基金法）。管辖对有害物质污染的场地的调查和清理的联邦法令。该法令建立了一个可以由政府用于清理国家优先处理场址（NPL）表单中场地的信托基金。

total petroleum hydrocarbon（TPH）总石油碳氢混合物（TPH）：是那些用于在原油中发现的烃类混合物的术语。其中有几百种化合物，但不是所有的都存在于一个样品中。原油用于制造石油产品，其范围可以从汽油、柴油到石油。因为在原油和其他石油产品中有多种不同的化学物质，要单独测量每一种化学物质是不实际的。然而，测量场地的总石油碳氢混合物的总量是非常有用的。

toxic substances* 有毒物质*：当该物质由接触摄入，吸入或吸收入有机体时，化学元素和化合物，如铅、苯、二氧芑和其他有毒物质产生毒性。其中的有毒物质和由接触程度产生毒性的变化较大。

translocation* 染色体易位*：通过植物血管系统（木质部）从根部到其他植物组织的细胞运输。

transpiration* 蒸腾作用*：基于植物的吸收和转运过程，水最终通过植物体汽化。

treatment train 处理行列：利用修复技术依次执行以清理污染的场地。

volatile organic compound*（VOC）挥发性有机化合物*（VOC）：能够在相对较低的温度下挥发的人工合成有机物。

voluntary cleanups 志愿清理：未受到法院或机构规定的确定污染物的清理行动。大多数州都有志愿清理计划鼓励志愿清理污染，如果志愿者符合规定的标准，志愿清理计划可以为志愿者提供福利。

water table* 地下水位*：地下水浸润区的最高水平面。

zone of saturation* 饱和层*：在其中所有可用的晶格间隙（裂纹，裂缝和空穴）都充满水的地面层。这个区的顶部的水平面就是地下水位。

参考文献

Abaga, N., Dousset, S., Munier-Lamy, C., and Billet, D. 2014. Effectiveness of Vetiver grass (Vetiveria zizanioides L. nash) for phytoremediation of endosulfan in two cotton soils from Burkina Faso. *International Journal of Phytoremediation* 16 (1), pp. 95–108, DOI, 10.1080/15226514.2012.759531.

Abhilash, P. C., and Singh, N. 2010. Effect of growing Sesamum indicum L. on enhanced dissipation of Lindane (1, 2, 3, 4, 5, 6-Hexachlorocyclohexane) from soil. *International Journal of Phytoremediation* 12, pp. 440–453.

Abhilash, P. C., Jamila, S., Singh, V., Singh, A., Singh, N., and Srivastava, S. C. 2008. Occurrence and distribution of hexachlorocyclohexane isomers in vegetation samples from a contaminated area. *Chemosphere* 72 (1), pp. 79–86.

Adamia, G., Ghoghoberidze, M., Graves, D., Khatisashvili, G., Kvesitadze, G., Lomidze, E., Ugrekhelidze, D., and Zaalishvili, G. 2006. Absorption, distribution and transformation of TNT in higher plants. *Ecotoxicology and Environmental Safety* 64, pp. 136–145.

Adesodun, J. K., Atayese, M. O., Agbaje, T., Osadiaye, B. A., Mafe, O., and Soretire, A. A. 2010. Phytoremediation potentials of sunflowers (Tithonia diversifolia and Helianthus annuus) for metals in soils contaminated with zinc and lead nitrates. *Water, Air, and Soil Pollution* 207 (1–4), pp. 195–201.

Adler, A., Karacic, A., and Weih, M. 2008. Biomass allocation and nutrient use in fast-growing woody and herbaceous perennials used for phytoremediation. *Plant and Soil* 305 (1–2), pp. 189–206.

Adler, T. 1996. Botanical cleanup crews, *Science News* 150, pp. 42–43.

AIBS (American Institute of Biological Sciences) 2013. Testimony in Support of FY 2014 Funding for the United States Geological Survey, United States Forest Service, and Environmental Protection Agency. Submitted to: Senate Committee on Appropriations, Subcommittee on Interior, Environment and Related, May 2013. Retrieved from http://www.actionbioscience.org.

Albright, R. D. 2013. *Cleanup of Chemical and Explosive Munitions: Locating, Identifying the Contaminants, and Planning for Environmental Cleanup of Land and Sea Military Ranges and Dumpsites.* Elsevier Science.

Albright III, V., and Coats, J. 2014. Disposition of atrazine metabolites following uptake and degradation of atrazine in Switchgrass. *International Journal of Phytoremediation* 16 (1), pp. 62–72, DOI, 10.1080/15226514.2012.759528.

Alexander, M. 1994, *Biodegradation and Bioremediation.* California: Academic Press, Inc.

Alexander, M. 2000. Aging, bioavailability, and overestimation of risk from environmental pollutants. *Environmental Science and Technology* 34, pp. 4259–4265.

Algreen, M., Trapp, S., and Rein, A. 2013. Phytoscreening and phytoextraction of heavy metals at Danish polluted sites using willow and poplar trees. *Environmental Science and Pollution Research*, epub. ahead of print, DOI, 10.1007/s11356-013-2085-z.

Allen, H. L., Brown, S. L., Chaney, R., Daniels, W. L., Henry, C. L., Neuman, D. R., Rubin, E., Ryan, J. A., and Toffey, W. 2007. The use of soil amendments for remediation, revitalization and reuse. US EPA 542-R-07-013.

Allen, R. G., Jensen, M. E., Wright, J. L., and Burman, R. D. 1989. Operational estimates of reference evapotranspiration. *Agronomy Journal* 81 (4), pp. 650–662.

Alvarenga, P., Varennes, A., and Cunha-Queda, A. 2014. The effect of compost treatments and a plant cover with Agrostis tenuis on the immobilization/mobilization of trace elements in a mine-contaminated soil. *International*

Journal of Phytoremediation 16 (2), pp. 138–154, DOI, 10.1080/15226514.2012.759533.

Anderson, L. L., Walsh, M., Roy, A., Bianchetti, C. M., and Merchan, G. 2010. The potential of Thelypteris palustris and Asparagus sprengeri in phytoremediation of arsenic contamination. *International Journal of Phytoremediation* 13 (2), pp. 177–184.

Anderson, T. A., and Walton, B. T. 1991. Fate of trichloroethylene in soil-plant systems. In *American Chemical Society, Division of Environmental Chemistry, Extended Abstracts*, pp. 197–200.

Anderson, T. A., and Walton, B. T. 1992. *Comparative Plant Uptake and Microbial Degradation of Trichloroethylene in the Rhizospheres of Five Plant Species: Implication for Bioremediation of Contaminated Surface Soils.* ORNL/TM-12017. Oak Ridge, TN: Oak Ridge National Laboratory, Environmental Sciences Division.

Anderson, T. A., and Walton, B. T. 1995. Comparative fate of 14C trichloroethylene in the root zone of plants from a former solvent disposal site. *Environmental Toxicology and Chemistry* 14 (12): pp. 2041–2047.

Anderson, T. A., Guthrie, E. A., and Walton, B. T. 1993. Bioremediation in the rhizosphere. *Environmental Science and Technology* 27, pp. 2630–2636.

Angelova, V., Ivanova, R., Delibaltova, V., and Ivanov, K. 2011. Use of sorghum crops for in situ phytoremediation of polluted soils. *Journal of Agricultural Science and Technology A* 1 (5), pp. 693–702.

Angle, J. S., and Linacre, N. A. 2005. Metal phytoextraction: a survey of potential risks. *International Journal of Phytoremediation* 7 (3), pp. 241–254.

Anjum, N. A., Pereira, M. E., Durate, A. C., Ahmad, I., Umar, S., and Khan, N. A. (Eds.). 2013. *Phytotechnologies: Remediation of Environmental Contaminants.* New York: CRC Press.

Antunes, M. S., Morey, K. J., Smith, J. J., Albrecht, K. D., Bowen, T. A. et al. 2011. Programmable ligand detection system in plants through a synthetic signal transduction pathway, *PLoS ONE* 6 (1), e16292. DOI, 10.1371/journal.pone.0016292.

Applied Natural Sciences, Inc. 1997. *Site Data Information.* Fairfield, OH: Applied Natural Sciences, Inc.

Aprill, W., and Sims, R. C. 1990. Evaluation of the use of prairie grasses for stimulating polycyclic aromatic hydrocarbon treatment in soils. *Chemosphere* 20, pp. 253–265.

Arnold, C. W., Parfitt, D. G., and Kaltreider, M. 2007. Phytovolatilization of oxygenated gasoline-impacted groundwater at an underground storage tank site via conifers. *International Journal of Phytoremediation* 9 (1–3), pp. 53–69.

Aronow, L., and Kerdel-Vegas, F. 1965. Seleno-cystathionine, a pharmacologically active factor in the seeds of *Lecythis ollaria*. *Nature* 205, pp. 1185–1186.

Arthur, W. J. III. 1982. Radionuclide concentrations in vegetation at a solid radioactive waste-disposal area in southeastern Idaho. *Journal of Environmental Quality*, 11 (3), pp. 394–399.

Astier, C., Gloaguen, V., and Faugeron, C. 2014. Phytoremediation of cadmium-contaminated soils by young Douglas Fir trees: effects of cadmium exposure on cell wall composition. *International Journal of Phytoremediation* 16, pp. 790–803.

ATC. 2013. Drycleaner Site Profiles Pinehurst Hotel Cleaners, Pinehurst, North Carolina website http://www.drycleancoalition.org/profiles/?id=2099 and NCDENR.org website http://portal.ncdenr.org/c/document_library/get_file?uuid=16e13771-0f66-427e-96d6-6bcf58a71384&groupId=38361. Both accessed 12 March 2013.

Atkinson, R. 1989. Kinetics and mechanisms of the gas-phase reactions of the hydroxyl radical with organic compounds. *Journal of Physical and Chemical Reference Data*, Monograph No. 1.

ATSDR. 2013. http://www.atsdr.cdc.gov/. Accessed 12 May 2013 for review of toxic substances including the following: arsenic, cadmium, selenium, molybdenum, fluorine, formaldehyde, nickel, lead, mercury, aluminum, chromium, zinc, copper, and cobalt.

Bačeva, K., Stafilov, T., and Matevski, V. 2013. Bioaccumulation of heavy metals by endemic Viola species from the soil in the vicinity of the As-Sb-Tl Mine "Allchar", Republic of Macedonia. *International Journal of Phytoremediation* 16, pp. 347–365.

Baker, A. J. M. 2000. Metal-accumulating plants. In I. Raskin and B. Ensley (Eds.) *Phytoremediation of Toxic Metals.* New York: J. Wiley, pp 193–229.

Baker, A. J. M. 2013. Keynote Milt Gordon presentation at the 10th Annual International Phytotechnologies Society Conference in Syracuse, NY, 2 October 2013.

Baker, A. J. M., and Brooks, R. R. 1989. Terrestrial higher plants which hyperaccumulate metal elements – a review of their distribution, ecology, and phytochemistry. *Biorecovery* 1, pp. 81–126.

Balouet, J. C., Burken, J. G., Karg, F., Vroblesky, D. A., Balouet, J. C., Smith, K. T., Grudd, H., Rindby, R., Beaujard, F., and Chalot, M. 2012. Dendrochemistry of multiple releases of chlorinated solvents at a former industrial site. *Environmental Science and Technology*, 46 (17), pp. 9541–9547. DOI: dx.doi.org/10.1021/

Banasova, V., and Horak, O. 2008. Heavy metal content in Thlaspi caerulescens J. et C. Presl growing on metalliferous and non-metalliferous soils in Central Slovakia. *International Journal of Environmental Pollution* 33, pp. 133–145.

301

Bani, A., Echevarria, G., Sulce, S., Morel, J. L., and Mullai, A. 2007. In-situ phytoextraction of Ni by a native population of Alyssum murale on an ultramafic site (Albania). *Plant and Soil* 293, pp. 79–89.

Banks, K., and Schwab, P. 1998. Phytoremediation in the field: Craney Island site. Presented at the 3rd Annual International Conference on Phytoremediation, Houston.

Bañuelos, G. S. 2000. Factors influencing field phytoremediation of selenium-laden soils. In N. Terry and G. S. Bañuelos (Eds.) *Phytoremediation of Contaminated Soil and Water*. Boca Raton, FL: CRC Press, pp. 41–59.

Bañuelos, G., and Meek, D. 1990. Accumulation of selenium in plants grown on selenium-treated soils. *Journal of Environmental Quality* 19 (4), 772–777.

Bañuelos, G. S., Ajwa, H. A., Wu, L., Guo, X., Akohoue, S., and Zambrzuski S. 1997. Selenium-induced growth reduction in Brassica land races considered for phytoremediation. *Ecotoxicology and Environmental Safety* 36, pp. 282–287.

Bañuelos, G. S., Ajwa, H. A., Wu, L., and Zambrzuski, S. 1998. Selenium accumulation by *Brassica napus* grown in Se-laden soil from different depths of Kesterson Reservoir. *Journal of Soil Contamination* 7, pp. 481–496.

Bañuelos, G., Lin, Z. Q., Arroyo, I., and Terry, N. 2005. Selenium volatilization in vegetated agricultural drainage sediment from the SanLuis Drain, Central California. *Chemosphere* 60 (9), pp. 1203–1213.

Bañuelos, G. S., Da Roche, J., and Robinson, J. 2010. Developing selenium enriched animal feed and biofuel from canola planted for managing Se-laden drainage waters in the Westside of central California. *International Journal of Phytoremediation* 12, pp. 243–253. '

Barac, T., Weyens, N., Oeyen, L., Taghavi, S., van der Lelie, D., Dubin, D., Spliet, M., and Vangronsveld, J. 2009. Field note: hydraulic containment of a BTEX plume using poplar trees. *International Journal of Phytoremediation* 11 (5), pp. 416–424.

Basumatary, B., Saikia, R., Das, H. C., and Bordoloi, S. 2013. Field note: phytoremediation of petroleum sludge contaminated field using sedge species, Cyperus rotundus (Linn.) and Cyperus brevifolius (Rottb.) Hassk. *International Journal of Phytoremediation* 15 (9), pp. 877–888.

Batty, L. C., and Anslow, M. 2008. Effect of a polycyclic aromatic hydrocarbon on the phytoremediation of zinc by two plant species (Brassica juncea and Festuca arundinacea). *International Journal of Phytoremediation* 10 (3), pp. 236–251.

Bauddh, K., and Singh, R. P. 2011. Cadmium tolerance and its phytoremediation by two oil yielding plants Ricinus communis (L.) and Brassica juncea (L.) from the contaminated soil. *International Journal of Phytoremediation* 14, pp. 772–785.

Baumgartner, D. J. et al. 1996. *Plant Responses to Simulated and Actual Uranium Mill Tailings Contaminated Groundwater*. Report to UMTRA Project, US DOE, Environmental Research Laboratory, University of Arizona.

Beattie, G., and Seibel, J. 2007. Uptake and localization of gaseous phenol and P-cresol in plant leaves. *Chemosphere* 68, pp. 528–536.

Beckett, K. P., Freer-Smith, P. H., and Taylor, G. 1998. Urban woodlands: their role in reducing the effects of particulate pollution. *Environmental Pollution* 99 (1998), pp. 347–360.

Beckett, K. P., Freer-Smith, P. H., and Taylor, G. 2000. Effective tree species for local air quality management. *Journal of Arboriculture* 26 (1), pp. 12–19.

Bell, J. N. B., Minski, M. J., and Grogan, H. A. 1988. Plant uptake of radionuclides, *Soil Use Management* 4, pp. 76–84.

Berg, G. 2009. Plant-microbe interactions promoting plant growth and health: perspectives for controlled use of microorganisms in agriculture. *Appl. Microbiol. Biotechnol.* 84, 11–18.

Bes, C., and Mench, M. 2008. Remediation of copper-contaminated topsoils from a wood treatment facility using in situ stabilisation. *Environmental Pollution* 156 (3), pp. 1128–1138.

Bes, C. M., Jaunatre, R., and Mench, M. 2013. Seed bank of Cu-contaminated topsoils at a wood preservation site: impacts of copper and compost on seed germination. *Environmental Monitoring and Assessment* 185 (2), pp. 2039–2053.

Bes, C. M., Mench, M., Aulen, M., Gaste, H., and Taberly, J. 2010. Spatial variation of plant communities and shoot Cu concentrations of plant species at a timber treatment site. *Plant and Soil* 330 (1–2), pp. 267–280.

Best, E. P. H., Sprecher, S. L., Larson, S. L., Fredrickson, H. L., and Bader, D. F. 1999. Environmental behavior of explosives in groundwater from the Milan Army Ammunition Plant in aquatic and wetland plant treatments. Uptake and fate of TNT and RDX in plants. *Chemosphere* 39, pp. 2057–2072.

Bhadra, R., Wayment, D. G., Williams, R. K., Barman, S. N., Stone, M. B., Hughes, J. B., and Shanks, J. V. 2001. Studies on plant-mediated fate of the explosives RDX and HMX. *Chemosphere* 44, pp. 1259–1264.

Binet, P., Portal, J. M., and Lyval, C. 2000. Dissipation of 3–6 ring polycyclic aromatic hydrocarbons in the rhizosphere of ryegrass. *Soil Biology and Biochemistry* 32, pp. 2011–2017.

Black, H. 1995. Absorbing possibilities: phytoremediation. *Environmental Health Perspectives* 103, pp. 1106–1108.

Blanchfield, L. A., and Hoffman, L. G. 1984. *Environmental Surveillance for the INEL Radioactive Waste Management*

Complex and Other Areas. Annual Report 1983, EG&EG2312, INEL, August 1984.

Blaylock, M. 2008. *Arsenic Phytoextraction Phase 4 Field Verification Study Spring Valley FUDS, Operable Units 4 and 5, Washington, DC, 2007 Final Report.* Contract # W912DR-07-P-0205. Edenspace Systems Corporation. Chantilly, VA. Provided by Michael Blaylock, September 2013.

Blaylock, M. 2013. Edenspace, Inc. Personal Communication with Kate Kennen, September.

Blaylock, M. J., and Huang, J. W. 2000. Phytoextraction of metals. In I. Raskin and B. D. Ensley (Eds.) *Phytoremediation of Toxic Metals: Using Plants to Clean Up the Environment,* New York: John Wiley and Sons, Inc., pp. 53–70.

Blaylock, M. J., Salt, D. E., Dushenkov, S., Zakharova, O., Gussman, C., Kapulnik, Y., Ensley, B. D., and Raskin, I. 1997. Enhanced accumulation of Pb in Indian mustard by soil-applied chelating agents. *Environmental Science and Technology* 31, pp. 860–865.

Bluskov, S., Arocena, J. M., Omotoso, O. O., and Young, J. P. 2005 Uptake, distribution, and speciation of chromium in Brassica juncea. *International Journal of Phytoremediation* 7 (2), pp. 153–165.

Bogdevich, O., and Cadocinicov, O. 2010. Elimination of acute risks from obsolete pesticides in Moldova: phytoremediation experiment at a former pesticide storehouse. In *Application of Phytotechnologies for Cleanup of Industrial, Agricultural, and Wastewater Contamination.* NATO Science for Peace and Security Series C: Environmental Security 2010, pp. 61–85.

Boonsaner, M., Borrirukwisitsak, S., and Boonsaner, A. 2011. Phytoremediation of BTEX contaminated soil by Canna x generalis. *Ecotoxicology and Environmental Safety* 74 (6), pp. 1700–1707.

Boyd, R. S. 1998. Hyperaccumulation as a plant defensive strategy. In R. R. Brooks (Ed.) *Plants that Hyperaccumulate Heavy Metals.* Wallingford, UK: CAB International, pp. 181–201.

Boyd, R., Shaw, J., and Martens, S. 1994. Nickel hyperaccumulation defends Streptanthus polygaloides (Brassicaceae) against pathogens. *American Journal of Botany* 81 (3), pp. 294–300.

Brentner, L. B., Mukherji, S. T., Walsh, S. A., and Schnoor, J. L. 2010. Localization of hexahydro-1,3,5-trinitro-triazine (RDX) and 2,4,6-trinitrotoluene (TNT) in poplar and switchgrass plants using phosphor imager autoradiography. *Environmental Pollution* 158, pp. 470–475.

Briggs, G. G., Bromilow, R. H., and Evans, A. A. 1982. Relationship between lipophilicity and root uptake and translocation of non-ionised chemicals by barley. *Pesticide Science* 13, pp. 495–504.

Broadhurst, C. L., Chaney, R. L., Davis, A. P., Cox, A., Kumar, K., Reeves, R. D., and Green, C. E. 2013. Growth and cadmium phytoextraction by Swiss chard, maize, rice, Noccaea caerulescens and Alyssum murale in pH adjusted biosolids amended soils. *International Journal of Phytoremediation,* DOI, 10.1080/15226514.2013.828015.

Broadley, M. R., and Willey, N. J. 1997. Differences in root uptake of radiocaesium by 30 plant taxa. *Environmental Pollution,* 97 (1), p. 2.

Brooks, R.R., and Yang, X.H. 1984. Elemental levels and relationships in the endemic serpentine flora of the Great Dyke, Zimbabwe, and their significance as controlling factors for this flora. *Taxonomy* 33, pp. 392–399.

Brooks, R.R. et al. 1992. The Serpentine vegetation of Goiás State, Brazil. J. Proctor et al. (Eds.), In *The Vegetation of Ultramafic (Serpentine) Soils,* Intercept Ltd., Andover, UK, pp 67–81.

Brown, S., Sprenger, M., Maxemchuk, A., and Compton, H. 2005. An evaluation of ecosystem function following restoration with biosolids and lime addition to alluvial tailings deposits in Leadville, CO. *Journal of Environmental Quality* 34, pp. 139–148.

Brown, S., DeVolder, P., and Henry, C. 2007. Effect of amendment C:N ratio on plant diversity, cover and metal content for acidic Pb and Zn mine tailings in Leadville, CO. *Environmental Pollution* 149, pp. 165–172.

Brown, S., Svendson, A., and Henry, C. 2009. Restoration of high zinc and lead tailings with municipal biosolids and lime: field study. *Journal of Environmental Quality* 38, pp. 2189–2197.

Bunzl, K., and Kracke, W. 1984. Distribution of 210Pb, 210Po, stable lead, and fallout 137Cs in soil, plants, and moorland sheep on the heath. *Science of Total Environment* 39, pp. 143–59.

Burdette, L. J., Cook, L. L., and Dyer, R. S. 1988. Convulsant properties of cyclotrimethylenetrinitramine (RDX): spontaneous audiogenic, and amygdaloid kindled seizure activity. *Toxicology and Applied Pharmacology* 92 (3), pp. 436–444.

Burken, J. G. 2013. Presentation to Harvard University GSD 6335, Phyto Research Seminar: Remediation and Rebuilding Technologies in the Landscape. October 2013.

Burken, J. G. (Missouri S&T). 2014. Personal communication with Kate Kennen, April.

Burken, J. G., and Schnoor, J. L. 1997a. Uptake and fate of organic contaminants by hybrid poplar trees. In *Proceedings, 213th ACS National Meeting, American Chemical Society Environmental Division Symposia, San Francisco,* pp. 302–304 (Paper #106).

303

Burken, J. G., and Schnoor, J. L. 1997b. Uptake and metabolism of atrazine by poplar trees. *Environmental Science and Technology* 31, pp. 1399–1406.

Burken, J. G., and Schnoor, J. L. 1998. Predictive relationships for uptake of organic contaminants by hybrid poplar trees. *Environmental Science and Technology* 32, pp. 3379–3385.

Burken, J. G., Bailey, S. R., Shurtliff, M., and McDermott, J. 2009. Taproot Technology™: tree coring for fast, non-invasive plume delineations. *Remediation Journal* 19 (4), pp. 49–62.

Burken, J. G., Vroblesky, D. A., Balouet, J.-C. 2011. Phytoforensics, Dendrochemistry, and Phytoscreening: New Green Tools for Delineating Contaminants from Past and Present. *Environmental Science and Technology*. 2011, 45, 6218–6226.

Byers, H. G., 1935. Selenium occurrence in certain soils in the United States, with a discussion of related topics. *USDA Tech. Bull.* 482, pp. 1–47.

Byers, H. G. 1936. Selenium occurrence in certain soils in the United States, with a discussion of related topics. Second Report. *USDA Tech. Bull.* 530, pp. 1–78.

Byers, H. G. et al., 1938. Selenium occurrence in certain soils in the United States, with a discussion of related topics. Third Report. *USDA Tech. Bull.* 601, pp. 1–74.

Campbell, R., and Greaves, M. P. 1990. Anatomy and community structure of the rhizosphere. In *The Rhizosphere*. West Sussex, UK: Wiley & Sons.

Campbell, S., Arakaki, A., and Li, Q. 2009. Phytoremediation of heptachlor and heptachlor epoxide in soil by Cucurbitaceae. *International Journal of Phytoremediation* 11 (1), pp. 28–38.

Carbonell-Barrachina, A. A., Burlo-Carbonell, F., and Mataix-Beneyto, J. 1997. Arsenic uptake, distribution, and accumulation in bean plants: effect of arsenite and salinity on plant growth and yield. *Journal of Plant Nutrition* 20, pp. 1419–1430.

Carman, E. P., Crossman, T. L., and Gatliff, E. G. 1997. Phytoremediation of fuel oil-contaminated soil. *In Situ and On-Site Bioremediation* 4 (3), pp. 347–52. Columbus, OH: Battelle Press.

Carman, E. P., Crossman, T. L., and Gatliff, E. G. 1998. Trees stimulate remediation at fuel oil-contaminated site. *Soil and Groundwater Cleanup* Feb.–Mar., pp. 40–44.

Carman, E. P. et al. 2001. *Insitu Treatment Technology*, 2nd ed. New York: Lewis Publishers.

Cempel, M., and Nikel, G. 2006. Nickel: a review of its sources and environmental toxicology. *Polish Journal of Environmental Studies* 15 (3). pp. 375–382.

CH2MHill. 2011. International Phytotechnology Society Conference, Workshop 1, September 2011, Presentation by Mark Madison (CH2MHill), Curtis Stultz (POTW), Jason Smesrud (CH2MHill). Attended by Kate Kennen.

Chameides, W. L., Lindsay, R. W., Richardson, J., and Kiang, C. S. 1988. The role of biogenic hydrocarbons in urban photo- chemical smog: Atlanta as a case study. *Science* 241, pp. 1473.

Chaney, R. L. 2013. Personal correspondence via email and telephone with Kate Kennen, November.

Chaney, Rufus L., Angle, J. Scott, McIntosh, Marla S. , Reeves, Roger D. , Li, Yin-Ming, Brewer, Eric P. , Chen, Kuang-Yu , Roseberg, Richard J., Perner, Henrike, Synkowski, Eva Claire, Broadhurst, C. Leigh, Wang, S. and Baker, Alan J. M. 2005. Using hyperaccumulator plants to phytoextract soil Ni and Cd. In *Verlag der Zeitschrift für Naturforschung*, Tübingen 60c, pp. 190–198.

Chaney, R. L., Kukier, U., and Siebielec, G. 2003. Risk assessment for soil Ni, and remediation of soil-Ni phytotoxicity in situ or by phytoextraction. In *Proceedings Sudbury-2003 (Mining and the Environment III.) May 27–31, 2003. Laurentian University, Sudbury, Ontario, Canada*.

Chaney, R. L., Angle, J. S., Broadhurst, C. L., Peters, C. A., Tappero, R. V., and Sparks, D. L. 2007. Improved understanding of hyperaccumulation yields commercial phytoextraction and phytomining technologies. *Journal of Environmental Quality* 36, pp. 1429–1443.

Chaney, R. L., Broadhurst, C. L., and Centofanti, T. 2010. Phytoremediation of soil trace elements. In P. Hooda (Ed.) *Trace Elements in Soil*. Oxford: Wiley-Blackwell.

Chang, P., Gerhardt, K. E., Huang, X.-D., Yu, X.-M., Glick, B. R., Gerwing, P. D., and Greenberg, B. M. 2013. Plant growth-promoting bacteria facilitate the growth of barley and oats in salt-impacted soil: implications for phytoremediation of saline soils, *International Journal of Phytoremediation* 16 (7–12), pp. 1133–1147.

Chang, Y., Kwon, Y., Kim, S., Lee, I., and Bae, B. 2003. Ehanced degradation of 2,4,6-trinitrotoluene (TNT) in a soil column planted with Indian mallow (*Abutillon avicennae*). *Journal of Bioscience and Bioengineering* 97, pp. 99–103.

Chappell, J. 1997. *Phytoremediation of TCE using Populus*. Status report prepared for the US Environmental Protection Agency Technology Innovation Office under the National Network of Environmental Management Studies.

Chard, J. K., Orchard, B. J., Pajak, C. J., Doucette, W. J., and Bugbee, B. 1998. Design of a plant growth chamber for studies on the uptake of volatile organic compounds. *Proceedings, Conference on Hazardous Waste Research*, Snow Bird, Utah, p. 75 (Abstract P42).

Chardot, V., Massoura, S. T., Echevarria, G., Reeves, R. D., and Morel, J. 2005. Phytoextraction potential of the nickel hyperaccumulators Leptoplax emarginata and Bornmuellera tymphaea. *International Journal of Phytoremediation* 7 (4), pp. 323–335.

Chen, B., Jakobsen, I., Roos, P., and Zhu, Y.-G. 2005. Effects of the mycorrhizal fungus Glomus intraradices on uranium uptake and accumulation by Medicago truncatula L. from uranium-contaminated soil. *Plant and Soil* 275 (1), pp. 349–359.

Chen, L., Long, X., Zhang, Z., Zheng, X., Rengel, Z., and Liu, Z. 2011. Cadmium accumulation and translocation in two Jerusalem artichoke (Helianthus tuberosus L.) cultivars. *Pedosphere* 21 (5), pp. 573–580.

Chen, Z., Setagawa, M., Kang, Y., Sakurai, K., Aikawa, Y., and Iwasaki, K. 2009. Zinc and cadmium uptake from a metalliferous soil by a mixed culture of *Anthyrium yokoscense* and *Arabis flagellosa*. *Soil Science Plant Nutrition* 55, pp. 315–324.

Cherian, S., and Oliveira, M. M. 2005. Critical review transgenic plants in phytoremediation: recent advances and new possibilities. *Environmental Science and Technology* 39 (24), pp. 9377–9390.

Chintakovid, W., Visoottiviseth, P., Khokiattiwong, S., and Lauengsuchonkul, S. 2008. Potential of the hybrid marigolds for arsenic phytoremediation and income generation of remediators in Ron Phibun District, Thailand. *Chemosphere* 70 (8), pp. 1532–1537.

Ciabotti, J. 2004. *Understanding Environmental Contaminants: Lessons Learned and Guidance to Keep Your Rail-Trail Project on Track.* Washington, DC: Rails to Trails Conservancy.

Ciurli, A., Lenzi, L., Alpi, A., and Pardossi, A. 2014. Arsenic uptake and translocation by plants in pot and field experiments. *International Journal of Phytoremediation* 16 (7–8), Special Issue: The 9th International Phytotechnology Society Conference – Hasselt, Belgium 2012, pp. 804–823, DOI, 10.1080/15226514.2013.856850.

Clu-In. 2014. Website Trenton Magic Marker Case Study. http://clu-in.org/products/phyto/search/phyto_details.cfm?ProjectID=69. Accessed 1 March 2014.

Clulow, F. V., Lim, T. P., Dave, N. K., and Avadhanula, R. 1992. Radium-226 levels and concentration ratios between water, vegetation, and tissues of Ruffed grouse (*Bonasa umbellus*) from a watershed with uranium tailings near Elliot Lake, Canada. *Environmental Pollution* 77, pp. 39–50.

Coleman, J., Hench, K., Sexstone, A., Bissonnette, G., and Skousen, J. 2001. Treatment of domestic wastewater by three plant species in constructed wetlands. *Water, Air, and Soil Pollution* 128 (3–4), pp. 283–295.

Conger, R. M. 2003. Black Willow (*Salix Nigra*) Use in phytoremediation techniques to remove the herbicide Bentazon from shallow groundwater. Dissertation, Louisiana State University, Baton Rouge.

Conger, R. M., and Portier, R. J. 2006. Before-after control-impact paired modeling of groundwater bentazon treatment at a phytoremediation site. *Remediation Journal* 17 (1), pp. 81–96.

Cook, R., and Hesterberg, D. 2013. Comparison of trees and grasses for rhizoremediation of petroleum hydrocarbons. *International Journal of Phytoremediation* 15 (9), pp. 844–860.

Cook, R. L., Landmeyer, J. E., Atkinson, B., Messier, J., and Nichols, E. G. 2010. Field note: successful establishment of a phytoremediation system at a petroleum hydrocarbon contaminated shallow aquifer: trends, trials, and tribulations. *International Journal of Phytoremediation* 12 (7), pp. 716–732.

Cortes-Jimenez, E., Mugica-Alvarez, V., Gonzalez-Chavez, M., Carrillo-Gonzalez, R., Gordillo, M., and Mier, M. 2013. Natural revegetation of alkaline tailing heaps at Taxco, Guerrero, Mexico. *International Journal of Phytoremediation* 15 (2), pp. 127–141.

Coughtery, P. J., Kirton, J. A., and Mitchell, N. G. 1989. Transfer of radioactive cesium from soil to vegetation and comparison with potassium in upland grasslands. *Environmental Pollution* 62, pp. 281–315.

Couto, M. N. P. F. S., Basto, M. C. P., and Vasconcelos, M. T. S. D. 2012. Suitability of Scirpus maritimus for petroleum hydrocarbons remediation in a refinery environment. *Environmental Science and Pollution Research* 19 (1), pp. 86–95.

Craw, D., Rufaut, C., Haffert, L., and Paterson, L. 2007. Plant colonization and arsenic uptake on high arsenic mine wastes, New Zealand. *Water, Air, and Soil Pollution* 179 (1–4), pp. 351–364.

Cunningham, S. D., and Berti, W. R. 1993. Remediation of contaminated soils with green plants: an overview. *In Vitro Cellular and Developmental Biology – Plant* 29 (4), pp. 207–212.

Cunningham, S. D., and Lee, C. R. 1995. Phytoremediation: plant based remediation of contaminated soils and sediments. In H. D. Skipper and R. F. Turco (Eds.) *Bioremediation: Science and Applications.* Madison: Soil Science Society of America, pp. 145–156.

Cutright, T., Gunda, N., and Kurt, F. 2010. Simultaneous hyperaccumulation of multiple heavy metals by Helianthus annuus grown in a contaminated sandy-loam soil. *International Journal of Phytoremediation* 12, pp. 562–573.

Dahlman, R. C., Auerbach, S. I., and Dunaway, P. B. 1969. *Environmental Contamination by Radioactive Materials.*

305

Vienna: International Atomic Energy Agency and World Health Organization.

Dahmani-Muller, H., Van Oort, F., Gelie, B., and Balabane, M. 2000. Strategies of heavy metal uptake by three plant species growing near a metal smelter. *Environmental Pollution* 109 (2), pp. 231–238.

Danh, L. T., Truong, P., Mammucari, R., Tran, T., and Foster, N. 2009. Vetiver grass, Vetiveria zizanioides: a choice plant for phytoremediation of heavy metals and organic wastes. *International Journal of Phytoremediation* 11 (8), pp. 664–691.

Danh, L. T., Truong, P., Mammucari, R., and Foster, N. 2014. A critical review of the arsenic uptake mechanisms and phytoremediation potential of Pteris vittata. *International Journal of Phytoremediation* 16 (5), pp. 429–453.

Darlington, A. 2013. Presentation to Harvard University GSD 6335, Phyto Practicum Research Seminar. October.

Darlington, A. 2014. Nedlaw Living Walls, Inc. Personal communication with Kate Kennen, February.

Das, D., Datta, R., Markis, K. C., and Sakar, D. 2010. Vetiver grass is capable of removing TNT from soil in the presence of urea. *Environmental Pollution* 158, pp. 1980–1983.

Davenport, C. 2013. EPA funding reductions have kneecapped environmental enforcement. *National Journal*, NJ Daily. 3 March 2013. Retrieved from: http://www.nationaljournal.com/daily/epa-funding-reductions-have-kneecapped-environmental-enforcement-20130303.

Davis, L. C., Muralidharan, N., Visser, V. P., Chaffin, C., Fateley, W. G., Erickson, L. E., and Hammaker, R. M. 1994. Alfalfa plants and associated microorganisms promote biodegradation rather than volatilization of organic substances from groundwater. In T. A. Anderson and J. R. Coats (Eds.) *Bioremediation Through Rhizosphere Technology*, ACS Symposium Series 563. Washington, D C: American Chemical Society.

Davis, L. C., Erickson, L. E., Narayanan, N., and Zhang, Q. 2003. Modeling and design of phytoremediation. In S. C. McCutcheon and J. L. Schnoor (Eds.) *Phytoremediation: Transformation and Control of Contaminants*. New York: Wiley, pp. 663–694.

Del Tredici, P. 2010. *Wild Urban Plants of the Northeast: A Field Guide*. Ithaca, NY: Comstock Publishing Associates.

Delorme, E. A. 2000. Phytoremediation of phosphorus-enriched soils. *International Journal of Phytoremediation* 2 (2), pp. 173–181.

Department of the Airforce. 2010 September. Final Technical Report on Phytostabilization at Travis Air Force Base, California. Prepared by Parsons, 1700 Broadway, Suite 900, Denver, CO 80290.

Detroit Future City. 2012. Detroit Strategic Framework Plan prepared by The Detroit Works Project Long Term Planning Steering Committee, Director of Projects, Dan Kinkead.

Dickinson, N. M., Baker, A. J., Doronila, A., Laidlaw, S., and Reeves, R. 2009. Phytoremediation of inorganics: realism and synergies. *International Journal of Phytoremediation* 11, pp. 97–114.

Ding, C., Zhang, T., Wang, X., Zhou, F., Yang, Y., and Yin, Y. 2013. Effects of soil type and genotype on cadmium accumulation by rootstalk crops: implications for phytomanagement. *International Journal of Phytoremediation* 16, pp. 1018–1030.

Dodge, C. J., and Francis, A. J. 1997. Biotransformation of binary and ternary citric acid complexes of iron and uranium. *Environmental Science and Technology* 31, pp. 3062–3067.

Dominguez, M., Madrid, F., Maranon, T., and Murillo, J. 2009. Cadmium availability in soil and retention in oak roots: potential for phytostabilization. *Chemosphere* 76 (4), pp. 480–486.

Dominguez-Rosado, E., Pichtel, J., and Coughlin, M. 2004. Phytoremediation of soil contaminated with used motor oil: I. Enhanced microbial activities from laboratory and growth chamber studies. *Environmental Engineering Science* 21 (2), pp. 157–168.

Dosnon-Olette, R., Couderchet, M., Oturan, M., Oturan, N., and Eullaffroy, P. 2011. Potential use of Lemna minor for the phytoremediation of isoproturon and glyphosate. *International Journal of Phytoremediation* 13 (6), pp. 601–612.

Doucette, W. 2014. Personal communication with Dr. William Doucette, Utah Water Research Laboratory, Utah State University, 8200 Old Main Hill, Logan, Utah 84322-8200, United States.

Doucette, W., Klein, H., Chard, J., Dupont, R., Plaehn, W., and Bugbee, B. 2013. Volatilization of trichloroethylene from trees and soil: measurement and scaling approaches. *Environmental Science and Technology* 47, pp. 5813–5820.

Duringer, J. M., Craig, A. M., Smith, D. J., and Chaney, R. L. 2010. Uptake and transformation of soil [C-14]-trinitrotoluene by cool-season grasses. *Environmental Science and Technology* 44 (16), pp. 6325–6330.

Dushenkov, S., Kapulnik, Y., Blaylock, M., Sorochinsky, B., Raskin, I., and Ensley, B. 1997a. Phytoremediation: a novel approach to an old problem. In D. L. Wise (Ed.) *Global Environmental Biotechnology*, Amsterdam: Elsevier Science B.V., pp. 563–572.

Dushenkov, S., Vasudev, D., Kapulnik, Y., Gleba, D., Fleisher, D., Ting, K. C., and Ensley, B. 1997b. Removal of uranium from water using terrestrial plants. *Environmental Science and Technology* 31, pp. 3468–3474.

Dutton, M. V., and Humphreys, P. N. 2005. Assessing the potential of short rotation coppice (Src) for cleanup of radionuclide contaminated sites. *International Journal of Phytoremediation* 7 (4), pp. 279–293.

Dzierżanowski, K., and Gawroński, S. 2011. Use of trees for reducing particulate matter pollution in air. *Natural Sciences* 1(2), pp. 69–73.

Dzierżanowski, K., Popek, R., Gawroński, H., Saebo, A., and Gawroński, S. 2011. Deposition of particulate matter of different size fractions on leaf surfaces and in waxes of urban forest species. *International Journal of Phytoremediation* 13 (10), pp. 1037–1046.

Ebbs, S., Hatfield, S., Nagarajan, V., and Blaylock, M. 2009. A comparison of the dietary arsenic exposures from ingestion of contaminated soil and hyperaccumulating Pteris ferns used in a residential phytoremediation project. *International Journal of Phytoremediation* 12, pp. 121–132.

Efe, S. I., and Okpali, A. E. 2012. Management of petroleum impacted soil with phytoremediation and soil amendments in Ekpan Delta State, Nigeria. *Journal of Environmental Protection* 3, pp. 386–393.

Eisner, S., and CH2MHill. 2011. International Phytotechnology Society Conference, Workshop 1, Site Visit by Kate Kennen, September 2011, Information provided by Stephanie Eisner (City of Salem), Mark Madison (CH2MHill), and Jason Smesrud (CH2MHill).

El-Gendy, A. S., Svingos, S., Brice, D., Garretson, J. H., and Schnoor, J. 2009. Assessments of the efficacy of a long-term application of a phytoremediation system using hybrid poplar trees at former oil tank farm sites. *Water Environment Research* 81 (5), pp. 486–498.

Entry, J. A., and Emmingham, W. H. 1995. Sequestration of 137Cs and 90Sr from soil by seedlings of *Eucalyptus tereticornis*. *Canadian Journal of Forest Research* 25, pp. 1044–1047.

Entry, J. A., and Watrud, L. S. 1998. Potential remediation of Cs-137 and Sr-90 contaminated soil by accumulation in Alamo switchgrass. *Water, Air and Soil Pollution* 104, pp. 339–352.

Entry, J. A., Rygiewicz, P. T., and Emmingham, W. H. 1993. Accumulation of cesium-137 and strontium-90 in Ponderosa pine and Monterey pine seedlings. *Journal of Environmental Quality* 22, pp. 742–746.

Entry, J. A., Vance, N. C., Hamilton, M. A., Zabowski, D., Watrud, L. S., and Adriano, D. C. 1996. Phytoremediation of soil contaminated with low concentrations of radionuclides. *Water, Air, and Soil Pollution* 88, pp. 167–176.

Environment Canada. 2001. Priority Substances List Assessment Report: Road Salts. Report. Environment Canada, Health Canada.

Erickson, L. E. et al. 1999. Simple plant-based design strategies for volatile organic pollutants. *Environmental Progress* 18 (4), pp. 231–242.

Euliss, K., Ho, C., Schwab, A. P., Rock, S., and Banks, A. K. 2008. Greenhouse and field assessment of phytoremediation for petroleum contaminants in a riparian zone. *Bioresource Technology* 99 (6), pp. 1961–1971.

Evangelou, M. W. H., Ebel, M., and Schaeffer, A. 2007. Chelate assisted phytoextraction of heavy metals from soil. Effect, mechanism, toxicity, and fate of chelating agents. *Chemosphere* 68, p. 989.

Evangelou, M. W., Robinson, B. H., Gunthardt-Goerg, M. S., and Schulin, R. 2013. Metal uptake and allocation in trees grown on contaminated land: implications for biomass production. *International Journal of Phytoremediation* 15 (1), pp. 77–90.

Faison, B. D. 2004. Biological treatment of metallic pollutants. In A. Singh and O. P. Ward (Eds.) *Applied Bioremediation and Phytoremediation*. New York: Springer, pp. 81–114.

Ferro, A. M., Sims, R. C., and Bugbee, B. 1994. Hycrest Crested wheatgrass accelerates the degradation of pentachlorophenol in soils. *Journal of Environmental Quality* 23, pp. 272–279.

Ferro, A. M., Kennedy, J., and Knight, D. 1997. Greenhouse-scale evaluation of phytoremediation for soils contaminated with wood preservatives. *In Situ and On-Site Bioremediation* 4 (3), pp. 309–314. Columbus, OH: Battelle Press.

Ferro, A. M., Rock, S. A., Kennedy, J., and Herrick, J. J. 1999. Phytoremediation of soils contaminated with wood preservatives: greenhouse and field evaluations. *International Journal of Phytoremediation* 1 (3), pp. 289–306.

Ferro, A., Kennedy, J. and LaRue, J. 2013. Phytoremediation of 1,4-dioxane-containing recovered groundwater. *International Journal of Phytoremediation* 15:10, pp. 911–923.

Ferro, A., Kennedy, J., Kjelgren, R., Rieder, J., and Perrin, S. 1999. Toxicity assessment of volatile organic compounds in poplar trees. *International Journal of Phytoremediation* 1 (1), pp. 9–17.

Ferro, A. M., Adham, T., Berra, B., and Tsao, D. 2013. Performance of deep-rooted phreatophytic trees at a site containing total petroleum hydrocarbons. *International Journal of Phytoremediation* 15 (3), pp. 232–244.

Ferro, A. M., Chard, B., Gefell, M., Thompson, B., and Kjelgren, R. 2000. Phytoremediation of organic solvents in groundwater: Pilot study at a Superfund site. In G. B. Wickramanayake, A. R. Gavaskar, B. C. Alleman, and V. S. Maga (Eds.), *Bioremediation and phytoremediation of chlorinated and recalcitrant compounds*, vol. C2–4, Columbus: Battelle Press, pp. 461–466.

307

Ferro, A. M., Kennedy, J., and LaRue, J. C. 2013. Phytoremediation of 1,4- Dioxane-containing recovered groundwater. *International Journal of Phytoremediation* 15 (10), pp. 911–923.

Ficko, S. A., Rutter, A., and Zeeb, B. A. 2010. Potential for phytoextraction of PCBs from contaminated soils using weeds. *Science of the Total Environment* 408 (16), pp. 3469–3476.

Ficko, S., Rutter, A., and Zeeb, B. 2011. Phytoextraction and uptake patterns of weathered polychlorinated biphenyl-contaminated soils using three perennial weed species. *Journal of Environmental Quality* 40 (6), pp. 1870–1877.

Field, C. B., Campbell, J. E., and Lobell, D. B. 2008. Biomass energy: the scale of the potential resource. *Trends in Ecology & Evolution* 23, pp. 65–72.

Fiorenza, S. (BP) and Thomas, F. (Phytofarms) 2004. Phytoscapes plant testing program. Unpublished draft provided on 11 November 2013 by Dr. David Tsao, BP Corporation North America, Inc. 150 W. Warrenville Rd. Naperville, IL 60563 USA.

Flathman, P. E., and Lanza, G. R. 1998. Phytoremediation: current views on an emerging green technology. *Journal of Soil Contamination* 7, pp. 415–432.

Fletcher, J. S., and Hegde, R. S. 1995. Release of phenols by perennial plant roots and their potential importance in bioremediation. *Chemosphere* 31, pp. 3009–3016.

Forman, R. T., and Alexander, L. E. 1998. Roads and their major ecological effects. *Annual Review of Ecology and Systematics* 29, pp 207–231.

Forman, R. T. et al. 2003. *Road Ecology: Science and Solutions*. Washington, DC: Island Press.

Francesconi, K., Visoottiviseth, P., Sridokchan, W., and Goessler, W. 2002. Arsenic species in an arsenic hyperaccumulating fern, *Pityrogramma calomelanos*: a potential phytoremediator of arsenic-contaminated soils. *Journal of the Science of the Total Environment* 284, pp. 27–35.

Freeman, J., Zhang, L., Marcus, M., Fakra, S., McGrath, S., and Pilon-Smits, E. 2006. Spatial imaging, speciation, and quantification of selenium in the hyperaccumulator plants Astragalus bisulcatus and Stanleya pinnata. *Plant Physiology* 142 (1), pp. 124–134.

Freeman, J. L. 2014. Correspondence with Kate Kennen, 13 January, including copy of PowerPoint.

Freeman, J. L., and Banuelos, G. S. 2011. Selection of salt and boron tolerant selenium hyperaccumulator Stanleya pinnata genotypes and characterization of Se phytoremediation from agricultural drainage, *Environmental Science and Technology* 45, pp. 9703–9710.

French, C. E., Rosser, S. J., Davies, G. J., Nicklin, S., and Bruce, N. C. 1999. Biodegradation of explosives by transgenic plants expressing pentaerythritol tetranitrate reductase. *Nature Biotechnology* 17, pp. 491–494.

Friesl, W., Friedl, J., Platzer, K., Horak, O., and Gerzabek, M. 2006. Remediation of contaminated agricultural soils near a former Pb/Zn smelter in Austria: batch, pot and field experiments. *Environmental Pollution* 144 (1), pp. 40–50.

Fu, D., Teng, Y., Shen, Y., Sun, M., Tu, C., Luo, Y., Li, Z., and Christie, P. 2012. Dissipation of polycyclic aromatic hydrocarbons and microbial activity in a field soil planted with perennial ryegrass. *Frontiers of Environmental Science & Engineering* 6 (3), pp. 330–335.

Gao, J., Garrison, A. W., Hoehamer, C., Mazur, C., and Wolfe, N. L. 1998. Bioremediation of organophosphate pesticides using axenic plant tissue cultures and tissue extracts. Poster abstract at 3rd Annual International Conference on Phytoremediation, Houston.

Gardea-Torresdey, J. L., Sias, S., Tiemann, K. J., Hernandez, A., Rodriguez, O., and Arenas, J. 1998. Evaluation of northern Chihuahuan Desert plants for phytoextraction of heavy metals from contaminated soils. *Proceedings, Conference on Hazardous Waste Research*, Snow Bird, Utah, pp. 26–27 (Abstract 39).

Gaston, L. A., Eilers, T. L., Kovar, J. L., Cooper, D., and Robinson, D. L. 2003. Greenhouse and field studies on hay harvest to remediate high phosphorus soil. *Communications in Soil Science and Plant Analysis* 34 (15–16), pp. 2085–2097.

Gatliff, E. G. 1994. Vegetative remediation process offers advantages over traditional pump-and-treat technologies. *Remediation* 4 (3), pp. 343–52.

Gatliff, E. G. 2012. Personal communication with Kate Kennen regarding Tree Well System, April.

Gawronski, S. 2010. Presentation at International Phytotechnologies Conference, Parma, Italy, 2010.

Gawronski, S., Greger, M., and Gawronska, H. 2011. Plant taxonomy and metal phytoremediation. In I. Sherameti and A. Varma (Eds.) *Detoxification of Heavy Metals, Soil Biology* 30, DOI, 10.1007/978-3-642-21408-0_5, Berlin, Heidelberg: Springer-Verlag.

GCSAA. 2013. Golf Course Superintendents Associate of America, http://www.gcsaa.org/. Accessed 15 January 2014.

Gerhardt, K., Huang, X.-D., Glick, B. R., and Greenberg, B. M. 2009. Phytoremediation and rhizoremediation of organic soil contaminants. *Plant Science* 176, pp. 20–30.

Ghaderian, S.M., Mohtadi, A., Rahiminejad, M.R., and Baker, A.J.M. 2007. Nickel and other metal uptake and accumulation by species of *Alyssum* (Brassicaceae) from the ultramafics of Iran. *Environmental Pollution* 145, pp. 293–298.

308

Ghnaya, T., Nouairi, I., Slama, I., Messedi, D., Grignon, C., Adbelly, C., and Ghorbel, M. H. 2005. Cadmium effects on growth and mineral nutrition of two halophytes: Sesuvium portulacastrum and Mesembryanthemum crystallinum. *Journal of Plant Physiology* 162, pp. 1133–1140.

Gilbert, E. S., and Crowley, D. E. 1997. Plant compounds that induce polychlorinated biphenyl biodegradation by Arthrobacter sp. strain B1B. *Applied Environmental Microbiology* 63 (5), pp. 1933–1938.

Gisbert, C., Almela, C., Vélez, D., López-Moya, J. R., De Haro, A., Serrano, R., Montoro, R., and Navarro-Aviñó, J. 2008. Identification of As accumulation plant species growing on highly contaminated soils. *International Journal of Phytoremediation* 10, pp. 185–196.

Glass, D. J. 1999. *U.S. and International Markets for Phytoremediation, 1999–2000.* Needham, MA: D. Glass Associates.

Godish, T., and Guindon, C. 1989. An assessment of botanical air purification as a formaldehyde mitigation measure under dynamic laboratory chamber conditions. *Environmental Pollution* 61, pp. 13–20.

Godsy, E. M., Warren, E., and Paganelli, V. V. 2003. The role of microbial reductive dechlorination of TCE at the phytoremediation site at the Naval Air Station, Fort Worth, Texas. *International Journal of Phytoremediation* 5 (1), pp. 73–87.

Gomes, P., Valente, T., Pamplona, J., Sequeira Braga, M. A., Pissarra, J., Grande Gil, J. A., and De La Torre, M. L. 2013. Metal uptake by native plants and revegetation potential of mining sulfide-rich waste-dumps. *International Journal of Phytoremediation* 16, pp. 1087–1103.

Gorbachevskaya, O., Kappis, C., Schreiter, H., and Endlicher, W. 2010. Das grüne Gleis – vegetationstechniche, ökologische und ökonomische Aspekte der Gleisbettbegrünung. *Berliner Geographische Arbeiten* 116.

Gordon, M. P., Choe, N., Duffy, J., Ekuan, G., Heilman, P., Muiznieks, I., Newman, L., Ruszaj, M., Shurtleff, B., Strand, S., and Wilmoth, J. 1997. Phytoremediation of trichloroethylene with hybrid poplars. In E. L. Kruger, T. A. Anderson and J. R. Coats (Eds.) *Phytoremediation of Soil and Water Contaminants*, American Chemical Society Symposium Series 664. Washington, DC: American Chemical Society, pp. 177–185.

Gouthu, S., Arie, T., Ambe, S., and Yamaguchi, I. 1997. Screening of plant species for comparative uptake abilities of radioactive Co, Rb, Sr and Cs from soil. *Journal of Radioanalytical and Nuclear Chemistry* 222, pp. 247–251.

Greger, M., and Landberg, T. 1999. Use of willow in phytoextraction. *International Journal of Phytoremediation* 1 (2), pp 115–123.

Gunther, T., Dornberger, U., and Jones, D. 1996. Effects of ryegrass on biodegradation of hydrocarbons in soil. *Chemosphere* 33, pp. 203–215.

Guo, P., Wang, T., Liu, Y., Xia, Y., Wang, G., Shen, Z., and Chen, Y. 2013. Phytostabilization potential of evening primrose (Oenothera glazioviana) for copper-contaminated sites. *Environmental Science and Pollution Research* 21 (1), pp. 1–10.

Gupta, D. K., Srivastava, A., and Singh, V. P. 2008. EDTA enhances lead uptake and facilitates phytoremediation by Vetiver grass. *Journal of Environmental Biology* 29 (6), pp. 903–906.

Guthrie Nichols, E. 2013. Personal communication with Dr. Elizabeth Guthrie Nichols, Department of Forestry and Environmental Resources, North Carolina State University, Raleigh, NC.

Guthrie Nichols, E., Cook, R. L, Landmeyer, J. E., Atkinson, B., Malone, D. R., Shaw, G., and Woods, L. 2014. Phytoremediation of a petroleum-hydrocarbon contaminated shallow aquifer in Elizabeth City, North Carolina, USA. *Remediation Journal* 24 (2), pp. 29–46.

Hagler, G. S. W., Thoma, E. D., and Baldauf, R. W. 2010. High-resolution monitoring of carbon monoxide and ultrafine particle concentrations in a near-road environment. *Journal of the Air and Waste Management Association* 60 (3), pp. 328–336.

Haith, D. A., and Rossi, F. S. 2003. Risk assessment of pesticide runoff from turf. *Journal of Environment Quality* 3 (2), pp. 447–455.

Hall, J., Soole, K., and Bentham, R. 2011. Hydrocarbon phytoremediation in the family Fabaceae – a review. *International Journal of Phytoremediation* 13 (4), pp. 317–333.

Hannink, N., Rosser, S. J., French, C. E., Basran, A., Murray, J. A. H., Nicklin, S., and Bruce, N. C. 2001. Phytodetoxification of TNT by transgenic plants expressing a bacterial nitroreductase. *Nature Biotechnology* 19, pp. 1168–1172.

Hanson, R., Lindblom, S. D., Loeffler, M. L., and Pilon-Smits, E. A. H. 2004. Selenium protects plants from phloem-feeding aphids due to both deterrence and toxicity. *New Phytologist* 162, pp. 655–662.

Harris, M. 2008. After the burial. In *Grave Matters, a Journey through the Modern Funeral Industry to a Natural Way of Burial.* New York: Scribner, chapter 2.

Harper, G. 2013. Green roof runoff characterization: nutrient loading and erosion control on a newly planted green roof. Presentation at 10th Annual International Phytotechnologies Society Conference, Syracuse, NY, 3 October 2013. Work completed at Missouri S&T with Lea Ahrens, Missouri S&T, Joel Burken, Missouri S&T, Eric Showalter, Missouri S&T.

Harvey, G. 1998. How to evaluate the efficacy and cost at the fields scale. Presented at the 3rd Annual International Conference on Phytoremediation, Houston.

Hayhurst, S. C., Doucette, W. J., Orchard, B. J., Pajak, C. J., Bugbee, B., and Koerner, G. 1998. Phytoremediation of trichloroethylene: a field evaluation. In *Proceedings, Conference on Hazardous Waste Research,* Snow Bird, Utah, p. 74 (Abstract P40).

Henderson, K. L. D., Belden, J. B., Zhao, S., and Coats, J. R. 2006. Phytoremediation of pesticide wastes in soil. *Zeitschrift für Naturforschung Section C – a Journal of Biosciences* 61 (3–4), pp. 213–221.

Hettiarachchi, G. 2011. Soil contaminants in urban environments: their bioavailability and transfer. Presentation to Harvard GSD 9108 Phytotechnologies Research Seminar by Dr. Hettiarachchi, Kansas State University, Department of Agronomy, April 2011.

Hewamanna, R., Samarakoon, C. M., and Karunaratne, P. A. V. N. 1988. Concentration and chemical distribution of radium in plants from monazite-bearing soils. *Environmental and Experimental Botany* 28, pp. 137–43.

Hill, J. 2014. University of Toronto, Canada. Personal communication with Kate Kennen, February.

Hinchman, R. R., Negri, M. C., and Gatliff, E. G. 1997. *Phytoremediation: Using Green Plants to Clean Up Contaminated Soil, Groundwater, and Wastewater.* Submitted to the US Department of Energy, Assistant Secretary for Energy Efficient and Renewable Energy under Contract W-31-109-Eng-38.

Hoagland, R. E., Zablotowicz, R. M., and Locke, M. A. 1994. Propanil metabolism by rhizosphere microflora. In T. A. Anderson and J. R. Coats (Eds.) *Bioremediation through Rhizosphere Technology,* ACS Symposium Series 563. Washington, DC: American Chemical Society.

Hogan, C. M. 2010. Heavy metal. In E. Monosson and C. Cleveland (Eds.) *Encyclopedia of Earth.* Washington, DC: National Council for Science and the Environment.

Hong, M. S., Farmayan, W. F., Dortch, I. J., Chiang, C. Y., McMillan, S. K., and Schnoor, J. L. 2001. Phytoremediation of MTBE from a groundwater plume. *Environmental Science and Technology* 35, pp. 1231–1239.

Hsu, T. S., and Bartha, R. 1979. Accelerated mineralization of two organophosphate insecticides in the rhizosphere. *Applied Environmental Microbiology* 37, pp. 36–41.

Hu, Y., Nan, Z., Jin, C., Wang, N., and Luo, H. 2013. Phytoextraction potential of Poplar (Populus alba L. var. pyramidalis Bunge) from calcareous agricultural soils contaminated by cadmium. *International Journal of Phytoremediation* 16, pp. 482–495.

Huang X.-D., El-Alawi, Y., Penrose, D. M., Glick, B. R., Greenberg, B. M. 2004. A multi-process phytoremediation system for removal of polycyclic aromatic hydrocarbons from contaminated soils. *Environ. Pollut.* 130, 465–476.

Hue, N. V. 2013. Arsenic chemistry and remediation in Hawaiian soils. *International Journal of Phytoremediation* 15, pp. 105–116.

Hughes, J. B., Shanks, J., Vanderford, M., Lauritzen, J., and Bhadra, R. 1997. Transformation of TNT by aquatic plants and plant tissue cultures. *Environmental Science and Technology* 31, pp. 266–271.

Hülster, A., Muller, J. F., and Marschner, H. 1994. Soil-plant transfer of poly-chlorinated-p-dioxins and dibenzofurans to vegetables of the cucumber family (Cucurbitaceae). *Environmental Science and Techonology* 28, pp. 1110–1115.

Hultgren, J., Pizzul, L., Pilar Castillo, M., and Granhall, U. 2009. Degradation of PAH in a creosote-contaminated soil. A comparison between the effects of willows (Salix viminalis), wheat straw and a nonionic surfactant. *International Journal of Phytoremediation* 12 (1), pp. 54–66.

Hutchinson, S. L., Schwab, A. P., and Banks, M. K. 2003. Biodegration of petroleum hydrocarbons in the rhizosphere. In S. C. McCutcheon and J. L. Schnoor (Eds.) *Phytoremediation: Transformation and Control of Contaminants.* Hoboken: John Wiley, pp. 355–386.

Isleyen, M., Sevim, P., Hawthorne, J., Berger, W., and White, J. C. 2013. Inheritance profile of weathered Chlordane and P,P -DDTs accumulation by Cucurbita pepo hybrids. *International Journal of Phytoremediation* 15, pp. 861–876.

Israr, M., Jewell, A., Kumar, D., and Sahi, S.V. 2011. Interactive effects of lead, copper, nickel, and zinc on growth, metal uptake, and antioxidative metabolism of Sesbania drummondii. *Journal of Hazardous Materials* 186, pp. 1520–1526.

ITRC (Interstate Technology & Regulatory Council). 2003. WTLND-1 *Technical and Regulatory Guidance Document for Constructed Treatment Wetlands.* Washington, DC: Interstate Technology & Regulatory Council, http://www.itrcweb.org.

ITRC (Interstate Technology & Regulatory Council). 2005. WTLND-2 *Technical and Regulatory Characterization, Design, Construction, and Monitoring of Mitigation Wetlands.* Washington, DC: Interstate Technology & Regulatory Council, http://www.itrcweb.org.

ITRC (Interstate Technology & Regulatory Council). 2009. PHYTO-3 *Phytotechnology Technical and Regulatory Guidance and Decision Trees, Revised.* Washington, DC: Interstate Technology & Regulatory Council, Phytotechnologies Team, http://www.itrcweb.org.

Jaffré, T., and Schmid, M. 1974. Accumulation du Nickel par une Rubiacée de Nouvelle Calédonie, Psychotria douarrei

(G. Beauvisage) Däniker. *Compt. Rend. Acad. Sci* (Paris) Sér. 278, pp. 1727–1730.

Jeffers, P. M., and Liddy, C. D. 2003. Treatment of atmospheric halogenated hydrocarbons by plants and fungi. In S. C. McCutcheon and J. L. Schnoor (Eds.) *Phytoremediation: Transformation and Control of Contaminates.* New York: Wiley, pp. 409–427.

Ji, P., Song, Y., Sun, T., Liu, Y., Cao, X., Xu, D., Yang, X., and McRae, T. 2011. In-situ cadmium phytoremediation using Solanum nigrum L.: the bio-accumulation characteristics trail. *International Journal of Phytoremediation* 13 (10), pp. 1014–1023.

Johansson, L., Xydas, C., Messios, N., Stoltz, E., and Greger, M. 2005. Growth and Cu accumulation by plants grown on Cu containing mine tailings in Cyprus. *Applied Geochemistry* 20 (1), pp. 101–107.

Jones, S. A., Lee, R. W., and Kuniansky, E. L. 1999, Phytoremediation of trichloroethene (TCE) using cottonwood trees. In Leeson, A., and B. C. Alleman (Eds.) *Phytoremediation and Innovative Strategies for Specialized Remedial Applications, The Fifth International In Situ and On-Site Bioremediation Symposium, San Diego, California, April 19–22,* Columbus, OH: Battelle Press, v. 6, pp. 101–108.

Just, C. L., and Schnoor J. L. 2004. Phytophotolysis of hexahydro-1,3,5-trinitro-1,3,5-triazine (RDX) in leaves of Reed canary grass. *Environmental Science and Technology* 38 (1), pp. 290–295.

Kachout, S. S., Mansoura, A. B., Mechergui, R., Leclerc, J. C., Rejeb, M. N., and Ouerghi, Z. 2012. Accumulation of Cu, Pb, Ni and Zn in the halophyte plant Atriplex grown on polluted soil. *Journal of the Science of Food and Agriculture* 92 (2), pp. 336–342.

Kadlec, R. H., and Knight, R. L. 1996. *Treatment Wetlands.* Boca Raton, FL: CRC Press, Lewis Publishers.

Kadlec, R. H., and Knight, R. L. 1998. *Creating and Using Wetlands for Wastewater and Stormwater Treatment and Water Quality Improvement, Part I. Treatment Wetlands.* Madison, WI: University of Wisconsin–Madison Department of Engineering.

Kadlec, R. H., and Wallace, S. D. 2009. *Treatment Wetlands,* 2nd ed. Boca Raton, FL: CRC Press.

Kaimi, J. E., Mukaidani, T., and Tamak, M. 2007. Screening of twelve plant species for phytoremediation of petroleum hydrocarbon contaminated soil. *Plant Production Science* 10 (2), pp. 211–218, DOI, 10.1626/pps.10.211.

Karimi, N., Ghaderian, S. M., Raab, A., Feldmann, J., and Meharg, A. A. 2009. An arsenic-accumulating, hypertolerant brassica, Isatis capadocica. *New Phytologist* 184 (1), pp. 41–47.

Karthikeyan, R., Kulakow, P. A., Leven, B. A., and Erickson, L. E. 2012. Remediation of vehicle wash sediments contaminated with hydrocarbons: a field demonstration. *Environmental Progress & Sustainable Energy* 31 (1), pp. 139–146.

Keeling, S. M., Stewart, R. B., Anderson, C. W., and Robinson, B. H. 2003. Nickel and cobalt phytoextraction by the hyperaccumulator Berkheya coddii: implications for polymetallic phytomining and phytoremediation. *International Journal of Phytoremediation* 5, pp. 235–244.

Keiffer, C. H., and Ungar, I. A. 1996. *Bioremediation of Brine Contaminated Soils.* Final Report, PERF Project #91-18.

Kelepertsis, A. E. et al. 1990. The use of the genus *Alyssum* as a reliable geobotanical-biogeochemical indicator in geological mapping of altruabasic rocks in Greece. *Praktika tis Akademias Athinon* 65, pp. 170–176.

Kelsey, J. W., Colino, A., Koberle, M., and White, J. C. 2006. Growth conditions impact 2,2-bis (p-chlorophenyl)-1,1-dichloroethylene (p,p -DDE) accumulation by Cucurbita pepo. *International Journal of Phytoremediation* 8 (3), pp. 261–271.

Kersten, W. J., Brooks, R. R., Reeves, R. D., and Jaffre, T. 1979. Nickel uptake by New Caledonian species of *Phyllanthus. Taxon* 28 (5–6), pp. 529–534.

Kertulis-Tartar, G., Ma, L., Tu, C., and Chirenje, T. 2006. Phytoremediation of an arsenic-contaminated site using Pteris vittata L.: a two-year study. *International Journal of Phytoremediation* 8 (4), pp. 311–322.

Kiker, J. H., Larson, S., Moses, D. D., and Sellers, R. 2001. Use of engineered wetlands to phytoremediate explosives contaminated surface water at the Iowa Army Ammunition Plant, Middletown, Iowa. *Proceedings of the 2001 International Containment and Remediation Technology Conference and Exhibition.* http:// www.containment.fsu. edu/cd/content/pdf/416.pdf.

Kirkwood, N. 2001. *Manufactured Sites: Rethinking the Post-Industrial Landscape.* London, New York: Spon Press.

Kirkwood, N. 2002. Here come the hyper-accumulators, cleaning toxic sites from the roots up. *Harvard Design Magazine,* Fall–Winter.

Kirkwood, N., Hollander, J., and Gold, J. 2010. *Principles of Brownfield Regeneration, Cleanup, Design and Reuse of Derelict Land.* Washington, DC: Island Press.

Klein, H. A. 2011. Measuring the removal of trichloroethylene from phytoremediation sites at Travis and Fairchild Air Force bases. M.Sc. thesis, University of Utah.

Knight, S. H., and Beath, O. A., 1937. The occurrence of selenium and seleniferous vegetation in Wyoming. *Wyoming Agric. Exper. Stn. Bull.* 221.

Knott, S. G. et al. 1958. Selenium poisoning in horses in North Queensland. *Queensland Dept. Agric., Div. Animal Ind., Bull.* 41, pp. 1–16.

311

Kocon, A., and Matyka, M. 2012. Phytoextractive potential of Miscanthus giganteus and Sida hermaphrodita growing under moderate pollution of soil with Zn and Pb. *Journal of Food, Agriculture and Environment* 10 (2), pp. 1253–1256.

Kolbas, A., Mench, M., Herzig, R., Nehnevajova, E., and Bes, C. 2011. Copper phytoextraction in tandem with oilseed production using commercial cultivars and mutant lines of sunflower. *International Journal of Phytoremediation* 13 (suppl), pp. 55–76.

Kolbas A., Mench M., Marchand L., Herzig R., and Nehnevajova, E. 2014. Phenotypic seedling responses of a metal-tolerant mutant line of sunflower growing on a Cu-contaminated soil series. *Plant and Soil* 376, pp. 377–397, DOI, 10.1007/s11104-013-1974-8.

Komisar, S. J., and Park, J. 1997. Phytoremediation of diesel-contaminated soil using Alfalfa. *In Situ and On-Site Bioremediation* 4 (3), pp. 331–335. Columbus, OH: Battelle Press.

Kostick, D. S. 2010. *2008 Minerals Yearbook: Salt*. US Geological Survey.

Kothe, E., and Varma, A. (Eds.). 2012. *Bio-Geo Interactions in Metal-Contaminated Soils*. Springer ebook, Chapter 1, DOI, 10.1007/978-3-642-23327-2_1.

Kratochvil, R., Coale, F., Momen, B., Harrison, M., Pearce, J., and Schlosnagle, S. 2006. Cropping systems for phytoremediation of phosphorus-enriched soils. *International Journal of Phytoremediation* 8 (2), pp. 117–130.

Kruckeberg, A., Peterson, P., and Samiullah, Y. 1993. Hyperaccumulation of nickel by Arenaria rubella (Caryophyllaceae) from Washington State. *Madrono* 42, pp. 458–469

Kruger, T., Anderson, A., and Coats, J. R. (Eds.). 1997. *Phytoremediation of Soil and Water Contaminants*. ACS Symposium Series No. 664. Washington, DC: American Chemical Society.

Kühl, K. 2010. *The Field Guide to Phytoremediation*. New York: youarethecity.

Kumar, P. B. A. N., Dushenkov, V., Motto, H., and Raskin, I. 1995. Phytoextraction: the use of plants to remove heavy metals from soils. *Environmental Science and Technology* 29, pp. 1232–1238.

Kupper, H., Lombi, E., Zhao, F. J., Wieshammer, G., and McGrath, S. P. 2001 Cellular compartmentation of nickel in the hyperaccumulators Alyssum lesbiacum, Alyssum Bertolonii and Thlaspi goesingense. *Journal of Experimental Botany* 52, pp. 2291–2300.

Kuzovkina, Y. A., and Volk, T. A. 2009. The characterization of willow (Salix L.) varieties for use in ecological engineering applications: co-ordination of structure, function and autecology. *Ecological Engineering* 35 (8), pp. 1178–1189.

Lai, H.-Y., Chen, S.-W., and Chen, Z.-S. 2008. Pot experiment to study the uptake of Cd and Pb by three Indian Mustards (Brassica juncea) grown in artificially contaminated soils. *International Journal of Phytoremediation* 10, pp. 91–105.

Landmeyer, J. E. 2001. Monitoring the effect of poplar trees on petroleum-hydrocarbon and chlorinated-solvent contaminated ground water. *International Journal of Phytoremediation* 3 (1), pp. 61–85.

Landmeyer, J. E. 2001. *Introduction to Phytoremediation of Contaminated Groundwater: Historical Foundation, Hydrologic Control, and Contaminant Remediation*. Springer ebook.

Landmeyer, J. E. 2012. *Phytoremediation of Contaminated Groundwater*. New York: Springer.

Lanphear, B. P., Matte, T. D., Rogers, J., Clickner, R. P., Dietz, B., Bornschein, R. L., Succop, P., Mahaffey, K. R., Dixon, S., Galke, W., Rabinowitz, M., Farfel, M., Rohde, C., Schwartz, J., Ashley, P., and Jacobs, D. E. 1998. The contribution of lead-contaminated house dust and residential soil to children's blood lead levels: a pooled analysis of 12 epidemiologic studies. *Environmental Research* 79, pp. 51–68.

Lasat, M. M. 2000. The use of plants for the removal of toxic metals from contaminated soil. Online publication, http://nepis.epa.gov/Adobe/PDF/9100FZE1.PDF.

Lasat, M. M., and Kochian, L. V. 2000. Physiology of Zn Hyperaccumulation in Thlaspi caerulescens. In N. Terry and G. S. Bañuelos (Eds.) *Phytoremediation of Contaminated Soil and Water*. Boca Raton, FL: CRC Press.

Lasat, M. M. et al. 1997. Potential phytoextraction of Cs from contaminated soil. *Plant and Soil*, 195, pp. 99–106.

Lasat, M. M., Pence, N. S., and Kochian, L. V. 2001. Zinc phytoextraction in Thlaspi caerulescens. *International Journal of Phytoremediation* 3 (1), pp. 129–144.

Lee, I., Baek, K., Kim, H., Kim, S., Kim, J., Kwon, Y., Chang, Y., and Bae, B. 2007. Phytoremediation of soil co-contaminated with heavy metals and TNT using four plant species. *Journal of Environmental Science and Health Part A* 42 (13), pp. 2039–2045.

Lee, K. Y., and Doty, S. L. 2012. Phytoremediation of chlorpyrifos by populus and salix. *International Journal of Phytoremediation* 14 (1), pp. 48–61.

Lee, L. S., Suresh, P., Rao, C. et al. 1992. Equilibrium partitioning of polycyclic aromatic hydrocarbons from coal tar into water. *Environmental Science and Technology* 26, pp. 2110–2115.

Lee, S.-H., Lee, W.-S., Lee, C.-H., and Kim, J.-G. 2008. Degradation of phenanthrene and pyrene in rhizosphere of grasses and legumes. *Journal of Hazardous Materials* 153, pp. 892–898.

Leewis, M.-C., Reynolds, C. M., and Leigh, M. B. 2013. Long-term effects of nutrient addition and phytoremediation

312

on diesel and crude oil contaminated soils in subarctic Alaska. *Cold Regions Science and Technology*, DOI, 10.1016/j.coldregions.2013.08.011.

Lefevre, I., Marchal, G., Meerts, P., Correal, E., and Lutts, S. 2009. Chloride salinity reduces cadmium accumulation by the Mediterranean halophyte species Atriplex halimus L. *Environmental and Experimental Botany* 65, pp. 142–152.

Leigh, M. B. 2014. Personal correspondence via email with Kate Kennen, February.

Leigh, M. B., Prouzova, P. et al. 2006. Polychlorinated biphenyl (PCB)-degrading bacteria associated with trees in a PCB-contaminated site. *Applied and Environmental Microbiology* 72 (4), pp. 2331–2342.

Lewis, J., Qvarfort, U., and Sjostrom, J. 2013. Betula pendula: a promising candidate for phytoremediation of TCE in northern climates. *International Journal of Phytoremediation*, DOI, 140528074112008.

Li, J. T., Liao, B., Lan, C.Y., Qiu, J. W., Shu, W. S. 2007. Nickel and cadmium in carambolas marketed in Guangzhou and Hong Kong, China: implications for human health. *Science Total Environment* 388, pp. 405–412.

Li, N., Li, Z., Fu, Q., Zhuang, P., Guo, B., and Li, H. 2013. Agricultural technologies for enhancing the phytoremediation of cadmium-contaminated soil by Amaranthus hypochondriacus L. *Water, Air, & Soil Pollution* 224 (9), pp. 1–8.

Li, T., Di, Z., Islam, E., Jiang, H., and Yang, X. 2011. Rhizosphere characteristics of zinc hyperaccumulator Sedum alfredii involved in zinc accumulation. *Journal of Hazardous Materials* 185 (2), pp. 818–823.

Licht, I. 2012. Presentation to Harvard University GSD 9108, Phyto Research Seminar: Remediation and Rebuilding Technologies in the Landscape. 20 February.

Licht, L., and Isebr, S. J. 2005. Linking phytoremediated pollutant removal to biomass economic opportunities. *Biomass and Bioenergy* 28 (2), pp. 203–218.

Limmer, M. A., Balouet, J.-C., Karg, F., V., D. A., Burken, J. G. 2011. Phytoscreening for Chlorinated Solvents Using Rapid in Vitro SPME Sampling: Application to Urban Plume in Verl, Germany. *Environmental Science and Technology*. 2011, 45, 8276–8282.

Limmer, M. A., and Burken, J. G. 2014. Plant translocation of organic compounds: molecular and physicochemical predictors. *Environmental Science and Technology Letters* 1 (2), pp. 156–161.

Limmer, M.A., Martin, G., Watson, C.J., Martinez, C., Burken, and J.G. 2014. Phytoscreening: A comparison of *in planta* portable GC-MS and *in vitro* analyses. *Groundwater Monitoring and Remediation* 34, no. 1, pp. 49–56.

Limmer, M.A., Shetty, M., Markus, S.A., Kroeker, R., Parker, B. and Burken, J.G. 2013. Directional phytoscreening:

contaminant gradients in trees for plume delineation. *Environmental Science and Technology*, 47 (16), pp. 9069–9076.

Lin, C.-C., Lai, H.-Y., and Chen, Z.-S. 2010. Bioavailability assessment and accumulation by five garden flower species grown in artificially cadmium-contaminated soils. *International Journal of Phytoremediation* 12, pp. 454–467.

Linn, W. et al. 2004. State Coalition for Remediation of Drycleaners–SCRD Conducting Contamination Assessment Work at Drycleaning Sites, revised October 2010, p. 26.

Liu, L., Wu, L., Li, N., Luo, Y., Li, S., Li, Z., Han, C., Jiang, Y., and Christie, P. 2011. Rhizosphere concentrations of zinc and cadmium in a metal contaminated soil after repeated phytoextraction by Sedum plumbizincicola. *International Journal of Phytoremediation* 13 (8), pp. 750–764.

Liu, W., Luo, Y., Teng, Y., and Li, Z. 2010. Phytoremediation of oilfield sludge after prepared bed bioremediation treatment. *International Journal of Phytoremediation* 12 (3), pp. 268–278.

Llewellyn, D., and Dixon, M. A. 2011. Can plants really improve indoor air quality? In B. Grodzinski, W. A. King, and R. Yada (Eds.) *Comprehensive Biotechnology*, M. M. Young (Ed.), *Agricultural and Related Biotechnologies*, 2nd ed., vol. 4, Oxford: Elsevier, pp. 331–338.

Loehr, R. C., and Webster, M. T. 1996. Behavior of fresh vs aged chemicals in soil. *Journal of Soil Contamination* 5, pp. 361–384.

Lu, L., Tian, S., Yang, X., Peng, H., and Li, T. 2013. Improved cadmium uptake and accumulation in the hyperaccumulator Sedum alfredii: the impact of citric acid and tartaric acid. *Journal of Zhejiang University SCIENCE B* 14 (2), pp. 106–114.

Lu, Y., Li, X., He, M., and Zeng, F. 2013. Behavior of native species Arrhenatherum elatius (Poaceae) and Sonchus transcaspicus (Asteraceae) exposed to a heavy metal-polluted field: plant metal concentration, phytotoxicity, and detoxification responses. *International Journal of Phytoremediation* 15, pp. 924–937.

Lugtenberg, B. and Kamilova, F. 2009. Plant-Growth-Promoting Rhizobacteria. *Annual Review of Microbiology* 63, 541–556.

Lugtenberg, B. J. and Dekkers, L. C. 1999. What makes Pseudomonas bacteria rhizosphere competent? *Environ. Microbiol.* 1, 9–13.

Lunney, A. I., Zeeb, B. A., and Reimer, K. J. 2004. Uptake of weathered DDT in vascular plants: potential for phytoremediation. *Environmental Science and Techonology* 38, pp. 6147–6154.

Ma, J., Chu, C., Li, J., and Song, B. 2009. Heavy metal pollution in soils on railroad side of Zhengzhou-Putian section of Longxi-Haizhou Railroad, China. *Pedosphere* 19 (1), pp. 121–128.

Ma, L. Q., Komar, K. M., Tu, C., Zhang, W. H., Cai, Y., and Kennelley, E. D. 2001. A fern that hyperaccumulates arsenic – a hardy, versatile, fast-growing plant helps to remove arsenic from contaminated soils. *Nature* 409, pp. 579–579.

Ma, T. T., Teng, Y., Luo, Y. M., and Christie, P. 2013. Legume-grass intercropping phytoremediation of phthalic acid esters in soil near an electronic waste recycling site: a field study. *International Journal of Phytoremediation* 15 (2), pp. 154–167.

Ma, X. M., and Burken, J. G. 2003. TCE diffusion to the atmosphere in phytoremediation applications. *Environmental Science and Technology* 37 (11), pp. 2534–2539.

Ma, X., Richter, A. R., Albers, S., and Burken, J. G. 2004. Phytoremediation of MTBE with hybrid poplar trees. *International Journal of Phytoremediation* 6 (2), pp. 157–167.

Macci, C., Doni, S., Peruzzi, E., Bardella, S., Filippis, G., Ceccanti, B., and Masciandaro, G. 2012. A real-scale soil phytoremediation. *Biodegradation* 24 (4), pp. 521–538.

Macek, Tomas et al. 2004. Phytoremediation of metals and inorganic pollutants. In A. Singh and O. P. Ward (Eds.) *Applied Bioremediation and Phytoremediation.* New York: Springer, pp. 134–158.

Macklon, A. E. S., and Sim, A. 1990. Cortical cell fluxes of cobalt in roots and transport to the shoots of Ryegrass seedlings. *Physiologia Plantarum* 80, pp. 409–416.

Madejón, P., Ciadamidaro, L., Marañón, T., and Murillo, J. M. 2012. Long-term biomonitoring of soil contamination using poplar trees: accumulation of trace elements in leaves and fruits. *International Journal of Phytoremediation* 15, pp. 602–614.

Mahdieh, M., Yazdani, M., and Mahdieh, S. 2013. The high potential of Pelargonium roseum plant for phytoremediation of heavy metals. *Environmental Monitoring and Assessment*, pp. 1–5.

Mahmud, R., Inoue, N., Kasajima, S.-Y., and Shaheen, R. 2008. Assessment of potential indigenous plant species for the phytoremediation of arsenic-contaminated areas of Bangladesh. *International Journal of Phytoremediation* 10, pp. 119–132.

Maila, M. P., Randima, P., and Cloete, T. E. 2005. Multispecies and monoculture rhizoremediation of polycyclic aromatic hydrocarbons (PAHs) from the soil. *International Journal of Phytoremediation* 7 (2), pp. 87–98.

Mandal, A., Purakayastha, T., Patra, A., and Sanyal, S. 2012. Phytoremediation of arsenic contaminated soil by Pteris vittata L. II. Effect on arsenic uptake and rice yield. *International Journal of Phytoremediation* 14 (6), pp. 621–628.

Manousaki, E., and Kalogerakis, N. 2011. Halophytes – an emerging trend in phytoremediation. *International Journal of Phytoremediation* 13, pp. 959–969.

Manousaki, E., Galanaki, K., Papadimitriou, L., and Kalogerakis, N. 2014. Metal phytoremediation by the halophyte Limoniastrum monopetalum (L.) Boiss: two contrasting ecotypes. *International Journal of Phytoremediation* 16 (7–8), pp. 755–769.

Marcacci, S. and Schwitzguébel, J.-P. 2007. Using plant phylogeny to predict detoxification of triazine herbicides. In *Phytoremediation: Methods and Reviews.* Totowa, N.J. : Humana Press.

Marchand, L., Mench, M., March and, C., Le Coustumer, P., Kolbas, A., and Maalouf, J. 2011. Phytotoxicity testing of lysimeter leachates from aided phytostabilized Cu-contaminated soils using duckweed (Lemna minor). *Science of the Total Environment* 410 pp. 146–153, DOI, 10.1016/j.scitotenv.2011.09.049.

Marecik, R., Bialas, W., Cyplik, P., Lawniczak, L., and Chrzanowski, L. 2012. Phytoremediation potential of three wetland plant species toward atrazine in environmentally relevant concentrations. *Polish Journal of Environmental Studies* 21 (3), pp. 697–702.

Margolis, L., and Robinson, A. 2007. Toxic filtration via fungi. In *Living Systems: Innovative Materials and Technologies for Landscape Architecture.* Boston: Birkhauser, pp. 166–167.

Markis, K. C., Shakya, K. M., Datta, R., Sarkar, D., and Pachanoor, D. 2007a. High uptake of 2,4,6-trinitrotoluene by Vetiver grass – potential for phytoremediation? *Environmental Pollution* 146, pp. 1–4.

Markis, K. C., Shakya, K. M., Datta, R., and Pachanoor, D. 2007b. Chemically catalyzed uptake of 2,4,6-trinitrotoluene by Vetiveria zizanoides. *Environmental Pollution* 148, pp. 101–106.

Martin, H. W., Young, T. R., Kaplan, D. I., Simon, L., and Adriano, D. C. 1996. Evaluation of three herbaceous index plant species for bioavailability of soil cadmium, chromium, nickel, and vanadium. *Plant and Soil* 182, pp. 199–207.

Massoura, S., Echevarria, G., Leclerc-Cessac, E., and Morel, J. 2005. Response of excluder, indicator, and hyperaccumulator plants to nickel availability in soils. *Soil Research* 42 (8), pp. 933–938.

Mattina, M. I., Iannucci-Berger, W., Dykas, L., and Pardus, J. 1999. Impact of long-term weathering, mobility, and land use on chlordane residues in soil. *Environmental Science and Technology* 33, pp. 2425–2431.

Mattina, M. J. I., Eitzer, B. D., Iannucci-Berger, W., Lee, W. Y., and White, J. C. 2004. Plant uptake and translocation of highly weathered, soil-bound technical chlordane residues: data from field and rhizotron studies. *Environmental Toxicology and Chemistry*, 23, pp. 2756–2762.

314

McCray, C.W.R. and Hurwood, I.S. 1963. Selenosis in northwestern Queensland associated with a marine Cretaceous formation. *Queensland J. Agric. Sci.* 20, pp. 475–498.

McCutcheon, S. C., and Schnoor, J. L. (Eds.). 2003. *Phytoremediation: Transformation and Control of Contaminants*. Hoboken, NJ: Wiley-Interscience, Inc.

McGrath, S. P., Dunham, S. J., and Correll, R. L. 2000. Potential for phytoextraction of zinc and cadmium from soils using hyperaccumulator plants. In N. Terry and G. S. Bañuelos, (Eds.) *Phytoremediation of Contaminated Soil and Water*. Boca Raton, FL: CRC Press.

McIntyre, T. C. 2003. Databases and protocol for plant and microorganism selection: hydrocarbons and metals. In S. C. McCutcheon and J. L. Schnoor (Eds.) *Phytoremediation: Transformation and Control of Contaminants*. Hoboken, NJ: John Wiley, pp. 887–904.

Meeinkuirt, W., Pokethitiyook, P., Kruatrachue, M., Tanhan, P., and Chaiyarat, R. 2012. Phytostabilization of a Pb-contaminated mine tailing by various tree species in pot and field trial experiments. *International Journal of Phytoremediation* 14 (9), pp. 925–938.

Meera, M., and Agamuthu, P. 2012. Phytoextraction of As and Fe using Hibiscus cannabinus l. from soil polluted with landfill leachate. *International Journal of Phytoremediation* 14 (2), pp. 186–199.

Meers, E., Van Slycken, S., Adriaensen, K., Ruttens, A., Vangronsveld, J., Du Laing, G., Witters, N., Thewys, T., and Tack, F. 2010. The use of bio-energy crops (Zea mays) for 'phytoattenuation' of heavy metals on moderately contaminated soils: A field experiment. *Chemosphere* 78 (1), pp. 35–41.

Meng, L., Qiao, M., and Arp, H. P. H. 2011. Phytoremediation efficiency of a PAH-contaminated industrial soil using ryegrass, white clover, and celery as mono- and mixed cultures. *Journal of Soils and Sediments* 11 (3), pp. 482–490.

Metcalf, R. L. 2002. Insect control. In *Ullmann's Encyclopedia of Industrial Chemistry*. Weinheim: Wiley-VCH, DOI, 10.1002/14356007.a14_263.

Miller, R., Khan, Z., and Doty, S. 2011. Comparison of trichloroethylene toxicity, removal and degradation by varieties of Populus and Salix for improved phytoremediation applications. *Journal of Bioremediation and Biodegradation* 7 p. 2.

Mingorance, M., Leidi, E., Valdès, B., and Oliva, S. 2012. Evaluation of lead toxicity in Erica andevalensis as an alternative species for revegetation of contaminated soils. *International Journal of Phytoremediation* 14 (2), pp. 174–185.

Ministry of Environment. 2006. *Environmental Best Management Practices for Urban and Rural Land Development in British Columbia: Air Quality BMPs and Supporting Information*. British Columbia Ministry of Environment.

Mirka, M. A., Clulow, F. V., Dave, N. K., and Lim, T. P. 1996. Radium-226 in Cattails, *Typha latifolia*, and bone of muskrat, *Ondatra zibethica* (L.), from a watershed with uranium tailings near the city of Elliot Lake, Canada. *Environmental Pollution* 91, pp. 41–51.

Mohanty, M., and Patra, H. K. 2012. Phytoremediation potential of Paragrass – an in situ approach for chromium contaminated soil. *International Journal of Phytoremediation* 14 (8), pp. 796–805.

Monaci, F., Leidi, E., Mingorance, M., Valdes, B., Oliva, S., and Bargagli, R. 2011. Selective uptake of major and trace elements in Erica andevalensis, an endemic species to extreme habitats in the Iberian Pyrite Belt. *Journal of Environmental Sciences* 23 (3), pp. 444–452.

Moore, M. T., and Kroeger, R. 2010. Effect of three insecticides and two herbicides on rice (Oryza sativa) seedling germination and growth. *Archives of Environmental Contamination and Toxicology* 59 (4), pp. 574–581.

Moral, R., Navarro-Pedreno, J., Gomez, I., and Mataix, J. 1995. Effects of chromium on the nutrient element content and morphology of tomato. *Journal of Plant Nutrition* 18, pp. 815–822.

Morey, K., Antunes, J., Albrecht, M. S., Bowen, K. D., Troupe, T. A., Havens, J. F., Medford, K. L., and June, I. Developing a synthetic signal transduction system in plants. 2011. In C. Voigt (Ed.), *Methods in Enzymology* 497, *Synthetic Biology, Part A*. Burlington, VA: Academic Press, pp. 581–602.

Morikawa, H., and Ozgur, C. E. 2003. Basic processes in phytoremediation and some applications to air pollution control. *Chemosphere* 52, pp. 1554–1558.

Morikawa, H., Takahashi, M., and Kawamura, Y. 2003. Metabolism and genetics of atmospheric nitrogen dioxide control using pollutant-philic plants. In S. C. McCutcheon and J. L. Schnoor (Eds.) *Phytoremediation: Transformation and Control of Contaminates*. New York: Wiley, pp. 465–486.

Morrey, D. R., et al. 1989. Studies on serpentine flora: Preliminary analyses of soils and vegetation associated with serpentine rock formations in the south-eastern Transvaal. *S. Afr. J. Bot.* 55, pp. 171–177.

Moxon, A. L. et al. 1939. Selenium in rocks, soils and plants. *S. Dakota Agric. Exper. Stn. Rev. Tech. Bull.* 2, pp. 1–94.

Moyers, B. 2007. Rachel Carson and DDT. 21 September. http://www.pbs.org/moyers/journal/09212007/profile2.html. Accessed 11 November 2013.

Mueller, J. G., Cerniglia, C. E., and Pritchard, P. H. 1996. Bioremediation of environments contaminated by polycyclic aromatic hydrocarbons. In R. L. Crawford and D. L. Crawford (Eds.) *Bioremediation: Principles and*

315

Applications. Cambridge, UK: Cambridge University Press, pp. 1215–1294.

Mukherjee, I., and Kumar, A. 2012. Phytoextraction of endosulfan a remediation technique. *Bulletin of Environmental Contamination and Toxicology* 88 (2), pp. 250–254.

Murakami, M., Ae, N., and Isikawa, S. 2007. Phytoextraction of cadmium by rice, soybean, and maize. *Environmental Pollution* 145, pp. 96–103.

Muralidharan, N., Davis, L. C., and Erickson, L. E. 1993. Monitoring the fate of toluene and phenol in the rhizosphere. In R. Harrison (Ed.) *Proceedings, 23rd Annual Biochemical Engineering Symposium*, University of Oklahoma, Norman.

National Research Council. 2003. R. Luthy (chair), R. Allen-King, S. Brown, D. Dzombak, S. Fendorf, J. Geisy, J. Hughes, S. Luoma, L. Malone, C. Menzie, S. Roberts, M. Ruby, T. Schultz, and B. Smets. *Bioavailabililty of Contaminants in Soils and Sediments*. Washington, DC: National Academy of Sciences.

Nedunuri, K., Lowell, C., Meade, W., Vonderheide, A., and Shann, J. 2009. Management practices and phytoremediation by native grasses. *International Journal of Phytoremediation* 12 (2), pp. 200–214.

Negri, M. C., and Hinchman, R. R. 2000. The use of plants for the treatment of radionuclides. In I. Raskin and B. D. Ensley (Eds.) *Phytoremediation of Toxic Metals*. New York: John Wiley & Sons, Inc., pp. 107–132.

Negri, M. C., Hinchman, R. R., and Johnson, D. O. 1998. An overview of Argonne National Laboratory's phytoremediation program. Presented at the Petroleum Environmental Research Forum's Spring General Meeting, Argonne National Laboratory, Argonne, IL.

Negri, M. C. et al. 2003. Root development and rooting at depths. In S. C. McCutcheon and J. L. Schnoor (Eds.) *Phytoremediation: Transformation and Control of Contaminants*. Hoboken, NJ: John Wiley & Sons, Inc., pp. 233–262.

Nehnevajova, E., Herzig, R., Federer, G., Erismann, K. H., and Schwitzguébel, J. P. 2005. Screening of sunflower cultivars for metal phytoextraction in a contaminated field prior to mutagenesis. *International Journal of Phytoremediation* 7 (4), pp. 337–349.

Nehnevajova, E., Herzig, R., Federer, G., Erismann, K. H., and Schwitzguébel, J. P. 2007. Chemical mutagenesis – a promising technique to increase metal concentration and extraction in sunflowers. *International Journal of Phytoremediation* 9 (2), pp. 149–165.

Nelson, S. 1996. Summary of the Workshop on Phytoremediation of Organic Contaminants. Fort Worth, TX.

Nepovim, A., Hebner, A., Soudek, P., Gerth, A., Thomas, H., Smreck, S., and Vanek, T. 2005. Degradation of 2,4,6-trinitrotoluene by selected helophytes. *Chemosphere* 60, pp. 1454–1461.

Newman, L. A., Bod, C., Cortellucci, R., Domroes, D., Duffy, J., Ekuan, G., Fogel, D., Heilman, P., Muiznieks, I., Newman, T., Ruszaj, M., Strand, S. E., and Gordon, M. P. 1997a. Results from a pilot-scale demonstration: phytoremediation of trichloroethylene and carbon tetrachloride. Abstract for the 12th Annual Conference on Contaminated Soils, Amherst, MA.

Newman, L. A., Strand, S. E., Choe, N., Duffy, J., Ekuan, G., Ruszaj, M., Shurtleff, B. B., Wilmoth, J., Heilman, P., and Gordon, M. P. 1997b. Uptake and biotransformation of trichloroethylene by hybrid poplars. *Environmental Science and Technology* 31, pp. 1062–1067.

Newman, L. A., Gordon, M. P., Heilman, P., Cannon, D. L., Lory, E., Miller, K., Osgood, J., and Strand, S. E. 1999a. Phytoremediation of MTBE at a California naval site. *Soil and Groundwater Cleanup* Feb.–Mar., pp. 42–45.

Newman, L. A., Wang, X., Muiznieks, I. A., Ekuan, G., Ruszaj, M., Cortellucci, R., Domroes, D., Karscig, G., Newman, T., Crampton, R. S., Hashmonay, R. A., Yost, M. G., Heilman, P. E., Duffy, J., Gordon, M. P., and Strand, S. E. 1999b. Remediation of trichloroethylene in an artificial aquifer with trees: a controlled field study. *Environmental Science and Technology* 33 (13), pp. 2257–2265.

NHDES (New Hampshire Department of Environmental Services). 2006. Environmental fact sheet – ethylene glycol and propylene glycol: health information summary, http://des.nh.gov/. Accessed 5 March 2014.

Niazi, N., Singh, B., Van Zwieten, L., and Kachenko, A. 2011. Phytoremediation potential of Pityrogramma calomelanos var. austroamericana and Pteris vittata L. grown at a highly variable arsenic contaminated site. *International Journal of Phytoremediation* 13 (9), pp. 912–932.

Nowak, D. J. 1994. Air pollution removal by Chicago's urban forest. General technical report NE-186. In: McPherson, E.G. (Ed.), Chicago's Urban Forest Ecosystem: Results of the Chicago Urban Forest Climate Project. United States Department of Agriculture, Forest Service, Northeastern Forest Experimental Station, Randnor, PA, pp. 63–81.

Nowak, D. J. 2002. The effects of urban trees on air quality. Available at: http://www.nrs.fs.fed.us/units/urban/local-resources/downloads/Tree_Air_Qual.pdf. Accessed 11 December 2013.

Nowak, D. J. 2006. Appendix A: tree species selection list for New York City. In *Mitigating New York City's Heat Island with Urban Forestry, Living Roofs, and Light Surfaces: New York City Regional Heat Island Initiative Final Report*. Syracuse, NY: USDA Forest Service.

Nowak, D. J., Crane, D. E., and Stevens, J. C. 2006. Air pollution removal by urban trees and shrubs in the United States. *Urban Forestry & Urban Greening* 4, pp. 115–123.

Nowak, D. J., Hirabayashi, S., Bodine, A. and Greenfield, E. 2014. Tree and forest effects on air quality and human health in the United States. *Environ. Pollut.* 193, 119–129.

Office of Underground Storage Tanks (OUST) 2011. What is the History of the Federal Underground Storage Tank Program? April 11. http://www.epa.gov/oust/faqs/genesis1.htm. Accessed April–May 2011.

Olette, R., Couderchet, M., Biagianti, S., and Eullaffroy, P. 2008. Toxicity and removal of pesticides by selected aquatic plants. *Chemosphere* 70 (8), pp. 1414–1421.

Olson, P. E., and Fletcher, J. S. 2000. Ecological recovery of vegetation at a former industrial sludge basin and its implications to phytoremediation. *Environmental Science and Pollution Research* 7, pp. 1–10.

Olson, P. E. , Reardon, K. F. , and Pilon-Smits, E. A. H. 2003. Ecology of rhizosphere bioremediation. In S. C. McCutcheon and J.L. Schnoor (Eds.). *Phytoremediation: Transformation and Control of Contaminants*. Hoboken, NJ: Wiley-Interscience, pp. 317–353.

Olsen, R. A. 1994. The transfer of radiocaesium from soil to plants and fungi in seminatural ecosystems. *Studies in Environmental Science* 62, pp. 265–286.

OSHA. 2013. Health and safety topics: lead, https://www.osha.gov/SLTC/lead/. Accessed 23 November 2013.

Otabbong, E. 1990. Chemistry of Cr in some Swedish soils. *Plant and Soil* 123, pp. 89–93.

Ouyang, Y. 2005. Phytoextraction: simulating uptake and translocation of arsenic in a soil–plant system. *International Journal of Phytoremediation* 7 (1), pp. 3–17.

Padmavathiamma, P. K., and Li, L. Y. 2009. Phytoremediation of metal-contaminated soil in temperate humid regions of British Columbia, Canada. *International Journal of Phytoremediation* 11, pp. 575–590.

Parrish, Z. D., Banks, M. K., and Schwab, A. P. 2004. Effectiveness of phytoremediation as a secondary treatment for polycyclic aromatic hydrocarbons (PAHs) in composted soil. *International Journal of Phytoremediation* 6 (2), pp. 119–137.

Parsons, 2010 (September). Technical report phytostabilization at Travis Air Force Base, California prepared for: Air Force Center for Engineering and the Environment Restoration Branch, Technology Transfer Office (TDV) Brooks City-Base, Texas and Travis Air Force Base California Contract Number FA8903-08-C-8016.

Paterson, K. G., and Schnoor, J. L. 1992. Fate of alachlor and atrazine in riparian zone field site. *Water Environment Research* 64, pp. 274–283.

Perez-Esteban, J., Escolastico, C., Moliner, A., Masaguer, A., and Ruiz-Fernandez, J. 2013. Phytostabilization of metals in mine soils using Brassica juncea in combination with organic amendments. *Plant and Soil* 377 (1–2), pp. 97–109.

Perrino, E. V., Brunetti, G., and Farrag, K. 2013. Plant communities in multi-metal contaminated soils: a case study in the national park of Alta Murgia (Apulia Region – Southern Italy). *International Journal of Phytoremediation* 16, pp. 871–888.

Perrino, E. et al. 2014. Plant communities in multi-metal contaminated soils: a case study in the National Park of Alta Murgia (Apulia Region-Southern Italy). *International Journal of Phytoremediation* 16 (9), pp. 871–888, DOI, 10.1080/15226514.2013.798626.

Phaenark, C., Pokethitiyook, P., Kruatrachue, M., and Ngernsansaruary, C. 2009. Cadmium and zinc accumulation in plants from the Padaeng zinc mine area. *International Journal of Phytoremediation* 11, pp. 479–495.

Phytokinetics, Inc. 1998. *Using Plants to Clean Up Environmental Contaminants*. Logan, UT: Phytokinetics, Inc.

Phytotech, Inc. 1997. *Phytoremediation Technical Summary*. Monmouth, NJ: Phytotech, Inc.

Pieper, D. H., and Reineke, W. 2000. Engineering bacteria for bioremediation. *Current Opinion in Biotechnology* 11, pp. 379–388.

Pierzynski, G., Schnoor, J. L., Youngman, A., Licht, L., and Erickson, L. 2002. Poplar trees for phytostabilization of abandoned zinc-lead smelter. *Practice Periodical of Hazardous, Toxic, and Radioactive Waste Management* 6 (3), pp. 177–183.

Pignattelli, S., Colzi, I., Buccianti, A., Cecchi, L., Arnetoli, M., Monnanni, R., Gabbrielli, R., and Gonnelli, C. 2012. Exploring element accumulation patterns of a metal excluder plant naturally colonizing a highly contaminated soil. *Journal of Hazardous Materials* 227 pp. 362–369.

Pilon-Smits, E. 2005. Phytoremediation. *Annual Review of Plant Biology* 56 (1), p. 15.

Pilon-Smits, E. A. H., and Freeman, J. L. 2006. Environmental cleanup using plants: biotechnological advances and ecological considerations. *Frontiers in Ecology and the Environment* 4, pp. 203–210.

Pinder, J. E. III, McLeod, K. W., Alberts, J. J., Adriano, D. C., and Corey, J. C. 1984. Uptake of 244Cm, 238Pu, and other radionuclides by trees inhabiting a contaminated floodplain. *Health Physics* 47, pp. 375–384.

Popek, R., Gawrońska, H., Wrochna, M., Gawronski, S., and Saebo, A. 2013. Particulate matter on foliage of 13 woody species: deposition on surfaces and phytostabilisation in waxes – a 3-year study. *International Journal of Phytoremediation* 15 (3), pp. 245–256.

Porta, M., and Zumeta, E. 2002. Implementing the Stockholm Treaty on Persistent Organic Pollutants. *Occupational and Environmental Medicine* 10 (59), pp. 651–652.

Potter, S. T. 1998. Computation of the hydraulic performance of a phyto-cover using the HELP model and the water balance method. Presented at the 3rd Annual International Conference on Phytoremediation, Houston.

Pradhan, S. P., Conrad, J. R., Paterek, J. R., and Srinistava, V. J. 1998. Potential of phytoremediation for treatment of PAHs in soil at MGP sites. *Journal of Soil Contamination* 7, pp. 467–480.

Prasad, M. N. V. 2005. Nickelophilous plants and their significance in phytotechnologies. *Brazilian Journal of Plant Physiology* 17 (1), pp. 113–128.

Pulford, I., Riddell-Black, D., and Stewart, C. 2002. Heavy metal uptake by willow clones from sewage sludge-treated soil: the potential for phytoremediation. *International Journal of Phytoremediation* 4 (1), pp. 59–72.

Purakayastha, T. J., Viswanath, T., Bhadraray, S., Chhonkar, P. K., Adhikari, P. P., and Suribabu, K. 2008. Phytoextraction of zinc, copper, nickel and lead from a contaminated soil by different species of Brassica. *International Journal of Phytoremediation* 10, pp. 61–72.

Qadir, M., Steffen, D., Yan, F., and Schubert, S. 2003. Sodium removal from a calcareous saline-sodic soil through leaching and plant uptake during phytoremediation. *Land Degradation & Development* 14, pp. 301.

Qiu, R., Fang, X., Tang, Y., Du, S., Zeng, X., and Brewer, E. 2006. Zinc hyperaccumulation and uptake by Potentilla griffithii Hook. *International Journal of Phytoremediation*, 8 (4), pp. 299–310.

Qiu, X., Shah, S. I., Kendall, E. W., Sorenson, D. L., Sims, R. C., and Engelke M. C. 1994. Grass enhanced bioremediation for clay soils contaminated with polynuclear aromatic hydrocarbons. In T. A. Anderson and J. R. Coats, (Eds.) *Bioremediation through Rhizosphere Technology*. ACS Symposium Series No. 563. Washington, DC: American Chemical Society, pp. 142–157.

Qiu, X., Leland, T. W., Shah, S. I., Sorensen, D. L., and Kendall E. W. 1997. Field study: grass remediation for clay soil contaminated with polycyclic aromatic hydrocarbons. In E. L. Kruger, T. A. Anderson, and J. R. Coats (Eds.) *Phytoremediation of Soil and Water Contaminants*. Washington, DC: American Chemical Society, pp. 189–199.

Radwan, S. S., Dashti, N., and El-Nemr, I. M. 2005. Enhancing the growth of Vicia faba plants by microbial inoculation to improve their phytoremediation potential for oily desert areas. *International Journal of Phytoremediation* 7 (1), pp. 19–32.

Ramaswami, A., Carr, P., and Burkhardt, M. 2001. Plant-uptake of uranium: hydroponic and soil system studies. *International Journal of Phytoremediation* 3 (2), pp. 189–201.

Rascio, N. 1977. Metal accumulation by some plants growing on zinc-mine deposits. *Oikos* 29, pp. 250–253.

Raskin, I., and Ensley, B. D. (Eds.). 2000. *Phytoremediation of Toxic Metals: Using Plants to Clean Up the Environment*. New York: Wiley.

Reddy, B. R., and Sethunathan, N. 1983. Mineralization of Parathion in the rice rhizosphere. *Applied and Environmental Microbiology* 45, pp. 826–829.

Reeves, R. D. 2006. Hyperaccumulation of trace elements by plants. In J.-L. Morel et al. (Eds.) *Phytoremediation of Metal-Contaminated soils*. Netherlands: Springer.

Reeves, R.D., and Brooks, R.R. 1983. European species of Thlaspi L. (Cruciferae) as indicators of Nickel and Zinc. *Journal of Geochemical Explorations* 18, pp. 275–283.

Reeves, R.D., Baker, A.J.M, Borhidi, A., Berazaín, R. 1996. Nickel-accumulating plants from the ancient serpentine soils of Cuba. *New Phytologist* 133, pp. 217–224.

Reiche, N., Lorenz, W., and Borsdorf, H. 2010. Development and application of dynamic air chambers for measurement of volatilization fluxes of benzene and MTBE from constructed wetlands planted with common reed. *Chemosphere* 79 (2), pp. 162–168.

Reilley, K., Banks, M. K., and Schwab, A. P. 1993. Dissipation of polycyclic aromatic hydrocarbons in the rhizosphere. *Journal of Environmental Quality* 25, pp. 212–219.

Reynolds, C. M. 2012 (March). Presentation to Harvard University GSD 9108, Phyto Research Seminar: Remediation and Rebuilding Technologies in the Landscape.

Reynolds, C. M., and Koenen, B. A. 1997. Rhizosphere-enhanced bioremediation. *Military Engineering* 586, pp. 32–33.

Reynolds, C. M., Koenen, B. A., Carnahan, J. B., Walworth, J. L., and Bhunia, P. 1997. Rhizosphere and nutrient effects on remediating subartic soils. In B. C. Alleman, and A. Leeson (Eds.) *In Situ and On-Site Bioremediation: Volume 1, Cold Region Applications*. Columbus, OH: Battelle Press.

Reynolds, C. M., Koenen, B. A., Perry, L. B., and Pidgeon, C. S. 1997b. Initial field results for rhizosphere treatment of contaminated soils in cold regions. In. H. K. Zubeck, C. R. Woolard, D. M. White, and T. S. Vinson (Eds.) *International Association of Cold Regions Development Studies*. Anchorage: American Society of Civil Engineers, pp. 143–146.

Reynolds, C. M., Pidgeon, C. S., Perry, L. B., Gentry, T. J., and Wolf, D. C. 1998. Rhizosphere-enhanced benefits for remediating recalcitrant petroleum compounds. Poster abstract #51 at the 14th Annual Conference on Contaminated Soils, Amherst, MA.

Reynolds, C. M., Perry, L. B., Pidgeon, C. S, Koenen, B. A., Pelton, D. K., and Foley, K. L. 1999. Plant-based treatment of organic-contaminated soils in cold climates. In *Edmonton 99, Proceedings of Assessment and Remediation of Contaminated Sites in Arctic and Cold Climates Workshop*, Edmonton, Alberta, Canada, 3–4 May, pp. 166–172.

Ribeiro, H., Almeida, C., Mucha, A., and Bordalo, A. 2013. Influence of different salt marsh plants on hydrocarbon degrading microorganisms abundance throughout a phenological cycle. *International Journal of Phytoremediation* 15 (8), pp. 715–728.

Rice, P. J., Anderson, T. A., and Coats, J. R. 1996a. The use of vegetation to enhance biodegradation and reduce off-site movement of aircraft deicers. Abstract 054 at the 212th American Chemical Society National Meeting, Orlando, FL.

Rice, P. J., Anderson, T. A., and Coats, J. R. 1996b. Phytoremediation of herbicide-contaminated water with aquatic plants. Presented at the 212th American Chemical Society National Meeting, Orlando, FL.

Roberts, B.A. 1992. The ecology of serpentine areas, Newfoundland, Canada. B.A. Roberts and J. Proctor (Eds.), In *The Ecology of Areas with Serpentinized Rocks-a World View*. Kluwer Academic Publishers, Dordrecht, pp. 75–113.

Robinson, B. H., Brooks, R. R., Howes, A. W., Kirkman, J. H., and Gregg, P. E. H. 1997a. The potential of the high-biomass nickel hyperaccumulator Berkheya coddii for phytoremediation and phytomining. *Journal of Geochemical Exploration* 60, pp. 115–126.

Robinson, B. H., Chiarucci, A., Brooks, R. R., Petit, D. et al. 1997b. The nickel hyperaccumulator plant Alyssum betrolonii as a potential agent for phytoremediation and phytomining of nickel. *Journal of Geochemical Exploration* 59, pp. 75–96.

Robinson, T. W. 1958. Phreatophytes. US Geological Survey Water Supply Paper 1423, available at http://pubs.er.usgs.gov/usgspubs/wsp/wsp1423.

Robson, D. B., Knight, J. D., Farrell, R. E., and Germida, J. J. 2003. Ability of cold-tolerant plants to grow in hydrocarbon-contaminated soil, *International Journal of Phytoremediation* 5 (2), pp. 105–123.

Rock, S. 2000. Lecture delivered at the Phytoremediation, State of the Science Conference, Boston, MA, May.

Rock, S. 2010. EPA phytotechnologies fact sheets, Office of Superfund Remediation and Technology Innovation. http://

www.epa.gov/tio/download/remed/phytotechnologies-factsheet.pdf.

Rock, S. (US EPA). 2014. Personal communication with Kate Kennen, April 2014.

Rog, C. 2013. Presentation to Harvard University GSD 6335, Phyto Practicum Research Seminar. 17 October.

Romeh, A. 2009. Phytoremediation of water and soil contaminated with Imidacloprid pesticide by Plantago major, L. *International Journal of Phytoremediation* 12 (2), pp. 188–199.

Rosario, K., Iverson, S. L., Henderson, D. A., Chartrand, S., McKeon, C., Glenn, E. P., and Maier, R. M. 2007. Bacterial community changes during plant establishment at the San Pedro River mine tailings site. *Journal of Environmental Quality* 36 (5), pp. 1249–1259.

Rosen, C. J., and Horgan, B. P. 2013. Preventing pollution problems from lawn and garden fertilizers. *University of Minnesota Extension*. N.p., n.d. Web. 10 December. http://www1.extension.umn.edu/garden/yard-garden/lawns/preventingpollutionproblems/.

Rosenfeld, A. H., Akbari, H., Romm, J. J. and Pomerantz, M., 1998. Cool communities: strategies for heat island mitigation and smog reduction. *Energy and Buildings* 28, 51–62.

Rosenfeld, I., and Beath, O.A. 1964. *Selenium: Geobotany, Biochemistry, Toxicity, and Nutrition*, Academic Press, New York.

Rosser, S. I., French, C. E., and Bruce, N. C. 2001. Special symposium: Engineering plants for the phytodetoxification of explosives. *In Vitro Cellular & Developmental Biology* 37, pp. 330–333.

Rotkittikhun, P., Kruatrachue, M., Chaiyarat, R., Ngernsansaruay, C., Pokethitiyook, P., Paijitprapaporn, A., and Baker, A. J. M. 2006. Uptake and accumulation of lead by plants from the Bo Ngam lead mine area in Thailand. *Environmental Pollution* 144 (2), pp. 681–688, DOI, 10.1016/j.envpol.2005.12.039.

Rouhi, A. M. 1997. Plants to the rescue. *Chemical and Engineering News* 75 (2), pp. 21–23.

Roux Associates, Inc. 2014. Communication with Amanda Ludlow, Roux Associates, Inc, 209 Shafter Street, Islandia, New York 11749.

Roy, S., Labelle, S., Mehta, P., Mihoc, A., Fortin, N., Masson, C., Leblanc, R., Chateauneuf, G., Sura, C., Gallipeau, C. et al. 2005. Phytoremediation of heavy metal and PAH-contaminated brownfield sites. *Plant and Soil* 272 (1–2), pp. 277–290.

Rozema, J., and Flowers T. 2008. Crops for a salinized world. *Science* 322, pp. 1478–1480.

319

Rune, O., and Westerbergh, A. 1991. Phytogeographic aspects of the serpentine flora of Scandinavia. In A. J. M. Baker, J. Proctor, and R. D. Reeves (Eds.) *The Vegetation of Ultramafic (Serpentine) Soils. Proceedings of the First International Conference on Serpentine Ecology. University of California, Davis, 19–22 June 1991.* Andover, UK: Intercept.

Ruttens, A., Boulet, J., Weyens, N., Smeets, K., Adriaensen, K., Meers, E., Van Slycken, S., Tack, F., Meiresonne, L., Thewys, T. et al. 2011. Short rotation coppice culture of willows and poplars as energy crops on metal contaminated agricultural soils. *International Journal of Phytoremediation* 13 (suppl), pp. 194–207.

Rylott, E. L., Budarina, M. V., Barker, A., Lorenz, A., Strand, S. E., and Bruce, N. C. 2011. Engineering plants for the phytoremediation of RDX in the presence of the co-contaminating explosive TNT. *New Phytologist* 192 (2), pp. 405–413.

Rylott, E. 2012. Presentation on explosives at 9th International Phytotechnologies Society Conference, 12 September 2012, Hasselt University, Belgium.

Rylott, E. R., Jackson, G., Sabbadin, F., Seth-Smith, H. M. B., Edwards, J., Chong, C. S., Strand, S. E., Grogan, G., and Bruce, N. C. 2010. The explosive-degrading cytochrome P450 XplA: biochemistry, structural features and prospects for bioremediation. *Biochimica et Biophysica Acta 1814* (2011), pp. 230–236.

Saboora, A. et al. 2006. Salinity (NaCl) tolerance of wheat genotypes at germination and early seedling growth. *Journal of Biological Science* 9 (11), pp. 2009–2021.

Saebo, A., Popek, R., Nawrot, B., Hanslin, H., Gawronska, H., and Gawronski, S. 2012. Plant species differences in particulate matter accumulation on leaf surfaces. *Science of the Total Environment* 427, pp. 347–354.

Salem. 2013. City of Salem Website. http://www.cityofsalem.net/DEPARTMENTS/PUBLICWORKS/WASTEWATERTREATMENT/Pages/default.aspx. Accessed 15 December 2013.

Salido, A., Hasty, K., Lim, J., and Butcher, D. 2003. Phytoremediation of arsenic and lead in contaminated soil using Chinese brake ferns (Pteris vittata) and Indian mustard (Brassica juncea). *International Journal of Phytoremediation* 5 (2), pp. 89–103.

Salt, C. A., Mayes, R. W., and Elston, D. A. 1992. Effects of season, grazing intensity, and diet composition on the radiocaesium intake by sheep on reseeded hill pasture. *Journal of Applied Ecology* 29, pp. 378–387.

Salt, D. E., Blaylock, M., Kumar, P. B. A. N., Dushenkov, V., Ensley, B. D., Chet, I., and Raskin, I. 1995. Phytoremediation: a novel strategy for the removal of toxic metals from the environment using plants. *Biotechnology* 13, pp. 468–474.

Sand Creek. 2013. Personal communication with Christopher Rog, Bart Sexton, and Mark Dawson, Sand Creek Consultants, 108 E. Davenport I Rhinelander, WI 54501.

Sandermann, H. 1994. Higher plant metabolism of xenobiotics: The 'green liver' concept. *Pharmacogenetics* 4, pp. 225–241.

Sangster Research Laboratories LOG KOW Databank. [online] Available at: http://logkow.cisti.nrc.ca/logkow/index.jsp. Accessed 3 February 2014.

Saraswat, S., and Rai, J. P. N. 2009 Phytoextraction potential of six plant species grown in multi-metal contaminated soil. *Chemistry and Ecology* 25, pp. 1–11.

Sarma, H. 2011. Metal hyperaccumulation in plants: a review focusing on phytoremediation technology. *Journal of Environmental Science and Technology* 4 (2), pp. 118–138.

Sass, J. B., and Colangelo, A. 2006. European Union bans atrazine, while the United States negotiates continued use. *International Journal of Occupational and Environmental Health* 12 (3), pp. 260–267.

Sattler R. (Law Office of Posternak, Blankstein & Lund, Boston, MA). 2010. Lecture delivered 21 September at Harvard University, Cambridge, MA.

Schnoor, J. L. 1997. *Phytoremediation.* Ground-Water Remediation Technologies Analysis Center Technology Evaluation Report TE-98-01.

Schnoor, J. L. 2007. EPA's research budget. *Environmental Science and Technology* 41(7), pp. 2071–2072.

Schwab, A. P., and Banks, M. K. 1994. Biologically mediated dissipation of polyaromatic hydrocarbons in the root zone. In T. A. Anderson and J. R. Coats (Eds.) *Bioremediation through Rhizosphere Technology.* ACS Symposium Series 563. Washington, DC: American Chemical Society.

Schwartz, C., Sirguey, C., Peronny, S., Reeves, R. D., Bourgaud, F., and Morel, J. L. 2006. Testing of outstanding individuals of Thlaspi caerulescens for cadmium phytoextraction. *International Journal of Phytoremediation* 8 (4), pp. 339–357.

Scott, K. I., McPherson, E. G. and Simpson, J. R., 1998. Air pollutant uptake by Sacramento's urban forest. *Journal of Arboriculture* 24, 224–234.

Selamat, S. N., Abdullah, S. R. S., and Idris, M. 2013. Phytoremediation of lead (Pb) and arsenic (As) by Melastoma malabathricum L. from contaminated soil in separate exposure. *International Journal of Phytoremediation* 16, pp. 694–703.

Shahsavari, E., Adetutu, E. M., Anderson, P. A., and Ball, A. S. 2013. Tolerance of selected plant species to petrogenic hydrocarbons and effect of plant rhizosphere on the microbial removal of hydrocarbons in contaminated soil. *Water, Air and Soil Pollution* 224 (4), p. 1495.

320

Sharma, N. C., Starnes, D. L., and Sahi, S. V. 2007. Phytoextraction of excess soil phosphorus. *Environmental Pollution* 146 (1), pp. 120–127.

Shay, S. D., and Braun C. L. 2004. Demonstration-site development and phytoremediation processes associated with trichloroethene (TCE) in ground water, Naval Air Station-Joint Reserve Base Carswell Field, Fort Worth, Texas. In *U.S. Geological Survey Fact Sheet 2004–3087*, http://pubs.usgs.gov/fs/2004/3087/pdf/FS_2004-3087.pdf. Accessed 14 September 2009.

Sheehan, E., Burken, J.G., Limmer, M.A., Mayer, P., and Gosewinkel, U. 2012. Time weighted SPME analysis for in-planta phytomonitoring analysis. *Environmental Science and Technology* 46(6), pp. 3319–3325. DOI: 10.1021/es2041898.

Shetty, M., Limmer, M.A., Waltermire, K.W., Morrison, G.C., and Burken, J.G. 2014. *In planta* passive sampling devices for assessing subsurface chlorinated solvents. *Chemosphere*, Vol. 104, pp. 149–154.

Shi, G., and Cai, Q. 2009. Cadmium tolerance and accumulation in eight potential energy crops. *Biotechnology Advances* 27 (5), pp. 555–561.

Shirdam, R., and Tabrizi, A. M. 2010. Total petroleum hydrocarbon (TPHs) dissipation through rhizoremediation by plant species. *Polish Journal of Environmental Studies* 19 (1), pp. 115–122.

Shuttleworth, K. L., and Cerniglia, C. E. 1995. Environmental aspects of PAH biodegradation. *Applied Biochemistry and Biotechnology* 54, pp. 291–302.

Silveira, M. L., Vendramini, J. M. B., Sui, X., Sollenberger, L., and O'Connor, G. A. 2013. Screening perennial warm-season bioenergy crops as an alternative for phytoremediation of excess soil P. *Bioenergy Research* 6 (2), pp. 469–475.

Simmons, R. W., Chaney, R. L., Angle, J. S., Kruatrachue, M., Klinphoklap, S., Reeves, R. D., and Bellamy, P. 2014. Towards practical cadmium phytoextraction with Noccaea caerulescens, *International Journal of Phytoremediation*, DOI, 10.1080/15226514.2013.876961.

Singh, S., Eapen, S., Thorat, V., Kaushik, C. P., Raj, K., and D'Souza, S. F. 2008. Phytoremediation of (137)cesium and (90)strontium from solutions and low-level nuclear waste by Vetiveria zizanoides. *Ecotoxicology and Environmental Safety* 69, pp. 306–311.

Smesrud, J. 2012. Communication with CH2MHill. Phone conversation with Jason Smesrud, CH2MHill on 7 August 2012 and PowerPoint provided by Jason Smesrud, CH2MHill on 7 August 2011 via email and CH2M Hill 2011 Project Cutsheet.

Smith, A. E., and Bridges, D. C. 1996. Movement of certain herbicides following application to simulated golf course greens and fairways. *Crop Science* 36 (6), p. 1439.

Smith, K. E., Schwab, A. R. et al. 2007. Phytoremediation of polychlorinated biphenyl (PCB)-contaminated sediment: a greenhouse feasibility study. *Journal of Environmental Quality* 36 (1), pp. 239–244.

Smith, K. E., Putnam, R. A., Phaneuf, C., Lanza, G. R., Dhankher, O. P., and Clark, J. M. 2008. Selection of plants for optimization of vegetative filter strips treating runoff from turfgrass. *Journal of Environmental Quality* 37 (5), pp. 1855–1861.

Smith, K. E., Schwab, A. P., and Banks, M. K. 2008. Dissipation of PAHs in saturated, dredged sediments: a field trial. *Chemosphere* 72 (10), pp. 1614–1619, DOI, 10.1016/j.chemosphere.2008.03.020.

Smith, M. J., Flowers, T. H., Duncan, H. J., and Alder, J. 2006. Effects of polycyclic aromatic hydrocarbons on germination and subsequent growth of grasses and legumes in freshly contaminated soil and soil with aged PAHs residues. *Environmental Pollution* 141, pp. 519–525.

Soreanu, G., Dixon, M., and Darlington, A. 2013. Botanical biofiltration of indoor gaseous pollutants: a mini-review. *Chemical Engineering Journal* 229, pp. 585–594.

Soudek, P., Tykva, R., and Vanek, T. 2004. Laboratory analyses of Cs-137 uptake by sunflower, reed and poplar. *Chemosphere* 55, pp. 1081–1087.

Soudek, P., Tykva, R., Vankova, R., and Vanek, T. 2006a. Accumulation of radioiodine from aqueous solution by hydroponically cultivated sunflower (Helianthus annuus L.). *Environmental and Experimental Botany* 57, pp. 220–225.

Soudek, P., Valenova, S., Vavrikova, Z., and Vanek, T. 2006b. Cs-137 and Sr-90 uptake by sunflower cultivated under hydroponic conditions. *Journal of Environmental Radioactivity* 88, pp. 236–250.

Soudek, P., Petrova S., Vankova, R., Song, J., and Vanek, T. 2014. Accumulation of heavy metals using Sorghum sp. *Chemosphere* 104, pp. 15–24.

Speir, T. W., August, J. A., and Feltham, C. W. 1992. Assessment of the feasibility of using CCA (copper, chromium and arsenic)-treated and boric acid-treated sawdust as soil amendments, I. Plant growth and element uptake. *Plant and Soil* 142, pp. 235–48.

Spence, P. L., Osmund, D. L., Childres, W., Heitman, J., and Robarge, W. P. 2012. Effects of lawn maintenance on nutrient losses via overland flow during natural rainfall events. *Journal of the American Water Resources Association* 48 (5), pp. 909.

321

Spriggs, T., Banks, M. K., and Schwab, P. 2005. Phytoremediation of polycyclic aromatic hydrocarbons in manufactured gas plant-impacted soil. *Journal of Environmental Quality* 34 (5), pp. 1755–1762.

Stanhope, A., Berry, C. J., and Brigmon, R. L. 2008. Field note: phytoremediation of chlorinated ethenes in seepline sediments: tree selection. *International Journal of Phytoremediation* 10, pp. 529–546.

Stomp, A. M., Han, K. H., Wilbert, S., Gordon, M. P., and Cunningham, S. D. 1994. Genetic strategies for enhancing phytoremediation. *Annals of the New York Academy of Sciences* 721, pp. 481–491.

Stoops, R. 2014. Correspondence via email and telephone with Kate Kennen, February.

Strand, S. E., Doty, S. L., and Bruce, N. 2009. Engineering transgenic plants for the sustained containment and in situ treatment of energetic materials. *Strategic Research and Development Program, Project ER*. Final Report.

Stritsis, C., Steingrobe, B., and Claassen, N. 2013. Cadmium dynamics in the rhizosphere and Cd uptake of different plant species evaluated by a mechanistic model. *International Journal of Phytoremediation* 16, pp. 1104–1118.

Stroud J. L., Paton G. I., Semple K. T. 2007. Microbe-aliphatic hydrocarbon interactions in soil: implications for biodegradation and bioremediation. *Journal Applied Microbiology* 102, 1239–1253

Strycharz, S., and Newman, L. 2009a. Use of native plants for remediation of trichloroethylene: II. Coniferous trees. *International Journal of Phytoremediation* 11 (2), pp. 171–186.

Strycharz, S., and Newman, L. 2009b. Use of native plants for remediation of trichloroethylene: I. Deciduous trees. *International Journal of Phytoremediation* 11 (2), pp. 150–170.

Stultz, C., and CH2MHill. 2011. International Phytotechnology Society Conference, Workshop 1, Site visit by Kate Kennen, September 2011. Information provided by Curtis Stultz (POTW), Mark Madison (CH2MHill), and Jason Smesrud (CH2MHill).

Subramanian, M., and Shanks J. V. 2003. Role of plants in the transformation of explosives. In S. C. McCutcheon and J. L. Schnoor (Eds.) *Phytoremediation: Transformation and Control of Contaminants*. New York: Wiley, chapter 12.

Sun, M., Fu, D., Teng, Y., Shen, Y., Luo, Y., Li, Z., and Christie, P. 2011. In situ phytoremediation of PAH-contaminated soil by intercropping alfalfa (Medicago sativa L.) with tall fescue (Festuca arundinacea Schreb.) and associated soil microbial activity. *Journal of Soils and Sediments* 11 (6), pp. 980–989.

Syc, M., Pohorely, M., Kamenikova, P., Habart, J., Svoboda, K., and Puncochar, M. 2012. Willow trees from heavy metals phytoextraction as energy crops. *Biomass and Bioenergy* 37 pp. 106–113.

Szabolcs, I. 1994. Soils and salinization. In M. Pessarakli (Ed.) *Handbook of Plant and Crop Stress*. New York: Marcel Dekker, pp. 3–11.

Takahashi, M., Higaki, A., Nohno, M., Kamada, M., Okamura, Y., Matsui, K., Kitani, S., and Morikawa, H. 2005. Differential assimilation of nitrogen dioxide by 70 taxa of roadside trees at an urban pollution level. *Chemosphere* 61 (5), pp. 633–639.

Tang, S., and Willey, N. J. 2003. Uptake of 134 Cs by four species from Asteraceae and two varieties from the Chenopodiaceae grown in two types of Chinese soil. *Plant and Soil* 250 (1), pp. 75–81.

Techer, D., Martinez-Chois, C., Laval-Gilly, P., Henry, S., Bennasroune, A., D'Innocenzo, M., and Falla, J. 2012. Assessment of Miscanthus x giganteus for rhizoremediation of long term PAH contaminated soils. *Applied Soil Ecology* 62, pp. 42–49.

Teixeira, S., Vieira, M. N., Marques, J. E., and Pereira, R. 2013. Bioremediation of an iron-rich mine effluent by Lemna minor. *International Journal of Phytoremediation* 16, pp. 1228–1240.

Terry, N., and Banuelos, G. (Eds.). 2000. *Phytoremediation of Contaminated Soil and Water*. New York: Lewis Publishers.

Terry, N., Zayed, A. M., de Souza, M. P., and Tarun, A. S. 2000. Selenium in higher plants. *Annual Review of Plant Physiology and Plant Molecular Biology* 51, pp. 401–432.

Thewys, T., Witters, N., Van Slycken, S., Ruttens, A., Meers, E., Tack, F., and Vangronsveld, J. 2010. Economic viability of phytoremediation of a cadmium contaminated agricultural area using energy maize. Part I: Effect on the farmer's income. *International Journal of Phytoremediation* 12 (7), pp. 650–662.

Thewys, T., Witters, N., Meers, E., and Vangronsveld, J. 2010a. Economic viability of phytoremediation of a cadmium contaminated agricultural area using energy maize. Part II: Economics of anaerobic digestion of metal contaminated maize in Belgium. *International Journal of Phytoremediation* 12 (7), pp. 663–679.

Thomas, J., Cable, E., Dabkowski, R., Gargala, S., McCall, D., Pangrazzi, G., Pierson, A., Ripper, M., Russell, D., and Rugh, C. 2013. Native Michigan plants stimulate soil microbial species changes and PAH remediation at a legacy steel mill. *International Journal of Phytoremediation* 15 (1), pp. 5–23.

Thompson, P. 1997. Phytoremediation of munitions (RDX, TNT) waste at the Iowa Army Ammunition Plant with hybrid poplar trees. Ph.D. thesis, University of Iowa, Iowa City, IA.

Thompson, P. L., Moses, D., and Howe, K. M. 2003. Phytorestoration at the Iowa Army Ammunition Plant. In S. C. McCutcheon and J. L. Schnoor (Eds.) *Phytoremediation: Transformation and Control of Contaminants*. New York: John Wiley and Sons, Inc.

Thompson, P. L., Ramer, L. A., and Schnoor, J. L. 1999. 1,3,5-trinitro-1,3,5-triazaine (RDX) translocation in hybrid poplar trees. *Environmental Toxicology and Chemistry* 18 (2), pp. 279–284.

Thompson, P., Ramer, L., and Schnoor, J. 1999. Uptake and transformation of TNT by hybrid poplar trees. *Environmental Science and Technology* 32 (7), pp. 975–980.

Tiemann, K. J., Gardea-Torresdey, J. L., Gamez, G., and Dokken, K. 1998. Interference studies for multi-metal binding by *Medicago sativa* (Alfalfa). In *Proceedings, Conference on Hazardous Waste Research*, Snow Bird, Utah, p. 42 (Abstract 67).

Tischer, S. and Hübner, T. 2002. Model trials for phytoremediation of hydrocarbon-contaminated sites by the use of different plant species. *International Journal of Phytoremediation* 4:3, pp. 187–203.

Todd, J. 2013 (August). John Todd Ecological Design, Presentation to Cape Cod Commission, Falmouth, MA, http://www.toddecological.com.

Toland, T. 2013. The use of native plants on an intensive green roof: initial results. Presentation at 10th annual International Phytotechnologies Society Conference, Syracuse, NY, 3 October 2013, Work completed at SUNY ESF with collaborators: Donald Leopold, SUNY ESF; Doug Daley, SUNY ESF; Darren Damone, Andropogon Associates.

Tome, F. V., Rodriguez, P. B., and Lozano, J. C. 2008. Elimination of natural uranium and Ra-226 from contaminated waters by rhizofiltration using Helianthus annuus L. *Science of the Total Environment* 393, pp. 351–357.

Trapp, S., and McFarlane, C. (Eds.). 1995. *Plant Contamination: Modeling and Simulation of Organic Processes*. Boca Raton, FL: Lewis.

Tsao, D. T. 1997. *Development of Phytoremediation Technology Developments*. Technology Assessment and Development (HEM) Status Report 0497.

Tsao, D. 2003. *Phytoremediation*. New York: Springer.

Tsao, K., and Tsao, D. 2003 (March 28) *Analysis of Phytoscapes Species for BP Retail Sites*. BP Group Environmental Management Company. Report published as Capstone Project paper to Benedictine University, Lile, IL by Kim Tsao. Property of Atlantic Richfield Company, permission to use given by Dr. David Tsao on 11 November 2013.

Tsao, D. 2014. Personal communication with Kate Kennen, November.

Turgut, C. 2005. Uptake and modeling of pesticides by roots and shoots of parrotfeather (Myriophyllum aquaticum). *Environmental Science and Pollution Research,* 12 (6), pp. 342–346.

Ulam, A. 2012. 'Phyto your life: phytoremediation provides a sustainable approach to building landscapes on brownfields. *Landscape Architecture Magazine*, March, pp. 52–58.

Ulriksen, C., Ginocchio, R., Mench, M., and Neaman, A. 2012. Lime and compost promote plant re-colonization of metal-polluted, acidic soils. *International Journal of Phytoremediation* 14 (8), pp. 820–833.

US EPA. 1988. Closed Landfills – Federal Register, 30 August 1988, 53 (168).

US EPA. 1991. *R.E.D. Facts: Potassium Bromide*. http://www.epa.gov/oppsrrd1/REDs/factsheets/0342fact.pdf. Accessed 12 November 2013.

US EPA. 1996. *Be a Grower, Not a Mower*. Burlington, VT: US Environmental Protection Agency.

US EPA. 2002. *Cost and Performance Report, Phytoremediation at the Magic Marker and Fort Dix Site*. February 2002. Office of Solid Waste and Emergency Response Technology Innovation Office. http://costperformance.org/pdf/MagicMarker-Phyto.pdf. Accessed 13 March 2014.

US EPA. 2005a. *Use of Field-Scale Phytotechnology for Chlorinated Solvents, Metals, Explosives and Propellants, and Pesticides*. EPA 542-R-05-002, 2005, http://clu-in.org/download/remed/542-r-05-002.pdf. Accessed 14 September 2009.

US EPA. 2005b. *Evaluation of Phytoremediation for Management of Chlorinated Solvents and Groundwater*. EPA 542-R-05-001. Remediation Technologies Development Forum Phytoremediation of Organics Action Team, Chlorinated Solvents Workgroup.

US EPA. 2006. *Lindane Voluntary Cancellation and RED Addendum Fact Sheet* http://www.epa.gov/oppsrrd1/REDs/factsheets/lindane_fs_addendum.htm. Accessed 11 November 2013.

US EPA. 2010. EPA's Petroleum Brownfields Action Plan: two years later. Office of Underground Storage Tanks and Office of Brownfields and Land Revitalization. http://www.epa.gov/oust/pubs/petrobfactionplan2year.pdf.

US EPA. 2000. J-Field phytoremediation project field events and activities through July 31, 2000. Aberdeen Proving Ground, Edgewood, Maryland. August 31, 2000.

US EPA. 2013a. Basic information about nitrate in drinking water. http://water.epa.gov/drink/contaminants/basicinformation/nitrate.cfm. Accessed 11 November 2013.

323

US EPA. 2013b. Research and development: trees and air pollution. http://www.epa.gov/ORD/sciencenews/scinews_trees-and-air-pollution.htm. Accessed 27 November 2013.

US EPA. 2013c. Contaminated sites clean-up information: persistent organic pollutants (POPs). http://www.cluin.org/contaminantfocus/default.focus/sec/Persistent_Organic_Pollutants_(POPs)/cat/Overview/. Accessed 3 December 2013.

US EPA. 2014a. Technical factsheet on: XYLENES. http://www.epa.gov/safewater/pdfs/factsheets/voc/tech/xylenes.pdf. Accessed 3 February 2014.

US EPA. 2014b. Technical factsheet on: ETHYLBENZENE. http://www.epa.gov/ogwdw/pdfs/factsheets/voc/tech/ethylben.pdf. Accessed 3 February 2014.

US EPA. 2014c. Indoor air quality. http://www.epa.gov/region1/communities/indoorair.html. Accessed 7 March 2014.

US EPA. 2014d. Active landfills. http://www.epa.gov/lmop/projects-candidates/index.html. Accessed 27 April 2014.

US EPA. 2014e. Trees and air pollution. http://www.epa.gov/ord/sciencenews/scinews_trees-and-air-pollution.htm, Accessed April 2014.

US EPA. 2014f. Contaminant human health effects, http://www.epa.gov, search by contaminant, March 2014.

US EPA. 2014g. Trenton Magic Marker Site. http://www.epa.gov/region2/superfund/brownfields/mmark.htm. Accessed 1 March 2014.

US PIRG Education Fund. 2004. More highways, more pollution: road-building and air pollution in America's cities. http://research.policyarchive.org/5542.pdf. Accessed 27 November 2013.

Van Aken, B., Yoon, J. M., Just, C. L., and Schnoor, J. L. 2004. Metabolism and mineralization of hexahydro 1,3,5-trinitro-1,3,5-triazine inside poplar tissues (Populus deltoides x nigra DN-34). *Environmental Science and Technology* 38, pp. 4572–4579.

Van der Ent, A., Baker, A., Reeves, R., Pollard, A., and Schat, H. 2013. Hyperaccumulators of metal and metalloid trace elements: facts and fiction. *Plant and Soil* 362 (1–2), pp. 319–334.

Van Dillewijn, P., Couselo, J. L., Corredoira, E., Delgado, A., Wittich, R., Ballester, A., and Ramos, J. L. 2008. Bioremediation of 2,4,6-trinitrotoluene by bacterial nitroreductase expressing transgenic aspen. *Environmental Science and Technology,* 42, pp. 7405–7410.

Van Slycken, S., Witters, N., Meiresonne, L., Meers, E., Ruttens, A., Van Peteghem, P., Weyens, N., Tack, F. M., and Vangronsveld, J. 2013. Field evaluation of willow under short rotation coppice for phytomanagement of metal-polluted agricultural soils. *International Journal of Phytoremediation* 15 (7), pp. 677–689.

Vandenhove, H., Goor, F., Timofeyev, S., Grebenkov, A., and Thiry, Y. 2004. Short rotation coppice as alternative land use for Chernobyl-contaminated areas of Belarus. *International Journal of Phytoremediation* 6 (2), pp. 139–156, DOI, 10.1080/16226510490454812.

Vanek, T., Nepovim, A., Podlipna, R., Hebner, A., Vavrikova, Z., Gerth, A., Thomas, H., and Smrcek, S. 2006. Phytoremediation of explosives in toxic wastes. *Soil and Water Pollution Monitoring, Protection and Remediation* 69, pp. 455–465.

Vardoulakis, S., Fisher, B. E. A., Pericleous, K., and Gonzalez-Flesca, N. 2003. Modelling air quality in street canyons: a review. *Atmospheric Environment* 37, pp. 155–182.

Vasiliadou, S., and Dordas, C. 2009. Increased concentration of soil cadmium effects on plant growth, dry matter accumulation, Cd, and Zn uptake of different tobacco cultivars (Nicotiana tabacum L.). *International Journal of Phytoremediation* 11, pp. 115–130.

Vasudev, D., Ledder, T., Dushenkov, S., Epstein, A., Kumar, N., Kapulnik, Y., Ensley, B., Huddleston, G., Cornish, J., Raskin, I., Sorochinsky, B., Ruchko, M., Prokhnevsky, A., Mikheev, A., and Grodzinsky, D. 1996. Removal of radionuclide contamination from water by metal-accumulating terrestrial plants. Presented at the In Situ Soil and Sediment Remediation Conference, New Orleans.

Vervaeke, P., Luyssaert, S., Mertens, J., Meers, E., Tack, F. M., and Lust, N. 2003. Phytoremediation prospects of willow stands on contaminated sediment: a field trial. *Environmental Pollution* 126 (2), pp. 275–282.

Videa-Peralta, J.R., and Ramon, J. 2002. Feasibility of using living alfalfa plants in the phytoextraction of cadmium(II), chromium(VI), copper(II), nickel(II), and zinc(II): Agar and soil studies. (Ph.D. thesis). The University of Texas, El Paso, AAT 3049704.

Viessman, W., Lewis, G. L., and Knapp, J. W. 1989. *Introduction to Hydrology,* 3rd ed. New York: Harper & Row.

Vila, M., Lorber-Pascal, S., and Laurent, F. 2007a. Fate of RDX and TNT in agronomic plants. *Environmental Pollution* 148, pp. 148–154.

Vila, M., Mehier, S., Lorber-Pascal, S., and Laurent, F. 2007b. Phytotoxicity to and uptake of RDX by rice. *Environmental Pollution* 145, pp. 813–817.

Vila, M., Lorber-Pascal, S., and Laurent, F. 2008. Phytotoxicity to and uptake of TNT by rice. *Environmental Geochemistry and Health* 30 (2), pp. 199–203.

Volk, T. (SUNY ESF) 2014. State University of New York, College of Environmental Science and Forestry. Photographs provided and personal communication with Kate Kennen, April.

Volkering, F., Breure, A. M., and Rulkens, W. H. 1998. Microbiological aspects of surfactant use for biological soil remediation. *Biodegradation* 8, pp. 401–417.

Von Caemmerer, S., and Baker, N. 2007. The biology of transpiration: from guard cells to globe. *Plant Physiology* 143, p. 3.

Wang, A. S., Angle, J. S., Chaney, R. L., Delorme, T. L., and Reeves, R. D. 2006. Soil pH effects on uptake of Cd and Zn by Thlaspi caerulescens. *Plant and Soil* 281, pp. 325–337.

Wang, C. H., Lyon, D. Y., Hughes, J. B., and Bennett, G. N. 2003. Role of hydroxylamine intermediates in the phytotransformation of 2,4,6-trinitrotoluene by *Myriophyllum aquaticum. Environmental Science and Technology* 37, pp. 3595–3600.

Wang, H. B., Ye, Z. H., Shu, W. S., Li, W. C., Wong, M H., and Lan, C. Y. 2006. Arsenic uptake and accumulation in fern species growing at arsenic-contaminated sites of Southern China: field surveys. *International Journal of Phytoremediation* 8 (1), pp. 1–11.

Wang, K., Huang, H., Zhu, Z., Li, T., He, Z., Yang, X., and Alva, A. 2013. Phytoextraction of metals and rhizoremediation of PAHs in co-contaminated soil by co-planting of Sedum alfredii with Ryegrass (Lolium perenne) or Castor (Ricinus communis). *International Journal of Phytoremediation* 15 (3), pp. 283–298.

Wang, Q., Zhang, W., Li, C., and Xiao, B. 2012. Phytoremediation of atrazine by three emergent hydrophytes in a hydroponic system. *Water Science and Technology* 66 (6), pp. 1282–1288.

Wang, X,. Newman, L. A., Gordon, M. P., and Strand, S. E. 1999. Biodegradation by poplar trees: results from cell culture and field experiments. In A. Leeson, and B. C. Alleman (Eds.) *Phytoremediation and Innovative Strategies for Specialized Remedial Applications, The Fifth International In Situ and On-Site Bioremediation Symposium, San Diego, California, April 19-22.* Columbus, OH: Battelle Press, v. 6, p. 133–138.

Wang, X., White, J. C., Gent, M. P., Iannucci-Berger, W., Eitzer, B. D., and Mattina, M. I. 2004. Phytoextraction of weathered p, p'-DDE by zucchini (Cucurbita pepo) and cucumber (Cucumis sativus) under different cultivation conditions. *International Journal of Phytoremediation* 6 (4), pp. 363–385.

Wargo, J., Alderman, N., and Wargo, L. 2003. *Risks from Lawn-Care Pesticides: Including Inadequate Packaging and Labeling.* North Haven, CT: Environmental & Human Health, Inc.

Warsaw, A., Fernandez, R. T., Kort, D. R., Cregg, B. M., Rowe, B., and Vandervoort, C. 2012. Remediation of metalaxyl, trifluralin, and nitrate from nursery runoff using container-grown woody ornamentals and phytoremediation areas. *Ecological Engineering* 47, pp. 254–263. http://

dx.doi.org.ezpprod1.hul.harvard.edu/10.1016/j.ecoleng.2012.06.036.

Wattiau, P. 2002. Microbial aspects in bioremediation of soils polluted by polyaromatic hydrocarbons. *Focus on Biotechnology* 3A, pp. 2–22.

Wei, S., and Zhou, Q. 2006. Phytoremediation of cadmium-contaminated soils by Rorippa globosa using two-phase planting. *Environmental Science and Pollution Research* 13 (3), pp. 151–155.

Wei, S., and Zhou, Q. 2008. Screen of Chinese weed species for cadmium tolerance and accumulation characteristics. *International Journal of Phytoremediation* 10, pp. 584–597.

Wei, S., Zhou, Q., Wang, X., Cao, W., Ren, L., and Song, Y. 2004. Potential of weed species applied to remediation of soils contaminated with heavy metals. *Journal of Environmental Sciences* 16 (5), pp. 868–873.

Wei, S., Clark, G., Doronila, A. I., Jin, J., and Monsant, A. C. 2012. Cd hyperaccumulative characteristics of Australia ecotype Solanum nigrum L. and its implication in screening hyperaccumulators. *International Journal of Phytoremediation* 15, pp. 199–205.

Weston Solutions. 2014. Website for DiamlerChrysler Forge Site http://www.westonsolutions.com/projects/technology/rt/phytoremediation.htm. Accessed 16 March 2014.

Weyens, N., Taghavi, S., Barac, T., van der Lelie, D., Boulet, J., Artois, T., Carleer, R., and Vangronsveld, J. 2009. Bacteria associated with oak and ash on a TCE-contaminated site: characterization of isolates with potential to avoid evapotranspiration of TCE. *Environmental Science and Pollution Research* 16, pp. 830–843.

Weyens, N., van der Lelie, D., Artois, T., Smeets, K., Taghavi, S., Newman, L., Carleer, R., and Vangronsveld, J. 2009. Bioaugmentation with engineered endophytic bacteria improves contaminant fate in phytoremediation. *Environmental Science and Technology* 43, pp. 9413–9418.

White, J. 2000. Phytoremediation of weathered p, p'-DDE residues in soil. *International Journal of Phytoremediation* 2 (2), pp. 133–144.

White, J. C. 2010. Phytoremediation and persistent organic pollutants. Presentation to Phyto Seminar, Harvard University, Graduate School of Design.

White, J. C., and Newman, L. A. 2011. Phytoremediation of soils contaminated with organic pollutants. In B. Xing, N. Senesi and P. M. Huang (Eds.) *Biophysico-Chemical Processes of Anthropogenic Organic Compounds in Environmental Systems.* Hoboken, NJ: Wiley.

White, P. J., Bowen, H. C., Marshall, B., and Broadley, M. R. 2007. Extraordinarily high leaf selenium to sulfur ratios define 'Se-accumulator' plants. *Annals of Botany* 100 (1), pp. 111–118.

325

Whitfield Aslund, M. L., Zeeb, B. A., Rutter, A., and Reimer, K. J. 2007. In situ phytoextraction of polychlorinated biphenyl (PCB) contaminated soil. *Science of the Total Environment* 374 (1), pp. 1–12.

Whitfield Aslund, M. L., Rutter, A., Reimer, K. J., and Zeeb, B. A. 2008. The effects of repeated planting, planting density, and specific transfer pathways on PCB uptake by Cucurbita pepo grown in field conditions. *Science of the Total Environment* 405 (1), pp. 14–25.

Widdowson, M., Shearer, S., Andersen, R., and Novak, J. 2005. Remediation of polycyclic aromatic hydrocarbon compounds in groundwater using poplar trees. *Environmental Science and Technology* 39 (6), pp. 1598–1605.

Wild, H. 1970. The vegetation of Nickel-bearing soils. *Kirkia* 7, pp. 271–275.

Wilkomirski, B., Sudnik-Wojcikowska, B., Galera, H., Wierzbicka, M., and Malawska, M. 2011. Railway transportation as a serious source of organic and inorganic pollution. *Water, Air and Soil Pollution* 218 (1–4), pp. 333–345.

Willey, N., Hall, S., and Mudigantia, A. 2001. Assessing the potential of phytoremediation at a site in the UK contaminated with 137Cs. *International Journal of Phytoremediation* 3 (3), pp. 321–333.

Wilste, C. C., Rooney, W. L., Chen, Z., Schwab, A. P., and Banks, M. K. 1998. Greenhouse evaluation of agronomic and crude oil phytoremediation potential among alfalfa genotypes. *Journal of Environmental Quality* 27, pp. 169–173.

Witters, N., Mendelsohn, R., Van Slycken, S., Weyens, N., Schreurs, E., Meers, E., Tack, F., Carleer, R., and Vangronsveld, J. 2012a. Phytoremediation, a sustainable remediation technology? Conclusions from a case study. I: Energy production and carbon dioxide abatement. *Biomass and Bioenergy* 39 pp. 454–469.

Witters, N., Mendelsohn, R., Van Passel, S., Van Slycken, S., Weyens, N., Schreurs, E., Meers, E., Tack, F., Vanheusden, B., and Vangronsveld, J. 2012b. Phytoremediation, a sustainable remediation technology? II: Economic assessment of CO_2 abatement through the use of phytoremediation crops for renewable energy production. *Biomass and Bioenergy* 39 pp. 470–477.

Wojtera-Kwiczor, J., Zukowska, W., Graj, W., Malecka, A., Piechalak, A., Ciszewska, L., Chrzanowski, L., Lisiecki, P., Komorowicz, I., Baralkiewicz, D. et al. 2013. Rhizoremediation of diesel-contaminated soil with two rapeseed varieties and petroleum degraders reveals different responses of the plant defense mechanisms. *International Journal of Phytoremediation* 16 (7–8) Special Issue: The 9th International Phytotechnnology Society

Conference – Hasselt, Belgium 2012 pp. 770–789, DOI, 10.1080/15226514.2013.856848.

Wolverton, B. C., Johnson, A., and Bounds, K. 1989. *Interior Landscape Plants for Indoor Air Pollution Abatement*, Final Report NASA (NASA-TM-101760), National Aeronautics and Space Administration.

Wood, B., Chaney, R., and Crawford, M. 2006. Correcting micronutrient deficiency using metal hyperaccumulators: *Alyssum* biomass as a natural product for nickel deficiency correction. In *HortScience* 41 (5), pp. 1231–1234.

Woodburn. 2013. Woodburn, Oregon Wastewater Treatment Facility, http://www.woodburn-or.gov/?q=waste_water. Accessed 15 December 2013.

Woodward, R. 1996. Summary of the Workshop on Phytoremediation of Organic Contaminants. Fort Worth, TX.

World Health Organization (WHO). 2002. *The World Health Report 2002: Reducing Risks, Promoting Healthy Life.* Geneva: WHO.

Wu, C., Liao, B., Wang, S.-L., Zhang, J., and Li, J.-T. 2010. Pb and Zn accumulation in a Cd-hyperaccumulator (Viola baoshanensis). *International Journal of Phytoremediation* 12, pp. 574–585.

Wu, Q., Wang, S., Thangavel, P., Li, Q., Zheng, H., Bai, J., and Qiu, R. 2011. Phytostabilization potential of Jatropha curcas L. in polymetallic acid mine tailings. *International Journal of Phytoremediation* 13 (8), pp. 788–804.

Xiaomei, L., Qitang, W., and Banks, M. K. 2005. Effects of simultaneous establishment of Sedum alfredii and Zea mays on heavy metal accumulation in plants. *International Journal of Phytoremediation* 7 (1), pp. 43–53.

Xing, Y., Peng, H., Gao, L., Luo, A., and Yang, X. 2013. A compound containing substituted indole ligand from a hyperaccumulator Sedum alfredii Hance under Zn exposure. *International Journal of Phytoremediation* 15 (10), pp. 952–964.

Xu, L., Zhou, S., Wu, L., Li, N., Cui, L., Luo, Y., and Christie, P. 2009. Cd and Zn tolerance and accumulation by Sedum jinianum in east China. *International Journal of Phytoremediation* 11 (3), pp. 283–295.

Yanai, J., Zhao, F. J., McGrath, S. P., and Kosaki, N. 2006. Effect of soil characteristics on Cd uptake by the hyperaccumulator Thlaspi caerulescens. *Environmental Pollution* 139, pp. 67–175.

Yancey, N. A., McLean, J. E., Grossl, P., Sims, R. C., and Scouten, W. H. 1998. Enhancing cadmium uptake in tobacco using soil amendments. In *Proceedings, Conference on Hazardous Waste Research*, Snow Bird, Utah, pp. 25–26 (Abstract 38).

Yang, J., Yu, Q., and Gong, P. 2008. Quantifying air pollution removal by green roofs in Chicago. *Atmospheric Environment* 42 (31), pp. 7266–7273.

Yang, X., Long, X., Ye, H., He, Z., Calvert, D., and Stoffella, P. 2004. Cadmium tolerance and hyperaccumulation in a new Zn-hyperaccumulating plant species (Sedum alfredii Hance). *Plant and Soil* 259 (1–2), pp. 181–189.

Yateem, A. 2013. Rhizoremediation of oil-contaminated sites: a perspective on the Gulf War environmental catastrophe on the State of Kuwait. *Environmental Science and Pollution Research* 20 (1), pp. 100–107.

Yoon, J., Cao, X., Zhou, Q., and Ma, L. 2006. Accumulation of Pb, Cu, and Zn in native plants growing on a contaminated Florida site. *Science of the Total Environment* 368 (2), pp. 456–464.

Yoon, J. M., Oh, B.-T., Just, C. L., and Schnoor, J. L. 2002. Uptake and leaching of octahydro-1,3,5,7-tetranitro-1,3,5,7-tetrazocine by hybrid poplar trees. *Environmental Science and Technology* 36 (21), pp. 4649–4655.

Yu, X., and Gu, J. 2006. Uptake, metabolism, and toxicity of methyl tert-butyl ether (MTBE) in weeping willows. *Journal of Hazardous Materials* 137 (3), pp. 1417–1423.

Zalesny Jr., R. S., and Bauer, E. O. 2007. Evaluation of Populus and Salix continuously irrigated with landfill leachate I. Genotype-specific elemental phytoremediation. *International Journal of Phytoremediation* 9 (4), pp. 281–306.

Zand, A. D., Nabibidendi, G., Mehrdadi, N., Shirdam, R., and Tabrizi, A. M. 2010. Total petroleum hydrocarbon (TPHs) dissipation through rhizoremediation by plant species. *Polish Journal of Environmental Studies* 19 (1), pp. 115–122.

Zayed, A., Pilon-Smits, E., de Souza, M., Lin, Z., and Terry, N. 2000. Remediation of selenium-polluted soils and waters by phytovolatilization. In N. Terry and G. S. Bañuelos, (Eds.) *Phytoremediation of Contaminated Soil and Water*. Boca Raton, FL: CRC Press.

Zeeb, B. A., Amphlett, J. S., Rutter, A., and Reimer, K. J. 2006. Potential for phytoremediation of polychlorinated biphenyl-(PCB)-contaminated soil. *International Journal of Phytoremediation* 8 (3), pp. 199–221.

Zhang, X., Liu, J., Huang, H., Chen, J., Zhu, Y., and Wang, D. 2007. Chromium accumulation by the hyperaccumulator plant Leersia hexandra Swartz. *Chemosphere* 67 (6), pp. 1138–1143.

Zhang, Z., Sugawara, K., Hatayama, M., Huang, Y., and Inoue, C. 2014. Screening of As-accumulating plants using a foliar application and a native accumulation of As. *International Journal of Phytoremediation* 16 (3), pp. 257–266, DOI, 10.1080/15226514.2013.773277.

Zhao, F., Dunham, S., and McGrath, S. 2002. Arsenic hyperaccumulation by different fern species. *New Phytologist* 156 (1), pp. 27–31.

Zhao, F., Jiang, R., Dunham, S., and McGrath, S. 2006. Cadmium uptake, translocation and tolerance in the hyperaccumulator Arabidopsis halleri. *New Phytologist* 172 (4), pp. 646–654.

Zhua, Y., Hinds, W. C., Shen, S., Kim, S., and Sioutas, C. 2002. Study of ultrafine particles near a major highway with heavy-duty diesel traffic. *Atmospheric Environment* 36, pp. 4323–4335.

Zhuang, P., Yang, Q., Wang, H., and Shu, W. 2007. Phytoextraction of heavy metals by eight plant species in the field. *Water, Air and Soil Pollution* 184 (1–4), pp. 235–242.

Zia, M. H., Eton, E., Codling, B., Kirk, G., Scheckel, C., and Chaney, R. L. 2011. In vitro and in vivo approaches for the measurement of oral bioavailability of lead (Pb) in contaminated soils: a review. *Environmental Pollution* 159 (2011) 2320–2327.

索 引

accumulators 富集植物 046, 047, 048, 135, 136,
137, 141, 142, 144, 149, 151, 156, 157, 161,
163, 165, 166, 167, 172, 178, 208, 209, 210,
219

see *also* hyperaccumulators 参见超富集植物

air flow buffer 气流缓冲区 215, 230, 248, 249,
266

Alaska Department of Environmental Conservation
阿拉斯加州环境保护部 060

aldrin 奥尔德林（一种杀虫剂）110

algal blooms 藻华 232

asbestos 石棉 229, 258, 259, 261, 262

ashes 生物质灰/生物固体 150, 120, 122, 167

atrazine 阿特拉津（一种农药）027

BASF Rensselaer Landfill Case Study 巴斯夫伦
斯勒理工学院垃圾填埋场案例研究 168

Belgium Federal Agency for Food Safety (FAVV)
比利时联邦食品安全局 149

Best Management Practices (BMP) 最佳管理实践
199

bioaccumulation 生物富集/累积 046, 017, 033,

042, 046, 047

bioavailability 生物利用度 135, 136, 139, 141,
151, 154, 172, 178, 186, 187, 191, 293

bioavailable fraction 生物可利用组分 210

bioenergy production *see* biomass production 生
物能源生产 参见生物量生产

Biogeco Phytoremediation Platform Case Study
Biogeco 植物修复平台案例研究 162

biological filtration systems 生物过滤系统 184

biomass production 生物量生产 151, 170, 172,
212, 219

bithuthene 必优胜（一种防水卷材）194

Canada Ministry of the Environment 加拿大环境
部 184, 290

carbaryl 西维因 110

carbon dioxide 二氧化碳 016, 017, 275

carbon monoxide 一氧化碳 275

carbon sequestration 碳固存/固碳 212, 217

carbon tetrachloride (Freon) 四氯化碳（氟利昂）
087, 089

capillary fringe 毛管边缘 293

cesium 铯 028, 054, 055, 174, 175, 176, 177, 186, 187

chelants, chelating agent 螯合剂 048, 136, 139, 172, 178, 179, 187, 293

chlordane 氯丹 027, 044, 054, 055, 110, 112, 114, 115, 229, 259, 262, 263, 265

chlorobenzene 氯苯 088, 089, 107, 112, 114, 182

chlorofluorocarbons (CFCs) 含氯氟烃 228

clopyralid 二氯吡啶酸（毕克草）102

coal gas 煤气 005, 275, 278

coal tar 煤焦油 056, 057, 058, 238, 264, 275, 278, 279, 294

combined sewer overflow (CSO) 合流式下水道溢流 233, 236

coolants 冷却剂 114, 243, 280

copper chromated arsenate 砷酸铜铬酸 134

copper sulphate 硫酸铜 104, 105, 170

corridor buffers 廊道缓冲区 217

creosote 杂酚油 056, 057, 170, 238, 262, 264, 265, 275, 294

cyanide 氰化物 209, 278

DDE 102, 110, 112, 113

DDT 滴滴涕 027, 044, 055, 112

deep root planting 深根种植 036, 094

degreasing agents 脱脂剂 087, 241

deicing fluids 除冰液 055, 119, 120, 184

Del Tredici, Peter, *Wild Urban Plants of the Northeast* Del Tredici，Peter，《东北地区的都市野生植物》212

dense non-aquous phase liquid (DNAPL) 重质非水相液体 087

Department of Energy 能源部 010

Department of Defense 国防部 005, 010, 020, 091, 092, 102, 280

dichlorobenzene 二氯（代）苯 169

dieldrin 狄氏剂 114

diesel range organics 柴油类有机物 057

dinoseb 地乐酚 106, 108, 109

dioxin (polychlorinated dibenzo-p-dioxins) 二噁英（多氯代二苯并二噁英）072, 110, 111, 112

drought tolerant species 耐旱品种 035, 037, 039, 041, 200, 207, 208, 218

ecosystem services 生态系统服务 010, 192, 199, 212, 217, 223

Edenspace 伊甸空间（公司）135, 139, 165

embalming materials 防腐材料 250

ethylene diamine tatra-acetic acid (EDTA) 乙二胺四乙酸 048, 136, 172

endrin 异狄氏剂 114

ethylbenzene 乙苯 043, 057, 072, 182, 201

ethylene 乙烯 054, 086, 089, 275

ehtylene glycol (EG) 乙二醇 055, 066, 069, 119, 120, 184

Etobicoke Field Site Case Study 怡陶碧谷污染场地案例研究 114

eutrophication 富营养化 121, 122, 126, 232, 234

evapotranspiration 蒸散量 181, 195, 196

evapotranspiration cover 蒸散覆盖 124, 188, 193, 194, 195, 198, 210, 274, 277

excluders 排除器 048, 049, 154, 171, 185, 283

explosives 爆炸物 019, 027, 054, 055, 056, 094, 095, 096, 097, 100, 102, 103, 150, 201, 202, 204, 206, 207, 209, 212, 219, 223, 281, 283

explosives phytotechnology plant list 爆炸物污染植物生态修复技术植物名录 097, 098, 099

Farmers Flying Service Case Study 农民飞行喷药服务案例研究 108

Federal Comprehensive Environmental Response, Compensation and Liability Act 联邦综合环境反应、赔偿和侵权责任法案 012, 014

see *also* 'Superfund' 参见 '超级基金

329

（项目）'

Federal Highway Administration 联邦公路管理局 228

Federal Resource Conservation and Recovery Act 联邦资源保护与恢复法案 012

see also RCRA 参见RCRA

Federal Toxic Substances Control Act 联邦有毒物质控制法案 012

fibrous root zones 纤维根区 036

fine particulate matter 细颗粒物 183

floating wetland 漂浮湿地 122, 222, 223, 224, 235, 237, 270, 271

fluorine 氟 028, 054, 087, 105, 106, 107, 127, 133, 134, 181, 209, 242, 243, 259, 272

food crop contamination 粮食作物污染 139, 151

Ford Motor Company Factory Case Study 福特汽车公司工厂案例研究 083

330

formaldehyde 甲醛 055, 119, 120, 250

furans (polychlorinated dibenzo-p-furans) 呋喃（多氯二苯并呋喃）110, 112

gas additives 汽油添加剂 134, 242

gasoline 汽油 027, 055, 056, 057, 059, 062, 074, 076, 082, 228, 229, 231, 232, 242, 249, 250, 296

gasoline range organics 汽油类有机物 057

Golf Course Superintendents of America 美国高尔夫球场草坪总监 232

greasing agents 润滑剂 258, 268, 282

Greenland Initiative 格陵兰倡议 149, 162, 163

green and blue roofs 绿色和蓝色屋顶 198, 199

greenways 绿道 004, 227, 233, 236, 237

groundwater migration tree stands 地下水迁移丛林/地下水运移林分 200, 201, 202, 203, 210, 221, 244, 245, 096, 103, 124, 136, 142, 151, 156, 161, 168, 172, 173

habitat 栖息地 007, 015, 133, 184, 192, 203, 204, 206, 217, 223, 224

halophytes 盐生植物 141, 185, 294

HDPE 高密度聚乙烯 274

Henry's law constant 亨利定律常数 045, 057

herbicides 除草剂 027, 028, 046, 055, 108, 110, 111, 228, 229, 234, 238, 239, 240, 250, 259, 261, 265, 268, 269, 273

heptachlor 七氯 112, 114

hexachlorobenzene 六氯苯 114

high biomass plant species 高生物量植物品种 039, 128, 160, 165, 255, 261, 267, 271, 273

high evapotranspiration-rate species 高蒸散率植物品种 165, 194, 253, 271

HMX (high melting explosive) 高熔点爆炸物 044, 055, 094, 095, 285

hybrid species 杂交种 039, 041, 072, 089, 099, 106, 109, 136, 138, 148

hydrocarbons 烃类 057, 062, 082, 296

hyperaccumulators 超富集植物 129, 132, 133, 134, 135, 136, 137, 141, 142, 143, 144, 150, 151, 152, 155, 156, 157, 159, 161, 164, 165, 208, 209, 210, 219

arsenic plant list（富集）砷植物名录 136

cadmium and zinc plant list（富集）钙和锌植物名录 144

nickel plant list（富集）镍植物名录 152

selenium plant list（富集）硒植物名录 157, 158, 159

International Phytotechnology Society (IPS) 国际植物生态修复技术协会 011, 289

interception hedgerow 拦截树篱 061, 087, 202

Interstate Technology Research Council 州际技术研究委员会 014

Iowa Army Ammunitions Plant Constructed Wetlands Case Study 爱荷华州陆军弹药厂人工湿地案例研究 100

kerosene 煤油 250

landfill 垃圾填埋场 005, 012, 020, 048, 122, 133, 169, 182, 183, 194, 210, 221, 228, 250, 274, 275, 276, 277, 278

leachate 渗滤液 055, 122, 169, 183, 185, 196, 198, 221, 256, 257, 273, 274, 275, 276, 277, 278, 279, 283

large respirable particulate matter 可吸入大颗粒物 179

leaking underground storage tanks (LUSTs) 泄漏的地下储罐 204

leaf area index (LAI) 叶面积指数 195, 277, 295

legumes 豆科植物 060, 167, 208

Licensed Site Professionals Program (LSP) 许可站点专业人员计划 012

log K$_{OW}$ see octagonal-water partition coefficient log K$_{OW}$ 见辛醇-水分配系数

Lommel Agricultural Fields Case Study 洛默尔农业用地案例研究 149

low oxygen 'dead zone' see eutrophication 低氧"死亡区域"参见富营养化作用

lubricants 润滑油 232, 238, 239, 243

Magic Marker Site Case Study 马克笔生产厂区案例研究 165

manufactured gas plants-former (MGP) 原天然气工厂 277, 280

mass water balance 水质量平衡 195, 197, 201, 202, 245, 253, 257, 277, 279, 283

maximum hydrocarbon spill tolerance 最大碳氢化合物溢出容限 062

MTBE (Methyl Tertiary-Butyl Ether) 甲基叔丁基醚 027, 055, 056, 057, 069, 071, 072, 073, 082, 201, 241, 242

methane 甲烷 088, 275, 276

methanol 甲醇 119, 120

methylene chloride 二氯甲烷 242

mirex 灭蚁灵 114

modified biofilter green wall 改良型生物过滤器

绿墙 184

molybdenum 钼 028, 047, 054, 127, 133, 134, 167, 209, 238

multi-mechanism buffers 多机制缓冲区 114, 122, 129, 149, 155, 163, 166, 169, 230, 231, 235, 237

multi-mechanism mat 多机制（植物）垫层 211, 212

National Aeronautics and Space Administration (NASA) 美国国家航空航天局 011, 184

National Priorities List (NPL) 国家优先事项清单 013

National Science Foundation 国家科学基金会 018

natural attenuation 自然衰减 008, 035, 186, 204, 207

nitrogen dioxide 二氧化氮 179, 180, 181

North Carolina's Dry-cleaning Solvent Cleanup Act (DSCA) Program 北卡罗来纳州干洗溶剂清理行动 093

octagonal-water partition coefficient 辛醇-水分配系数 042, 043, 057, 058, 062, 201, 295

oil storage tanks: above ground 储油罐 005, 012, 027, 057, 083, 084, 085, 201, 241, 242, 243, 246, 247, 249, 258, 262, 263, 280, 281

leaking underground (LUSTs) 地下泄漏 085, 243, 246, 247, 249, 281

ozone 臭氧 058

Pacific Northwest Research Station 太平洋西北研究所 041

perchloroethylene (PCE) 全氯乙烯 018, 027, 044, 087, 096, 250, 283

periodic table 元素周期表 027, 028, 031, 122, 294

persistent organic pollutants (POPs) 持久性有

331

机污染物 043, 055, 110, 112, 114, 115, 116, 192, 201, 202, 204, 206, 207, 217, 219, 221, 223, 229, 238, 259, 265, 278

picloram 毒莠定 110

Pinehurst Hotel Dry Cleaners Case Study 平赫斯特酒店干洗店案例研究 092

pharmaceuticals 药品 042, 048, 055, 119, 120, 223, 232, 259, 261, 272, 273

phreatophytes 湿生植物 026, 041, 067, 071, 074, 076, 097, 098, 099, 100, 101, 103, 104, 105, 107, 177, 201, 202, 204, 207

planted stabilization mat 种植稳定垫 100, 115, 129, 149, 154, 161, 165, 168, 173

polycyclic aromatic hydrocarbons (PAH) 多环芳烃 027, 043, 054, 055, 056, 057, 058, 059, 060, 062, 063, 064, 065, 066, 067, 068, 069, 070, 071, 072, 073, 074, 075, 076, 082, 083, 170, 207, 218, 238, 258, 262, 264, 265, 278, 294

polychlorinated biphenyl (PCB) 多氯联苯 027, 043, 055, 110, 112, 113, 114, 115, 117, 118, 119, 238, 241, 258, 259

Poplar Tree Farm at the Woodburn Wastewater Treatment Facility Case Study 伍德伯恩污水处理设施的白杨树农场案例研究 120

polyvinyl chloride (PVC) 聚氯乙烯 087, 201

Port Colborne Nickel Refinery Case Study 科尔本港镍精炼厂案例研究 154

pressure treated lumber 高压处理的木材 264, 272

propylene glycol (PG) 丙二醇 055, 119, 120, 184

radioactive isotopes 放射性同位素 028, 055, 134, 186

radionuclides 放射性核素 028, 056, 096, 186, 187, 188, 201, 202, 204, 206, 207, 209, 210, 283, 296

railway corridors 铁路廊道 005, 110, 133, 227,

238, 239, 240, 284

right of way (ROW) 道路优先权 238

RDX 三次甲基三硝基胺 281

rhizofiltration 根系过滤 033, 214, 219, 221, 223, 296

rhizodegradation 根际降解 030, 031, 035, 041, 045, 054, 058, 087, 095, 110, 115, 120

Ridge Natural Area above Spring Creek Park Case Study 春溪公园山脊自然保护区案例研究 160

riparian buffers 河岸缓冲区 110, 216

river corridors 河流廊道 236

Road Ecology《道路生态学》228

septic systems 化粪池系统 122, 272

site perimeter buffers 场地周边缓冲区 217

soil amendments 土壤改良剂 041, 045, 046, 055, 059, 164, 165, 167, 169, 170, 171, 181, 185, 191, 192, 193

soil remediation 土壤修复 020, 025, 045, 055, 164, 182, 209, 212

solid-phase microextraction fiber (SPME) 固相微萃取纤维 018

Spring Valley Formerly Used Defense Site Case Study 温泉谷原防卫基地案例研究 139

State Resource Conservation and Recovery Act (RCRA) 国家资源保护和恢复法案 012

Corrective Action 纠正措施 296

strontium 锶 028, 054, 055, 174, 175, 176, 177, 186

subsurface drip irrigation 地下滴灌 196

subsurface gravel wetland 地下碎石（砾石）湿地 062, 096, 103, 117, 119, 124, 126, 136, 142, 151, 156, 161, 168, 221, 222, 245, 275, 285

surface-flow constructed wetland 地表径流人工湿地 181, 219, 220, 222

TCE see trichloroethylene TCE参见三氯乙烯

Thlaspi (pennycress) 菥（菥蓂）143, 144, 148, 153

TNT (trinitrotoluene) TNT（三硝基甲苯）055, 094, 095, 096, 097, 098, 099, 101, 283, 285

tobacco 烟草 098, 146, 170, 171

toluene 甲苯 027, 043, 044, 055, 057, 069, 071, 072, 086, 087, 095, 097, 098, 099, 102, 201, 281

total petroleum hydrocarbons (TPH) 总石油烃 063, 064, 065, 066, 067, 068, 069, 070, 071, 072, 073, 074, 075, 076, 082, 085

toxaphene 毒杀芬 114

Travis Air Force Base Case Study 特拉维斯空军基地案例研究 090

trichloroethylene (TCE) 三氯乙烯 018, 027, 044, 055, 086, 087, 088, 089, 090, 092, 094, 096, 201, 242, 250, 281

tritium 氚 054, 178, 186, 188, 196, 197

tungsten 钨 181

University of Guelph–Humber Living Wall Biofll-ter Case Study 圭尔夫–亨伯大学绿墙生物过滤器案例研究 186

uranium 铀 028, 054, 174, 175, 176, 177, 181, 186, 187

US Army: environmental center 美国陆军：环境中心 010, 019, 060, 061, 095, 101, 135, 139

US Coast Guard Former Fuel Storage Facility Case Study 美国海岸警卫队原燃料储存设施案例研究 080

US Department of Agriculture (USDA) 美国农业部 010, 037, 038, 040, 063, 077, 078, 088, 097, 104, 112, 130, 137, 140, 141, 143, 144, 149, 152, 157, 163, 174, 209

US Department of Energy Mixed Waste Management Facility, Southwest Plume Corrective Action Tritium Phytoremediation Project Case Study 美国能源部混合废物管理局，西南羽流纠正行动氚污染植物修复工程案例研究 178

US Environmental Protection Agency (US EPA) 美国环境保护署（美国环保署）010, 019, 060, 061, 095, 101, 135, 139

US Forest Service 美国林务局 292

US Geological Survey (USGS) 美国地质勘探局 011, 291

vanadium 钒 181

vinyl chloride (VCM) 氯乙烯 054, 055, 087, 088, 089, 094, 112, 201

volatile organic compound (VOC) 挥发性有机化合物 056, 057, 058, 119, 182, 184, 214, 215, 228, 250, 253, 297

Willow Lake Pollution Control Facility Case Study 柳叶湖污染控制设施案例研究 124

winter dormancy 冬季休眠 036, 038, 041, 101, 195, 202, 206, 207, 275

World Health Organization (WHO) 世界卫生组织 179

Xylene 二甲苯 043, 057, 071, 072, 094, 182, 201